SCHÄFFER
POESCHEL

Winfried Berner

Systemische Post-Merger-Integration

Dem Culture Clash zuvorkommen und Unternehmens-kulturen wirklich integrieren

2017
Schäffer-Poeschel Verlag Stuttgart

MIX
Papier aus verantwortungsvollen Quellen
FSC® C019821
www.fsc.org

Bibliografische Information der Deutschen Nationalbibliothek
Die Deutsche Nationalbibliothek verzeichnet diese Publikation in der Deutschen Nationalbibliografie; detaillierte bibliografische Daten sind im Internet über <http://dnb.d-nb.de> abrufbar.

Gedruckt auf chlorfrei gebleichtem, säurefreiem und alterungsbeständigem Papier

Print: ISBN 978-3-7910-3919-0 Bestell-Nr. 10222-0001
ePDF: ISBN 978-3-7910-3921-3 Bestell-Nr. 10222-0150
ePub: ISBN 978-3-7910-3920-6 Bestell-Nr. 10222-0100

www.schaeffer-poeschel.de
service@schaeffer-poeschel.de

Umschlagentwurf: Goldener Westen, Berlin
Umschlaggestaltung: Kienle gestaltet, Stuttgart
Lektorat: Barbara Buchter, Freiburg
Satz: kühn & weyh Software GmbH, Satz und Medien, Freiburg
Druck und Bindung: C. H. Beck, Nördlingen

Printed in Germany
September 2017

Schäffer-Poeschel Verlag Stuttgart
Ein Tochterunternehmen der Haufe Gruppe

Inhaltsverzeichnis

Einleitung: Ganzheitliche Post-Merger-Integration – Die gestörten Systeme schnellstmöglich stabilisieren

»Eine Fusion oder Übernahme ist für die meisten Manager das größte Geschäft, das sie je in ihrem Leben machen – und es ist wohl das, worauf sie am schlechtesten vorbereitet sind«, schrieben meine Ex-Kollegen Neil Monnery und Art Peck in einer Broschüre der Boston Consulting Group mit dem programmatischen Titel *The Work Begins After the Deal Is Closed*.

Nach der Mitwirkung an mittlerweile rund 20 kleinen, mittleren und großen Fusionen und Übernahmen kann ich ihre Aussage nur unterstreichen. Bekanntlich zählen Fusionen und Übernahmen zu den Change-Vorhaben mit der höchsten Misserfolgsrate. Je nachdem, welchen Maßstab man anlegt, sind zwischen 50 und 80 Prozent davon *nicht* erfolgreich. Zwar sind explizite Scheidungen wie bei DaimlerChrysler oder BMW/Rover selten, doch längst nicht jede Übernahme oder Fusion erreicht die Synergieziele, um derentwillen sie veranstaltet wurde.

Andererseits gibt es auch Integrationsprofis, denen ihre Merger in aller Regel gelingen. Sie haben Erfolgsquoten von nahezu 100 Prozent. Es scheint also nicht allein in der Gewalt höherer Mächte zu liegen, ob eine Post-Merger-Integration (PMI) erfolgreich verläuft, es liegt auch und vor allem in den Händen des verantwortlichen Managements.

Die drei Erfolgsfaktoren der Integration

Drei Faktoren bestimmen dabei über den Erfolg: Erstens eine klare strategische Logik, denn Synergiepotenziale, die nicht existieren, lassen sich auch mit dem besten Integrationsprozess nicht realisieren. Wenn man im Vorfeld nicht genau genug hinschaut, Synergien zu oberflächlich schätzt oder sich in die Tasche rechnet, weil man die Akquisition unbedingt realisieren möchte, ist der Misserfolg garantiert. Selbst wenn die Integration gelingt, wird solch ein Merger seine ökonomischen Ziele verfehlen.

Zweitens zählt die Schnelligkeit und Qualität der Integration. Denn Synergien errechnen ist eine Sache, sie realisieren eine ganz andere. Neil Monnery und Art Peck haben Recht mit ihrer Aussage, wonach der Großteil des wirtschaftlichen Wertes von Fusionen und Übernahmen in den ersten sechs Monaten gewonnen oder verloren wird. Spätestens nach einem halben oder dreiviertel Jahr ist das fusionierte Unternehmen entweder auf dem Weg zu einer neuen Normalität – oder in einem kaum noch entwirrbaren Schlamassel.

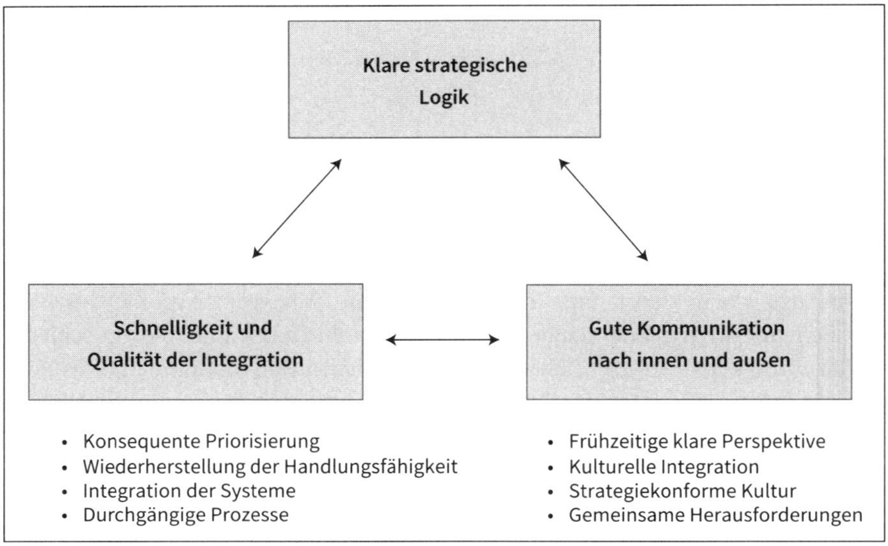

Abb. 1: Die drei Erfolgsfaktoren der Integration

Drittens kommt es darauf an, neben den zahllosen Sachfragen, die im Integrationsprozess analysiert, entschieden und umgesetzt werden müssen, die Kommunikation und den sozialen Prozess aktiv voranzutreiben. Denn im Gegensatz zu Maschinen und IT-Systemen nehmen Menschen emotional Anteil an dem, was mit ihnen und ihrem Unternehmen geschieht. Sie sind nervös, machen sich Sorgen, entwickeln Hoffnungen, reagieren enttäuscht, gekränkt, verärgert, bockig …

Wenn man Mitarbeiter und Führungskräfte, aber auch Kunden und Lieferanten zu lange im Unklaren lässt, nehmen viele – und nicht zuletzt die Besten! – ihr Schicksal kurzerhand selbst in die Hand und treffen ihre eigenen Entscheidungen. Wenn sie den Eindruck haben, soziopathischen Technokraten in die Hände gefallen zu sein, die sie wie Schachfiguren herumschieben, dann legen sie sich quer. Wenn sie befürchten, in ein feindseliges Umfeld geraten zu sein, schließen sie sich zu Wagenburgen zusammen.

Das heißt, wenn es nicht gelingt, frühzeitig Ängste abzubauen und trotz aller unvermeidlicher Verwerfungen Vertrauen aufzubauen, dann nützen auch gute Fortschritte in der Sacharbeit nicht, um den gefürchteten Zusammenprall der Kulturen und einen Exodus der Leistungsträger zu verhindern. Deshalb ist die aktive Gestaltung des sozialen Prozesses – Kommunikation, Führung und kulturelle Integration – der dritte Schlüssel zu einer erfolgreichen Fusion oder Übernahme.

Wie sich der Zeitdruck aufbaut

Mehr als bei jedem anderen Change-Vorhaben läuft die Zeit bei einer Integration gegen die Verantwortlichen. Jeder Tag, der verstreicht, ohne dass Fortschritte bei der Zusammenführung erzielt wurden, ist nicht bloß ein verlorener Tag, sondern ein Rückschritt, der den Gesamterfolg in Gefahr bringt.

Wer es noch nie miterlebt hat, der kann sich kaum vorstellen, wie der Druck auf die Verantwortlichen nach ein paar Monaten wächst. In den ersten Wochen und Monaten sind alle darauf gefasst, dass eine Integration Zeit braucht: Die betroffenen Mitarbeiter und Führungskräfte stehen zwar unter Stress, aber fast allen ist klar, dass es eine Weile dauern wird, bis sie Klarheit über ihre Zukunft haben.

Auch Kunden und Lieferanten ahnen, dass die Zusammenarbeit zumindest für einige Zeit wohl nicht mehr so reibungslos laufen wird wie bisher, und treffen unter Umständen schon erste Vorkehrungen. Desgleichen sind die Eigentümer oder Aktionäre darauf eingerichtet, dass sich die versprochenen Synergieeffekte nicht gleich am ersten Tag einstellen werden.

Doch je mehr Zeit verstreicht, desto nervöser werden alle Betroffenen, wenn sich keine spürbare Verbesserung der Situation abzeichnet: Mitarbeiter und Führungskräfte beginnen, über berufliche Alternativen nachzudenken, Kunden und Lieferanten machen einen Plan B, Eigentümer, Aktionäre und Analysten erhöhen den Druck auf das Management. Daraus kann sich schnell eine Eigendynamik entwickeln, in der der Jäger zum Gejagten wird: Man arbeitet mit Hochdruck und hat dennoch das Gefühl, jeden Tag weiter in Rückstand zu geraten, weil neue Baustellen schneller entstehen als man die alten abarbeiten kann.

Das Zeitfenster optimal nutzen

Deshalb müssen möglichst viele Weichenstellungen auf Anhieb sitzen: Soziale Systeme haben keine Reset-Taste, mit der man sie, wenn etwas misslungen ist, herunterfahren und neu starten kann. Die verbreitete Lehrmeinung, Manager sollten Entscheidungen möglichst schnell treffen, dann hätten sie genügend Zeit, falsche Entscheidungen zu korrigieren, ist gerade unter dem Zeitdruck einer Integration oberflächlich und gefährlich.

Zwar lassen sich Fehlentscheidungen in der Tat korrigieren und Versäumnisse nachholen, aber der ursprüngliche Zustand lässt sich damit meist nicht mehr herstellen: Jemanden, von dem man sich vorschnell getrennt hat, kann man kaum mehr zurückholen, und ein Kunde, der verärgert auf andere Lieferanten ausgewichen ist, kommt nicht so leicht zurück. Nachträgliche Korrekturen haben daher oft eher den Charakter einer Notreparatur als den einer im zweiten Anlauf richtigen Weichenstellung.

Um das kurze Zeitfenster also optimal zu nutzen, muss man vorbereitet sein und einen Plan haben. Man muss wissen, was auf einen zukommt, wenn man für eine Integration verantwortlich ist. Wenn man damit noch keine Erfahrung hat, ist das aber beinahe unmöglich. Besonders unangenehm ist dabei, dass viele Dinge im Nachhinein leicht vorhersehbar erscheinen. Das ist ein gefundenes Fressen für Besserwisser und »postmortale Klugscheißerei«, hilft aber den Verantwortlichen wenig.

Ausgesprochen hilfreich sind dagegen Erfahrung, ein klarer Kopf und ein ausgeprägter Sinn für Prioritäten. Was die Erfahrung betrifft, muss es nicht zwangsläufig die eigene sein: Man kann auch aus der Erfahrung anderer eine Menge lernen. Das ist der Nutzen, den Ihnen dieses Buch bieten will. Den klaren Kopf und den ausgeprägten Sinn für Prioritäten müssen Sie dagegen selbst aufbringen – wobei es aber von großem Vorteil ist, wenn man weiß, worauf es wirklich ankommt. Beim Identifizieren der entscheidenden Hebel wird Ihnen dieses Buch helfen.

Aktiv und strukturiert Prioritäten setzen

Die richtigen Prioritäten zu setzen, ist unter dem Druck der Ereignisse nicht leicht: Wenn tausend Hände an einem zerren, tausend Themen auf Bearbeitung warten und tausend Entscheidungen getroffen werden müssen, ist es schwer, Ruhe zu bewahren, den Überblick zu behalten und nicht zum Getriebenen zu werden. Deshalb machen Sie sich klar: Gute Integrationsmanager unterscheiden sich von schlechten nicht dadurch, dass die guten alles bewältigen, was an sie herangetragen wird, sondern dadurch, dass sie das Richtige liegen lassen. Dagegen versuchen die schwachen, allen Anfragen und Forderungen gerecht zu werden, und bedienen vorrangig diejenigen, die am lautesten schreien.

Eine klare Linie zu fahren, wird Ihnen nur gelingen, wenn Sie eine klare Linie haben. Dazu müssen Sie aktiv und in strukturierter Weise an die Sache herangehen und sich nicht mehr, als nach den Umständen unvermeidbar, fremdbestimmen lassen.

Aber wie setzen Sie die Prioritäten richtig? Die Schlüssel dazu sind Vorausdenken, Planung und mentale Vorbereitung – nicht mit irgendwelchen Mentaltechniken, sondern einfach, indem Sie herausarbeiten und sich immer wieder bewusstmachen, worauf es in der jeweiligen Phase der Integration gerade vorrangig ankommt, was gerade die spielentscheidenden Weichenstellungen sind.

Dies herauszufinden, ist keine Geheimwissenschaft: Theoretisch kann man auf fast alles mit dem gesunden Menschenverstand kommen. Leider heißt das nicht automatisch, dass man unter dem Druck der Ereignisse rechtzeitig daran denkt. Deshalb ist es wichtig, sich im Vorfeld damit auseinandersetzen, was im Zuge einer Integration auf einen zukommt.

Zwar wird auch die beste Vorbereitung nicht verhindern, dass Sie die eine oder andere Überraschung erleben, aber sie kann Ihnen sehr wohl dabei helfen, auf wichtige Entwicklungen gefasst zu sein, klare Prioritäten zu setzen und entsprechend weniger Zeit und Nervenkraft zu brauchen, um unerwartete Herausforderungen zu durchdenken und richtig darauf zu reagieren.

Bei dieser mentalen Vorbereitung, der richtigen Analyse der Lage und der Entwicklung eines tragfähigen Integrationskonzepts unterstützt Sie dieses Buch. Falls Sie noch wenig Integrationserfahrung haben, wird es Ihnen helfen, sich damit vertraut zu machen, was auf Sie zukommt oder zukommen könnte; falls Sie bereits einige einschlägige Erfahrungen besitzen, können Sie es nutzen, um Ihr Bild zu vervollständigen und Ihre Einschätzungen mit den meinen abzugleichen.

Was heißt »systemische« Post-Merger-Integration?

Bei Fusionen und Übernahmen in Systemen zu denken und deren Wechselwirkungen zu untersuchen, ist keine unnötige akademische Verkomplizierung des Themas, es ist von erheblichem praktischem Nutzen. Denn *ein* zentraler Grund dafür, dass Integrationen so komplex sind und zuweilen auch tückische Überraschungen mit sich bringen, ist, dass hier verschiedene Systeme im Spiel sind, die aufeinander einwirken. Es ist nützlich, sie zu kennen und im Blick zu haben.

Eine Übernahme oder Fusion ist zunächst ein Ereignis des **(mikro)ökonomischen Systems**: Sie findet hauptsächlich (wenn auch nicht ausschließlich) aus ökonomischen Gründen statt und soll in erster Linie ökonomischen Zielen dienen – was vor allem heißt, sie soll Synergien realisieren (→ Kap. 3). Um damit erfolgreich zu sein, muss man die Regeln und Gesetzmäßigkeiten des (mikro)ökonomischen Systems verstehen und das Vorgehen bei der Integration daran ausrichten. Insofern ist es verständlich, wenn die allermeisten Abhandlungen über Post-Merger-Integration sich vorrangig mit dieser ökonomischen Perspektive befassen.

Aber zugleich haben Fusionen und Übernahmen eben auch Auswirkungen auf eine Reihe anderer Systeme und erfahren Rückwirkungen von ihnen. Da ist zum ersten das **makroökonomische System**: Fusionen und Übernahmen finden ja in einer Wettbewerbslandschaft statt und nicht im luftleeren Raum – und in der Regel ist sogar ihr explizites Ziel, diese Wettbewerbslandschaft zum eigenen Vorteil zu verändern. Man darf davon ausgehen, dass dies den betroffenen Wettbewerbern nicht gleichgültig sein wird.

Dementsprechend gewagt ist es, das makroökonomische Umfeld zu ignorieren und stillschweigend davon auszugehen, dass die Wettbewerber passiv dabei zusehen werden, wie das fusionierende Unternehmen seine Integration vollzieht. Man sollte sich besser nicht darauf verlassen, dass sie die Zeit untätig verstreichen lassen, bis ihr fusionierender Konkurrent sich berappelt hat und ihnen mit neuer

Stärke entgegentritt, dass sie nichts unternehmen, um ihre eigene Wettbewerbsfähigkeit in der sich verändernden Landschaft zu stärken – ja, dass sie nicht auf die Idee kommen werden, dessen Phase der fusionsbedingten Selbstbeschäftigung dazu zu nutzen, um ihn gezielt anzugreifen, um ihm Kunden, Schlüssellieferanten und wertvolle Mitarbeiter abzujagen (→ Kap. 4).

Auch die Kunden und Lieferanten zählen zum makroökonomischen System. Für sie ist die Fusion oder Übernahme eines wichtigen Lieferanten bzw. Kunden ebenfalls beunruhigend. Immerhin könnte sie eine Zäsur in den bisherigen Geschäftsbeziehungen nach sich ziehen – im schlimmsten Fall eine Beendigung der Zusammenarbeit oder eine empfindliche Verschlechterung der Konditionen. Je intensiver die bisherige Geschäftsbeziehung war, desto mehr Grund zur Sorge haben sie – und damit zum proaktiven Handeln. Umso erstaunlicher, dass diese Perspektive in vielen Lehrbüchern allenfalls am Rande gestreift wird.

Einfluss übt auch das **juristische System** aus – nicht nur, weil es die Rahmenbedingungen für die Transaktion setzt und die Gestaltungsmöglichkeiten für alle Beteiligten absteckt, bis hin zu der bei großen Fusionen und Übernahmen erforderlichen und oft ziemlich zeitraubenden Genehmigung der Kartellbehörden.

Auch für die Post-Merger-Integration selbst ist das Rechtssystem von Bedeutung, beginnend mit den – teils ziemlich ärgerlichen – Einschränkungen für die interne Kommunikation, die sich aus den strengen Regeln zum Insider-Trading ergeben (→ Kap. 22.1), bis hin zu den Bestimmungen zu Betriebsänderungen (→ Kap. 26) und Betriebsübergang (→ Kap. 27), welche zumindest für Merger gelten, für die deutsches Recht maßgeblich ist.

Erhebliche Turbulenzen lösen Fusionen und Übernahmen schließlich im **sozialen System** aus – oder genauer, in den sozialen Systemen, denn es sind ja immer mindestens zwei Organisationen von einem Merger betroffen. Auch sie halten nicht still, bis die Integration vorüber ist, sondern entfalten ihre eigene Dynamik. Betriebsräte protestieren gegen den Merger und fordern ihre Mitbestimmungsrechte ein (→ Kap. 5.1), Führungskräfte haben plötzlich mehr Zeit für die Anrufe von Headhuntern (→ Kap. 4.6), die Beschäftigten aller Ebenen diskutieren sorgenvoll, was da auf sie zukommt, tauschen die jüngsten Gerüchte und Spekulationen aus und rücken vorsorglich enger zusammen (→ Kap. 11.1).

Die Folge ist eine ausgeprägte Innenorientierung, die das Tagesgeschäft beeinträchtigen kann, bei der aber vor allem die Aufmerksamkeit für Markt und Wettbewerb zu kurz kommt. Die Folge ist aber auch eine geradezu reflektorische Kontrastverstärkung (→ Kap. 10.4) und Lagerbildung (→ Kap. 11), die keinerlei bewusstes Kalkül erfordert, sich aber dennoch schnell zum schwersten Hindernis für die kulturelle Integration (→ Kap. 29) entwickeln kann.

Das strahlt auch auf die **individuelle Ebene** ab: Jeder Mitarbeiter und erst recht jede Führungskraft denkt darüber nach, was die Übernahme oder Fusion für sie und ihren weiteren Berufs- und Karriereweg bedeutet. Und es ist völlig natürlich, dass dabei die Ängste im Vordergrund stehen und nicht die Chancen (→ Kap. 6). Etliche Mitarbeiter – und nicht die schlechtesten! – ergehen sich nicht bloß in Ängsten und Befürchtungen, sondern nehmen ihr Schicksal selbst in die Hand und greifen zu, wenn ihnen ein anderer Job angeboten wird (→ Kap. 12). Was wiederum – im externen System – Headhunter anlockt, die wissen, dass sie in fusionierenden und übernommenen Unternehmen leichte Beute finden (→ Kap. 4.6)

Die Systemdynamik zum Positiven beeinflussen

Einer der zentralen Gründe, weshalb viele Fusionen und Übernahmen scheitern, ist, dass die Verantwortlichen für die Integration ausschließlich oder überwiegend das mikroökonomische und allenfalls noch das juristische System im Blick haben und die von dem Merger ausgelösten Turbulenzen in den anderen Teilsystemen so lange ignorieren, bis es zu spät ist.

Deshalb legen wir in diesem Buch das Augenmerk ganz bewusst auf die oft übersehenen anderen beteiligten Systeme und ihre Wechselwirkungen (Meadows 2008). Dabei wollen wir nicht nur darstellen, wie sie sich gegenseitig beeinflussen, sondern vor allem herausarbeiten, was Sie als Integrationsverantwortliche aktiv tun können, um diese Dynamik zum Positiven zu beeinflussen oder zumindest schädliche Wechselwirkungen einzudämmen. Wir werden dies tun, ohne allzu viel auf Begrifflichkeiten aus Systemtheorie und Systemdynamik herumzureiten. Denn man kann eine systemische Perspektive einnehmen, ohne in jedem zweiten Satz das Wort »systemisch« zu verwenden.

Dabei geht es nicht um eine Umkehr der Perspektiven. Unser Ansatz ist nicht, die »weiche Seite« der Post-Merger-Integration in den Mittelpunkt zu stellen und zu erläutern, wie man Fusionen und Übernahmen mit möglichst wenig Schmerzen und emotionaler Dramatik managen kann. Das ökonomische System ist und bleibt der Treiber: Wenn es primär um die Bedürfnisse und Befindlichkeiten der sozialen Systeme ginge, wäre es das Beste, auf Fusionen und Übernahmen ganz einfach zu verzichten.

Für eine erfolgreiche Post-Merger-Integration muss man die anderen betroffenen Systeme mit im Blick haben: Man muss abschätzen, wie sie reagieren werden, und man muss die eigene Vorgehensweise so ausrichten, dass man gestaltend mit der sozialen Dynamik innerhalb und außerhalb des Unternehmens umgeht, statt sie sich selbst zu überlassen – und ihr früher oder später zum Opfer zu fallen.

Wie Sie dieses Buch optimal nutzen

Dieses Buch besteht aus fünf Teilen – und die einfachste Form der Nutzung ist, dieser Struktur zu folgen. Sie können sich aber auch vom Inhaltsverzeichnis oder dem Register leiten lassen, um gezielt auf Themen zuzugreifen, zu denen Sie gerade Informationen suchen. Die einzelnen Kapitel sind so geschrieben, dass man sie jeweils auch für sich lesen kann.

Wenn Sie sich zuerst einen schnellen Überblick verschaffen wollen, beginnen Sie mit den **Kästen »Wichtigste Ergebnisse und Schlussfolgerungen«,** die am Ende eines jeden Kapitels stehen. Sie helfen Ihnen dabei, das »Big Picture« im Blick zu behalten und sich immer wieder bewusst zu werden, was jeweils die spielentscheidenden Themen und Leitgedanken sind.

Falls Sie noch wenig Integrationserfahrung haben, empfehle ich Ihnen, das gesamte Buch zu lesen oder zumindest zu überfliegen. Denn gerade als Ungeübter erlebt man bei Integrationsprozessen die eine oder andere unliebsame Überraschung – und da wäre es ausgesprochen ärgerlich, wenn Sie erst im Nachhinein feststellen würden, dass genau diese Überraschung in einem der Kapitel beschrieben ist, die Sie überblättert haben.

Im **Teil I** geht es um das **ökonomische System**. Hier bringen wir Licht in den englisch-deutschen Begriffswirrwarr, der sich rund um Fusionen, Übernahmen und Integrationsprozesse rankt. Anglizismen lassen sich im Bereich der »Mergers & Acquisitions« nicht vermeiden, weil das ganze Themenfeld stark von den Sitten und Gebräuchen des angloamerikanischen Sprachraums geprägt ist – und dementsprechend auch seine Begriffe dort oft ihren Ursprung haben. Auch wenn Ihnen das »Denglisch« ebenso auf die Nerven geht wie mir: Die zentralen Begriffe müssen Sie kennen und verstehen, um mitreden zu können (zumal eine Fachsprache ja immer auch dazu dient, die »Eingeweihten« von den Laien abzuheben).

Weiter geht es im ersten Teil darum, weshalb die *Erwartungen des Kapitalmarkts* für die Integration insgesamt eine größere Rolle spielen, als Ihnen vielleicht bewusst ist, weshalb Synergieeffekte eine so zentrale Bedeutung haben und weshalb sich bei Fusionen und Übernahmen in aller Regel ein *»Fenster der Verwundbarkeit«* öffnet, das Sie im Interesse Ihres Unternehmens möglichst rasch und nachdrücklich schließen sollten.

In **Teil II »Fusionen managen heißt Emotionen managen«** geht es um die Logik der sozialen Systeme. Er handelt von den emotionalen Turbulenzen, die eine Fusion oder Übernahme begleiten. Integrationsprozesse wären ja auch schon komplex genug, wenn die Leute nicht wären – sie sind aber da, fürchten um ihre Zukunft und sind entsprechend nervös und damit von ihren Aufgaben abgelenkt.

Mit anderen Worten, neben den ganzen fachlichen Aufgaben von IT-Integration bis Produktbereinigung besteht eine zentrale Aufgabe des Integrationsmanagements darin, den verunsicherten Mitarbeitern und Führungskräften möglichst rasch Klarheit über ihre Zukunft zu geben, ihnen unnötigen Stress zu ersparen sowie die Kulturen zu integrieren, damit das fusionierte Unternehmen so bald wie möglich wieder voll handlungsfähig ist. Dafür ist es nützlich, wenn man versteht, welche *Emotionen* ein Merger bei den Übernommenen wie auch bei den Übernehmern auslöst und auf welche typischen Verhaltensmuster man daher gefasst sein muss.

Zugleich sind auch Ihre *Kunden und Lieferanten* beunruhigt – und zwar umso mehr, je wichtiger Ihr Unternehmen für sie als Zulieferer oder Kunde ist. Das geht bis zu dem Stehimbiss gegenüber, dessen Inhaber sich angesichts der angekündigten Übernahme überlegt, ob er trotzdem in eine Renovierung oder Erweiterung investieren soll. Kritisch sind aber natürlich vor allem Schlüssellieferanten und Großkunden. Denn die werden nicht damit leben können und wollen, in der Luft zu hängen. Früher oder später – erfahrungsgemäß eher früher – machen sie ihren Plan B und gehen daran, ihn umzusetzen.

In **Teil III »Die gestörten Systeme stabilisieren«** geht es um die **Weichenstellungen für eine erfolgreiche Integration**, die im Vorfeld der eigentlichen Post-Merger-Integration getroffen werden müssen. Zentral ist dabei die Frage, wie Sie das fusionierende Unternehmen schnellstmöglich wieder arbeitsfähig bekommen. Denn Markt und Wettbewerb gewähren Ihnen keine Pause, bis Sie die Fusion oder Übernahme bewältigt haben.

Eine Schlüsselrolle spielt in diesem Zusammenhang die *Integrationstiefe*. Dabei ist es wichtig, sich nicht selbst eine Falle zu stellen: Wenn man schon ein Unternehmen gekauft hat, neigt man gefühlsmäßig dazu, es auch vollständig zu integrieren. Doch es lohnt sich, sehr genau zu prüfen, ob eine vollständige Verschmelzung tatsächlich die beste Lösung ist.

Von zentraler Bedeutung ist weiter die Entscheidung über die *Integrationsstrategie*, das heißt die Frage, ob Sie das übernommene Unternehmen und seine Mitarbeiter einfach in Ihre Strukturen eingliedern oder ob Sie einen »Merger of Equals« anstreben. Bei näherer Betrachtung wird klar, dass die vielbeschworene Fusion unter Gleichen, obwohl sie in der Theorie so schön klingt, in der praktischen Durchführung allzu oft zum Alptraum wird.

Worauf wir in diesem Buch nicht eingehen, ist die ganze fachliche und technische Seite der Integration, von der Zusammenführung des Rechnungswesens und der IT über die Neustrukturierung des Vertriebs bis hin zu der Integration der Produktion, der Entwicklung und des Kundendienstes – und was immer noch für branchen- oder unternehmensspezifische Funktionen vorhanden und daher möglicherweise zu integrieren sind.

Der Grund dafür ist natürlich nicht, dass dieser fachliche und technische Teil für den Integrationserfolg unerheblich wären – im Gegenteil: Wenn die Zusammenführung der Funktionen und Funktionsbereiche nicht gelingt, hilft auf lange Sicht auch die beste Kommunikation nichts. Dann bleibt das Unternehmen auf Dauer nur eingeschränkt handlungsfähig, und das verkraftet die Moral nicht lange, gleich wie empathisch und aufmerksam Sie den sozialen Prozess gestalten.

Aber diese fachlichen und technischen Fragen sind hochgradig branchen- und unternehmensspezifisch: Da kommt es in einer Bank oder Versicherung auf ganz andere Dinge an als in einem produzierenden Unternehmen oder im Dienstleistungsgewerbe. Zugleich sind diese Fragen in aller Regel zentraler Bestandteil der Akquisitionsstrategie, weil von hier ja die Synergien herrühren. Es ergäbe nicht viel Sinn, ein Unternehmen zu kaufen, ohne eine klare Vorstellung davon zu haben, was man damit machen möchte und wie man seine Funktionen mit denen des eigenen zusammenführen will, um Kosten- und Marktsynergien zu erzielen.

Teil IV »Integration-Management in der Praxis« ist der umfangreichste Teil des Buchs. Er handelt davon, wie Sie konkret vorgehen und worauf sie achten sollten, um zwei bislang getrennte Unternehmen zusammenzuführen. Das beginnt damit, das *Integrationsprojekt* sorgfältig vorzubereiten und es gut zu starten. Ein Schlüsselthema sind naturgemäß die *Stellenbesetzungen*, denn solange die Führungskräfte und Mitarbeiter nicht wissen, was aus ihnen wird und ob sie überhaupt einen Platz in der neuen Struktur haben, sind sie unweigerlich mehr mit sich selbst und der eigenen Zukunft beschäftigt als mit dem Tagesgeschäft.

Dabei muss auch die arbeitsrechtliche Seite bedacht und korrekt abgewickelt werden. Dafür muss unter anderem geklärt werden, ob die Integration, sofern sie unter deutsches Recht fällt, einen *»Betriebsübergang«* im Sinne des § 613a BGB darstellt. Da Fusionen und Übernahmen häufig mit Personalabbau verbunden sind, müssen in Deutschland die Vorschriften des Kündigungsschutzgesetzes eingehalten werden, wenn man nicht viel Zeit, Energie und Vertrauen mit arbeitsrechtlichen Streitigkeiten verlieren will. Dazu zählt in aller Regel auch das Aushandeln eines *Interessenausgleichs und Sozialplans* mit dem Betriebsrat.

Generell ist gute *Kommunikation* ein Erfolgsgeheimnis erfolgreicher Integration. Das gilt nicht nur intern, sondern auch gegenüber *Kunden und Lieferanten*. Denn auch die brennen darauf zu erfahren, was die Fusion oder Übernahme für sie bedeutet. Und Sie können sich darauf verlassen, dass Ihre Wettbewerber ihr Möglichstes tun werden, um Gerüchte zu streuen und Ihnen alles abspenstig zu machen, was wertvoll ist und eigenständige Entscheidungen treffen kann – insbesondere Kunden und Schlüsselmitarbeiter.

Sobald die Strukturfragen und Stellenbesetzungen einigermaßen unter Dach und Fach sind, stellt sich das Thema der *kulturellen Integration*. Aber wirklich erst dann, denn solange die Leute nicht wissen, wo ihr künftiger Platz ist bzw. ob sie überhaupt noch einen Job haben, ist an eine kulturelle Integration überhaupt nicht zu denken. Allerdings muss von Anfang an einer *Lagerbildung* ebenso vorgebeugt werden wie einer Ausgrenzung der neu hinzugekommenen Mitarbeiter und Führungskräfte. Denn sonst ist es eine Frage der Zeit, bis die Leistungsträger des übernommenen Unternehmens den Sirenengesängen der Headhunter erliegen und der Reihe nach abwandern.

Auch wenn Kultur-Workshops nützlich sein können, am besten gelingt die kulturelle Integration, wenn die Mitarbeiter und Führungskräfte beider Seiten zusammenarbeiten *müssen*, um gemeinsame Herausforderungen zu bewältigen. Wenn es aus ihrer subjektiven Perspektive sinnvoller ist, zu kooperieren, als Grabenkriege zu führen, werden sie genau dies tun. Zentral ist daher, die Rahmenbedingungen des Handelns entsprechend zu gestalten. Deshalb trägt ein anspruchsvolles Ziel, für das der Einsatz aller Kräfte erforderlich ist, mehr zur Integration bei als langwierige Diskussionen über Werte oder die Erarbeitung von Leitbildern.

So wichtig die kulturelle Integration für den Erfolg eines Mergers ist, das strategische Potenzial der Unternehmenskultur ist damit noch nicht ausgereizt. Statt es einfach der Organisationsdynamik zu überlassen, welche neue Kultur sich im Laufe der Zeit herausbildet, liegt eine große Chance darin, sie durch eine *aktive Kulturgestaltung* konsequent auf die künftige Unternehmensstrategie auszurichten.

Dummerweise läuft es auch bei Integrationen nicht immer so, wie man es sich gedacht hat – sei es, weil man Fehler gemacht oder Wichtiges übersehen hat oder auch nur, weil andere Mitspieler, die für die Integration mitverantwortlich sind, Entscheidungen treffen oder Spielzüge machen, die entweder von Anfang an fragwürdig sind oder sich im Nachhinein als falsch erweisen. Schneller als erwartet findet man sich dann in einer Situation wieder, in der die Integration schiefläuft. Es hilft wenig, heroisch zu beschließen, dass so etwa unter keinen Umständen vorkommen darf. Es kommt vor. Und dann hilft nur noch ein *Krisenmanagement*.

Hoffen wir, dass Sie das betreffende Kapitel nicht brauchen. Doch für den Fall, dass Sie es brauchen sollten, ist es da.

Gleich wie das Integrationsprojekt verlaufen ist, den Abschluss sollte eine gemeinsame *Auswertung* bilden. Eine »Lessons-Learnt«-Sitzung dient zum einen dazu, aus individuellen Erfahrungen ein gemeinsames Lernen zu machen – was besonders wichtig ist, wenn weitere Akquisitionen geplant sind, aber auch ansonsten von Nutzen ist. Zum anderen dient sie dazu, das Projekt sauber abzuschließen, was der Psychohygiene aller Beteiligten zuträglich ist, vor allem wenn dabei auch eine Würdigung der geleisteten Arbeit erfolgt und der Abschluss vielleicht im Rahmen eines gemeinsamen Abendessens gefeiert wird.

Und schließlich ist eine Integration, auch wenn man fast alles richtig macht, eine gewaltige Menge an Arbeit und zudem eine erhebliche nervliche Belastung. Wer daran mitarbeitet, muss deshalb auch darauf achten, dass seine eigenen Bedürfnisse und sein Privatleben dabei nicht völlig unter die Räder kommen. Daher geht es im **Teil V** um das Teilsystem Individuum und das **Integration-Management in eigener Sache**. Da sich für die emotionale Verfassung der Integrationsverantwortlichen normalerweise niemand sonderlich interessiert, ist es ein legitimer Abschluss des Buchs, sich diesem Thema explizit zu widmen und persönliche *Überlebensstrategien* zu erörtern.

Teil I:

Die Logik des ökonomischen Systems – Mehrwert durch Zusammenschlüsse

Fusionen und Übernahmen finden in einem Wettbewerbsumfeld statt, und den Wettbewerbern kann es nicht gleichgültig sein, wenn sich zwei ihrer Konkurrenten zusammenschließen und dadurch zumindest potenziell deutlich an Stärke gewinnen. Sie müssen daher reagieren – und diese Reaktionen können unter Umständen erhebliche Rückwirkungen auf den Verlauf und den Erfolg der Integration haben. Denn während der Post-Merger-Integration ist ein Unternehmen verwundbarer als sonst, und dieses »Fenster der Verwundbarkeit« gilt es schnellstmöglich wieder zu schließen.

Erhebliche Auswirkungen auf den Verlauf und die Dynamik von Integrationen hat auch eine weitere externe Instanz, nämlich die Eigentümer bzw. der Kapitalmarkt. Beide beobachten den Fortgang der Integration aufmerksam und kritisch, und wenn ihnen nicht gefällt, was sie da sehen, setzen sie den Vorstand des fusionierenden Unternehmens unter Umständen massiv unter Druck, was wiederum in aller Regel nicht ohne Folgen für das gesamte Unternehmen und insbesondere für das Integrationsprojekt bleibt.

Hier zeigt sich zum ersten Mal der praktische Nutzen der systemischen Perspektive: Wer nur auf das fusionierende Unternehmen selbst schaut, kann leicht zu falschen Schlussfolgerungen kommen. Um das optimale Vorgehen bei einer Integration zu bestimmen, ist es unerlässlich, die Wechselwirkungen mit den externen Teilsystemen »Eigentümer/Kapitalmarkt«, »Wettbewerber« sowie »Kunden/Lieferanten« zu verstehen.

Wir beginnen diesen Teil des Buches mit einer Klärung der Begriffe. Denn wie jedes Fachgebiet haben auch »Mergers & Acquisitions« (Fusionen und Übernahmen) ihre eigene Fachsprache, und es ist notwendig, deren wichtigste Vokabeln zu beherrschen. Dabei geht es nicht nur darum, die Begriffe zu verstehen und richtig zu verwenden, sondern auch darum, ihren ökonomischen bzw. juristischen Hintergrund zu kennen.

Ein Schlüsselbegriff lautet **Synergieeffekte**. Ihm widmen wir ein eigenes Kapitel, weil sich bei Fusionen und Übernahmen letztlich alles um dieses Thema dreht.

1 Übernahme, Merger, Fusion, Akquisition, Takeover, Integration: Was sich hinter den Begriffen verbirgt

Ein verwirrender Begriffssalat umgibt den Zusammenschluss von Unternehmen: Fusion, Übernahme, Merger, Akquisition, Mergers & Acquisitions, Takeover, freundliche oder feindliche Übernahme, Signing, Closing, Share Deal und Asset Deal, Integration, Post-Merger-Integration. Doch das ganze Wortgeklingel ist eigentlich recht einfach zu verstehen. Bevor wir loslegen, wollen wir daher kurz die wichtigsten Begriffe erklären und ihre Zusammenhänge ordnen – und bei dieser Gelegenheit auch gleich ihren strategischen Hintergrund erläutern.

1.1 Übernahme, Akquisition, Takeover

Eine **Übernahme** (engl. **Acquisition** oder **Takeover**) bzw. – von der Gegenseite aus betrachtet – ein **Unternehmensverkauf** liegt dann vor, wenn ein Unternehmen von einem anderen aufgekauft wird. Meist ist das übernehmende Unternehmen das größere, aber es gibt auch Übernahmen von gleich großen Unternehmen und sogar solche, in denen ein größeres Unternehmen von einem kleineren übernommen wird. Die Größenverhältnisse spielen nicht nur für die ökonomische Seite eine Rolle, sondern auch für den Integrationsprozess: Je größer der Brocken ist, desto leichter kann man sich daran nicht nur finanziell verschlucken, sondern auch bei der Integration.

Je nach Rechtsform und Eigentümerstruktur kann (bzw. muss) die Übernahme auf unterschiedliche Arten realisiert werden: Bei einem im Privatbesitz befindlichen Unternehmen müssen Käufer und Verkäufer lediglich den Kaufvertrag aushandeln und dann zum Notar gehen. Bei einem börsennotierten Unternehmen kann der Käufer durch Kauf oder Tausch Aktienpakete von Großaktionären übernehmen oder schrittweise Aktien, die sich im Streubesitz befinden, aufkaufen. Je nach Konstellation gibt es weitere Möglichkeiten.

Für börsennotierte Unternehmen gelten dabei strenge Regeln – beispielsweise, dass sich Großaktionäre bei Überschreiten einer bestimmten prozentualen Schwelle offenbaren müssen oder dass Minderheitsaktionären, wenn ein neuer Eigentümer die unternehmerische Führung übernommen hat, ein Abfindungsangebot gemacht werden muss. Dies ist ein (im doppelten Wortsinne) reiches Betätigungsfeld für Juristen – und oftmals eine Quelle zusätzlicher Verunsicherung für die Belegschaften.

1.2 Aus Sicht der Mitarbeiter ist jede Übernahme feindlich

Als »freundlich« gilt eine Übernahme, wenn der Vorstand des übernommenen Unternehmens mit dem Aufkauf einverstanden ist. Gründe dafür gibt es verschiedene. Zum Beispiel kann der Vorstand der Meinung sein, dass die Übernahme für die Eigentümer oder Aktionäre ein guter Deal ist, weil sie von dem Käufer für ihre Anteile mehr Geld bekommen, als sie es bei einer selbstständigen Weiterführung des Unternehmens realistischerweise erwarten könnten.[1]

Von einer »**feindlichen Übernahme**« (hostile takeover) spricht man, wenn das Top-Management des übernommenen Unternehmens bzw. dessen derzeitige Eigentümer die Übernahme ablehnen und sie zu verhindern suchen. In solchen Fällen finden oft alle möglichen Manöver statt, um den Angriff abzuwehren, bis hin zum Verkauf an einen anderen Käufer (den so genannten »Weißen Ritter«). Diese Aktionen müssen uns im Detail nicht interessieren, weil solche Schlachten eh bereits geschlagen sind, wenn es zu einer Post-Merger-Integration kommt.

Aus Sicht der betroffenen Mitarbeiter und Führungskräfte macht dies keinen großen Unterschied. Für sie ist im Grunde jede Übernahme feindlich, weil sie nicht nur eine potenzielle Bedrohung ihrer Arbeitsplätze darstellt, sondern auch sonst in vielerlei anderer Hinsicht ein Abenteuer mit ungewissem Ausgang ist. Aber auf ihre Sichtweise wird üblicherweise keine Rücksicht genommen.

Für den Integrationsprozess hat die Frage, ob die Übernahme freundlich oder feindlich war, weniger Auswirkungen, als man vermuten würde. An deren Bedrohlichkeit für die Mehrzahl der Beteiligten ändert das kaum etwas. Auch die Absto-

---

1 Für die Vorstände persönlich ist es meist auch nicht von Nachteil, weil sie in ihren Verträgen in der Regel einen Passus haben, der ihnen im Falle eines Eigentümerwechsels ein außerordentliches Kündigungsrecht mit hohen Abfindungen einräumt.

ßungsreaktionen des übernehmenden Unternehmens treten ebenso vorhersagbar in beiden Szenarien auf wie das Ringen um die Synergieeffekte und die Nöte der Stellenbesetzung.

Der einzige Unterschied ist, dass nach einer längeren »Abwehrschlacht« die Stimmung in der Regel aufgeheizt ist. Das stellt vor allem in den ersten Wochen höhere Anforderungen an die Kommunikation und die Kommunikatoren. Aber die normative Kraft des Faktischen greift auch hier. Je weiter die Zeit voranschreitet, desto mehr gleicht sich der Verlauf feindlicher und freundlicher Übernahmen einander an.

Eine **Fusion** oder **Verschmelzung (Merger)** liegt dann vor, wenn sich zwei (oder mehr) Unternehmen zu einem neuen zusammenschließen. Das ist juristisch komplizierter als eine Übernahme, hat ihr gegenüber aber den Vorteil, dass dafür sehr viel weniger Kapital benötigt wird. Dazu kommt der psychologische Gewinn, dass keines der Unternehmen »geschluckt« wurde und damit nach außen hin als der Verlierer dasteht. Die teils komplizierten rechtlichen Konstruktionen für Fusionen sind aber für das Management der Integration fast ohne Belang: Für die Mitarbeiter und Führungskräfte ist generell weniger die gewählte juristische Ausgestaltung von Bedeutung als das, was hinterher real mit ihnen und ihren Unternehmen geschieht.

1.3 Rechtliche Hürden

Sowohl größere Übernahmen als auch Fusionen müssen durch die Kartellbehörden genehmigt werden, was nicht nur viel Zeit kosten, sondern auch einigen Einfluss auf das am Ende entstehende Gebilde haben kann. Denn um zu verhindern, dass das neue Unternehmen eine marktbeherrschende Stellung erwirbt, bestehen die Kartellbehörden oft auf den Verkauf von Unternehmensteilen, die strategisch großen Reiz gehabt hätten.

Was die Sache kompliziert macht, ist, dass bei internationalen Fusionen und Übernahmen oft eine Genehmigung auf mehreren Ebenen erforderlich ist: Dann kommen nicht nur deutsche, sondern auch europäische und amerikanische Kartellbehörden ins Spiel – und erhöhen die Komplexität mit unterschiedlichen Auflagen. Es kann sogar vorkommen, dass eine der Behörden ihr Veto einlegt, während andere vielleicht schon grünes Licht gegeben haben.

Sowohl Übernahmen als auch Fusionen können, sofern sie im Geltungsbereich deutschen Rechts stattfinden, einen **Betriebsübergang** im Sinne des § 613a des Bürgerlichen Gesetzbuchs (BGB) darstellen, der für die Dauer eines Jahres einen weitgehenden Besitzstandsschutz für die Arbeitnehmer garantiert (→ Kap. 27).

Das ist immer dann der Fall, wenn es sich um einen sogenannten **Asset Deal** handelt, also um den Verkauf von rechtlich unselbstständigen Unternehmensteilen an einen neuen Eigentümer. Dazu zählt beispielsweise (meistens) der Verkauf eines Werks oder eines Geschäftsbereichs. Handelt es sich dagegen um einen sogenannten **Share Deal**, also um den Verkauf eines kompletten Unternehmens oder von rechtlich selbstständigen Anteilen daran, liegt kein Betriebsübergang vor[2].

Für das Management der Integration ist diese juristische Unterscheidung in doppelter Hinsicht von Bedeutung: Zum einen müssen bei einem Betriebsübergang eine Reihe rechtlicher Vorschriften peinlich beachtet werden, um später nicht in Teufels Küche zu kommen (→ Kap. 27.3). Zum anderen ist es im Falle eines Share Deals meistens so, dass der Käufer auch eine komplett funktionsfähige Infrastruktur übernimmt, während der gekaufte Unternehmensteil bei einem Asset Deal ab dem formalen Betriebsübergang möglicherweise von wesentlichen Teilen seiner bisherigen Infrastruktur abgeschnitten ist.

So nutzte beispielsweise eine verkaufte Fabrik bislang vermutlich die IT des Verkäufers und hat weder einen eigenen Einkauf oder eine Personalabteilung noch ein eigenes Rechnungswesen. Nach dem Eigentumswechsel ergibt es für den Verkäufer aber keinen Sinn mehr, dieses Werk weiter zu »ernähren«. Wer also nicht möchte, dass nach dem Stichtag die Bildschirme schwarz bleiben und bald danach auch die Supply Chain versiegt, muss einen Plan haben, wie er diesen Übergang nahtlos hinbekommt, und ihn zügig umsetzen.

1.4 Der »heilige« Stichtag des Closing

Die Notwendigkeit, diverse Genehmigungen einzuholen, ist einer der Gründe, weshalb zwischen dem **Signing** und dem **Closing**, das heißt dem Vertragsabschluss und dem offiziellen Inkrafttreten der Fusion oder Übernahme, oft erhebliche Zeiträume – mehrere Monate oder noch länger – liegen. Dahinter steht ein juristisches Prinzip, das viele Rechtssysteme kennen, obwohl es den wenigsten Laien bewusst ist, nämlich die Trennung von »Verpflichtungsgeschäft« und »Ver-

---

2 Juristisch liegt der Unterschied zwischen Share Deal und Asset Deal in der Frage, ob das Eigentum (oder auch nur die Mehrheit der Anteile) an einer vollständigen »juristischen Person«, also beispielsweise an einer AG oder GmbH, an den Käufer übergeht, oder ob rechtlich unselbstständige Unternehmensteile wie beispielsweise ein Werk verkauft werden. Ändern sich nur die Eigentumsverhältnisse an einer AG oder GmbH (»Share Deal«), dann bleibt diese juristische Person trotzdem unverändert der Arbeitgeber der Beschäftigten, und infolgedessen gibt es auch keinen Betriebsübergang. Wird dagegen ein rechtlich unselbstständiger Unternehmensteil verkauft (»Asset Deal«), wechselt der Arbeitgeber – und dementsprechend greifen dann die Regelungen zum Betriebsübergang.

fügungsgeschäft« oder, umgangssprachlich gesagt, einerseits dem Vertragsabschluss (»Signing«), andererseits der Vertragserfüllung (»Closing«).

Bei vielen Alltagsgeschäften fallen »Verpflichtung« und »Erfüllung« zusammen. Wenn wir uns in der Kantine ein Mittagessen kaufen oder beim Bäcker eine Brezel, dann wird der Vertrag im selben Moment erfüllt, in dem wir ihn abschließen: Der Verkäufer erfüllt, indem er uns die Brezel übergibt, wir, indem wir sie bezahlen. Wenn wir dagegen ein Haus oder ein Auto kaufen, bezahlen wir in der Regel nicht sofort bei Vertragsabschluss und können das Haus auch nicht sofort beziehen bzw. das Auto nicht sofort mitnehmen; vielmehr wird der Vertrag erst einige Wochen oder Monate nach seinem Abschluss erfüllt.

Bei Fusionen und Übernahmen gilt die Besonderheit, dass vor dem **Closing** nicht mit dem Vollzug der Integration begonnen werden darf. Weder die Aufsichtsräte und Eigentümer noch die Kartellbehörden wären amüsiert, wenn vor ihrer Entscheidung bereits vollendete Tatsachen geschaffen würden. Beispielsweise dürfen sich die »verlobten« Unternehmen noch keinen Einblick in die wechselseitigen Geschäftsgeheimnisse gewähren. Auch für Behörden, Öffentlichkeit und Kapitalmarkt muss transparent sein, wer zu welchem Zeitpunkt für das Unternehmen verantwortlich ist bzw. war. Und das bedeutet, dass Stichtage gewahrt werden müssen.

Wer also mit der Integration zu eilig vorprescht, kann erheblichen Ärger bekommen. Der Closing-Termin ist sakrosankt und strikt zu beachten – Ausnahmen bilden manchmal kleinere Privatunternehmen, wenn die Eigentümer sich einig sind. Nicht verboten ist es dagegen, schon vor dem Closing mit dem Denken zu beginnen.

Und das ist dringend zu empfehlen: Um auf den entscheidenden ersten Metern der Integration keine Zeit zu verlieren, kommt es darauf an, die Pre-Closing-Phase für eine detaillierte Planung des Vorgehens zu nutzen. Erfolgreiche Integratoren unterscheiden sich von weniger erfolgreichen nicht zuletzt dadurch, dass sie einen genauen Plan haben, was sie ab dem Tag des Closings tun wollen und werden (→ Kap. 14).

1.5 Der strategische Hintergrund

Prinzipiell kann man Unternehmen natürlich auch kaufen, ohne irgendeine Art von Integration vorzunehmen. Es handelt sich dann um eine reine Finanzanlage bzw. um eine **Diversifizierung.** Solche Diversifikationen waren eine Zeit lang sehr angesagt, sind aber ziemlich aus der Mode gekommen, nachdem offensichtlich wurde, dass der Kapitalmarkt die Aktien von Mischkonzernen oder Konglomeraten nicht sehr vorteilhaft bewertet.

Der Grund dafür ist, dass ein Investor keine Mischkonzerne braucht, um diversifizieren zu können – dazu braucht er lediglich Aktien verschiedener Unternehmen zu kaufen. Ein diversifizierter Konzern entzieht dem Anleger Gestaltungsmöglichkeiten, weil er nur das Gesamtpaket kaufen kann – und dafür »bestraft« ihn der Kapitalmarkt durch niedrigere Kurse. Auch das gängige Argument, dass ein diversifiziertes Unternehmen weniger anfällig für Kursschwankungen sei, beeindruckt den Kapitalmarkt nicht. Denn erstens gilt das nicht nur für Schwankungen nach unten, sondern auch für solche nach oben, und zweitens kann der Anleger denselben Effekt auch erzielen, indem er sich Aktien verschiedener Branchen kauft.

Um die **Synergieeffekte** (→ Kap. 3) zu erzielen, um derentwillen Fusionen und Übernahmen hauptsächlich durchgeführt werden, ist jedoch eine Zusammenführung erforderlich – entweder in Teilen oder als vollständige Verschmelzung. Dies möglichst schnell und möglichst reibungslos zu bewerkstelligen, ist Aufgabe der **Post-Merger-Integration**, eines der schwierigsten Spezialgebiete des Change Managements. Um sie geht es in diesem Buch.

Motive für Fusionen und Übernahmen

Was ist eigentlich der Grund dafür, dass es in den letzten Jahren und Jahrzehnten zu so vielen Übernahmen und Fusionen kommt? Eine populäre Erklärung ist der »Größen-Wahn«, den Medien und Öffentlichkeit den betreffenden Vorständen unterstellen, oder gar die persönliche Gier nach Macht und Einkommen. Auch wenn es naiv wäre, solche Motive völlig auszuschließen, gibt es doch auch schwerwiegende ökonomische Gründe, die dafür sprechen (können), ein Unternehmen zuzukaufen oder sich mit einem Wettbewerber zusammenzuschließen.

Der wohl wichtigste Grund ist, dass in vielen Geschäftsfeldern (wenn auch nicht in allen!) das Volumen bzw. die hergestellten Stückzahlen eine entscheidende Rolle spielen. In vielen Branchen verdienen heute nur noch der Marktführer, der Zweitgrößte und allenfalls der Drittplatzierte, weil die »Platzhirsche« erhebliche Kostenvorteile haben – von Entwicklung über Einkauf und Produktion bis hin zu Vertrieb und Service. Das sind die vielzitierten **Economies of Scale** (ins Deutsche zuweilen etwas farblos mit »Skaleneffekte« übersetzt). Wenn man nun zufällig die Nummer 5 oder 6 in solch einem Markt ist, kann man entweder weinend nach Hause gehen, weil man das Spiel verloren hat, oder man muss es irgendwie schaffen, in die Spitzengruppe vorzudringen.

Dafür gibt es im Grunde nur zwei Möglichkeiten, nämlich zum einen das sogenannte **organische Wachstum** über den stetigen Zugewinn von Marktanteilen, zum anderen die Übernahme eines Konkurrenten bzw. die Fusion mit ihm (wofür zuweilen der unsinnige Begriff des »anorganischen« Wachstums verwendet wird[3]). Das Problem dabei ist nur: Um aus sich heraus zu wachsen und Marktanteile zu gewinnen, muss man entweder die vorhandenen Wettbewerber im Preis unterbieten oder man muss attraktive Innovationen bieten.

Einen Preiskampf anzuzetteln, ist in aller Regel keine gute Idee, und zwar aus zwei Gründen: Erstens weil die Wettbewerber dabei fast unweigerlich nachziehen. Am Ende erreicht man damit statt eines höheren Marktanteils meist nur eine Senkung des Preisniveaus in der gesamten Branche und damit geringere Erträge für alle. Zweitens weil ein Preiskrieg diejenigen mit den höchsten Kosten am härtesten trifft – also in der Regel kleineren Wettbewerber, die geringere Stückzahlen und damit weniger »Skaleneffekte« haben.

Echte Innovationen wiederum, derentwegen einem neue Kunden in Scharen zulaufen, sind in reifen Märkten dünn gesät. Auf ein Unternehmen Apple kommen Hunderte von Elektronikanbietern, die keine marktbewegenden Innovationen zu bieten haben – und selbst bei Apple sieht es so aus, als ob sie allmählich ihr Pulver verschossen hätten. Deshalb ist ein Wachstum in reifen Branchen im Grunde nur über Fusionen und Übernahmen möglich.

»Zukauf« von Innovationen

Apropos Innovationen: Auch sie können ein guter Grund für Übernahmen sein. Man kann sie natürlich auch selbst entwickeln; da dabei aber immer eine Zufalls- bzw. Glückskomponente im Spiel ist, stellt man vielleicht irgendwann fest, dass man weniger neue Pfeile im Köcher hat, als man bräuchte oder gerne hätte. Falls es dann zufällig einen Wettbewerber gibt, der eine tolle Innovation besitzt, aber vielleicht nicht die Vertriebspower für ihre weltweite Vermarktung hat, dann kann es für beide Seiten ein gutes Geschäft sein, sich zusammenzutun bzw. den kleineren Wettbewerber zu übernehmen.

Wenn sich beispielsweise ein Pharmaunternehmen eingestehen muss, dass seine eigene Forschung nicht genügend neue Medikamente in der Pipeline hat, um seine heutige Position im Markt zu behaupten, dann drängt es sich auf, nach geeigneten Übernahmekandidaten zu suchen. Erst recht gilt das in innovativen

3 Unsinnig ist der Begriff »anorganisches« Wachstum, weil er einen fehlerhaften Bezug zur Chemie herstellt. Dort gibt es in der Tat die Unterscheidung von organischer und anorganischer Chemie; dies hat jedoch nichts mit Wachstum zu tun, vielmehr steht »organisch« für die Chemie der Kohlenstoffverbindungen (die mit Organismen zu tun hat), während »anorganisch« die Nicht-Kohlenstoff-Chemie bezeichnet, also sich grob gesagt auf die Chemie der toten Materie bezieht. Die Metapher »organisches Wachstum« ist nicht aus der Chemie entlehnt, sondern aus der Biologie; sie bedeutet so viel wie natürliches Wachstum oder ein Wachstum aus sich heraus. Einen wirklichen Gegenbegriff dazu gibt es nicht, wenn man aber trotzdem einen sucht, könnte man von additivem oder synthetischem Wachstum sprechen, also von einem Wachstum durch Zusammenschluss. (Das ist in der Biologie seltener, scheint aber in der Evolution durchaus auch eine Rolle gespielt zu haben, vergl. Dawkins 1976, 2006.)

Geschäftsfeldern wie etwa der Biotechnologie: Statt hier von Null anzufangen oder verzweifelt zu hoffen, dass aus den eigenen Laboren doch noch der lange erhoffte Durchbruch kommt, kann es strategisch ausgesprochen klug sein, ein junges Biotech-Unternehmen zu übernehmen, das (fast) marktreife Produkte besitzt, aber nicht die erforderlichen Vermarktungskapazitäten.

In manchen Branchen ist diese Art von Arbeitsteilung – Produktion und Vertrieb durch die einen, Entwicklung marktreifer Produkte durch die anderen – sogar zum regelrechten Geschäftsmodell geworden. Bei Rohstoffen zum Beispiel gibt es die »Junior Miners«, die auf Exploration und Analyse spezialisiert sind, aber weder das Know-how noch die Ressourcen für den professionellen Abbau der Erze hätten. Stattdessen lassen sie sich samt ihrer vielversprechenden Fundstätte mit hohem Gewinn von den »Seniors« aufkaufen, sobald ihr Potenzial klar genug erwiesen ist: ein riskantes, aber sehr gewinnträchtiges Geschäftsmodell.

Doch es kann auch andere Gründe für eine solche Arbeitsteilung geben. Ein Beispiel dafür ist der Fall, bei dem ein Technologiekonzern erkannte, dass seine Kultur zwar sehr gut geeignet war, um innovative Ideen zur Marktreife zu entwickeln, nicht aber dafür, neue Ideen hervorzubringen und zu fördern. Denn in seiner kritisch-analytischen Kultur wurden viele zarte Pflänzchen zertreten, bevor ihre Potenziale überhaupt zu erkennen waren. Er hatte daher zwei Möglichkeiten: entweder zu versuchen, seine Kultur innovationsfreundlicher zu gestalten – mit dem Risiko, dabei deren große Stärke, nämlich das rigorose Hinterfragen, zu beschädigen –, oder er konnte die Schattenseite seiner Stärke akzeptieren und systematisch innovative Start-ups aufkaufen, statt die Ideen unbedingt selbst entwickeln zu wollen.

Allerdings stellt die Übernahme solcher Innovationsfirmen höchste Anforderungen an die Post-Merger-Integration. Auf keinen Fall darf man das zugekaufte Unternehmen einfach in das Korsett der bestehenden Regeln und Strukturen pressen – und Bestrebungen in dieser Richtung wird es mit hoher Wahrscheinlichkeit geben (»Die müssen auch mal lernen, sich an Regeln zu halten!«). Doch wenn man die Wissens- und Leistungsträger der übernommenen Firma verprellt und sie nach einigen Kämpfen schließlich abwandern, dann hat man den größten Nutzen der Akquisition verspielt. Hierin besteht der Unterschied zur Übernahme beispielsweise einer Mining-Firma, bei der man die gekaufte Lagerstätte auch ausbeuten kann, wenn sämtliche Mitarbeiter die Firma verlassen: Wenn bei einer Know-how-Firma die Leistungsträger gehen, hat man für teures Geld letztlich gebrauchte Büromöbel gekauft und vielleicht ein paar Laborgeräte.

1.6 Nicht Rechenspiele bringen Synergien, nur die erfolgreiche Integration

Was den Trend zu Fusionen und Übernahmen zusätzlich beschleunigt, ist, dass sich viele Geschäftsfelder immer mehr internationalisieren oder gar globalisieren. Internet und Euro haben hier zusätzliche Schübe ausgelöst, aber der Trend besteht schon länger. Plötzlich genügt es zum Beispiel im Bankensektor nicht mehr, eine gute Position im heimischen Markt zu haben, sondern es geht um eine führende Position in Europa oder in der Welt.

So war die Fusion der österreichischen »Länderbank« mit der »Z«, der Wiener Zentralsparkasse, zur Bank Austria noch eine rein innerösterreichische Angelegenheit. Die Fusion der Bank Austria (größte Bank in Österreich) mit der Creditanstalt (Nr. 2) erfolgte bereits mit Blick auf den europäischen Markt, doch über das fusionierte Unternehmen hieß es bald, es sei »für Österreich zu groß und für Europa zu klein«. Erst die Übernahme durch die HypoVereinsbank (HVB) – ihrerseits rein innerbayerisch aus der Fusion der Bayerischen Hypotheken- und Wechselbank mit der Bayerischen Vereinsbank hervorgegangen – vollzog den Schritt hin zu einem ernsthaften Mitspieler im europäischen Markt. Dass damit immer noch nicht das letzte Wort gesprochen war, zeigte die Übernahme der HVB durch die italienische UniCredit – und ob damit das »Ende der Geschichte« erreicht ist, wird die Zukunft zeigen. (Vielleicht geht man auch irgendwann wieder den umgekehrten Weg, weil Banken dieser Größe »too big to fail« sind und damit ein hohes volkswirtschaftliches Risiko darstellen.)

Vor einer ähnlichen Situation stehen viele mittelständische Unternehmen, die die Absicht haben oder die Notwendigkeit erkennen, internationale Märkte zu erschließen, aber auch jeder Großkonzern, der seine Marktposition auf einem anderen Kontinent ausbauen will oder muss. Da diese Märkte ja in der Regel bereits besetzt sind, würde ein Verdrängungswettbewerb Generationen dauern und die Gefahr eines Preiskriegs auslösen. Also heißen die Alternativen auch hier Fusion (DaimlerChrysler) oder Übernahme (Renault Nissan). Allerdings zeigt das erstgenannte Beispiel, dass trotz der theoretisch errechenbaren Synergien nicht alles fusionierbar ist, was sich ungefähr im selben Markt bewegt. Meist liegt der Grund dafür weniger in unüberbrückbaren kulturellen Unterschieden, die einer echten Verschmelzung im Wege stehen, als in der inkompatiblen Art und Weise, das Geschäft zu betreiben (→ Kap. 15.9).

Die eigentliche Herausforderung beginnt aber in all diesen Fällen erst nach der Unterschrift unter den Fusions- oder Übernahmevertrag. Denn das Aufrücken in die Klasse derer, die im jeweiligen Geschäftsfeld Geld verdienen, geschieht nicht durch die Addition der Bilanzen, sondern durch das reale Einspielen von Synergien – und vor die haben die Götter die Knochenarbeit der Integration gesetzt. So lange die Nummer 4 und die Nummer 5 zwar rechnerisch zur Nummer 2 aufgestiegen sind, aber die Synergien nicht wirklich gehoben haben, bleiben sie unabhängig von der neuen Rechtsform in Wirklichkeit Nummer 4 und 5 und verlieren Geld – vermutlich sogar mehr als vorher.

WICHTIGSTE ERKENNTNISSE UND SCHLUSSFOLGERUNGEN

- Wie jedes Fachgebiet haben auch »Mergers & Acquisitions« (Fusionen und Übernahmen) ihre eigene Fachsprache, und es ist nützlich, deren wichtigste Vokabeln zu beherrschen.
- Die Motive für Fusionen und Übernahmen sind vielfältig. Neben dem vieldiskutierten »Größen-Wahn« und dem persönlichen Ehrgeiz mancher Vorstände zählen dazu insbesondere Größenvorteile, strategische Ergänzungen und der Zukauf von Innovationen. Doch gleich was die Motive waren, nach dem Closing geht es nur noch darum, die Fusionsziele zu erreichen.
- Die Unterscheidung von feindlicher und freundlicher Übernahme betrifft primär das Top-Management. Für die Mitarbeiter ist fast jede Übernahme feindlich, weil sie potenziell bedrohlich ist für ihre Arbeitsplätze, ihre Lebensgewohnheiten und ihr Zugehörigkeitsgefühl.
- Synergieeffekte sind leichter errechnet als umgesetzt. Sie entstehen nicht durch den Zukauf, sondern erst durch die erfolgreiche Integration von Funktionen. Deshalb stehen sie in aller Regel im Zentrum des fachlichen Integrationsprozesses.
- Ein wichtiger Termin ist das »Closing«, das formale Inkrafttreten der Fusion oder Übernahme. Denn erst ab diesem Termin darf mit der tatsächlichen Integration begonnen werden.
- Umso wichtiger ist, die Zeit vor dem Closing zur bestmöglichen Vorbereitung der fachlichen und kulturellen Integration zu nutzen, damit man einen durchdachten Plan hat und ab dem Tag des Closing schnell und zielstrebig agieren kann.

2 Kapitalmarkt: Weshalb die Integration unter Zeitdruck steht

Wer sich als Integration-Manager nur privat für Aktienkurse interessiert, hat etwas Wesentliches übersehen. Nämlich, dass der Kapitalmarkt massiven Druck auf sein Unternehmen ausüben kann, und zwar in einer Weise, die erheblichen Einfluss auf den Integrationsprozess hat. Großaktionäre, Banken und Analysten bestehen penetrant auf einer positiven Entwicklung des Aktienkurses, auf der baldigen Ausweisung der »Fusionsrendite« und überdies auf einer (aus ihrer Sicht) angemessenen Dividende. Bei nicht börsennotierten Unternehmen übernehmen die Inhaber diese Funktion – teils mit mehr, teils mit noch weniger Geduld.

Im Aktienkurs kommen die Erwartungen der Aktionäre und Analysten über die Zukunftsperspektiven Ihres Unternehmens zum Ausdruck, oder genauer, an die für die Zukunft erwarteten Cash-Flow-Ströme. Da vor allem Großaktionäre und Analysten in der Regel erstens recht gut informiert sind und zweitens einigen Einfluss auf das Verhalten anderer Aktionäre und damit auf den Aktienkurs haben, darf man ihre Einschätzungen nicht auf die leichte Schulter nehmen.

Überdies wirken sie auf das Unternehmen zurück, weil kritische Bewertungen von Analysten das Top-Management in erheblichen Zugzwang bringen können. Wenn gestandene Vorstände wissen, dass sie in den nächsten Monaten regelmäßig »gegrillt« werden, bleibt das auf ihr Handeln nicht ohne Einfluss. Den Zeitdruck auf das Realisieren von Ergebnissen, dem sie selbst ausgesetzt sind, geben sie an ihre Umgebung weiter: »Wir müssen mit Ergebnissen da sein, bevor unsere Shareholder nervös werden«, meinte ein Finanzvorstand in treffender Einschätzung der Lage.

2.1 Kursentwicklungen im Zuge einer Fusion

Ist der Aktienkurs im Zusammenhang mit der Fusion nach oben gegangen, steht das Management »nur« unter dem Druck, die erwarteten Synergien tatsächlich zu liefern. Oder noch besser, sie zu übertreffen, denn sonst steigt der Kurs nicht weiter – die angekündigten Synergien sind ja bereits »eingepreist«. Dies ist noch der harmloseste Fall, doch schon der ist kein Spaziergang, denn errechnete Synergien verwandeln sich nicht von alleine in realisierte. Papier ist geduldig, und die Probleme stecken im Detail.

Hat der Kurs nachgegeben, steht das Management unter noch größerem Druck. Dann muss es bei Strafe seiner unehrenhaften Ablösung beweisen, dass durch die Fusion mehr Wert geschaffen wurde, als sich in den derzeitigen Kursen widerspiegelt. Das ist häufig nur über eine Verschärfung der eingeschlagenen Gangart zu erreichen, denn, wie gesagt, die Analysten sind in der Regel gut informiert.

Noch unangenehmer ist, wenn sich die negativen Erwartungen der Analysten nicht nur auf den »strategischen Fit« zwischen den beiden Unternehmen beziehen, sondern auf das Management. Was auf gut Deutsch heißt, dass sie der derzeitigen Führung eine erfolgreiche Integration und Neuausrichtung nicht zutrauen. Das Management wird sich dieser Sichtweise in der Regel nicht anschließen wollen – also steht es vor der Notwendigkeit, binnen möglichst kurzer Zeit den Gegenbeweis zu liefern.

Was die Sache noch schwieriger macht, ist die Tatsache, dass sich der Gang der Geschichte nicht immer an die Prognosen hält, die in der Euphorie des erfolgreichen Vertragsschlusses auf den ersten Pressekonferenzen verkündet wurden. Die Handlungsoptionen des Managements für den Fall, dass die Synergien sich nicht so einstellen wie angekündigt, sind überschaubar. In der Regel bleibt ihm dann, um das weitere Abrutschen der Aktienkurse zu stoppen, kaum etwas übrig als ein Sofortprogramm mit drastischen Maßnahmen (sprich Kostensenkungen und Personalabbau) anzukündigen, das deutlich über die ursprünglichen Pläne hinausgeht.

Darauf reagiert der Kapitalmarkt in der Regel positiv – jedenfalls so lange, bis sich herausstellt, dass die Effekte nicht so eintreten wie angekündigt. Auf das zweite Sofortprogramm reagiert der Kapitalmarkt schon deutlich verhaltener. Ab dann läuft die letzte Chance für diesen Vorstand.

2.2 Hoher Erwartungsdruck

Außenstehende machen sich keine Vorstellung, unter welchen Druck das Top-Management geraten kann, wenn eine Fusion oder Umstrukturierung hinter den Erwartungen zurückbleibt.

In bleibender Erinnerung ist mir ein Treffen mit einem 62-jährigen Vorstandssprecher, der vor unserer Routinebesprechung einen Termin mit Analysten hatte anlässlich einer Fusion, die etwas holprig lief. Er, der normalerweise absolut souverän und nicht aus der Ruhe zu bringen war, kam durchgeschwitzt, aufgewühlt und in fast schon verstörtem Zustand von diesem Termin zurück. Die Analysten hatten ihn massiv in die Mangel genommen (»gegrillt«) und ihn dabei offenbar in größte Verlegenheit gebracht. Er brauchte über eine Stunde, bis er wieder für andere Themen ansprechbar war, und kam immer wieder auf dieses demütigende Erlebnis zurück.

Doch es ist der Job von Analysten, die Angaben von Vorständen kritisch zu hinterfragen. Dabei fühlen sie deren Stellungnahmen und Ankündigungen weitaus kritischer auf den Zahn, als die es unternehmensintern gewohnt sind. Das kann zu ausgesprochen peinlichen Situationen führen.

Erklärt der Vorstand zum Beispiel, dass er an seiner Ergebnisprognose festhalte, obwohl die ersten beiden Quartale deutlich hinter dem Plan liegen, muss er mit der insistierenden Frage rechnen: »Wie viele Beispiele aus der Vergangenheit können Sie nennen, in denen Sie das Jahresziel noch erreicht haben, nachdem die ersten beiden Quartale unter Plan lagen?« Ob die Antworten auf solche Fragen überzeugend ausfallen oder nicht, kann erhebliche Auswirkungen haben. Wenn die Analysten ihre Empfehlung von »Kaufen« auf »Halten« oder von »Halten« auf »Verkaufen« setzen, kann das nicht nur Auswirkungen auf die Tantieme haben, sondern unter Umständen auch auf die Karriereplanung.

Ein echtes Problem ist dabei, dass Analysten zwar in aller Regel eine exzellente betriebswirtschaftliche Ausbildung haben, aber kaum Erfahrung mit betrieblichen Veränderungsprozessen. Infolgedessen ist ihnen auch kaum zu vermitteln, dass manche Veränderungen einfach mehr Zeit brauchen als den Zeitabstand zwischen zwei Analystenkonferenzen.

In einem halben Jahr kann man ein Kostensenkungsprogramm samt Personalabbau durchziehen, und auch bei einer Reorganisation sollten nach dieser Zeit die wesentlichen Entscheidungen im Kasten sein. Doch selbst bei solchen Veränderungen dauert es eine Weile, bis sie messbare Resultate in der Gewinn- und Verlustrechnung hinterlassen. Doch wie soll man in so kurzer Zeit Ergebnisse vorweisen, die aus einer Integration, der Implementierung einer neuen Strategie und/oder aus einer Neuausrichtung der Unternehmenskultur resultieren? Wie soll eine kulturelle Integration, eine Refokussierung der Produktentwicklung oder eine veränderte Vertriebsstruktur so schnell ergebniswirksam werden?

2.3 Konsequenzen für das Integration-Management

Man kann mit Fug und Recht darüber streiten, ob es für die Zukunft unserer Wirtschaft gut ist, wenn die Umsetzung langfristiger Strategien immer mehr zugunsten kurzfristig ergebniswirksamer Maßnahmen ins Hintertreffen gerät. Doch hat es keinen Sinn, Vorständen langfristig angelegte Programme nahezulegen, wenn absehbar ist, dass die Kapitalgeber vorzeitig die Geduld verlieren werden. Denn wenn deren Druck zu groß wird, wird das Management solche langfristigen Programme mit hoher Wahrscheinlichkeit nicht zu Ende führen (können),

Es hilft nichts: Der Kapitalmarkt (bzw. die konzerninternen Shareholder) sitzen am längeren Hebel. Gerade in Zeiten, in denen ein Unternehmen wegen eines Mergers oder aus anderen Gründen unter verschärfter Beobachtung steht, wird daher kaum ein Vorstand bereit sein, sich auf Programme einzulassen, die er angesichts der Ungeduld des Kapitalmarkts nicht durchhalten kann bzw. deren erfolgreichen Abschluss er möglicherweise nicht mehr im Amt erleben würde. Dies kann man nur dann leisten, wenn man sich die Luft dafür mit kurzfristiger greifenden Maßnahmen verschafft.

Diesem Druck auf schnelle Resultate darf sich das Integration Management nicht einfach beugen, weil es sonst nur unrealistische Erwartungen wecken und damit den Keim für spätere Konflikte und Krisen legen würde. Aber es kann sich ihm auch nicht völlig entziehen. Man darf und muss diesem Druck etwas entgegensetzen, indem man überzogene kurzfristige Erwartungen dämpft, aber man sollte den Bogen nicht überspannen.

Wenn Sie für eine Integration verantwortlich sind, bleibt Ihnen kaum etwas anderes übrig, als die Grenze dessen auszuloten, was für Shareholder und Analysten gerade noch akzeptabel ist. Wobei es nicht genügt, dass sie den von Ihnen vorgeschlagenen Zeit- und Ergebnisrahmen beim Start des Vorhabens durchwinken – entscheidend ist, dass sie ihn auch in sechs Monaten oder einem Jahr noch mitzutragen bereit sind. Da die Grenze jedoch in der Zukunft liegt und schwer abzuschätzen ist, ist die Einhaltung eines gewissen »Sicherheitsabstands« zu ihr ratsam.

2.4 Mut zum langfristigen Denken und Handeln

Andererseits darf man sich auch nicht ins Bockshorn jagen lassen: Der Kapitalmarkt kann zwar Druck ausüben, aber er kann die Schwerkraft nicht außer Kraft setzen. Er kann nichts erzwingen, was objektiv unmöglich ist. Das Top-Management muss daher keine Wunder vollbringen, sondern »nur« im Wettbewerb mit anderen Management-Teams bestehen. Zudem muss man, um unternehmerisch erfolgreich zu sein, mehr tun, als Kosten zu senken: Man kann sich nicht zur Marktführerschaft sparen.

Deshalb ist auch eine langfristig positive Entwicklung des Unternehmenswerts (= Aktienkurs mal Anzahl der ausgegebenen Aktien) allein durch Kostensynergien nicht zu erreichen; dazu muss man auch in Innovation und Weiterentwicklung investieren. Deshalb wird sich der Kapitalmarkt und werden sich vor allem Eigentümer und langfristig denkende Aktionäre sinnvollen strategischen Konzepten nicht verschließen. Und dazu zählt auch die Weiterentwicklung der Unternehmenskultur und der Mitarbeiterqualität.

Trotz allen Drucks ist es daher nicht nur möglich, sondern sogar notwendig, nach vorne zu gehen. Allerdings muss dafür sehr sorgfältig analysiert werden, welche Ergebnisse tatsächlich erreichbar sind und in welchem Zeithorizont. Und es ist wichtig, in der Kommunikation realistisch zu sein.

Da der Kapitalmarkt sehr ungnädig mit enttäuschten Erwartungen und nicht gehaltenen Versprechungen umgeht, empfiehlt es sich dringend, sich auch in der Investorenkommunikation an den »Grundsatz kaufmännischer Vorsicht« zu halten. Wenn man schon am Anfang den Mund zu voll nimmt und im Adrenalinrausch von »einer Hochzeit, die im Himmel geschlossen wird,« fabuliert, beraubt man sich jeder Chance, die Erwartungen zu übertreffen – und läuft Gefahr, im weiteren Verlauf ständig seine großen Sprüche von gestern um die Ohren gehauen zu bekommen.

WICHTIGSTE ERKENNTNISSE UND SCHLUSSFOLGERUNGEN

- Längst wird nicht mehr jede Fusion oder Übernahme vom Kapitalmarkt mit Begeisterung aufgenommen. Doch gleich ob Euphorie oder Skepsis, früher oder später – meist früher – wollen Analysten und Aktionäre Ergebnisse sehen: Die Synergieeffekte, mit denen der Merger begründet wurde, sollen sich unter dem Strich in Wachstum und/oder besseren Erträgen widerspiegeln. Und die Eigentümer werden zunehmend unleidlich, wenn die avisierten Ergebnisse nicht kommen.
- Das heißt praktisch: Eine Integration steht vom ersten Tag an unter Zeitdruck. Ergebnisverbesserungen entstehen ja nur dann, wenn die Synergien tatsächlich realisiert werden: wenn Strukturen zusammengelegt, Kosten gesenkt und neue Potenziale erschlossen werden. Da es aber immer eine Weile dauert, bis solche Maßnahmen ergebniswirksam werden, muss das Integrationsprogramm rasch und zielstrebig angegangen werden und sich auf die entscheidenden Hebel konzentrieren.
- Da wenige Analysten Erfahrung mit Change-Prozessen und Post-Merger-Integration haben, sind ihre Erwartungen an die Schnelligkeit, mit der die

Synergieeffekte realisiert werden können, nicht immer realistisch. Auch wenn man sich diesen Erwartungen nicht bedingungslos unterwerfen darf, kann man sich ihnen auch nicht völlig entziehen. Umso wichtiger ist daher, die Ergebnisse, die schnell realisiert werden können, zügig unter Dach und Fach zu bringen, um sich damit Luft für die Themen zu verschaffen, die länger brauchen, wie etwa für den Aufbau einer strategiekonformen Unternehmenskultur.

- Wenn die Aktienkurse eines fusionierenden Unternehmens spürbar nachgeben bzw. hinter der Branchenentwicklung zurückbleiben, heißt das, dass die Erwartungen des Kapitalmarkts an dessen künftige Erträge gesunken sind. Umso mehr steht der Vorstand dann vor der Notwendigkeit, Aktionäre und Analysten mit guten Zahlen von der Richtigkeit des eingeschlagenen Wegs zu überzeugen. Wenn ihm das nicht gelingt, wackelt früher oder später sein Sessel.
- Fusionen und Übernahmen, die zu langsam zu vorzeigbaren Ergebnissen kommen, münden früher oder später in ein Kostensenkungsprogramm. Angesichts des Drucks, unter dem die Verantwortlichen dann stehen, besteht immer die Gefahr, dass sie tiefere Einschnitte vornehmen (lassen), als für das Unternehmen langfristig gut ist. Um in diese Situation erst gar nicht zu kommen, ist es wichtig, die Integration zügig voranzutreiben und Ergebnisse vorweisen zu können, bevor der Kapitalmarkt die Geduld verliert.

3 Synergieeffekte: Grund und zwingende Vorgabe für Fusionen

Synergien – Betriebsräte und Belegschaften haben dieses harmlos-akademisch klingende Wörtchen fürchten gelernt. Denn Synergieeffekte sind der zentrale Grund, weshalb Fusionen und Übernahmen durchgeführt werden: Durch die Zusammenführung sollen Kosten eingespart und/oder Vorteile im Markt erreicht werden. Das Erzielen solcher Synergieeffekte ist zugleich die zwingende Vorgabe für jeden Merger, denn der hohe Aufwand einer Integration lohnt sich nur dann, wenn ein noch höherer betriebswirtschaftlicher Nutzen erzielt wird. Unter entsprechendem Druck steht das Top-Management: Es haftet mit seinem Kopf dafür, die versprochenen Synergien zu liefern.

3.1 Echte und unechte Synergien

Die Begründungen, die für Fusionen, Übernahmen und Umstrukturierungen angeführt werden, lesen sich auf den ersten Blick sehr unterschiedlich: Mal soll damit die Überlebensfähigkeit der zu verschmelzenden Unternehmen gesichert werden (a), mal geht es um den Eintritt in einen wichtigen Markt (b), mal ist von der Integration einer zusätzlichen Wertschöpfungsstufe (a) bzw. von horizontaler (a, b) oder vertikaler Integration (a) die Rede. In wieder anderen Fällen wird behauptet, dass sich die Produktpaletten (Verzeihung: die Portfolios) der beiden Firmen ideal ergänzten (a, b), dass ungeahnte Möglichkeiten zum Cross-Selling entstünden (a, b), dass den Kunden erheblicher Zusatznutzen geboten und damit Preisprämien erzielt werden könnten (b) oder dass erhebliche Vorteile im Einkauf (a) sowie Skaleneffekte in Entwicklung, Produktion und Logistik (a) erreicht werden könnten.

So unterschiedlich diese Begründungen klingen, am Ende lassen sie sich reduzieren auf zwei Arten von Synergieeffekten, nämlich zum einen auf (a) Kostensynergien, zum anderen (b) auf Marktsynergien. Manchmal geht es auch um eine Kombination von beiden (a, b).

Neben diesen »echten« Synergieeffekten, durch die ein realer Mehrwert in der Vermarktung und/oder bei den Kosten geschaffen wird, gibt es auch etwas, das man »unechte Synergien« nennen könnte: Die Freisetzung von Mitteln durch bilanzielle oder finanztechnische Maßnahmen, wie zum Beispiel durch die Auflösung stiller Reserven, den Verkauf von nicht betriebsnotwendigem Vermögen oder einen höheren »Leverage«, das heißt, durch den höheren Einsatz von Fremdkapital, durch den Eigenkapital frei wird.

Beispielsweise entdeckten clevere Investoren in den 1990er-Jahren, dass viele traditionelle Brauereien Produktionsstätten in wertvollen Innenstadt- oder Stadtrandlagen besaßen. Sie kauften diese Brauereien auf, bauten auf der grünen Wiese neue Produktionsstätten, verkauften die wertvollen Stadtgrundstücke – und finanzierten dadurch den Kauf sowie den Neubau, sodass sie die Brauereien quasi zum Nulltarif oder noch günstiger bekamen. Ökonomisch kann man dies als eine Effizienzsteigerung betrachten; Tatsache ist aber, dass diese Investoren nur das (unterbewertete) Vermögen der Brauereien in ihre Tasche umgelenkt haben, ohne dass ein gesamtwirtschaftlicher Mehrwert entstanden ist.

Noch toller treiben es manche Finanzinvestoren: Sie kaufen Unternehmen und übertragen den Kaufpreis als Schulden auf die gekauften Unternehmen. So werden aus bilanziell gesunden Firmen plötzlich hochverschuldete, die dann mit einem »knallharten Kostensenkungsprogramm« saniert werden müssen. Was manchmal gut geht, manchmal auch nicht – aber das Problem trifft so oder so primär die übernommenen Firmen, die in der Folge in Konkurs gehen oder »gestreamlined« weiterverkauft werden. Die Investoren verlieren dabei selbst im ungünstigsten Fall kaum Geld, sondern haben allenfalls ein paar Monate umsonst »gearbeitet«.

Diese unechten Synergien erzeugen keinen wirklichen Mehrwert, sondern schöpfen nur vorhandene Reserven ab. Für die Käufer können sie trotzdem äußerst lukrativ sein, zumal solche Finanzgeschäfte mit begrenztem Aufwand abgewickelt werden können – und ohne sich mit dem operativen Geschäft die Hände schmutzig machen zu müssen. Ökonomen rechtfertigen dies damit, dass »der Markt« eben vorhandene Ineffizienzen im Kapitaleinsatz entdeckt und beseitigt hätte. Dass dies zu Lasten der betroffenen Firmen und ihrer Beschäftigten geht, die auf diese Weise legal »ausgeraubt« und mit erhöhtem Insolvenzrisiko belastet werden, ist deren Pech.

3.2 Synergien setzen Überschneidungen oder Ergänzungen voraus

Echte Synergien, die einen dauerhaften Mehrwert schaffen, können nur erzielt werden, wenn es entweder größere Überschneidungen oder wesentliche Ergänzungen zwischen den Produkten oder Tätigkeitsfeldern der beiden Unternehmen gibt. Man spricht hier von »Fit«, also davon, wie gut die Firmen zusammenpassen.

Dabei lässt sich nochmal unterscheiden zwischen operativem und strategischem Fit. Von operativem Fit spricht man, wenn sich die beiden Firmen in ihrer bestehenden Struktur gut ergänzen, von strategischem, wenn sich die eine Firma schlüssig in die Zukunftsstrategie der anderen einfügt, was einseitig, aber auch wechselseitig der Fall sein kann. Wenn eine europäische Firma das strategische Ziel hat, den asiatischen Markt zu erschließen, und eine asiatische den europäischen, ergibt sich möglicherweise für beide ein strategischer Fit.

Wenn zum Beispiel das übernommene Unternehmen in genau den Ländern stark ist, in denen der Übernehmer bislang nicht vertreten ist, dann spricht das für einen sehr guten Fit. Wenn hingegen ein Maschinenbau-Unternehmen eine Großbäckerei übernimmt, vielleicht, weil sie aufgrund von Nachfolge- oder Finanzierungsproblemen gerade günstig zu haben ist, dann riecht das nicht nach Synergien. Allenfalls könnte man hier die Verwaltungsfunktionen bündeln, aber auch hier ist zu befürchten, dass die Mehrkosten, die durch wachsende Komplexität entstehen, höher sind als die realistischerweise erzielbaren Einsparungen.

Trotzdem kann eine solche Übernahme lukrativ sein, wenn der Preis stimmt und sich das eingesetzte Kapital entsprechend gut verzinst. Aber dann handelt es sich um eine Finanzinvestition, das heißt letztlich um eine Kapitalanlage; auf große Synergien sollte man dann besser nicht hoffen. Dementsprechend ergibt hier auch eine Post-Merger-Integration keinen Sinn: Wo keine Synergien zu holen sind, ist auch keine Integration sinnvoll – sie würde dann mehr Schaden anrichten als Nutzen bringen.

Hier liegt der erste zentrale Knackpunkt für den Erfolg von Fusionen und Übernahmen: Wenn es am Fit mangelt und der Merger demensprechend strategisch keinen Sinn ergibt, dann kann auch noch so gutes Integration Management keinen Erfolg daraus machen. Wo keine Überschneidungen und Ergänzungen sind, da sind auch keine Synergieeffekte zu holen. In solchen Fällen ist es meist klüger, die übernommene Firma getrennt zu führen und allenfalls die Reporting-Systeme anzugleichen.

3.3 Der tiefe Sturz in das Wertloch

Am Anfang einer Fusion oder Übernahme stehen ohnehin nicht eindrucksvolle Synergieeffekte, sondern erst einmal ein Riesenberg von Arbeit (= Kosten) und dazu ein Riesenberg von Schulden. Neil Monnery und Art Peck, zwei fusionserfahrene Senior Partner der Boston Consulting Group (BCG), haben die Ausgangssituation jedes Mergers sehr treffend so beschrieben:

»Eine Fusion oder Übernahme beginnt immer in den roten Zahlen. Obwohl Übernahmen stattfinden, um Wert zu schaffen, ist ihr unmittelbarer Effekt das genaue Gegenteil: Unternehmen zahlen in der Regel eine beträchtliche Prämie, nämlich den Kapitalwert der künftigen Erlösströme. Diese Prämie muss zurückgezahlt werden, bevor es vorwärtsgeht. Flapsig gesagt, wenn ein Unternehmen ein anderes übernimmt, plumpst es in ein Wertloch, und seine erste Aufgabe ist, da wieder herauszuklettern.«[4]

Zwar kann man der enormen Schuldenlast dadurch entgehen, dass man das andere Unternehmen nicht kauft, sondern mit ihm fusioniert. Dann hat man nicht die Banken im Nacken, umso mehr aber die Aktionäre und Analysten (→ Kap. 2.2). Denn die haben der Fusion ja primär zugestimmt, um eine höhere Eigenkapitalrendite oder auf Analysten-Deutsch »more bang for the buck« zu ernten – und die wollen sie dann auch sehen.

3.4 Vorsicht, selbst gebaute Erwartungsfalle

Die Höhe der zu erzielenden Synergieeffekte ist zu diesem Zeitpunkt kaum noch verhandelbar. Der Vorstand muss die gemachten Investitionen nun wieder hereinholen und angemessen verzinsen. Dabei steht er unter scharfer Beobachtung des Kapitalmarkts, der Banken wie auch der eigenen Aufsichtsgremien. Ihnen allen hat er im Vorfeld erklärt, dass sich die Fusion oder Übernahme rechnet und wie das funktionieren soll. Nun wird erwartet, dass er »liefert«, dass er also sein Versprechen einlöst und dass sich dies in einem steigenden Aktienkurs bezahlt macht. Diese Erwartung ist oftmals mit begrenzter Langmut verbunden.

---

4 »A M&A venture always begins in the red. Despite the fact that companies enter a merger or an acquisition to create value, the immediate effect of most deals is the exact opposite. Companies usually pay a considerable premium for their acquisitions. That premium is the capitalized future of the company's earnings stream, and it must be paid back before the company can go forward. Put bluntly, a company falls into a value hole when it buys another company, and its first job is to climb out.« (Neil Monnery, Art Peck: The Work Begins After the Deal Is Closed; BCG Perspectives, 2000; Übersetzung W. Berner)

Nicht selten findet sich das Top-Management dabei in einer Falle wieder: Es hat sich öffentlich auf Synergieeffekte festgelegt, die ihm von M&A-Beratern und Investment-Bankern vorgerechnet wurden. Diese Zahlen hat es unterschrieben, weil es der Expertise der Berater vertraute und von den Synergiepotenzialen wohl selbst beeindruckt war – und vermutlich auch, weil es selbst auf die Fusion oder Übernahme brannte.

Auch erfahrene Manager lassen sich leicht täuschen von der scheinbaren mathematischen Präzision solcher »Synergie-Berechnungen«. Selbst wenn richtig gerechnet wurde und nicht versehentlich, wie auch schon vorgekommen, die Jahreszahlen mitaddiert wurden, bewegen sich diese Berechnungen teilweise auf sehr dünnem Eis, und die Quantifizierung suggeriert eine Genauigkeit, die mit dem richtigen Leben nichts zu tun hat.

Das liegt weniger an Rechenfehlern als an den expliziten und impliziten Annahmen, die hinter den Berechnungen stecken – und die oft nicht detailliert genug benannt und hinterfragt werden. Vor allem aber liegt es an den Annahmen darüber, wo Synergien zu holen sein müssten (!) und wie hoch sie sind. Wenn diese Annahmen falsch oder zweifelhaft sind, hilft auch die pedantisch genaue Berechnung nicht: »Garbage in – garbage out.«

Oft bemerkt das Management dabei zu spät, welch brisante Rollenverteilung dieses Spiel kennzeichnet: Die M&A-Berater machen die Versprechen (oder arbeiten sie zumindest aus, ohne selbst in der Verantwortung zu stehen) – das Management muss sie halten. Wenn sich die Annahmen hinter den Berechnungen als unrealistisch erweisen, sitzt der Vorstand in der Klemme. Zurückrudern geht nicht, weil das dem Eingeständnis der eigenen Inkompetenz gleichkäme. Also bleibt nur die Flucht nach vorn. Um die eigene Haut zu retten, muss er Synergien nun notfalls auch erzwingen.

3.5 Der Haken einer hohen Preisprämie

Zusätzlicher Druck auf das Einspielen von Synergien geht oftmals davon aus, dass für das erworbene Unternehmen eine erhebliche Preisprämie bezahlt worden ist, also ein Mehrpreis, der über dessen künftige Erträge hinausgeht.

Solange dieser Mehrpreis nur dem »Kapitalwert der künftigen Erlösströme« (Mcnnery/Peck 2000) entspricht, der durch die Verschmelzung zusätzlich erzielt werden kann, ist das noch akzeptabel, denn dieser Mehrpreis ist, wenigstens »im Prinzip«, durch die Synergiepotenziale seriös abgedeckt – auch wenn man die erst noch heben muss. Vor allem in Phasen starker Akquisitionstätigkeit wird aber für Übernahmen oft deutlich mehr bezahlt – teils weil im Zuge der Konzentration der

Märkte die Anzahl der infrage kommenden Akquisitionskandidaten geschrumpft ist, was den Preis nach oben treibt, teils wohl auch aus Torschlusspanik, gepaart mit Größenfantasien.

Was sich betriebswirtschaftlich nicht mehr rechtfertigen lässt, wird dann oftmals »strategisch« begründet – zuweilen sicher zu Recht, manchmal aber auch zu Unrecht. Deutlich wird dies an den Reaktionen des Kapitalmarkts: Während er die Ankündigung von Fusionen und Übernahmen in früheren Jahren meist durch steigende Aktienkurse belohnte, mehren sich die Fälle, wo er solche Ankündigungen mit zum Teil empfindlichen Kursverlusten bestraft. Für Mitarbeiter wie Integration-Manager ist das keine gute Nachricht, heißt es doch, dass der Vorstand von ihnen Einsparungen erwarten wird, die eigentlich kaum möglich sind.

Deshalb ist ein überraschend oder sogar sensationell hoher Kaufpreis für die Mitarbeiter und Führungskräfte auch keine gute Nachricht – auch wenn sie im ersten Moment noch so stolz darauf sein mögen, wie wertvoll »ihr« Unternehmen ist und wie viel der Käufer dafür auf den Tisch blättern musste. Doch je mehr der Preis den Kapitalwert der künftigen Erlösströme übersteigt, desto höher ist der Synergiedruck, den sie in den nächsten Monaten und Jahren schmerzhaft zu spüren bekommen werden.

3.6 Realistische Festlegung der Synergieziele

In jedem Fall geht, kaum dass die Tinte unter dem Vertrag trocken ist, oder genauer: unmittelbar nach dem »Closing«, die Jagd nach den Synergien los. Und dann stellt sich regelmäßig heraus, dass das Errechnen von Synergieeffekten eine Sache ist, deren Realisierung aber eine ganz andere – und das Letztere der weitaus anstrengendere Job.

Um diese Potenziale zu erschließen, müssen zunächst die Synergiefelder, die im Vorfeld der Akquisition oft nur grob untersucht wurden, genauer analysiert werden, um die genaue Größe der Synergiepotenziale zu bestimmen. Daraus werden in einem zweiten Schritt die Synergieziele abgeleitet, die dann entweder den operativen Bereichen oder speziell eingerichteten Integrationsteams aufgegeben werden. Die ersten beiden Schritte müssen so rasch wie möglich durchgezogen werden, damit frühzeitig mit dem dritten – der eigentlichen Arbeit – begonnen werden kann.

Synergieziele müssen ambitioniert, aber realistisch sein. Wenn Ziele von den Betroffenen als unerreichbar empfunden werden, bewirken sie einen Zusammenbruch des Engagements. Denn wenn jemand nicht an die Erreichbarkeit seiner Ziele glaubt, dann ergibt es für ihn auch keinen Sinn, sich anzustrengen – genauso wenig wie es Sinn ergäbe, einem abfahrenden Zug hinterherzurennen.

Trotzdem auf Zielen zu bestehen, die die damit Betrauten für unerreichbar halten, birgt die Gefahr, dass die Betreffenden nur noch so tun »als ob«: Sie spielen pro forma mit, um keinen Ärger zu bekommen, haben aber keine Hoffnung und infolgedessen auch keine Energie. Sie laufen sozusagen dem abfahrenden Zug symbolisch noch ein paar Schritte hinterher, um sich nicht dem Vorwurf auszusetzen, sie hätten es gar nicht versucht, aber ein wirklicher Sprint wird das nicht. Das hat meist zur Folge, dass nicht einmal die erreichbaren Ziele erreicht werden.

3.7 Puffer einplanen

Zwar ist die Formulierung der Synergieziele eine Führungsentscheidung und kein partizipativer Prozess – doch das ändert nichts daran, dass sie erreichbar sein müssen. Deshalb muss zu ihrer Bestimmung ein Bottom-up-Prozess (Festlegen der Ziele pro Synergiefeld) mit einem Top-down-Prozess (Aufteilen der Gesamtziele auf die einzelnen Synergiefelder) in Einklang gebracht werden. Dabei genügt es in aller Regel nicht, wenn die Summe aller Bottom-up-Ziele mit Mühe und Not das insgesamt erforderliche Synergieergebnis liefert.

Ein gewisser Puffer ist einfach deshalb ratsam, weil man bei der Realisierung zuweilen unliebsame Überraschungen erlebt: Manche Synergieeffekte sind entweder gar nicht zu realisieren oder fallen aus unabweisbaren sachlichen Gründen kleiner aus als erhofft und geplant. So kann es passieren, dass man sich erhebliche Synergien von der Zusammenlegung zweier Funktionen erwartet hatte – bis sich bei näherer Untersuchung herausstellt, dass diese Funktionen zu unterschiedlich sind, um nennenswerte Synergien zu ermöglichen.

In solchen Fällen hat es wenig Sinn, trotzdem »Synergien anzuordnen« – damit würde man das böse Erwachen bloß in die Zukunft verlagern und sich faktisch eine Zeitbombe unter den eigenen Sessel legen. Da positive Überraschungen sehr viel seltener sind, stünde man ohne Puffer schon beim Ausfall einer einzigen Komponente vor der äußerst unangenehmen Alternative, entweder anderswo zusätzliche Einsparungen zu erzwingen oder beichten zu gehen, sprich, eine Ad-hoc-Mitteilung[5] mit einer Ergebniswarnung herauszugeben.

5 Bei börsennotierten Unternehmen muss der Vorstand den Kapitalmarkt unverzüglich – das heißt in der juristischen Definition: ohne schuldhaftes Zögern – informieren, sobald ihm Tatsachen bekannt werden, welche »kursrelevant« sein und damit die Entscheidungen der Aktionäre beeinflussen könnten. Diese – in der Regel außerplanmäßigen – Informationen nennt man Ad-hoc-Mitteilungen. Wer solche kursrelevanten Informationen nicht zeitnah veröffentlicht, setzt sich erheblichen Haftungsrisiken aus.

Wenn Bottom-up- und Top-down-Planung auf Anhieb so zusammenpassen, dass noch ein gewisser Puffer bleibt, haben Sie Glück gehabt. Wenn nicht, bleibt Ihnen nur die Möglichkeit, ein zweites Mal zur Jagd zu blasen und zu versuchen, die fehlenden Synergien ohne allzu rabiate »Realitätsbegradigung« zu finden. Ein pauschaler Aufschlag für alle hat wenig Sinn – besser ist, erstens alle Synergiefelder noch einmal kreativ daraufhin anzuschauen, ob nicht doch noch etwas mehr zu erreichen ist, und zweitens zu versuchen, zusätzliche Potenziale in Feldern zu finden, die bislang noch nicht so genau betrachtet wurden.

3.8 Prävention: Sich nicht in die Tasche rechnen

Falls es auch danach noch nicht reicht, wird es schwierig. Eine dritte Schleife macht kaum noch Sinn, weil Ihre nachgeordneten Führungsebenen ihr Pulver mit großer Wahrscheinlichkeit bereits verschossen haben. Jetzt wäre es allenfalls noch möglich, ihnen gegen ihren Willen zusätzliche Synergieziele aufs Auge zu drücken und sie so faktisch auf die gemeinsame Lebenslüge »Lasst uns so tun, als ob« einzuschwören.

Statt das Problem »nach unten durchzustellen« und damit den Zeitzünder der Bombe zu aktivieren, ist es professioneller, den Shareholdern gleich die Wahrheit zu sagen. Das ist zwar ausgesprochen unangenehm, aber im Sinne eines proaktiven Konflikt-Managements ist es immer noch besser als eine schleichende Erosion von Glaubwürdigkeit, Motivation und Aktienkurs.

Eine wirkliche Lösung des Problems ist zu diesem Zeitpunkt kaum noch möglich, denn wenn versprochene Synergieeffekte objektiv nicht zu erzielen sind, dann sind sie es eben nicht. Die einzige realistische Prävention ist daher, ganz am Anfang, also bei der Ankündigung der Fusion, den Mund nicht zu voll zu nehmen. Gehen Sie im Bewusstsein der Tatsache, dass bei der Berechnung – oder besser: Abschätzung – der Synergieeffekte immer ein paar Teufelchen im Detail lauern, besser nicht an die Obergrenze dessen, was Sie zu realisieren hoffen!

Das entspricht nicht nur der obersten Regel der Konfliktprävention, die lautet, keine Erwartungen zu wecken, die man nicht erfüllen kann oder möchte. Es eröffnet auch eine Chance, den Kapitalmarkt mehr zu beeindrucken als mit vollmundigen Ankündigungen, von denen er schon allzu viele gehört hat, nämlich mit einer positiven Überraschung: Wer ein halbes Jahr nach der Fusion oder Übernahme vermelden kann, dass die tatsächlich erzielten Synergieeffekte höher sind als ursprünglich in Aussicht gestellt, profiliert sich damit als Manager, der keine leeren Versprechungen macht, sondern tatsächlich liefert.

WICHTIGSTE ERKENNTNISSE UND SCHLUSSFOLGERUNGEN

- Die ökonomische Begründung für Fusionen und Übernahmen sind Synergieeffekte, das heißt die Erwartung, dass das fusionierte Unternehmen durch den Zusammenschluss spürbare Wettbewerbsvorteile gegenüber den Ursprungsunternehmen erzielen kann.
- Diese Vorteile können im Wesentlichen auf zwei Feldern liegen, nämlich (a) in Kostensynergien, das heißt in Einsparungen und Kostenvorteilen, und (b) in Marktsynergien, das heißt, in zusätzlichen Absatzmöglichkeiten. Marktsynergien sind von großem strategischem Interesse, weil sie Wachstum erwarten lassen; Kostensynergien haben den Vorteil, dass sie in der Regel leichter durchsetzbar sind.
- Daneben gibt es auch »unechte Synergien«, die sich aus cleveren bilanziellen oder finanztechnischen Manövern ergeben, wie zum Beispiel durch die Auflösung von stillen Reserven, den Verkauf von nicht betriebsnotwendigem Vermögen oder durch eine höhere Verschuldung.
- Am Anfang jeder Übernahme steht eine gewaltige Investition. Das erzeugt einen großen Druck, diese Investition so schnell wie möglich durch die Realisierung von Synergien wieder hereinzuholen.
- Synergieeffekte setzen Überschneidungen oder Ergänzungen voraus. Wo es am strategischen oder operativen »Fit« mangelt, sind auch durch die beste Post-Merger-Integration keine Synergien zu holen. Deshalb ist von zentraler Bedeutung, die expliziten und impliziten Annahmen, auf denen die Synergie-Schätzungen basieren, kritisch auf ihre Belastbarkeit zu hinterfragen, und sich nicht von deren scheinbar exakter Quantifizierung blenden zu lassen.
- Synergien sind leichter errechnet als realisiert, denn sie entstehen nicht durch den Kauf, sondern erst durch die erfolgreiche Integration der Funktionen. Das ist in der Regel viel Arbeit, und nicht immer lassen sich Einsparungen und Marktvorteile so realisieren, wie es Berater und Investmentbanker auf geduldigem Papier »errechnet« oder sich quantifizierend erträumt haben.
- Deshalb empfiehlt es sich, beim Abschätzen der Synergieeffekte nicht zu optimistisch zu sein und sich vor allem nicht in die Tasche zu lügen. Wer dem Kapitalmarkt Synergien verspricht, die sich hinterher nicht oder nur teilweise realisieren lassen, der hat ein Problem.
- Ratsam ist daher, am Anfang nicht zu viel zu versprechen, sondern einen Puffer einzubauen für Synergien, die sich nicht so realisieren lassen, wie auf dem Papier errechnet: Es ist besser, die geweckten Erwartungen zu übertreffen, als sie zu enttäuschen. Den Kapitalmarkt mit höheren Synergien zu überraschen, ist weitaus angenehmer, als selbst verschuldeten überhöhten Erwartungen hinterherzulaufen.

4 Die Phase der Verwundbarkeit möglichst kurz halten

In früheren Jahren löste die Ankündigung einer großen Fusion oder Übernahme in der Branche oft einen Schock aus – mussten sich die Wettbewerber doch darauf gefasst machen, es künftig mit einem deutlich größeren und stärkeren Konkurrenten zu tun zu haben. Mittlerweile hat sich herumgesprochen, dass ein hoher Prozentsatz aller Fusionen und Übernahmen ihre Ziele verfehlt. Seither hat die Aufregung nachgelassen.

Die Quote der Misserfolge könnte in Zukunft sogar noch ansteigen, denn eine Entwicklung, die aus den USA nach Europa herüberschwappt, wird die Schwierigkeit von Fusionen und Übernahmen – und auch die von Turnarounds und Restrukturierungen – weiter vergrößern: Immer mehr Konkurrenten entdecken das »Fenster der Verwundbarkeit«, das sich bei solchen Umbrüchen öffnet, als Chance zum gezielten Angriff.

Die Logik hinter dieser Trendumkehr ist: Bevor aus den fusionierenden Unternehmen ein neuer, starker Spieler wird, müssen sie erst einmal die Durststrecke der Post-Merger-Integration bewältigen. Bevor der Zusammenschluss seinen Nutzen – die vielbeschworenen Synergien – entfalten kann, ist erst einmal eine Phase der weitgehenden Lähmung zu überwinden.

In dieser Phase ist das fusionierende Unternehmen so wehrlos wie ein Vogel in der Mauser: Die Mitarbeiter aller Ebenen sind so sehr mit sich selbst und ihrem künftigen Schicksal beschäftigt, dass das Unternehmen Entwicklungen in Markt und Wettbewerb kaum noch mitbekommt – und dass es darauf, wenn es sie schließlich doch zur Kenntnis genommen hat, oft nur schwerfällig und kraftlos reagieren kann.

4.1 Ein Fenster der Verwundbarkeit

Wie sich herausgestellt hat, sind Fusionen, Übernahmen und Umstrukturierungen für die Konkurrenz nicht nur eine Bedrohung, sondern auch eine Chance – allerdings eine, die zeitlich befristet ist. Je konsequenter sie diese Chance nutzen, desto gründlicher können sie die Pläne des fusionierenden Unternehmens durchkreuzen, dauerhaft an ihnen vorbeizuziehen. Je weniger sie umgekehrt aus dieser Chance machen, desto mehr laufen sie Gefahr, von dem fusionierten Wettbewerber in Bedrängnis gebracht zu werden, sobald er sich wieder berappelt hat.

Auch wenn man es im ersten Moment vielleicht als unsportlich empfinden mag, einen Konkurrenten ausgerechnet in einer Phase der Wehrlosigkeit zu attackieren: Strategisch denkende Wettbewerber werden sich diese Chance kaum entgehen lassen.[6]

Der Grund dieser besonderen Wehrlosigkeit ist, dass sich die Mitarbeiter und Führungskräfte fusionierender Unternehmen, statt sich ums Geschäft zu kümmern, vor allem um ihr eigenes Schicksal Gedanken machen: Werden sie in dem neuen Unternehmen überhaupt noch einen Job haben? Werden sie mit den künftigen Vorgesetzten und Kollegen zurechtkommen? Werden sich ihre Arbeitsbedingungen gegenüber heute verschlechtern? Wie sehen ihre künftigen Karriereperspektiven aus, gelten gemachte Zusagen und erworbene Meriten noch? Was müssen sie tun, damit ihnen die Felle nicht davonschwimmen?

All dies führt zu einem hohen Grad an Innenorientierung: Die Mitarbeiter verbringen viel Zeit damit, zu grübeln, sich umzuhören, über Alternativen nachzusinnen, zu antichambrieren, ihre Sorgen ebenso wie die jüngsten Gerüchte mit Kollegen zu diskutieren. In dieser inneren Verfassung haben sie kaum noch einen Blick für Markt und Wettbewerb – ihre Aufmerksamkeit ist voll auf die internen Entwicklungen gerichtet.

---

6 Auf den zweiten Blick lässt sich gegen solche Angriffe auch ethisch wenig einwenden. Denn es ist nicht ersichtlich, gegen welches allgemeingültige ethische Prinzip ein Wettbewerber verstieße, wenn er das fusionierende Unternehmen attackierte, während es nur eingeschränkt abwehrbereit ist. Auch Fusionen und Übernahmen sind letztlich ja durchaus eine aggressive Methode, nach Wettbewerbsvorteilen zu streben – da kann man kaum verlangen, dass die so attackierten Wettbewerber tatenlos dabei zuschauen, wie ihr Konkurrent seine Position ausbaut und damit den Wettbewerbsdruck auf sie erhöht. Doch gleich wie man diese Frage beurteilt: Für ethische Entrüstung kann man sich nichts kaufen. Um aggressive Wettbewerber zu stoppen, wenn sie das Fenster der Verwundbarkeit für gezielte Attacken nützen, müsste man schon härtere wettbewerbsrechtliche Titel vorweisen können. Und die wird man kaum bekommen.

4.2 Drohender Exodus

Je länger die Phase der Ungewissheit andauert, desto gefährlicher wird sie für das fusionierende Unternehmen, und zwar in doppelter Hinsicht: Umso mehr Zeit haben Wettbewerber für ihre Attacken, und desto mehr erodiert die Moral und mit ihr die Loyalität von Mitarbeitern und Führungskräften, aber auch von Kunden und Lieferanten – und schließlich auch die von Aktionären bzw. Eigentümern.

Buchstäblich alles, was denken, laufen und eigenständige Entscheidungen treffen kann, macht sich auf die Suche nach besseren Alternativen – und wird dabei zur leichten Beute von Wettbewerbern, die es verstehen, die Gunst der Stunde zu nutzen. Zu allem Übel gilt dabei das »eherne Gesetz der Abwanderung«: Die Guten gehen zuerst.

Wie dramatisch der Verlust von Führungskräften nach einer Fusion ist und wie lange er sich fortsetzt, zeigt eine Untersuchung des amerikanischen Professors Jeffrey A. Krug. Er verglich die Fluktuation im Management fusionierender Unternehmen mit der nicht fusionierender Unternehmen. Wenig überraschend war, dass sie im Jahr des Mergers stark anstieg – erstaunlicherweise zeigte sich aber, dass sie nicht nur im Folgejahr genau so hoch war, sondern über Jahre hinaus auf erhöhtem Niveau blieb.

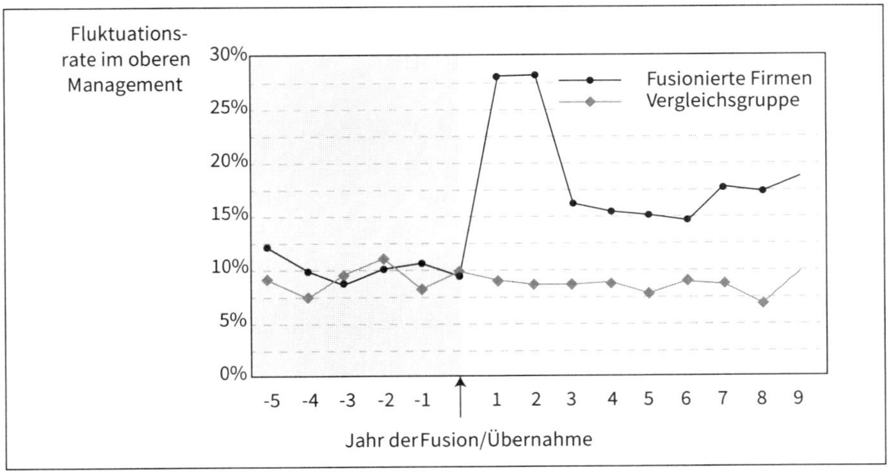

Abb. 2: Langanhaltende Verluste von Führungskräften nach einer Fusion (Quelle: Jeffrey A. Krug, Harvard Business Review, Feb. 2003)

Die Abgänge im ersten Jahr nach dem Merger sind meist zum Großteil von den Unternehmen veranlasst: Das sind Trennungen, zu denen es im Zuge der Zusammenführung von Strukturen kommt. Für die Folgejahre hingegen dürfte das kaum noch zutreffen, denn hier müsste es ja im Interesse des Managements liegen, Ruhe und Stabilität in den Betrieb zu bringen. Der hohe Wert im zweiten Jahr erklärt sich wohl eher daraus, dass etliche Manager entweder mit der neuen Situation nicht zurechtkamen oder den angebotenen Job von vornherein nur annahmen, um sich in Ruhe nach einer neuen Position umsehen zu können.

Doch auch noch Jahre nach dem Merger liegt die Abwanderungsquote fast doppelt so hoch wie bei nicht fusionierten Unternehmen. Das deckt sich mit meinen eigenen Erfahrungen: Auch Jahre nach einer Übernahme verlassen noch Führungskräfte und Leistungsträger die Firma, und zwar oft mit der expliziten Begründung, sie seien in dem neuen Unternehmen nicht heimisch geworden, hätten sich vielmehr immer als ein Kollege zweiter Klasse gefühlt.

Jeffrey Krug meint dazu: »High turnover after an acquisition is more than just a symptom – it may be an important cause. The loss of incumbents at the outset affects operations directly, has the indirect effect of demoralizing a workforce already compromised by downsizing, and perhaps helps trigger a wave of further executive departures« (Krug 2003, S. 15). Man kann sich ausmalen, welche Folgen es hat, wenn diese Schwächung von Wettbewerbern ausgenutzt und durch gezielte Abwerbung vergrößert wird.

4.3 Verunsicherung der Kunden

Die ersten, die den wachsenden Druck des Wettbewerbs zu spüren bekommen, sind die Mitarbeiter im Vertrieb. Erfahrungsgemäß greifen die Verkäufer der Konkurrenz sehr schnell die ersten Nachrichten über eine bevorstehende Fusion oder Übernahme auf und nutzen dankbar die Chance, die Kunden ihres Wettbewerbers mit einer Mischung aus Tatsachen, Halbwahrheiten und Gerüchten zu verunsichern.

Man könne nicht wissen, tuscheln sie dann mit der Miene des Sorgenvollen, ob die vom Kunden bevorzugten Produkte überhaupt fortgeführt würden; schließlich gebe es bei Fusionen immer eine Produktbereinigung. Selbst schriftliche Garantien seien da am Ende wenig wert, denn schließlich wolle der Kunde ja die Waren und keine langwierigen juristischen Auseinandersetzungen. Überhaupt sei nach aller Erfahrung fraglich, ob in den Wirren einer Fusion Qualität und Lieferzuverlässigkeit aufrechterhalten werden könnten.

Doch im Vergleich zu dem, was noch kommt bzw. kommen kann, wenn Wettbewerber das Fenster der Verwundbarkeit für gezielte und großflächige Attacken nutzen, sind das nur Nadelstiche.

Der rapide voranschreitenden Verunsicherung der Kunden sowie des eigenen Vertriebs lässt sich mit guter Kommunikation (→ Kap. 23) entgegenwirken – allerdings nur unter drei Voraussetzungen: Erstens, dass man die Notwendigkeit dafür rechtzeitig erkennt; zweitens, dass diejenigen, die kommunizieren, selbst genügend Information und eigene Sicherheit (!) haben, um überzeugend zu wirken; drittens, dass die nachfolgende Erfahrung der Kunden nicht in krassem Widerspruch zu dem steht, was ihnen kommuniziert wurde.

In der Praxis fehlt es oft an allem dreien: Eine aktive Kundenkommunikation findet oft nicht oder viel zu spät statt, dem Vertrieb gelingt es nicht, die Kunden zu beruhigen, weil man ihm die eigene Verunsicherung überdeutlich anmerkt, und die Einhaltung der gemachten Versprechungen lässt zu wünschen übrig.

4.4 Strategischer Frontalangriff

Wirklich heikel wird die Lage, wenn ein Wettbewerber die Gelegenheit beim Schopfe packt und seine Energie in Marketing und Vertrieb voll darauf konzentriert, dem fusionierenden Unternehmen seine attraktivsten Kunden abzujagen. Die Ansatzpunkte dafür sind in der Zulieferindustrie natürlich andere als bei Finanzdienstleistungen oder im Endverbrauchervertrieb, aber es gibt übergreifende Muster.

Bei langlebigen Konsumgütern kann es genügen, die Kunden in Bezug auf Service oder Ersatzteilversorgung zu verunsichern. Oder man bringt eine Produktvariante heraus, die in direkter Konkurrenz zu den Hauptprodukten des fusionierenden Unternehmens steht, und unterstützt dies mit Sonderpreisen und einer geschickten Werbekampagne. Eine andere Taktik ist, die Position des Konkurrenten im Handel zu attackieren, ihn also gewissermaßen aus den Regalen zu drängen.

Bei Industriekunden zielen professionelle Angriffe auf die Leistungsmerkmale, die den Abnehmern besonders wichtig sind. So nutzte ein Zulieferer die Qualitätsprobleme und Lieferschwierigkeiten seines fusionierenden Konkurrenten geschickt aus, um binnen weniger Monate mit vielen von dessen beunruhigten Kunden ins Geschäft zu kommen: Er bot diesen Kunden gezielt an, die (hochprofitable) Wartung der Anlagen des fusionierenden Wettbewerbers zu übernehmen, und gab ihnen schriftliche Garantien zu deren Verfügbarkeit.

Eine weitere Angriffsfläche können Schlüssellieferanten sein, besonders dann, wenn sie Produkte vertreiben, die nicht ohne Weiteres ersetzt werden können und nicht durch langfristige Verträge gesichert sind. Lieferanten legen aus verständlichen Gründen Wert auf eine stabile, berechenbare Abnahme und auf klare Verhältnisse in der Zusammenarbeit. An beidem fehlt es bei Fusionen und Übernahmen häufig: Nicht nur die langjährigen Ansprechpartner gehen verloren, sondern auch die bewährten Spielregeln der Zusammenarbeit stehen zur Disposition, weil Produktprogramme bereinigt, Fertigungsstandorte verlagert und die Lieferantenbeziehungen neu geordnet werden.

In der Zwischenzeit hängen die Lieferanten in der Luft – und machen sich Sorgen. Zuweilen kommt es auch zu einem mehrmaligen Wechsel zwischen Vollgas und Vollbremsung: Mal verhandelt man über eine Ausweitung des Lieferspektrums, mal friert man die Beauftragung ganz ein und kehrt kurz danach zu den bisherigen Abnahmemengen zurück. Gerade wichtige Lieferanten werden dadurch verärgert, verunsichert und sehen sich veranlasst, über verlässlichere Alternativen nachzudenken. In dieser Situation sind sie sehr offen für Anfragen von Wettbewerbern, die ihnen nicht unbedingt bessere Konditionen, aber mehr Berechenbarkeit bieten.

4.5 Gezielte Abwerbung von Leistungsträgern

Der einfachste Weg, an den bestehenden Kundenstamm eines fusionierenden Wettbewerbers heranzukommen, ist, einige Leistungsträger aus dessen Vertrieb abzuwerben. Beispielsweise wird ein guter Versicherungsvertreter viele gute Kunden seines alten Vertriebsgebiets herüberziehen, indem er ihnen treuherzig versichert, der Hauptgrund für seinen Wechsel sei gewesen, dass sein neuer Brötchengeber einfach die besseren Produkte hat – er freue sich sehr, sie seinen langjährigen Kunden nun endlich anbieten zu können.

Nachvertragliche Wettbewerbsverbote helfen da nur begrenzt, denn erstens sind ihnen enge rechtliche Grenzen gesteckt, zweitens können Verstöße oft nur schwer nachgewiesen werden – ganz abgesehen davon, dass der attackierte Konkurrent mitten in den Wirren einer Fusion kaum die Zeit und den Nerv für umfangreiche Recherchen und eine Flut von Rechtsstreitigkeiten hat.

Auch aus allen anderen Funktionen kann sich die Konkurrenz, wenn sie es nur geschickt genug anstellt, die besten Leute heraussuchen. Wie die US-Berater Thomas Grubb und Robert Lamb in ihrem Buch »Capitalize On Merger Chaos« (2000) erläutern, braucht man weder horrende Gehälter zu bieten, noch teure Headhunter einzuschalten, um an die besten Mitarbeiter und Führungskräfte fusionierender oder umstrukturierender Unternehmen heranzukommen.

Sie erklären, wie einfach dies geht. Der Kern ihrer sogenannten »Magnet-Strategie« ist, so rasch wie möglich einen guten Manager oder Spezialisten anzuheuern, der bei der Stellenbesetzung auf der Strecke geblieben ist oder von dem ganzen Chaos ganz einfach die Nase voll hat. Ihn nutzt man dann als Brückenkopf in sein altes Unternehmen. Seine guten Kontakte und intimen Kenntnisse machen es leicht, weitere Leistungsträger zu identifizieren und gezielt anzusprechen.

4.6 Verunsicherte und genervte Führungskräfte sind leichte Beute

Je größer die Verunsicherung ist und je länger sie anhält, desto leichter wird es, Mitarbeiter aller Ebenen für einen Wechsel zu gewinnen. Dabei liegen die Motive weniger im finanziellen Bereich; vielmehr sehnen sich die Mitarbeiter nach einem sicheren Arbeitsplatz, an dem sie das Gefühl haben, geschätzt und gebraucht zu werden – und sich wieder auf ihre Arbeit konzentrieren können: »They need someone who needs them, someone to rescue them from the chaos of the typical bad managed integration« (Grubb/Lamb 2000, S. 29). Mit einem solchen Schritt überwinden die Betreffenden zugleich das Gefühl von Ohnmacht, Kontrollverlust (→ Kap. 8) und Ausgeliefertsein, das sie in den Wochen des Wartens und der Ungewissheit gequält hat.

Deshalb bieten Fusionen, Übernahmen und Umstrukturierungen die Chance, kostengünstig an gute Leute zu kommen, schreiben Grubb und Lamb: »The normal headhunter's fee is 30 percent of a recruit's first-year salary. But your firm can hire these people stricken by merger chaos *without* a headhunter. Your employment offers will not require expensive signing bonuses nor pay premiums since pay is not the primary motivator here. You know exactly what the headhunter knows – it is fear, anxiety, and chaos that drive people to explore an opportunity with another firm« (Grubb/Lamb 2000, S. 31). Was nebenbei auch heißt: Man kann in solchen Situationen gute Mitarbeiter abwerben, ohne die eigenen Gehaltsstrukturen aus dem Gleichgewicht zu bringen.

Sobald aber einmal die ersten Leistungsträger abwandern, setzt eine Eigendynamik ein, und immer mehr Mitarbeiter sind reif für den »Auszug ins Gelobte Land«. Auf diese Weise kann so etwas wie Torschlusspanik entstehen, die bei einigermaßen günstiger Arbeitsmarktlage zu massenhaften Abwanderung führt und das fusionierende oder umstrukturierende Unternehmen in Teilbereichen funktionsunfähig macht. Grubb und Lamb berichten über Beispiele aus den USA, wo nicht nur einzelne Mitarbeiter, sondern ganze Teams zur Konkurrenz wechselten – und dabei nicht nur ihr Know-how, sondern auch Kunden und Umsatz mitnahmen.

Ähnliche Entwicklungen sind mir aber auch aus Deutschland bekannt, besonders in stark personenbezogenen Geschäften wie in vielen Service- und Dienstleistungsmärkten. Wenn es beispielsweise um die Wartung von Industrieanlagen geht und der Kunde mit den erbrachten Leistungen zufrieden ist, hat er ein hohes Interesse an Kontinuität. Das heißt, sein Interesse gilt nicht in erster Linie der anbietenden Firma; sein Interesse ist, das bewährte Team vor Ort zu behalten, gleich welcher Firmenname auf dem Briefbogen steht. Das heißt, wenn das Team die Firma wechselt, wechselt der Kunde mit. In ähnlicher Weise nehmen gestandene Berater bei einem Wechsel viele der Kunden mit, denen mehr an ihnen als Person liegt als an dem Namen der Beratungsfirma, der sie angehör(t)en.

4.7 Gezielte Störung der Integration

Die gezielte Abwerbung von Leistungsträgern und ganzen Teams hat für die Wettbewerber den doppelten Nutzeffekt, sowohl die eigene Mannschaft zu verstärken als auch den fusionierenden Konkurrenten zu schwächen. Natürlich ist das ein sehr aggressives Vorgehen, das man unsportlich und ethisch fragwürdig finden kann. Doch sollte sich niemand darauf verlassen, dass seine Wettbewerber aus Gründen von »Fairness« oder »Anstand« auf solche Attacken verzichten.

Mit welch rücksichtsloser Konsequenz die Abwerbung als Waffe im Wettbewerb eingesetzt werden kann, führen Grubb und Lamb weiter aus: »When you successfully recruit good performers away from your merging competitors, you gain a double competitive advantage: you build your firm's strength and forward velocity while simultaneously further weakening your competitors who are losing key people, the ability to work as a well-tuned team, and ever-important ›know-how‹. But even more important, you heighten the probability of that merging organization losing its forward momentum and coherence as a business« (Grubb/Lamb 2000, S. 34).

Und weiter: »This magnet strategy weakens your competitors when they are most vulnerable, for the organizational uncertainties of their unfinished acquisition are made worse by the loss of skilled employees and managers around whom they hoped to build. (...) Your competitor may well lose other good managers and employees who feel even less inclined to stay at a firm that allows this painful uncertainty to continue and its best managers to flee. A downward spiral of defection sets in. The result – *your competitor bleeds talent*« (Grubb/Lamb 2000, S. 35).

Das heißt im Klartext: Diese Form der Personalbeschaffung nutzt nicht nur eine in jeder Hinsicht günstige Gelegenheit, um an gute Leute zu kommen, sie lässt sich gezielt einsetzen, um die Fusion und den Integrationsprozess des Konkurrenten zu torpedieren. Das mag man als eine Verrohung der Sitten ansehen – darauf gefasst sein sollte man trotzdem.

4.8 Der einzige Ansatzpunkt zur Gegenwehr

Die einzig realistische Vorbeugung und Abwehr gegen solche Attacken ist, das »Fenster der Verwundbarkeit«, das eine Fusion oder Übernahme unweigerlich öffnet, erstens so klein wie möglich zu halten und es zweitens so rasch wie möglich wieder zu schließen.

Es so klein wie möglich zu halten, heißt, durch sorgfältige Planung, klare Führung und gute Kommunikation das Ausmaß an Unruhe, Angst und Ungewissheit möglichst gering zu halten. Dazu zählt auch, nach Möglichkeit auf ein langwieriges Verfahren zur Stellenbesetzung (→ Kap. 24.2 f.) zu verzichten. Besondere Aufmerksamkeit muss dabei der Kommunikation mit den Kunden, Lieferanten und dem Vertrieb gewidmet werden (→ Kap. 23).

Das Fenster der Verwundbarkeit so rasch wie möglich wieder zu schließen, heißt vor allem, die Integration oder Umstrukturierung schnellstmöglich so weit zum Abschluss zu bringen, dass für die Mitarbeiter und Kunden wieder stabile Verhältnisse herrschen. Das wiederum erfordert eine klug gewählte Integrationsstrategie (→ Kap. 17), ein durchdachtes Integrationskonzept sowie eine sorgfältige Vorbereitung des Integrationsprozesses (→ Kap. 14).

WICHTIGSTE ERKENNTNISSE UND SCHLUSSFOLGERUNGEN

- Jede Fusion oder Übernahme öffnet ein »Fenster der Verwundbarkeit«, in dem das bzw. die betroffenen Unternehmen so wehrlos sind wie ein Vogel in der Mauser: hauptsächlich mit sich selbst beschäftigt und nur sehr eingeschränkt dazu in der Lage, auf bedrohliche Entwicklungen in Markt und Wettbewerb zu reagieren.
- Solange das »Fenster der Verwundbarkeit« offensteht, ist es eine Einladung an aggressive Wettbewerber, sowohl verunsicherte Leistungsträger als auch attraktive Kunden und Schlüssellieferanten zu sich herüberzuziehen. Dazu müssen sie gar keine sensationellen Gehälter anbieten; es genügt völlig, dass sie Leistungsträgern, Kunden und Lieferanten das versprechen, was ihnen das fusionierende Unternehmen derzeit nicht bieten kann, nämlich Sicherheit, Verlässlichkeit und das Gefühl, gebraucht zu werden.
- Aggressive Wettbewerber können die Integration noch empfindlicher stören, indem sie nicht nur einzelne Leistungsträger abwerben, sondern ganze Teams. Je erfolgreicher sie damit sind, in desto größere Schwierigkeiten kommt das eigene Unternehmen. Man sollte sich besser nicht darauf verlassen, dass sie von diesen Möglichkeiten aus Gründen der »Fairness« oder des »Anstands« keinen Gebrauch machen werden, denn die Mittel und Möglichkeiten, diesen Anspruch durchzusetzen, sind begrenzt.

- Wenn die Integration schlecht vorankommt, ist die Wahrscheinlichkeit groß, dass sie früher oder später in ein Kostensenkungsprogramm übergeht. Dies schafft für Mitarbeiter und Führungskräfte wie auch für Kunden und Lieferanten zusätzliche Anreize, sich nach Alternativen umzusehen: eine sich selbst verstärkende »Todesspirale«.
- Um keine unnötigen Risiken einzugehen, ist es entscheidend, dieses »Fenster der Verwundbarkeit« so rasch wie möglich wieder zu schließen. Dass es sich öffnet, lässt sich angesichts der emotionalen Turbulenzen, die eine Fusion oder Übernahme auslöst, nicht verhindern. Doch lässt sich maßgeblich beeinflussen, wie groß es ist und wie lange es offensteht.

Teil II:

Die Logik des sozialen Systems – Fusionen managen heißt Emotionen managen

Nachdem wir im ersten Teil auf das *ökonomische* System geschaut haben, sehen wir uns im zweiten die Dynamik des *sozialen* Systems genauer an – oder besser: die der sozialen Systeme, denn es sind ja immer mindestens zwei Unternehmen an einer Fusion oder Übernahme beteiligt, und die müssen nicht zwangsläufig in der gleichen Weise auf die bevorstehende Integration reagieren. Dennoch sind die **gruppendynamischen Prozesse** eines bevorstehenden Mergers samt den damit verbundenen **Emotionen** zum guten Teil vorhersehbar.

Genau wie es für die Gefühle, die eine Pistole auslöst, eine große Rolle spielt, auf welcher Seite des Laufs man sich befindet, so macht es auch einen großen Unterschied, ob man Teil der übernehmenden Organisation ist und sich als »Gewinner« des Mergers fühlt, oder Teil der übernommenen, die sich oft als Verlierer vorkommt.

Der **Übernahmeschock** trifft vor allem die Übernommenen: Sie stehen letztlich vor der Frage, ob es sich noch lohnt zu kämpfen oder ob es für sie nur noch darum geht, die Bedingungen des »Siegers« zu erkunden. Dementsprechend bestimmen **Zukunftsangst** und ein Gefühl von **Kontrollverlust** ihre Stimmung. Und es ist geradezu logisch, dass sie zur **Lagerbildung** tendieren und sich spontan in einer Wagenburg zusammenschließen.

Wenn der Zustand der Ungewissheit zu lange anhält, hat er fast zwangsläufig zur Folge, dass gerade die Fähigsten und Mutigsten sich die Kontrolle über ihr Leben selbst zurückholen, indem sie sich zur **Abwanderung** entschließen – mit der Konsequenz, dass man, wenn man nicht aufpasst, ausgerechnet die Leute verliert, die man eigentlich auf keinen Fall verlieren möchte und dürfte.

Ganz anders die Befindlichkeit der Mitarbeiter und Führungskräfte des Übernehmers. Um ihr Verhalten besser zu verstehen, ist ein Blick auf die Psychologie des menschlichen **Risikoverhaltens** nützlich. Im Gegensatz zur landläufigen Meinung sind Menschen nicht generell risikoscheu, vielmehr scheuen wir vor allem Verluste. Bei Übernahmen bewirkt das, dass vor allem die mittleren Ebenen des Übernehmers ihre Besitzstände verteidigen und **Abstoßungsreaktionen** gegenüber den Übernommenen entwickeln, sprich, sie nach allen Regeln der Kunst an ihrem Abwehrbollwerk auflaufen lassen – was deren Ängste und Nöte natürlich noch verstärkt.

Etwas anders stellt sich die emotionale Dynamik bei einer Fusion dar, ganz besonders bei einem »Merger of Equals«. Da sind die **Ängste** und der **Kontrollverlust** von Anfang an gleichmäßiger verteilt, zumal sich meist auch die Ungewissheit in solchen Fällen länger hinzieht. Dazu kommt der ständige Verdacht, dass hinter den Kulissen doch mit gezinkten Karten gespielt wird.

Sowohl bei Übernahmen als auch bei Fusionen gilt aber: Wenn nach einigen Wochen die wesentlichen Entscheidungen getroffen und die allermeisten Stellen besetzt sind, legt sich die Aufregung, und es kehrt eine gewisse Ruhe ein. Auch die Routinen beginnen, sich wieder einzuspielen, gleich ob die anfängliche Lagerbildung inzwischen überwunden wurde oder ob sie offen oder verdeckt fortbesteht.

Je nachdem, wie viele Mitarbeiter und Führungskräfte unglücklich mit ihrer neuen Situation sind, kann sich eine **nostalgische Vision** herausbilden: Weite Teile der Belegschaft – oder auch nur des übernommenen Unternehmens – trauern dann den »guten alten Zeiten« vor der Fusion oder Übernahme nach. Das ist nicht nur emotional belastend, es geht auch mit allen Begleiterscheinungen einer »gelernten Hilflosigkeit« einher: mit Apathie, Niedergeschlagenheit und einer stark eingeschränkten Lernfähigkeit – nicht gerade die emotionale Verfassung, die ein dynamisches, vorwärtsstrebendes Unternehmen auszeichnet.

5 Vorhersagbare Emotionen: Kleine Massenpsychologie der Fusion

Von dem Moment an, wo erste Gerüchte über eine bevorstehende Fusion, Übernahme oder Umstrukturierung durch das Haus wehen, ist nichts mehr wie es war. Über allen Planungen, Entscheidungen und Aktivitäten schwebt ein großes Fragezeichen. Die Investitionen in die Entwicklung neuer Produkte liegen ebenso auf Eis wie Nachfolgeplanungen und Karriereversprechen. Was gestern noch sicher war, ist heute völlig ungewiss; die Planungssicherheit geht gegen Null, sowohl im geschäftlichen Bereich als auch in Bezug auf die eigene Person.

Dass vom einen Tag auf den anderen die Fundamente der eigenen Zukunftsplanung infrage gestellt sind, ist für die Beschäftigten ein Schock. Die emotionalen Turbulenzen, die dies auslöst, erfassen nicht nur die »einfachen« Mitarbeiter, sie reichen bis in die obersten Führungsetagen.

Obwohl die Betroffenen damit sehr unterschiedlich umgehen, ist die emotionale Dynamik einer Fusion oder Übernahme – in den Grenzen sozialwissenschaftlicher Prognosen – vorhersehbar. Die im Folgenden beschriebene Phasenfolge gilt nicht mit der Strenge eines naturwissenschaftlichen Gesetzes, doch sie hilft, sich ein Bild davon zu machen, was sich in den betroffenen Unternehmen emotional bei Fusionen und Übernahmen abspielt.

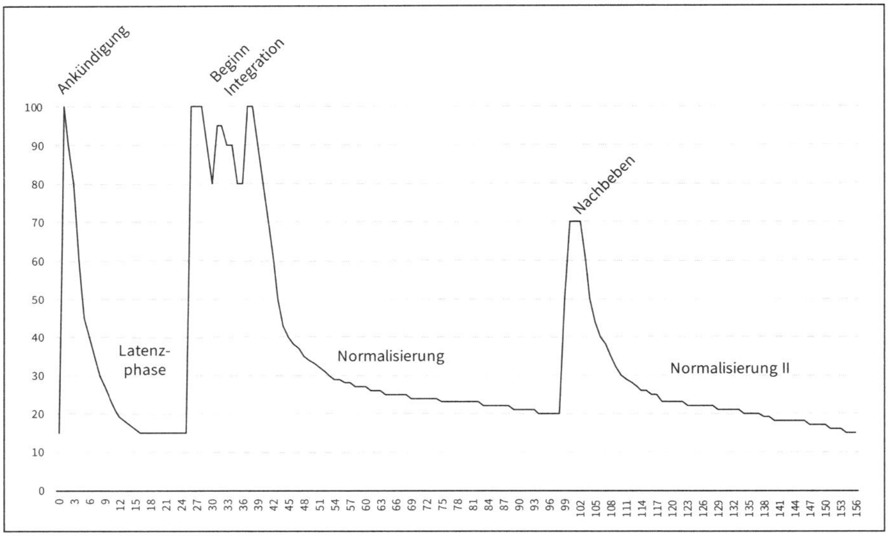

Abb. 3: Der Stresspegel ist von jähen Anstiegen und allmählichem Abflauen geprägt.

5.1 Erste Phase: Aufregung

Die Ankündigung einer bevorstehenden Fusion oder Übernahme bzw. das Durchsickern erster Gerüchte darüber löst große Aufregung und Unruhe aus – wobei »Unruhe« nur ein anderes Wort für Angst ist (→ Kap. 6). Das gilt auch in Unternehmen, die schon Erfahrung mit Fusionen haben, einfach weil die persönliche und geschäftliche Ungewissheit von Neuem beginnt. Unter Umständen kommt ein Schuss Überdruss hinzu: »Nicht schon wieder! Ist dem Vorstand denn nicht klar, dass das Unternehmen die letzte Fusion noch nicht verkraftet hat?!«

Bei Großfusionen fallen in diese Phase oft heftige Protestaktionen des Betriebsrats, der Gewerkschaften oder anderer Interessengruppen, die möglicherweise auch in die lokale oder sogar in die »große« Politik abstrahlen. Im Falle einer drohenden feindlichen Übernahme kann die »Abwehrschlacht«, das heißt der Versuch des Managements, die Übernahme zu verhindern und Stimmung gegen sie zu machen, die Situation stark anheizen – unter Umständen so sehr, dass die folgende Phase übersprungen wird, weil ein Verdrängen oder Verleugnen kaum noch möglich ist.

Eine erhebliche Rolle spielt dabei auch, in welcher Verfassung sich das eigene Unternehmen befindet und wer der Übernehmer oder Fusionspartner ist. Wenn eine Firma angeschlagen ist und kaum noch Hoffnung hat, aus eigener Kraft wieder auf die Beine zu kommen, wird die Übernahme unter Umständen sogar begrüßt, in der Hoffnung, dass der Käufer schafft, was dem eigenen Management nicht gelungen ist, nämlich einen Weg zurück zur Wettbewerbsfähigkeit zu finden. Wenn ein Unternehmen dagegen vor Kraft strotzt und voller Selbstvertrauen in die Zukunft blickt, wird eine Übernahme ausgesprochen unwillkommen sein, denn dann lässt sie kaum Vorteile erwarten.

Sofern es nicht um die Rettung aus höchster Not geht, ist kein Übernehmer wirklich willkommen. Denn gleich wer es ist, eine Übernahme oder Fusion ist immer eine Bedrohung. Doch gibt es Konstellationen, die der Sache zusätzliche Brisanz verleihen – wie etwa die drohende Übernahme durch einen Hedgefond, der für seine rauen Sitten bekannt ist. Oder die Übernahme durch den schärfsten Wettbewerber oder gar den historischen »Erbfeind«, wie etwa im Falle der geplanten Übernahme von Thyssen durch Krupp (die später durch den »Eingriff höherer Mächte« in einen Merger of Equals verwandelt wurde).

Erhöhte Brisanz hat auch die Übernahme durch ein Unternehmen aus einem völlig anderen Kulturkreis, etwa durch ein unbekanntes chinesisches oder koreanisches Unternehmen. Der Auslöser dieses zusätzlichen emotionalen Stresses liegt nicht bloß in Vorurteilen und Fremdenfeindlichkeit: Solche Konstellationen verschärfen ganz einfach die subjektiv wahrgenommene Bedrohlichkeit (→ Kap. 6.1) der Übernahme – und oft auch die objektive. Denn kulturelle Unterschiede machen es noch schwieriger, die Erwartungen und Spielregeln des Käufers einzuschätzen, und das erhöht die potenzielle Bedrohlichkeit ebenso wie das Risiko kultureller Konflikte.

5.2 Zweite Phase: Verdrängung/Verleugnung

Die anfängliche Aufregung hält eine Weile an, doch wenn zunächst keine weiteren Schritte folgen, flaut sie allmählich ab. Und weitere Schritte folgen häufig deshalb nicht sofort, weil vor der Umsetzung die Zustimmung der Aufsichtsgremien beider Seiten, also von Aufsichtsräten und Hauptversammlungen abgewartet werden muss, und bei Großfusionen auch die der nationalen und internationalen Kartellbehörden. Deshalb vergeht zwischen der Ankündigung und den ersten Umsetzungsschritten oftmals eine Menge Zeit, in der nichts Sicht- und Spürbares passiert.

In der Belegschaft und im Management tritt nach einigen Wochen der Aufregung oftmals eine Ruhephase ein. Viele Mitarbeiter und Führungskräfte verdrängen die Bedrohung nach einer Weile und scheinen in ihrem tiefsten Inneren zu hoffen, dass alles so bleibt wie gehabt, wenn sie nur einfach so weitermachen wie bisher – eine Art magisches Denken, die bei Lichte besehen natürlich nicht trägt, aber doch trügerische Hoffnungen aufkeimen lässt.

Diese Stille ist für das Top-Management immer wieder erstaunlich und irritierend: »Man hört überhaupt nichts«, wunderte sich eine Personalchefin, »ich frage mich, ob das ein gutes oder ein schlechtes Zeichen ist!« Für das Unternehmen ist dies insofern eine gute Nachricht, als das Geschäft so noch für ein paar Wochen oder Monate ohne größere Beeinträchtigungen weiterläuft. Zugleich ist es aber die Ruhe vor dem Sturm, der dann losbricht, wenn nach dem Closing die ersten konkreten Umsetzungsschritte eingeleitet werden.

Allerdings läuft das Management Gefahr, in dieser Phase wertvolle Zeit zu verlieren. Eigentlich müsste es dieses Zeitfenster unbedingt nutzen, um die Integrationsstrategie festzulegen (→ Kap. 17), das Integrationskonzept zu entwickeln (→ Kap. 16) und das konkrete Vorgehen vorzubereiten (→ Kap. 14). Das muss zwar im kleinen Kreis geschehen – doch dort muss es unbedingt geschehen. Ein guter Teil der Hektik und der zuweilen überstürzten und chaotischen Entscheidungen der kritischen Wochen (Phase 3 und 4) kommt zustande, weil in dieser Phase wertvolle Vorbereitungszeit vertrödelt wurde.

5.3 Dritte Phase: Angst und Auseinandersetzung

Die trügerische Ruhe der Verdrängung wird jäh beendet durch das Closing, also das formale Inkrafttreten der Fusion oder Übernahme, und den (im Idealfall fast zeitgleichen) Start der Integration. Die perplexen Mitarbeiter werden in kurzer Folge mit Informationen und Fakten zum weiteren Vorgehen sowie mit den ersten Umsetzungsschritten überrascht. Manchmal beruft dann der Betriebsrat eilends eine Betriebsversammlung ein, in der er mit gewagten Forderungen seine eigene Ratlosigkeit und Angst zu verbergen sucht.

Spätestens jetzt macht sich der Betriebsrat auch daran, sich über seine Mitbestimmungsrechte bei einer Fusion oder Übernahme zu informieren (→ Kap. 26). Wie er dabei feststellen wird, kann er den Merger nicht verhindern: Dies liegt rechtlich, sofern die Kartellbehörden zustimmen, im alleinigen Ermessen der Eigentümer der beiden Unternehmen.

Im Geltungsbereich deutschen Rechts hat der Betriebsrat aber das Recht und die Verantwortung, an der Ausgestaltung und sozialen Abfederung eines Mergers mitzuwirken. Wenn die Fusion oder Übernahme eine Betriebsänderung darstellt und/oder mit Personalabbau (→ Kap. 25) einhergeht, ist es Aufgabe des Betriebsrats, einen Interessenausgleich und Sozialplan (→ Kap. 26.5) mit dem Management auszuhandeln, der für einen annehmbaren Kompromiss zwischen den Interessen des Unternehmens (bzw. seiner Eigentümer) und denen der Beschäftigten sorgt.

Jetzt wachen auch diejenigen Mitarbeiter und Führungskräfte auf, die sich zwischenzeitlich in der Hoffnung gewiegt hatten, dass das alles vielleicht nur ein böser Traum war. Vielen wird mit Entsetzen klar, dass sie auf die bevorstehenden Veränderungen und vor allem auf das Risiko, ihren Arbeitsplatz zu verlieren, nicht vorbereitet sind, weil sie für sich persönlich keinen »Plan B« haben. Ihnen wird bewusst, dass sie trotz aller Warnsignale gehandelt haben, als sei ihr Gehalt langfristig gesichert; sie haben weder nennenswerte Rücklagen aufgebaut noch über Einkommensalternativen nachgedacht. Damit sind sie der Entwicklung auf Gedeih und Verderb ausgeliefert. Nachvollziehbar, dass nun bei vielen die blanke Panik aufsteigt.

Je nach Naturell reagieren die einen darauf mit hektischer Betriebsamkeit, als könnten sie in ein paar Wochen das jahrelang Vernachlässigte gutmachen. Andere überlegen sich, was sie jetzt noch tun können, und beginnen dann beispielsweise damit, ihr vernachlässigtes Netzwerk außerhalb der Firma zu reaktivieren. Wieder andere verfallen in völlige Lethargie und hoffen, dass das Schicksal sie vielleicht übersieht, wenn sie sich nur tief genug ducken.

5.4 Vierte Phase: Weichenstellungen

In diesem angespannten Klima fallen Entscheidungen, sowohl von Seiten des Unternehmens als auch von Seiten der Mitarbeiter. Das Unternehmen trifft Schritt für Schritt seine Festlegungen; die Mitarbeiter entscheiden jeweils einzeln über ihr eigenes Leben (wobei auch Abwarten und Hoffen eine Entscheidung ist, wenngleich keine sehr dynamische).

Von Unternehmensseite werden in aller Regel zunächst die oberen Führungspositionen besetzt, dann die nachgeordneten Ebenen. Die künftige Organisationsstruktur, die die Voraussetzung dafür ist, wurde bei guter Vorbereitung schon vor dem Closing ausgearbeitet und kann daher am Tag des Closing bekanntgegeben werden. Je nach Größe des Unternehmens und gewählter Integrationsstrategie (→ Kap. 17) kann die Stellenbesetzung in ein paar Tagen erledigt sein, sich aber auch über Monate hinziehen (→ Kap. 24).

Sofern die Fusion mit Personalabbau (→ Kap. 25) verbunden ist, ist – wenigstens bei Fusionen und Übernahmen, für die deutsches Recht gilt – der Abschluss eines Interessenausgleichs und eines Sozialplans mit dem Betriebsrat erforderlich (→ Kap. 26.5). Dies hat erheblichen Einfluss sowohl auf die Dauer des Verfahrens als auch auf dessen Ergebnisse. Denn nach dem Kündigungsschutzgesetz entscheidet nicht das Unternehmen, welche Mitarbeiter entlassen werden, vielmehr bestimmen die festgelegten Kriterien der Sozialauswahl, wer besonders schutzbedürftig ist und wer als Erster gehen muss. Dies benachteiligt in aller Regel jüngere und alleinstehende Mitarbeiter mit relativ kurzer Unternehmenszugehörigkeit.

Während auf diese Weise Zeit verstreicht, sitzen die potenziell Betroffenen wie auf Kohlen. Das Gefühl, den Entscheidungen anderer ausgeliefert und nicht mehr Herr des eigenen Schicksals zu sein, ist schwer zu ertragen (→ Kap. 8). Viele stellen sich die Frage: »Bleiben oder Gehen?« (→ Kap. 33). Um wieder Kontrolle über das eigene Leben zu erlangen, werden manche von sich aus aktiv; andere greifen kurz entschlossen zu, wenn sie Angebote von Headhuntern, Wettbewerbern, privaten Arbeitsvermittlern, Zeitarbeitsfirmen oder sonst jemandem erhalten – selbst wenn sie sich dabei unter Wert verkaufen oder nur ein Risiko gegen ein anderes tauschen (→ Kap. 12).

Es liegt auf der Hand, dass individuelle und Unternehmensentscheidungen nicht immer zusammenpassen. Manche Mitarbeiter und Führungskräfte würden gerne bleiben, fallen aber durch das Sieb der Sozialauswahl oder werden bei der Stellenbesetzung nicht für eine Führungsposition nominiert, die ihrem bisherigen Status entspricht. Andere entschließen sich zu gehen, obwohl das Unternehmen sie gerne gehalten hätte. Infolgedessen braucht es manchmal mehrere Runden, bis sich alles »zurechtgeruckelt« hat.

Dabei kommt es manchmal auch zu Situationen, bei denen die Betroffenen nicht wissen, ob sie lachen oder weinen sollen – etwa, wenn eine bereits ausgesprochene Kündigung wieder zurückgenommen wird, weil jemand den Platz eines Kollegen übernehmen kann und soll, der von sich aus gekündigt hat. Solche Erfahrungen sind oftmals ein tiefer Einschnitt für die Betroffenen, der ihre Einstellung zum Unternehmen dauerhaft prägt. Aber sie lassen sich auch bei einem noch so durchdachten Vorgehen kaum vermeiden.

5.5 Fünfte Phase: Neue Normalität

Irgendwann sind dann doch alle Entscheidungen getroffen und (fast) alle Positionen besetzt. Nun könnte das neue Unternehmen endlich zu arbeiten beginnen. Könnte – wenn nicht erstens den Mitarbeitern die frischen Erfahrungen noch in den Knochen steckten und wenn nicht zweitens zwei mehr oder weniger unterschiedliche Kulturen aufeinanderträfen. Manchmal gelingt dieses Zusammenwachsen – teils mit, teils ohne professionelle Unterstützung – erstaunlich reibungslos. In anderen Fällen sind noch Jahre nach der Fusion oder Übernahme tiefe Gräben zwischen den beiden Ursprungsunternehmen spürbar.

Ein Beispiel dafür ist eine Großbank, in der ich fünf Jahre nach einer Fusion Interviews führte. Innerhalb der ersten Viertelstunde teilte mir fast jeder Gesprächspartner unaufgefordert mit, aus welchem der beiden Ursprungsbanken er stammte. Unter der Oberfläche des neuen Corporate Design bestand eine tiefe Spaltung in »Wir« und »Die« fort. Vor allem in den vielen Filialen, die weitgehend unvermischt geblieben waren, hatten sich die Altkulturen erhalten bzw. durch Kontrastverstärkung (→ Kap. 10.4) sogar verschärft. Auch bei der internen Zusammenarbeit war die »Herkunft« oftmals ein wichtiges Kriterium. In der Bank hatte sich eine »nostalgische Vision« (→ Kap. 13) entwickelt: Die Mitarbeiter beider Lager träumten davon, wie gut es doch »damals« vor der Fusion gewesen war.

Lange Nachwirkungen hat auch, wie fair und menschlich Personalabbau und Stellenbesetzungen realisiert wurden. Je mehr es dort zu Enttäuschungen, Einseitigkeiten und persönlichen Verletzungen kam, beispielsweise durch ein aus Sicht der Betroffenen unfaires Vorgehen oder auch nur durch eine Kommunikation, die von den Mitarbeitern als nachlässig empfunden und als »menschenverachtend« interpretiert wurde, desto brüchiger sind das Vertrauen in das Management und die Loyalität zum Unternehmen. Was sicherlich zum Anstieg der Abwanderungen beiträgt, die beinahe jeder Fusion oder Übernahme folgen (→ Kap. 12).

Trotz all dieser Einflüsse entsteht allmählich so etwas wie eine »neue Normalität«. Innerhalb einiger Monate stabilisieren sich die Verhältnisse und werden – mit allen Licht- und Schattenseiten – zur Grundlage der Kultur des fusionierten Unternehmens (→ Kap. 29 und 30).

5.6 Sechste Phase: Nachbeben

Bei größeren Fusionen gelingt es selten im ersten Anlauf, alle Strukturen und Stellenzahlen genau richtig zuzuschneiden. Fast immer kommt es daher in den Monaten und Jahren nach der Fusion zu vereinzelten »Nachbeben«, in denen Fehler korrigiert und Anpassungen vorgenommen werden. Diese Nachbeben fallen umso heftiger aus, je mehr die Integrationsstrategie auf Harmonie bzw. Konfliktvermeidung ausgerichtet wurde (→ Kap. 17.3). Insbesondere der Abbau weiterer Stellen und die Auflösung von Abteilungen wird zur Belastungsprobe.

Deshalb ist es zwar unangenehm, aber vergleichsweise harmlos, wenn bei der Stellenberechnung zu knapp kalkuliert wurde. Wenn am grünen Tisch mehr Synergien beschlossen wurden, als die Realität einzuräumen bereit war, wird die Arbeit für eine Weile ziemlich stressig, weil die Kapazitäten hinten und vorne nicht ausreichen, was neben Überlastung bald auch Qualitätsprobleme und Lieferverzögerungen zur Folge hat. Genau deshalb bleibt dem Management, wenn es das Geschäft nicht vor die Wand fahren will, auf die Dauer kaum eine andere Wahl, als zusätzliche Stellen zu genehmigen.

Sehr viel brisanter gestaltet sich die Situation, wenn bei der Fusion zu sehr versucht wurde, Ärger und Unannehmlichkeiten zu vermeiden. Dann zeigt sich nach kurzer Zeit der Pferdefuß der Konfliktvermeidung: Die versprochenen Synergieeffekte bleiben aus. Also ist abzusehen, dass früher oder später weitere Einschnitte kommen werden. Die Furcht vor einem großen »Nachbeben« und einer »Nacht der langen Messer« wirkt auf die Betroffenen natürlich alles andere als beruhigend. Sie vergiftet das Klima und lähmt die Sacharbeit, weil jeder vor allem daran interessiert ist, sich in eine günstige Position für die bevorstehenden Stellenstreichungen zu bringen – und die anderen belauert, die das Gleiche tun.

WICHTIGSTE ERKENNTNISSE UND SCHLUSSFOLGERUNGEN

- Auch wenn jede Fusion oder Übernahme ihre Besonderheiten hat, gibt es doch einige typische Muster, wie die Stimmungskurve bei solchen Ereignissen üblicherweise verläuft. Sie zu kennen, ist nützlich, um zu wissen, was auf einen zukommt, wenn man für eine Integration (mit)verantwortlich ist.
- Die Ankündigung einer Fusion oder Übernahme ist für viele Mitarbeiter und Führungskräfte ein Schock: Sie stellt alles infrage, was bislang als sicher galt – von Budgets und Investitionen über laufende Projekte bis hin zu Karrieren und Lebensplanungen. Angesichts dieser Bedrohlichkeit ist es nicht verwunderlich, dass die erste Reaktion fast immer von Entsetzen und großer Aufregung gekennzeichnet ist.
- Diese Aufregung flaut nach einer Weile ab, weil zwischen dem »Signing« und dem »Closing« wegen der erforderlichen Genehmigungen oft ein erheblicher Zeitabstand liegt, und es setzt eine erstaunliche Ruhe ein. Die Hoffnung, dass alles vielleicht doch nur ein böser Traum war, wird jedoch jäh zerschlagen, wenn nach dem Closing die ersten Umsetzungsschritte erfolgen.
- Nun werden in einer von Anspannung und Angst geprägten Atmosphäre die Weichen für die künftige Zusammenarbeit gestellt: Organisationsstruktur, Stellenbesetzungen, Produkte, Prozesse, Systeme etc. Schrittweise verwandelt sich Unberechenbarkeit in zunehmende Klarheit. Nicht jede Entscheidung kann dabei jedem gefallen, aber zumindest weiß man allmählich wieder, woran man ist: Langsam (meist zu langsam) entsteht eine neue Normalität.
- Weil individuelle und Unternehmensentscheidungen nicht immer zusammenpassen und auch manch andere Entscheidungen nicht auf Anhieb sitzen, bedarf es meist einiger Nachkorrekturen, bis das fusionierte Unternehmen wieder voll funktionsfähig ist. Oft kommt es dabei zu einem oder mehreren »Nachbeben«, vor allem wenn in der Integration zu sehr auf Konfliktvermeidung gesetzt und zu viele faule Kompromisse gemacht wurden.

6 Angst: Die wichtigste Emotion (nicht nur) bei Übernahmen

Es hilft nichts, sich darüber zu ärgern, dass Mitarbeiter bei Veränderungen immer erst einmal defensiv reagieren und kaum je auf die Chancen und auf die positiven Aspekte schauen: So ist nun einmal die menschliche Natur. Jede noch so geringe Veränderung wird von Menschen – und keineswegs bloß von uns »ängstlichen Deutschen« – erst einmal auf ihre Bedrohlichkeit überprüft. Diesen Sicherungsmechanismus hat die Evolution uns (und übrigens auch unserer tierischen Verwandtschaft) eingebaut, weil er offenbar einen Selektionsvorteil hat; ihn muss man kennen und mit ihm muss man umgehen können, wenn man eine Integration zum Erfolg führen will.

Jede neue Entwicklung sofort auf ihre Bedrohlichkeit zu überprüfen, hat eine überlebenssichernde Funktion und deshalb für Mensch wie Tier oberste Priorität. Erst wenn wir sicher sind, dass eine Veränderung nicht bedrohlich ist (und nur dann!), wenden wir unsere Aufmerksamkeit anderen Aspekten zu – zum Beispiel ihren Vorteilen und Chancen, ihrer Nutzbarkeit für unsere eigenen Interessen, ihrem Unterhaltungswert oder was auch immer. Diese Reihenfolge hat sich in der Evolution bewährt: Lebewesen, die zuerst die Vorteile und Chancen überprüft haben und erst dann die Bedrohlichkeit, sind im Laufe der Entwicklungsgeschichte offenbar zu häufig auf der Strecke geblieben.

6.1 Die reflektorische Bedrohlichkeitsprüfung und ihre Folgen

Vermuten wir in einer Veränderung eine Bedrohung, stellt sich sofort eine zweite Schlüsselfrage, nämlich: Bin ich dieser Bedrohung gewachsen? Wenn ja, wählen wir eine geeignete Strategie aus unserem Handlungsrepertoire, um die Bedrohung abzuwenden oder einzudämmen. Beispielsweise empfinden viele Menschen Kritik von ihren Vorgesetzten als bedrohlich – aber sie wissen aus langjähriger Erfahrung (die sie möglicherweise schon in der Schule oder im Elternhaus eingeübt haben), wie sie diese Bedrohung bewältigen können: Zum Beispiel indem sie ausführlich erklären, weshalb sie gar nicht anders handeln konnten, indem sie Ausreden erfinden oder kurzerhand zum Gegenangriff übergehen.

Wirklich gefährlich ist die Lage, wenn uns angesichts einer Bedrohung keine Abwehrstrategie einfällt. Wenn wir glauben, einer Bedrohung nicht gewachsen zu sein, entsteht Angst bis hin zur Panik. Ein Beispiel sind jene aufgeregten Diskussionen, die sofort nach der Ankündigung einer Fusion oder Übernahme sämtliche Flure und Treppenhäuser durchziehen und jede produktive Arbeit zum Erliegen bringen: Hier suchen die Menschen Halt bei anderen Menschen, die ebenfalls Halt suchen, und schaukeln sich dabei gegenseitig hoch.

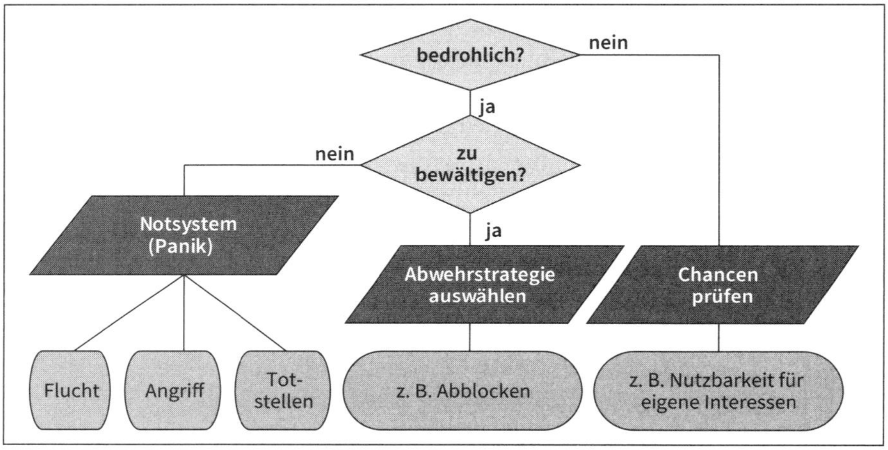

Abb. 4: Die reflektorische Bedrohlichkeitsprüfung und ihre Folgen

Zwei simple Prüfalgorithmen genügen also, um jenes archaische Programm zu aktivieren, das uns die Evolution für Notfälle mitgegeben hat. Es stellt uns für den Fall einer ernsten Bedrohung drei Handlungsstrategien zu Verfügung: Primär drängt es uns, falls das noch möglich ist, die Flucht zu ergreifen. Wenn wir nicht mehr ausweichen können, motiviert es uns, uns unserer Haut zu wehren und zu kämpfen. Und falls ein Kampf aussichtslos erscheint, weil die Bedrohung übermächtig ist, lautet das Programm: sich tot stellen.

Dieses Notsystem wurde im Laufe der Entwicklungsgeschichte fein und präzise abgestimmt. Flucht ist nicht unbedingt die ehrenhafteste Lösung, aber sie birgt das geringste Verletzungsrisiko – gemäß dem schwäbisch-pragmatischen Grundsatz: »Lieber fünf Minuten lang feig als ein Leben lang tot!«

Falls eine Flucht nicht mehr möglich ist, ist Kämpfen die zweitbeste Strategie, die eigenen Überlebenschancen zu sichern – außer, ein Kampf ist aussichtslos, weil der Gegner haushoch überlegen ist. Dann dient es dem Überleben besser, sich tot zu stellen. Was sich auch körperlich in einem Gefühl völliger Handlungsunfähigkeit äußert: »Ich war wie gelähmt!«

Der Unterschied zu unseren Urahnen in der ostafrikanischen Savanne ist nur, dass sich Flucht, Angriff und Totstellen in der heutigen Zeit meist nicht mehr physisch abspielen, sondern in soziale Situationen eingebettet sind. Unser größtes Problem ist nicht mehr, uns wilder Tiere, kriegerischer Nachbarstämme oder umherstreifender Räuber zu erwehren, sondern heikle soziale Situationen zu bewältigen.

Bedroht ist heute in den allermeisten Fällen nicht mehr unsere physische Existenz, sondern – je nach Situation – unser Selbstwertgefühl, unser Ansehen oder unsere wirtschaftliche Sicherheit. Auch unsere Reaktionen sind in aller Regel nicht mehr physisch, sondern »nur noch« kommunikativ: Wir laufen vor dem Aggressor nicht mehr weg, sondern weichen »nur noch« seinem Blickkontakt aus und »machen uns unsichtbar«.

Und da es als unschicklich gilt, seinen Chef niederzuschlagen, verzichten wir auf physische Aggressionen und greifen ihn nur verbal an, indem wir ihm beispielsweise vorwerfen, er habe die von ihm kritisierte Panne durch seine unklare Instruktion selbst verursacht. Doch die Grundmechanismen sind dieselben geblieben wie damals in der Savanne, und auch an der zugrunde liegenden »Hardware-Verdrahtung« hat sich in den letzten 10.000 Jahren nicht viel geändert.

6.2 Tabuthema Angst

Der dargestellte Prüfalgorithmus läuft blitzschnell und weitgehend unbewusst ab, sodass wir ihn im Regelfall kaum wahrnehmen. Weil sein Ergebnis jedoch das gesamte weitere Verhalten bestimmt, ist es von größter praktischer Bedeutung, ihn zu kennen und zu verstehen. Denn mit der Biologie kann man nicht diskutieren. Deshalb nützt es wenig, mit dem »defensiven Verhalten der Mitarbeiter« zu hadern.

Wir müssen dieses Grundmuster als Tatsache zur Kenntnis nehmen und unser Vorgehen bei der Integration daran ausrichten. Das heißt für die Praxis: Wir müssen den Integrationsprozess – ohne Verwässerung der Ziele! – so gestalten, dass Ängste zwar nicht um jeden Preis vermieden, aber frühzeitig wahrgenommen, sensibel »gemanagt« und weder unnötig angeheizt noch unnötig lange am Kochen gehalten werden.

Was den Umgang mit Ängsten kompliziert macht, ist die Tatsache, dass Angst in Wirtschaft und Verwaltung ein Tabuthema ist: Manager und andere Helden kennen keine Angst. Wenn doch, dürfen sie es sich zumindest nicht anmerken lassen – und infolgedessen auch nicht darüber reden. Je älter und je höher in der Hierarchie ein Mensch ist, desto unwahrscheinlicher ist, dass er seine Ängste offen eingestehen wird. Wobei sich Männer hier im Allgemeinen noch schwerer tun als Frauen.[7]

Infolgedessen ist es auch kaum möglich, mit Führungskräften offen über ihre Ängste zu sprechen – ein zu direktes Ansprechen des Themas mündet meist in Abwehr oder unbehagliches Schweigen. (Hier läuft übrigens genau derselbe Mechanismus ab: Ist das offene Sprechen über Ängste bedrohlich? – Ja. – Zu bewältigen? – Ja: Ausweichen und notfalls bestreiten.)

Vermeiden Sie daher, wenn Sie mit Mitarbeitern und erst recht mit Führungskräften über ihre Ängste sprechen wollen, den Begriff Angst und sprechen besser von »Sorgen«. Denn auch wenn man als gestandener Manager selbstverständlich keine Angst kennt, man macht sich doch so seine Gedanken ... Indem Sie eine weniger tabuisierte Formulierung anbieten, ermöglichen Sie es dem Gesprächspartner, ohne Angst (!) vor einem Gesichtsverlust über seine Befürchtungen zu reden.

Und das ist wichtig, denn wenn Menschen keine Gelegenheit haben, über ihre Sorgen zu sprechen, gehen die Ängste in den Untergrund und schlagen sich dann in den unterschiedlichsten, kaum noch berechenbaren Abwehrstrategien nieder. Sie können sich dann in heftigen Widerständen ebenso äußern wie in Gerüchten und Spekulationen, üblen Unterstellungen und Katastrophenfantasien, also in Befürchtungen, die weit schlimmer sind als die Realität. Oder sie äußern sich in Handlungen, mit denen Menschen sich die Kontrolle über ihr Schicksal zurückholen (→ Kap. 8.2) – beispielsweise in der überraschenden Kündigung von Leistungsträgern (→ Kap. 12).

---

7 In der jüngeren Generation scheint hier ein allmählicher Wandel stattzufinden, der aber »zufällig« gerade an den ehrgeizigen Aufsteigern weitgehend vorbeigeht. Das Verleugnen eigener Ängste ist offenbar nicht bloß ein Überbleibsel aus früheren, autoritäreren Zeiten, sondern wird auch heute noch als nützlich für das eigene Ansehen und die Karriere wahrgenommen. Vermutlich sogar zu Recht, denn in einem Spiel, in dem es um Macht und Reputation geht, ist es in der Tat nicht unbedingt ratsam, sich zu tief in die Karten schauen zu lassen.

6.3 Maskierte Ängste – und wie man sie erkennt

Wenn Ängste so verbreitet sind wie ich hier behaupte, wie kommt es dann, dass man in der täglichen Arbeit, selbst mitten in schwierigen Veränderungsprozessen, so wenig von ihnen sieht? Die Antwort lautet: So wenig sieht man davon gar nicht – nur erkennen wir die Symptome von Angst häufig nicht, weil sie nicht in unser Suchraster passen. Denn die Angst wird in der Wirtschaft und erst recht in den Führungsetagen meist nicht offen zum Ausdruck gebracht, sondern in mehr oder weniger maskierter Form.

Die meisten von uns haben hier schlicht das falsche Suchraster im Kopf: Wer bei Angst an ein zitterndes kleines Mädchen denkt, das sich verschüchtert hinter dem Rockzipfel seiner Mutter versteckt, wird Angst in Unternehmen sehr häufig nicht entdecken, weil sie dort in völlig anderen Erscheinungsformen auftritt. Sie kann sich zum Beispiel in ruppigem Widerspruch äußern, in langen Monologen und endlosen Diskussionen, die zu keinem greifbaren Ergebnis führen, in mangelnder Erreichbarkeit, mehr oder weniger (meist weniger) kunstvoll gesponnenen Intrigen und Attacken aus dem Hinterhalt, im Einschalten des Betriebsrats, in offenen und verdeckten Drohungen und manchem anderen mehr.

Faustregel: Maskierte Angst äußert sich im beruflichen Bereich und insbesondere im Management häufig in dominantem Verhalten und offener oder verdeckter Aggression.

Ziehen Sie daher in Fällen, in denen Mitarbeiter (gleich welcher Hierarchieebene) ungewöhnlich heftig, aggressiv und feindselig gegen angekündigte Veränderungen (oder gegen Sie als Person) zu Felde ziehen, zumindest in Erwägung, dass hinter dieser Aggression die blanke Angst stecken könnte.

Das hat die praktische Konsequenz, dass es meist keine gute Idee ist, solche Widerstände »brechen« zu wollen. Denn das würde die Bedrohlichkeit für die betreffenden Personen noch weiter erhöhen und dementsprechend auch ihren Widerstand verstärken. Nicht immer, aber in vielen Fällen, hilft ein ausführliches, geduldiges Gespräch, um die tieferen Ursachen der Ängste zu verstehen. Und sehr oft lässt sich dann auch eine Lösung finden – manchmal sogar auf verblüffend einfache Weise.

Ein Schlüsselerlebnis war für mich vor vielen Jahren ein Gespräch mit einer damals 29-jährigen Spitzen-Sekretärin. Sie, die ansonsten vor keinem Problem zurückschreckte und mit jeder Lebenssituation mutig und konstruktiv umging, bekämpfte wütend, verbissen und buchstäblich »ohne Rücksicht auf Verluste« die Einführung einer neuen PC-gestützten Textverarbeitung in ihrer Firma.

Erst in einem längeren Gespräch wurde der tiefere Grund hinter all ihren »Sachargumenten« deutlich: Sie war bis dato unumstrittene »Königin der technischen Disziplinen«, beherrschte das damals im Unternehmen verwendete Textsystem ebenso souverän wie die altehrwürdige IBM-Kugelkopf-Schreibmaschine. Doch obwohl noch keine 30, war sie voller Angst, mit der neuen Textverarbeitung keine Chance mehr gegen die »jungen Dinger« zu haben, die frisch von der Sekretärinnenschule kamen. »Die sind es doch gewohnt zu lernen«, meinte sie unter Tränen, »und ich habe damit keine Übung mehr!« Ihre Angst war, aus ihrer bisherigen Spitzenposition abzustürzen und zum Schlusslicht des Feldes zu werden; das war der tiefere Grund, weshalb sie wie eine Furie gegen das neue System wütete – bis an die Schmerzgrenze ihres Arbeitgebers.

Doch Dominanzverhalten und wütender Widerstand sind keineswegs die einzigen Formen, wie sich Angst in Veränderungsprozessen äußern kann. Eine gerade bei Führungskräften sehr verbreitete Äußerungsform sind Ausführlichkeit und Redundanz, gemäß Michael Löhners hübschem Merksatz: »Unsicherheit erzeugt Sprechenergie.« Das operative Gegenstück dazu sind hektische Betriebsamkeit, wilde Geschäftigkeit und das Ausweichen auf Nebenschauplätze.

Beliebt ist in Managerkreisen weiterhin das Ausweichen vor Entscheidungen, das Nicht-Anpacken heikler Themen, die Rückdelegation und das Über-Abstimmen. Auch die Weitergabe und Erhöhung des Drucks auf Mitarbeiter und Kollegen ist (oft) ein Angstsymptom (»Ich mache Sie persönlich dafür verantwortlich ...«). Eher hierarchieunabhängig sind hingegen Ausdrucksformen, die sich in der Nähe des Totstellreflexes bewegen: Schweigen, Rückzug, Sich-unsichtbar-Machen, Abtauchen und (physische oder emotionale) Unerreichbarkeit. Und schließlich kann auch die Suche nach Verbündeten und die Solidarisierung gegen »die da oben« eine Ausdrucksform von Angst sein. Die Liste ließe sich beliebig verlängern ...

6.4 Richtiger Umgang mit Ängsten

Für den Umgang mit Ängsten ist völlig irrelevant, ob sie »berechtigt« sind oder nicht. Gleich was sie ausgelöst hat und wie realistisch oder unrealistisch sie sind, Ängste sind subjektive Realität. Und *subjektive Realität schafft objektive Realität*: Ein Mensch, der Angst hat, nimmt anders wahr und denkt und handelt anders als einer, der sich sicher fühlt. Es bringt daher überhaupt nichts, Ängste für »unbegründet« oder »irrational« zu erklären – das macht die Situation nur noch schlimmer, weil es die Ängste bloß für ungültig erklärt, statt sie aufzulösen, und sie damit natürlich nicht beseitigt, sondern nur in den Untergrund drängt. So entsteht eine Kluft des gegenseitigen Nicht-Verstehens, die die Kommunikation abreißen lässt.

Das Einzige, was im Umgang mit Ängsten hilft, ist, sie erstens wahr- und zweitens ernst zu nehmen und drittens gemeinsam mit der oder den betroffenen Person(en) eine Strategie zur Bewältigung der von ihnen wahrgenommenen Bedrohung zu suchen. Die erwähnte Sekretärin beispielsweise kam im Gespräch auf die Idee, privat und auf eigene Rechnung einen PC-Kurs zu buchen, was sie denn auch umgehend in die Tat umsetzte.

Das war eine völlig überraschende Wendung, denn von Seiten des Arbeitgebers hätte niemand im Traum daran gedacht, ihr eine private Investition abzuverlangen – hätte sie den Wunsch geäußert, einen externen Kurs zu besuchen, hätte man den bereitwillig, ja geradezu freudig bezahlt, erstens um den Konflikt zu entschärfen, zweitens um sie nicht zu verlieren. Und dennoch war diese Lösung perfekt, weil sie der Sekretärin die Möglichkeit eröffnete, ihre Angst selbst (!) zu besiegen und aus eigener Kraft wieder Herrin ihrer Situation zu werden. (Sie lehnte denn auch ausdrücklich das Angebot ab, sich den Kurs vom Arbeitgeber bezahlen zu lassen, auch aus Angst, es könne irgendwer erfahren, dass sie »Nachhilfe-Unterricht« genommen hätte.)

Beim Umgang mit Ängsten ist es ein wichtiger Schritt nach vorne, wenn die Befürchtungen (gleich ob man sie so nennt oder nicht) erst einmal konkret benannt und ausgesprochen sind: Dann kann man sie gemeinsam betrachten und sich mit ihnen auseinandersetzen. Solange das nicht geschehen ist, treiben sie sozusagen unter der Oberfläche ihr Unwesen.

Das gilt auch im Top-Management – wie in einem Fall, in dem ein Vorstand seine Berater bei ihren Präsentationen jedes Mal wieder in endlose Detail- und Grundsatzdiskussionen verstrickte, mit der Folge, dass weder die Befunde der Bestandsaufnahme vollständig vorgestellt noch über mögliche Lösungen in ausreichendem Umfang diskutiert werden konnte.

Genau dies war wohl auch der tiefere Zweck der wiederkehrenden Endlos-Diskussionen: Die Vorstandsmitglieder ahnten, worauf die Sache hinauslief und dass die Berater auf tiefe Einschnitte drängen würden. Doch so lange die Ergebnisse und Lösungsansätze nicht präsentiert waren, war es auch (noch) nicht notwendig zu handeln – auf diese Weise war es ihnen möglich, die Stunde der unangenehmen Entscheidungen noch ein paar Wochen hinauszuschieben.

Es erfordert Mut und ist – vor allem auf höheren Management-Ebenen – nicht ganz ohne Risiko, die versteckte Absicht hinter solchen Taktiken behutsam aufzudecken. Andererseits sind Top-Manager im Schnitt eher mutige Menschen, die vor unangenehmen Einsichten nicht so leicht weglaufen. Wichtig ist nur, dass dieses Aufdecken die Adressaten nicht bloßstellt und dass es nicht in vorwurfsvollem

Ton geschieht, sondern auf freundliche, nicht bedrohliche, wohlwollende Weise: »Mir fällt auf, dass wir in den letzten Sitzungen sehr wenig vorangekommen sind, weil wir immer wieder sehr detailreich fast die gleichen Diskussionen führen. Könnte es sein, dass die langen Diskussionen letztlich dazu dienen, die anstehenden unangenehmen Entscheidungen noch ein Stück hinauszuschieben?«

Wenn man so etwas im falschen Ton sagt, wird man fristlos enthauptet. Doch häufig ist die Reaktion nach anfänglichem Protest vorsichtig zustimmend: »Lassen Sie mal, Herr Kollege, so falsch ist die Aussage ja nicht.« Und selbst wenn sich niemand zu einer Zustimmung durchringen mag, geht es danach oft zügiger voran – was ja der eigentliche Sinn der Übung war. Denn nun, wo ihr heimlicher Zweck benannt ist, ist die Taktik kaum noch nutzbar.

6.5 Vorhersehbare Ängste

Der Großteil der Ängste, die im Zuge einer Post-Merger-Integration aufkommen, ist für einen einfühlsamen und aufmerksamen Beobachter vorhersehbar. Mitarbeiter und Führungskräfte entwickeln genau dort Ängste, wo sie Bedrohungen vermuten, denen sie sich nicht gewachsen fühlen (s. Abb. 3).

Als bedrohlich kann dabei nicht nur die Gefährdung des Arbeitsplatzes oder der gegenwärtigen Position (samt ihren Annehmlichkeiten und Privilegien) empfunden werden, sondern zum Beispiel auch die (subjektiv empfundene) Gefahr, an Ansehen und Wertschätzung zu verlieren, mit veränderten Anforderungen nicht Schritt halten zu können oder in ein neues soziales Umfeld gekegelt zu werden und dort auf ein feindseliges oder sonst wie unangenehmes Klima zu treffen. Alles, was Menschen wichtig ist, kann, wenn es ihnen gefährdet erscheint, zur Quelle von Angst werden.

Gerade bei Übernahmen und Fusionen ist ja nicht wirklich überraschend, welche Ängste und Befürchtungen die Mitarbeiter und Führungskräfte plagen werden. Im übernommenen Unternehmen beginnt das mit dem diffusen Gefühl, nicht mehr Herr des eigenen Schicksals und (potenziell) bösen Mächten ausgeliefert zu sein, und reicht bis zur ganz konkreten Befürchtung, den Arbeitsplatz zu verlieren oder an einen anderen Standort oder in eine ungeliebte und/oder schlechter bezahlte Tätigkeit wechseln zu müssen. Diese Ängste haben auch eine soziale Dimension, die oft allerdings nur diffus empfunden wird: Es ist die Angst, in ein fremdes oder gar feindseliges Umfeld zu geraten, in dem man vielleicht nicht akzeptiert wird, sich nicht zugehörig fühlen und sich auch keinen akzeptierten Platz erringen kann.

Für die Mitarbeiter und Führungskräfte des übernehmenden Unternehmens stellt sich die Lage meist etwas anders dar: Zunächst sind sie meist weniger beunruhigt, weil sie sich als die »Gewinner« fühlen – was ihrem Selbstbewusstsein natürlich schmeichelt, auch wenn sie keinerlei eigenen Beitrag zu diesem »Triumph« geleistet haben. Wenn es aber dann konkreter wird und die neuen Kollegen erstmals in Erscheinung treten, empfinden sie sie doch als unliebsame Konkurrenz (sprich: als Bedrohung) und halten zusammen, um die Neuen abzuwehren und sie nach Möglichkeit zu vertreiben (→ Kap. 10.2).

6.6 Wachsendes Misstrauen

Bei einem »Merger of Equals« (→ Kap. 17) sind die Ängste in der Regel gleichmäßiger verteilt. Zusätzlich entwickelt sich hier aber fast immer – manchmal von Anfang an, anderenfalls im Laufe der Zeit – die Angst, dass das ganze Gerede von »Best of Both Worlds« nur ein großangelegter Schwindel ist und dass die andere Seite in Wirklichkeit dabei sei, das eigene Unternehmen zu dominieren oder es gar mit Haut und Haaren zu verschlucken. Oft kommt nach einer Weile auch das Gerücht auf und verfestigt sich zur subjektiven Wahrheit, die andere Seite spiele mit unlauteren Mitteln und benachteilige das eigene Unternehmen bei der Stellenbesetzung (→ Kap. 24) und anderen wichtigen Entscheidungen.

Wenn sich dieses Misstrauen erst einmal verfestigt hat, ist es mit Argumenten kaum noch aufzulösen. Man muss sich immer wieder klar machen: Hinter all diesen Ängsten steht nicht objektive Realität, sondern subjektive Meinung. Für das Ausmaß und die »Echtheit« dieser Ängste spielt es keine Rolle, ob sie objektiv berechtigt sind. Schon die bloße und unbewiesene *Befürchtung*, dass beispielsweise der versprochene Merger of Equals nur ein mieser Trick sei, um die Betroffenen in falscher Sicherheit zu wiegen, reicht völlig aus, um ihr reales Verhalten grundlegend zu verändern. Das gilt erst recht, wenn sie diesen Verdacht mit anderen Betroffenen diskutieren und aus der bloßen Befürchtung so langsam eine konkrete Vermutung, eine Überzeugung, ja nachgerade eine Gewissheit wird.

Der bloße *Verdacht*, dass es nicht mit rechten Dingen zugeht, lässt Menschen misstrauisch und defensiv reagieren und verändert ihre Wahrnehmung. Daraus kann leicht eine sich selbst erfüllende Prophezeiung werden, denn wer das gesamte Handeln des Managements sowie das der »Kollegen von der anderen Seite« aus der Perspektive betrachtet, dass viele getroffene Entscheidungen möglicherweise nur dazu dienen, eine dominante Position aufzubauen, der wird unweigerlich Anhaltspunkte für seine Vermutung finden.

Zumal die Realität in den meisten Fällen nicht eindeutig ist: Gleich ob es um Stellenbesetzungen geht oder um Produkt- und Systementscheidungen, es lässt sich selten zweifelsfrei herausfinden, ob eine Wahl getroffen wurde, weil sie objektiv die bessere war oder weil sie das eigene Lager stärkte. Irgendwann sind diese Spekulationen auch nicht mehr widerlegbar. Selbst wenn in etlichen Fällen Entscheidungen zugunsten der eigenen Seite getroffen wurden, kommt aus inbrünstiger Überzeugung das Gegenargument: »Das machen die doch nur, damit es nicht so auffällt!« Oder auch: »In diesem Fall waren die Unterschiede wohl so offensichtlich, dass sich das Ergebnis nicht verfälschen ließ.«

So hart es klingen mag: Ein paranoides Denksystem ist nicht widerlegbar. (Und außerdem ist ja vielleicht doch etwas Wahres daran …) Was so viel heißt wie: Gegen ein verfestigtes Misstrauen anzukämpfen, ist ziemlich aussichtslos. Wenn es sich erst einmal festgesetzt hat, ist es zu spät. Deshalb muss es darum gehen, es nach Möglichkeit gar nicht erst entstehen zu lassen. Oder, etwas realistischer, das unvermeidlich zuweilen aufflackernde Misstrauen durch intensive Kommunikation im Rahmen zu halten.

6.7 An der jeweils vorherrschenden Sichtweise anknüpfen

Was die Kommunikation leichter macht, ist, dass in solchen Situationen nicht jeder Mitarbeiter und jede Führungskraft eine andere Meinung hat, sondern dass sowohl im übernommenen als auch im übernehmenden Unternehmen die Stimmungslage recht einheitlich ist. Die Leute reden ja miteinander, sie bilden (jeweils) eine »Kommunikationsgemeinschaft«, und das führt zwar nicht zu identischen Sichtweisen, aber doch zu einer deutlichen Annäherung.

Das macht es einfacher, damit umzugehen: Wir müssen beim Managen einer Integration – wie generell bei größeren Change-Projekten – nicht die Befindlichkeit jedes einzelnen Mitarbeiters verstehen und spezifisch darauf eingehen, sondern können die Belegschaft bzw. einzelne Gruppierungen daraus – Mitarbeiter, Betriebsrat, oberes Management, mittleres Management, verschiedene Standorte – gemeinsam ansprechen.

Da sich zum Beispiel im übernommenen Unternehmen alle in einer ähnlichen Situation befinden, bewerten sie sie auch ähnlich und reagieren mit ähnlichen Gefühlen darauf – der eine vielleicht etwas aufgeregter, die andere etwas gelassener, aber die allermeisten werden ihre Lage als bedrohlich empfinden.

Anders wäre es nur, wenn bekannt wäre oder der Verdacht bestünde, dass der Übernehmer mit unterschiedlichen Teilen des gekauften Unternehmens ganz unterschiedliche Pläne hätten: dass zum Beispiel Standorte geschlossen, Funktionen aufgelöst oder zerschlagen werden sollen oder Ähnliches. Dann würden sich in den betreffenden Bereichen natürlich Sichtweisen herausbilden, die von ihrem jeweils erwarteten oder befürchteten Schicksal geprägt sind.

Auch die persönliche Perspektive spielt eine Rolle: Ein Mitarbeiter, der kurz vor der Rente steht, wird sich vermutlich weniger Sorgen um seine Zukunft machen als einer, der gerade in der näheren Umgebung gebaut hat und hochverschuldet ist; eine Beschäftigte in einem Mangelberuf wird entspannter mit der Situation umgehen als eine, die weiß oder auch nur befürchtet, dass sie nie wieder einen vergleichbaren Job finden wird; jemand, der sich von seinem Chef drangsaliert oder in seinem Team gemobbt fühlt, wird vielleicht sogar Hoffnungen mit den bevorstehenden Veränderung verbinden, und so weiter.

Auf diese individuellen Nuancen muss aber zunächst einmal nicht eingegangen werden; es reicht völlig, wenn die Kommunikation die vorherrschende Grundstimmung trifft. Der Rest kann später, soweit erforderlich, in Einzelgesprächen nachgearbeitet werden.

6.8 Gegenmittel offene Kommunikation

Generell gilt: Das beste Gegenmittel gegen Ängste und aufkommendes Misstrauen ist offene Kommunikation und das zügige Schaffen klarer Verhältnisse. Selbst eine bittere Wahrheit ist leichter zu ertragen als die Qual, wochen- und monatelang in der Luft zu hängen. Deshalb wollen die Leute auch keine allgemeinen Erklärungen über den Sinn, strategischen Nutzen und die Vorteile des Merger, sie wollen ganz schlicht wissen, was auf sie zukommt und worauf sie sich einstellen müssen. Pointiert gesagt: Was sie brauchen, sind keine Workshops, in denen sie über ihre Gefühle sprechen können, sondern Klarheit, was auf sie zukommt. Die passenden Gefühle entwickeln sie dann schon selber.

Doch nicht nur der Sachinformationen wegen ist Kommunikation in unruhigen Zeiten besonders wichtig: Sie ist auch notwendig, um die Beziehung zu stabilisieren und das Vertrauensverhältnis zu bekräftigen. Die unausgesprochene Frage vieler Mitarbeiter an ihre Chefs ist: »Ich weiß, wir hatten ein gutes und offenes Verhältnis, solange die Zeiten gut waren. Aber stehen Sie auch jetzt noch zu mir, wo es eng wird?«

Die tragische Paradoxie ist oft, dass viele Führungskräfte eine solche Bestätigung für überflüssig halten, weil es für sie an ihrer Loyalität gar keinen Zweifel geben kann – während die Mitarbeiter sehnsüchtig und vergeblich auf genau diese Bestätigung warten.

Die Reduzierung von Ängsten setzt als Erstes und Wichtigstes den Mut zu *frühzeitiger* Kommunikation (→ Kap. 22.2) voraus – auch dann, wenn Sie selbst auch noch nicht im Detail wissen, was kommen wird, und noch längst nicht alle Fragen beantworten können. Es ist tödlich zu warten, bis man selbst genau genug Bescheid weiß, um den Leuten belastbare Auskünfte geben zu können. Denn bis dahin ist längst Feuer auf dem Dach: Dann haben sich Gerüchte und misstrauische Spekulationen längst zu einem gefährlichen Gebräu verdichtet, und vermutlich befindet sich auch der Betriebsrat schon in hellem Aufruhr.

Wenn Sie zu lange warten, sind Sie kommunikativ in der Defensive und kommen aus dem Dementieren nicht mehr heraus. Doch je mehr Sie dementieren, was das Unternehmen alles *nicht* zu tun beabsichtigt, desto mehr wachsen die Zweifel. Ein solches Spiel ist kaum zu gewinnen: Unter solchen Bedingungen ist es kaum noch möglich, die tatsächlichen Pläne und Intentionen zu vermitteln. Stattdessen rennen Sie dann gegen eine Front aus Angst, Wut, Misstrauen und Feindseligkeit an.

Es ist daher wichtig, Veränderungen den Betroffenen so frühzeitig und offen zu kommunizieren, dass sie alles Wesentliche aus erster Hand erfahren, und zwar zu einem Zeitpunkt, wo es noch nicht durchgesickert ist oder in der Zeitung stand. Wo immer möglich, sollte diese Kommunikation nicht schriftlich oder elektronisch, sondern im direkten persönlichen Kontakt erfolgen. Sofern ein größerer Personenkreis betroffen ist, empfiehlt sich als erster Schritt eine Informationsveranstaltung, die möglichst auch die Gelegenheit zum Dialog bietet.

Dort werden indes nicht alle Fragen ausgesprochen und beantwortet, die die Mitarbeiter bewegen. Und manche Fragen kommen den Betroffenen vielleicht auch erst im Nachhinein, wenn sie über das Gesagte nachdenken und mit Kollegen darüber sprechen. Deshalb ist es sinnvoll, im Nachgang weitere Gesprächsmöglichkeiten im kleineren Kreis anzubieten.

In manchen Unternehmen bewährt sich auch eine Frage-und-Antwort-Rubrik im Intranet, in der Fragen gestellt und beantwortet werden können; in anderen ist das Bedürfnis nach Anonymität – sprich: die Angst, sich namentlich zu erkennen zu geben – zu groß. In diesem Fall kann unter Umständen der Betriebsrat als Anlaufstelle zum Sammeln und Weitergeben von Fragen dienen.

Sofern einzelne Personen von Veränderungen besonders betroffen sind, sollten sie unbedingt *vor* der offiziellen Information der Belegschaft im Einzelgespräch informiert werden. Wenn Sie beispielsweise nach dem Closing das künftige Organigramm vorstellen, dann sollten alle betroffenen Manager vorher erfahren haben, für welche Position sie künftig vorgesehen sind – zumindest aber jene, die in dem Organigramm nicht mehr vorkommen oder nicht mehr auf der gleichen Ebene wie bisher. Es ist kränkend für die Betroffenen und schafft auch für die anderen Teilnehmer eine sehr unangenehme, peinliche und beklemmende Situation, wenn den Betroffenen anzumerken ist, dass sie erst auf der laufenden Veranstaltung von Veränderungen erfahren, die sie persönlich existenziell betreffen.

6.9 Die richtigen Worte finden

Vor der Kommunikation heikler Themen machen sich Top-Manager oft eine Menge Gedanken, wie sie ihren Vortrag einleiten sollen, wie sie die richtigen Worte finden, ohne die Mitarbeiter zu sehr zu beunruhigen, und wie sie unangenehme Dinge möglichst diplomatisch formulieren können. Die Antwort ist verblüffend einfach. Sie lautet: Kommen Sie ohne Umschweife zur Sache und sagen dann einfach nach bestem Wissen und Gewissen die Wahrheit – klar und deutlich, ohne Dramatisierung, aber vor allem ohne Abschwächung, Verharmlosung und Schönfärberei.

Um diese Empfehlung besser nachvollziehen zu können, tauschen Sie in Gedanken einfach einmal die Rollen und stellen Sie sich vor, Sie säßen als Betroffener unter Ihren Zuhörern. Dann wäre Ihnen die Eleganz der Wortwahl doch wohl ziemlich egal – Sie würden einfach wissen wollen, was Sache ist. Lange und ausgefeilte Vorreden würden Sie nur als nerviges Um-den-heißen-Brei-Reden empfinden und ungeduldig darauf warten, wann denn nun endlich die Katze aus dem Sack gelassen wird. Auch beruhigende Worte und diplomatische Formulierungen würden Sie vermutlich wenig beeindrucken; viel eher würden Sie sie wohl als Schönfärberei ansehen. Sie dürfen davon ausgehen, dass Ihre Mitarbeiter das genauso sehen!

Takt ist nicht eine Frage der Formulierung, sondern eine der inneren Haltung. Wenn Ihnen die Sorgen und Nöte der Mitarbeiter gleichgültig sind, wird das auch der beste Ghostwriter nur vorübergehend kaschieren können. Wenn Sie umgekehrt eine menschenfreundliche Grundeinstellung haben und die Sorgen und Ängste nachvollziehen können (ohne sich deswegen jeden Schuh anzuziehen, der Ihnen hingehalten wird), dann brauchen Sie sich um die Wortwahl im Detail keine Gedanken machen: Ihre Haltung wird unweigerlich auch in Ihren Worten spürbar werden.

6.10 Umgang mit Ängsten im Einzelgespräch

Bei der persönlichen Kommunikation über Ängste (oder »Sorgen«) gibt es ein Problem, das viele Gespräche scheitern lässt: Das ist der Reflex, Menschen, die Ängste oder Sorgen äußern, sofort zu beschwichtigen, zu beruhigen und zu trösten, um ihnen ihre Sorgen zu nehmen.

Anscheinend tun sich viele Man(n)ager schwer damit, starke Emotionen auszuhalten. Wenn sie merken, dass ihrem Gesprächspartner ein Thema zu Herzen geht, dass er sehr aufgewühlt ist, möglicherweise sogar mit den Tränen kämpft, neigen sie dazu, sofort mit beschwichtigenden »Sachargumenten« abzuwiegeln.

Der Effekt ist, dass der Gesprächspartner sich unverstanden fühlt und verstummt. (Erinnern Sie sich doch an Ihr eigenes Gefühl, wenn Sie jemand mit den Worten zu beruhigen versucht: »Du musst dir überhaupt keine Sorgen machen, weil …« Mit ziemlicher Sicherheit fänden Sie das nicht beruhigend, sondern hätten das Gefühl, mit Ihren Sorgen alleine gelassen zu sein. Anderen geht es genauso.)

Diese Tendenz zum Beruhigen und Beschwichtigen ist nicht bloß Ungeschicklichkeit. Vielmehr ist es unsere eigene Angst vor den Emotionen des Gesprächspartners und/oder der Tragweite seiner Befürchtungen, die uns panisch zurückrudern lässt: Wir wollen gar nicht so genau wissen, wo es dem anderen weh tut und welche Sorgen er sich macht.

Was wäre denn, wenn wir einräumen müssten, dass die Veränderungen tatsächlich gravierende Nachteile für ihn bringen, die sich beim besten Willen nicht glaubwürdig in Chancen umdeuten lassen? Was wäre, wenn der Gesprächspartner unter der Last dieser Erkenntnis in Tränen ausbricht oder gar zusammenbricht? Das wollen wir doch lieber nicht miterleben. Genau genommen, schonen wir mit unserer »Sensibilität« also nicht den anderen, sondern uns selbst.

Falls Sie daher mit Mitarbeitern und Führungskräften ernsthaft über deren Ängste und Sorgen reden wollen, widerstehen Sie tapfer dem Reflex, zu beruhigen und zu beschwichtigen. Zeigen Sie Ihrem Gesprächspartner erst einmal, dass Sie ihn verstehen – und zwar nicht durch leere Phrasen (»Ich verstehe Sie ja, aber …«), sondern dadurch, dass Sie seine Ängste und Sorgen treffend mit eigenen Worten wiedergeben: »Sie sagen, Sie machen sich große Sorgen, dass …« oder, wenn es noch nicht so konkret ist: »Sie machen sich Sorgen, ob …«

Erst wenn der andere uneingeschränkt bestätigt, dass Sie ihn verstanden haben (»Ja, genau!«) und nichts mehr hinzuzufügen hat (!), macht es Sinn, selbst auf seine Befürchtungen einzugehen und ihm zum Beispiel zusätzliche Informationen oder eigene Gedanken anzubieten. Solange nicht alles ausgesprochen ist, was dem Betreffenden auf der Seele liegt, hat Ihre eigene Stellungnahme kaum eine Chance, gehört zu werden; sie geht in den unausgesprochenen Gedanken des anderen unter.

Die richtige Gesprächsstrategie ist deshalb genau die umgekehrte: Wenn schon über Ängste reden, dann nichts wie ran an das Problem. Nicht ausweichen und nicht beruhigen, sondern geradewegs auf die Themen zusteuern, bei denen die größte Angst des Gesprächspartners sitzt: »Was genau macht Ihnen die größten Sorgen?«, »Was könnte es im schlimmsten Fall bedeuten, wenn dieser Fall einträte?«, »Ist das Ihre größte Befürchtung, oder gibt es auch noch andere Dinge, die Ihnen Sorgen machen?«

Selbst wenn sich keine Lösung finden sollte (was immerhin möglich und nie völlig auszuschließen ist), wird Ihr Gesprächspartner das Gespräch positiv in Erinnerung behalten: Zumindest haben Sie sich ernsthaft mit seinen Sorgen und Nöten beschäftigt – im Gegensatz zu all dem verharmlosenden und beschwichtigenden Geschwätz, das man sonst in solchen Situationen zu hören bekommt.

Folgen Sie daher den Gedanken des Gesprächspartners und führen Sie sie weiter, bis Sie gemeinsam am Kern der Angst sind. Und verzichten Sie weiterhin eisern darauf, zu beschwichtigen und zu verharmlosen, sondern klären Sie, was das konkret bedeutet: »Einmal angenommen, es würde genau das eintreten, was Sie befürchten: Was hätte das für Konsequenzen? Was würde dann passieren? Und was würden oder könnten Sie dann tun?«

Das mag zunächst unangenehm sein (für Sie selbst, wenn Sie darin ungeübt sind, wahrscheinlich mehr als für Ihren Gesprächspartner), aber nur die offene Auseinandersetzung mit dem (möglichen) Problem führt weiter. Wenn einmal ausgesprochen ist, was im schlimmsten Fall passieren könnte, kann man sich auch mit zwei weiteren entscheidenden Fragen auseinandersetzen: Erstens der, was der Gesprächspartner in diesem schlimmsten Fall für Handlungsoptionen hätte und zweitens, was er tun kann, um genau diesen schlimmsten Fall zu verhindern.

WICHTIGSTE ERKENNTNISSE UND SCHLUSSFOLGERUNGEN

- Dass Menschen bei Veränderungen nicht in erster Linie auf die Chancen schauen, sondern sie primär auf mögliche Bedrohungen hin analysieren, lässt sich nicht ändern; es liegt in der menschlichen Natur. Offenbar hat es sich in der Evolution bewährt, erst die Bedrohlichkeit zu prüfen und dann die Chancen: Dies erhöhte die Wahrscheinlichkeit, zu überleben und die eigenen Gene weiterzugeben.
- Wenn ein Mensch eine Situation als bedrohlich ansieht, hat dies emotional Priorität vor allem anderen. Und es stellt sich sofort eine zweite Frage, nämlich, ob er sich dieser Bedrohung gewachsen fühlt. Wenn ja, wählt er eine

geeignete Abwehrstrategie aus und setzt sie um, wenn nicht, verfällt er in den archaischen Panikmodus, der nur noch die Alternativen Flucht, Angriff und Totstellen kennt.

- Was den Umgang mit Ängsten erschwert, ist die Tatsache, dass es in unserer Geschäftskultur und insbesondere im Management unüblich (und auch nicht unbedingt empfehlenswert) ist, seine Ängste offen zu zeigen. Stattdessen äußern sie sich in Verhaltensweisen, die der Ungeübte kaum mit Angst in Verbindung bringen würde, wie etwa in einem besonders dominanten, ruppigen Verhalten oder in offener oder verdeckter Aggression. Aber auch das Verschleppen von Entscheidungen, deren Rückdelegation und das »Über-Abstimmen« sind allzu oft Symptome von Angst.
- Für den Umgang mit Ängsten ist völlig irrelevant, ob sie »berechtigt« sind oder nicht. Gleich was sie ausgelöst hat und wie realistisch oder unrealistisch sie sind, Ängste sind Realität. Und subjektive Realität schafft objektive Realität: Ein Mensch, der Angst hat, nimmt anders wahr und denkt und handelt anders als einer, der sich sicher fühlt. Es bringt daher überhaupt nichts, Ängste für »unbegründet« oder »irrational« zu erklären – das erzeugt nur eine Kluft wechselseitigen Unverständnisses, die die Kommunikation versiegen lässt.
- Das Einzige, was im Umgang mit Ängsten hilft, ist, sie erstens wahr- und zweitens ernst zu nehmen und drittens gemeinsam mit den betroffenen Personen eine Strategie zur Bewältigung der von ihnen wahrgenommenen Bedrohung zu suchen. Das gilt gleichermaßen für Einzelpersonen wie für größere Gruppen, wenn, wie im Falle einer Fusion oder Übernahme, ganze Belegschaften von derselben bedrohlichen Situation betroffen sind.
- Die Kommunikation muss frühzeitig die Themen adressieren, die den Leute Angst machen. Sie muss die Vorgehensweise und die Gründe für getroffene Entscheidungen möglichst transparent machen, sonst kommt zunehmendes Misstrauen auf. Und wenn sich Misstrauen erst einmal verfestigt hat, ist es mit allen Dementis und Erklärungen kaum noch möglich, es wieder zu beseitigen.
- Auch im Einzelgespräch ist es wichtig, auf die Ängste zuzugehen statt vor ihnen wegzulaufen. Beschönigen, Beschwichtigen und Verharmlosen sind ungeeignet, um Ängste abzubauen. Der beste Weg ist, sie so klar und explizit wie möglich auf den Tisch zu bringen, damit man gemeinsam überprüfen kann, was an ihnen dran ist.

7 Übernahmeschock: Ausgeliefert an fremde Mächte

Nur wenn ein Unternehmen in großer Not und sein Selbstvertrauen ziemlich angeknackst ist, wird seine Belegschaft die Nachricht von einer bevorstehenden Übernahme unter Umständen mit Erleichterung aufnehmen: Dann mag der Käufer wie ein rettender Engel erscheinen, von dem sie sich eine Erlösung aus all ihren Nöten erhofft.

Im Normalfall löst diese Ankündigung hingegen einen Schock aus. Denn anders als bei einem bloßen Wechsel der Eigentumsverhältnisse müssen die Beschäftigten des übernommenen Unternehmens hier auf buchstäblich alles gefasst sein: Von einem »Geschluckt-Werden« über die Zerschlagung oder Schließung bis hin zu einer weitgehend eigenständigen Fortführung.

Solche Befürchtungen könnte man für übertriebene Katastrophenfantasien halten. Warum sollte ein Unternehmen ein anderes kaufen, nur um es hinterher zu zerschlagen oder zu schließen? Doch erstens schafft Wahrnehmung Realität, auch wenn solche Maßnahmen gar nicht vorgesehen sind. Und zweitens gibt es solche Fälle durchaus: Etwa, wenn ein Unternehmen in einem Markt mit erheblichen Überkapazitäten einen angeschlagenen Wettbewerber kostengünstig kauft, um dessen Kunden zu übernehmen und durch seine Schließung Kapazitäten aus dem Markt zu nehmen, um auf diese Weise Preiskämpfe zu beenden.

Auch eine Zerschlagung ist keine von vornherein abwegige Befürchtung. Beispielsweise kommt es durchaus vor, dass der Käufer nur an einzelnen Filetstücken interessiert ist und den Rest entweder weiterverkauft oder ganz schließt. Oder dass er Teile des Unternehmens rasch veräußert, um sich von Schulden aus der Übernahme zu befreien.

7.1 Aktivierung von Urängsten

Natürlich handelt es sich bei diesen Szenarien um extreme und äußerst unwahrscheinliche Entwicklungen. Doch unser Gehirn orientiert sich nicht an statistischen Wahrscheinlichkeiten, sondern springt stark auf die Vorstellbarkeit und Dramatik denkbarer Ereignisse an (Kahneman 2011). Denn wie oben dargestellt, entspricht es nun einmal der menschlichen Natur, die Aufmerksamkeit auf die größtmögliche Bedrohung zu richten. Auch wenn es für das Management lästig ist: Offenbar hat sich diese Verhaltenstendenz im Laufe der Evolution bewährt und damit verankert.

Vermutlich kommen aber in dieser Schockreaktion sogar Urängste zum Ausdruck, die weniger mit der heutigen geschäftlichen Realität zu tun haben als mit emotionalen Reflexen, die auf frühere Epochen der Menschheitsgeschichte zurückgehen. Unsere heutige relativ zivilisierte Lebensform ist historisch ja noch relativ neu, sie gibt es erst seit ein paar hundert Jahren.

Den Großteil ihrer Geschichte hat die Menschheit in rivalisierenden Horden von Jägern und Sammlern zugebracht. Und in dieser Epoche gab es nicht nur gelegentliche Überfälle und Scharmützel zwischen benachbarten Stämmen, sondern auch »feindliche Übernahmen«. Nur war das damals kein wohlgeordneter Wechsel der Eigentumsverhältnisse, sondern eine ziemlich rüde Zäsur: Die arbeitsfähigen Opfer wurden versklavt, die nicht arbeitsfähigen erschlagen.

Das macht verständlich, weshalb die Ängste, die bei der Ankündigung einer Übernahme auftreten, oft größer und existenzieller sind als sich »rein rational« erklären lässt. Wer je als Jugendlicher bei einem Zeltlager Nachtwache geschoben hat, wird sich vielleicht erinnern, welche Anspannung und Angst schon ein Knacken im Gebüsch auslösen kann: Es könnte ja den bevorstehenden Angriff eines »feindlichen Stammes« signalisieren.

Mit dem Beginn von Ackerbau und Viehzucht vor rund zehntausend Jahren endeten solche Überfälle und Unterjochungen nicht – sie wurden jetzt erst richtig interessant. Denn nun gab es neben der menschlichen Beute auch Vorräte und Besitztümer, die man sich aneignen konnte, statt sie mühsam selber herzustellen. Raubzüge, Plünderung und Unterjochungen entwickelten sich schon früh zum »Geschäftsmodell« und blieben es bis in die Neuzeit[8]. Diese Erfahrungen dürften dazu beigetragen, die Angst vor feindlichen Übernahmen zu verankern.

8 Auch die Romantisierung von Räubern, Piraten und »Freibeutern« spielt wohl unbewusst mit den Urängsten, die sie den braven Bürgern eingejagt haben.

7.2 Zerknitterte Gefühlslage

Was die Sache für die betroffenen Mitarbeiter und Führungskräfte noch schlimmer macht, ist, dass sie kaum etwas tun können, um ihre Lage positiv zu beeinflussen: Sie sind hilflos den Entscheidungen des Übernehmers ausgeliefert. Zwar wissen oder ahnen die meisten, dass sie als Arbeitnehmer rechtlich gegenüber möglicher Willkür des Übernehmers geschützt sind. Doch selbst die Kenntnis der geltenden gesetzlichen Regelungen zu Kündigungsschutz, Betriebsübergang (→ Kap. 27) und zu Betriebsänderungen (→ Kap. 26) ändert wenig an dem Gefühl des Kontrollverlusts, das sie empfinden (→ Kap. 8), und der Zukunftsangst, die sie plagt.

Dazu kommt oftmals ein »Verlierer-Gefühl«. Von einem Wettbewerber übernommen zu haben, bedeutet ja, das Spiel (manche würden auch sagen: den Krieg) verloren zu haben: Vae victis! Das ist eine schwere Kränkung des Selbstwertgefühls – insbesondere für langjährige Mitarbeiter und Führungskräfte, die sich eng mit ihrem Unternehmen verbunden fühlen und sich stark dafür engagiert haben.

Gerade für sie, die sich mit voller Kraft für Ihr Unternehmen eingesetzt haben, wirft es unausgesprochen die Frage auf, ob sie selbst mit »ihrer« Firma gescheitert sind – und ob bzw. in welchem Ausmaß dieses Scheitern auch ihr persönliches Versagen ist. Sie empfinden unter Umständen ähnliche Minderwertigkeitsgefühle wie die Spieler einer Fußballmannschaft, die gerade abgestiegen ist. Angesichts dieses geschwächten Selbstvertrauens reagieren sie besonders sensibel darauf, wie das übernehmende Unternehmen nun mit ihnen umgeht und kommuniziert.

7.3 Drohenden Auflösungserscheinungen entgegenwirken

Dieses Gemisch aus Angst, Resignation, Kontrollverlust und angeknackstem Selbstvertrauen kann zum Sprengsatz für die Übernahme werden. So wie aus einer abgestiegenen Fußballmannschaft viele abwandern, um auf diese Weise das »Loser-Image« abzustreifen, zeigt oft auch die Führungsmannschaft eines übernommenen Unternehmens Auflösungserscheinungen. Etliche hält nur noch die Hoffnung auf den »goldenen Handschlag« im Unternehmen.

Doch wie aus der Untersuchung von Krug hervorgeht, sind zwei oder drei Jahre nach einer Übernahme oftmals nur noch die Hälfte oder ein Drittel der alten Führungsmannschaft an Bord – und die hohe Zahl dieser Abgänge liegt nur zum kleineren Teil daran, dass manchen Führungskräften in der neuen Organisation keine adäquate Position angeboten wurde (→ Kap. 24).

Wenn Sie daher für das Management einer Integration verantwortlich sind, dann haben Sie ein besonderes Augenmerk auf die Leistungsträger des übernommenen Unternehmens! Je wichtiger die Qualität der Mitarbeiter und die Beziehungskontinuität zu Kunden und Lieferanten für den Erfolg Ihres Geschäfts ist, desto mehr sollten Sie sich darum bemühen, die Schlüsselpersonen im Unternehmen zu halten. Sonst wird der Wert des gekauften Unternehmens sozusagen von innen ausgehöhlt.

Die Bindung dieser Schlüsselpersonen ist nicht primär eine Frage des Geldes, sondern eine der Wertschätzung. Sie wird nur dann gelingen, wenn Sie offen auf die Personen zugehen, sie mit spürbarer Achtung behandeln und ihnen schnellstmöglich Orientierung über ihre künftigen Aufgaben und Rahmenbedingungen vermitteln.

Auch um die Loyalität der übrigen Mitarbeiter zu gewinnen und Resignation und Apathie vorzubeugen, ist frühzeitige (!) offene Kommunikation (→ Kap. 22), menschliche Zuwendung und klare Orientierung von entscheidender Bedeutung. Wenn in den ersten Wochen eine gute Basis für die weitere Zusammenarbeit gelegt wird, ist dies eine wertvolle Grundlage für den Erfolg der Integration; wenn hier Vertrauen zerstört wird, ist das später, wenn überhaupt, nur noch mit ungleich höherem Aufwand korrigierbar.

WICHTIGSTE ERKENNTNISSE UND SCHLUSSFOLGERUNGEN

- Die Mitarbeiter und Führungskräfte des übernommenen Unternehmens reagieren auf die Ankündigung der Übernahme häufig erst einmal mit einem Schock. Sie sind nicht nur verunsichert, weil sie nicht wissen, was auf sie zukommt, sondern fühlen sich oft existenziell bedroht. Dazu dürfte beigetragen haben, dass feindliche Übernahmen – in der Gestalt von Raubzügen und Unterjochungen – in der Menschheitsgeschichte tatsächlich eine existenzielle Katastrophe waren.
- Zu dieser empfundenen Bedrohung kommt oft ein unterschwelliges »Verlierer-Gefühl«. Von einem anderen Unternehmen übernommen zu werden, ist ein schwerer Schlag für das Selbstvertrauen: Es vermittelt das Gefühl, im Wettbewerb unterlegen zu sein.
- Übernommene Unternehmen zeigen zuweilen ähnliche Auflösungserscheinungen wie eine abgestiegene Fußballmannschaft: Viele – und nicht die schlechtesten – Spieler sehen sich nach einem anderen Verein um, um sich vom Ruch des Verlierers zu befreien und ihr Schicksal wieder in die eigene Hand zu nehmen.

- Um nicht die besten Mitarbeiter des übernommenen Unternehmens zu verlieren, ist es wichtig, dessen Leistungsträger früh zu identifizieren und sie durch Zuwendung, offene Kommunikation und klare Perspektiven an das Unternehmen zu binden. Primär geht es dabei nicht um Geld, sondern um Wertschätzung.
- Um dem Übernahmeschock entgegenzuwirken, ist es generell sinnvoll, freundlich auf die »angeheirateten« Mitarbeiter und Führungskräfte zuzugehen, sie frühzeitig und offen zu informieren und ihnen zu zeigen, dass sie in ihrem neuen Unternehmen willkommen sind. Das hilft, Ängste abzubauen und den ersten Schritt zur sozialen Integration zu machen.

8 Kontrollverlust: Wenn man nicht mehr Herr des eigenen Schicksals ist

Für Menschen bedeutet es extremen Stress, wenn ihnen plötzlich die Kontrolle über ihr Schicksal aus der Hand genommen ist und sie zum Spielball der Ereignisse werden. Genau das ist es jedoch, was Übernahmen, Fusionen und Umstrukturierungen für Mitarbeiter und Führungskräfte bedeuten: Vom einen Moment auf den anderen liegt der weitere Verlauf ihres (Berufs-)Lebens nicht mehr in den eigenen Händen, sondern wird durch die Entscheidungen Dritter bestimmt. Ein solcher Kontrollverlust löst zunächst Angst, Wut und Widerstand aus; wenn es nicht gelingt, die Kontrolle zurückzugewinnen, schlägt die Frustration in Hilflosigkeit und Resignation um.

Was ist unter den Begriffen Kontrolle und Kontrollverlust genau zu verstehen? Kontrolle zu haben, bedeutet, dass es einen klaren und vorhersagbaren Zusammenhang zwischen dem eigenen Handeln und den darauf folgenden Ereignissen gibt. Nach der wissenschaftlichen Definition des Wiener Sozialpsychologen Werner Herkner (2001) ist Kontrolle die Differenz zwischen zwei Wahrscheinlichkeiten: einerseits der Wahrscheinlichkeit, dass ein Ergebnis ohne eigenes Zutun eintritt, andererseits der Wahrscheinlichkeit, dass dieses Ereignis durch eigenes Handeln herbeigeführt (oder abgewendet) werden kann.

Je größer diese Differenz, desto mehr Kontrolle (oder Einfluss) hat man. Umgekehrt liegt Unkontrollierbarkeit (bzw. ein Kontrollverlust) immer dann vor, wenn die Differenz dieser beiden Wahrscheinlichkeiten gegen Null geht. In diesem Fall macht es für das Ergebnis keinen Unterschied, ob man überhaupt etwas tut oder nicht.

8.1 Emotionale Reaktionen auf Kontrollverlust

Ein Kontrollverlust ist bedrohlich. Wer plötzlich erkennen muss, dass er keinen Einfluss mehr auf den Gang der Ereignisse hat, weil er beispielsweise im Lift feststeckt oder sein ins Schleudern geratenes Auto nicht mehr unter Kontrolle hat, bekommt Angst bis hin zur Panik.

Die erste Reaktion nach Überwinden der Schrecksekunde ist hektisches Bemühen, die entglittene Kontrolle wiederherzustellen: Der Autofahrer tritt mit aller Kraft auf die Bremse und kurbelt zugleich heftig am Lenkrad. Der steckengebliebene Liftbenutzer drückt immer wieder sämtliche Knöpfe und klopft heftig auf das Steuerpaneel. Die Mitarbeiter, zu denen gerade Gerüchte von einer bevorstehenden Fusion durchgesickert sind, diskutieren aufgeregt, alarmieren den Betriebsrat und ergehen sich in Spekulationen darüber, was dies wohl für sie bedeutet und was man dagegen tun könne.

Wenn diese hektische Betriebsamkeit nichts bewirkt, setzt Frustration und eine erste Resignation ein: Der Autofahrer gibt auf. Er stellt seine Versuche ein, das Auto unter Kontrolle zu bringen; er zieht nur noch den Kopf ein und erwartet angstvoll den Aufprall. Der Liftinsasse hört mit dem nutzlosen Knöpfedrücken auf und wird sich voller Schrecken bewusst, dass er in einer Falle sitzt. Die Mitarbeiter gehen benommen (»wie vor den Kopf gestoßen«) in ihre Büros zurück und nehmen unkonzentriert ihre Arbeit wieder auf. In dieser Phase dominieren Gefühle von Hilflosigkeit und Ohnmacht.

Danach kehrt eine scheinbare Ruhe ein: Der Autofahrer klettert, wenn er noch kann, aus seinem zerknautschten Auto und sortiert seine Knochen; der vom Liftbenutzer zum Gefangenen Gewordene hofft, dass irgendwer da draußen seine Signale hört und auf sie reagiert; Mitarbeiter wie auch Betriebsrat warten ungeduldig auf eine Erklärung der Geschäftsführung. Doch schon bald stehen sie, falls ihnen nicht äußere Ereignisse – wie Sanitäter, der Aufzugsnotdienst oder das Top-Management – die Initiative abnehmen, erneut vor der Frage, was sie nun weiter tun können und sollen.

Bei sich abzeichnenden Fusionen und Übernahmen entschließen sich erfahrungsgemäß die meisten Mitarbeiter und Führungskräfte erst einmal zum Abwarten. Das erklärt die für viele Manager überraschende Ruhephase, die der Ankündigung einer Übernahme oder Fusion häufig folgt (→ Kap. 5). Wobei diese Wahl meist nicht bewusst getroffen wird, sondern indirekt, nämlich durch Unterlassen gezielter und planmäßiger Aktivitäten: Die meisten Betroffenen haben schlicht keine rechte Vorstellung, was sie in dieser Situation tun könnten oder sollten. Und da die anderen ihnen kein Beispiel geben, weil die es auch nicht besser wissen, machen sie erst einmal mit ihrer Arbeit weiter.

Nur wenige beginnen bereits zu diesem Zeitpunkt, ihre beruflichen Alternativen zu sondieren – was im eigenen Interesse durchaus sinnvoll wäre. Stattdessen schauen sie mal, wie die Dinge sich entwickeln und was da weiter auf sie zukommt.

8.2 Bedürfnis nach Wiederherstellung der Kontrolle

Je nach dem Zeitpunkt des Closing und dem gewählten Vorgehen kann es relativ schnell gehen, bis nach einer Fusion oder Übernahme wieder klare Verhältnisse herrschen; die Ungewissheit kann sich aber auch über geraume Zeit erstrecken.

Falls als Integrationsstrategie eine Eingliederung gewählt wurde, ist ziemlich schnell klar, wer in dem neuen Unternehmen einen Job hat und wer nicht (→ Kap. 17). Werden die Stellenbesetzungen dagegen nach dem Motto »Best of Both Worlds« über ein individuelles Auswahlverfahren vorgenommen, kann es Monate dauern, bis alle Führungspositionen besetzt sind. Je länger die Zeit des Wartens dauert, desto höher ist die Belastung für die Betroffenen, denn umso länger dauert der Zustand des Ausgeliefertseins an.

In solchen Fällen steht jeder Einzelne vor einer schwerwiegenden Entscheidung: Entweder fügt er sich in die Dinge und wartet ab, oder er entscheidet sich, die Initiative zu ergreifen. Erstaunlich viele Mitarbeiter und Führungskräfte wählen den ersteren Weg: Sie lassen die Entwicklung leidend über sich ergehen. Diese »Change Victims« machen nach einer Faustregel etwa die Hälfte bis drei Viertel der Belegschaft aus.

Eine Minderheit dagegen – und in der Regel nicht die schlechtesten Leute – entschließt sich, ihr Schicksal selbst in die Hand zu nehmen. Manche bemühen sich aktiv um die Mitarbeit in Projekt- oder Integrationsteams, um so Einblick in die Veränderungen und Einfluss auf Entscheidungen zu bekommen; manche machen sich auch auf die Suche nach beruflichen Alternativen außerhalb des Unternehmens; etliche tun beides.

Je länger die Ungewissheit andauert, desto größer wird die Wahrscheinlichkeit, dass gute Mitarbeiter abwandern. Und zwar, wie die Erfahrung zeigt, nicht nur solche, die vernachlässigt und mit ihren Sorgen alleine gelassen wurden, sondern oftmals auch solche, die in die laufende Projektarbeit eingebunden waren und denen man so klar wie unter den gegebenen Umständen möglich signalisiert hatte, dass das Unternehmen für die Zukunft auf sie setze.

Fragt man solche Mitarbeiter nach ihrer Kündigung, weshalb sie sich trotz klarer Signale zu einem Wechsel entschlossen haben, kommt fast immer die gleiche Begründung: Man habe ihnen zwar manches in Aussicht gestellt, aber eben keine definitive Zusage gemacht. Dies klingt sehr rational und vernünftig; danach hätten die Betreffenden die Sicherheit eines festen Vertrags in einer rationalen Abwägung einfach höher gewichtet als die guten Worte des Managements.

Nicht selten jedoch steht dieses Sicherheitsargument in einem merkwürdigen Widerspruch zu der Art von Jobs, die die Betreffenden angenommen haben – ganz abgesehen davon, dass ja jeder Stellenwechsel mit einem Risiko verbunden ist. Vieles spricht dafür, dass ein wesentlicher Grund für die Entscheidung zu einem Wechsel das (häufig unbewusste) Bedürfnis war, auf diese Weise durch eigenes aktives Handeln die Kontrolle zurückzugewinnen: Es fühlt sich einfach gut an, selbst etwas tun zu können. Konkurrenten wie Headhunter wissen das und kreisen über Unternehmen, die sich in einer Umbruchsphase befinden.

8.3 Gelernte Hilflosigkeit

Doch auch an den »Change Victims«, die den Gang der Dinge mehr oder weniger passiv abwarten, geht die Erfahrung des Kontrollverlusts nicht spurlos vorüber. Je öfter und intensiver Menschen die Erfahrung machen, dass man »ohnehin nichts machen kann«, desto stärker entwickelt sich bei ihnen ein Syndrom, für das der Sozialpsychologe Martin Seligman den Begriff »Gelernte Hilflosigkeit« geprägt hat. Nach vielfach bestätigten Forschungsbefunden hat gelernte Hilflosigkeit drei Hauptfolgen (vergl. Herkner 2001; Seligman 1990, 2001):

Nachlassende Motivation, Passivität und Apathie
Wer zu der Überzeugung gelangt ist, dass er keinen Einfluss auf das hat, was mit ihm geschieht, für den ergibt es auch keinen Sinn mehr, überhaupt noch etwas zu unternehmen. Für ihn ist es – im biologischen Sinne – vernünftig, erst einmal abzuwarten und seine Kräfte aufzusparen für spätere Situationen, in denen er sie vielleicht noch braucht.

Verlust an Lernfähigkeit
Wer sich damit abgefunden hat, ohnmächtig zu sein, ist durch nachfolgende Erfahrungen kaum noch davon zu überzeugen, dass er seine Situation doch noch beeinflussen kann. Selbst wenn sich die Situation später so verändert, dass Eigeninitiative durchaus etwas bewirken könnte, bemerken die Betreffenden diese Veränderung kaum; noch weniger werden sie aktiv.

Niedergeschlagenheit und Depressivität
»Gelernte Hilflosigkeit führt zu Traurigkeit und depressiven Verstimmungen. Man ist traurig, weil man nichts ändern kann und der Welt hilflos ausgeliefert ist« (Herkner 2001). Das sind schon dramatische Folgen, wenn sie nur einzelne Personen betreffen. Doch man kann sich ausmalen, welche Konsequenzen es erst hat, wenn weite Teile der Belegschaft eines ganzen Unternehmens von gelernter Hilflosigkeit geprägt sind. Solch ein Unternehmen ist in Markt und Wettbewerb kaum noch handlungsfähig, es reagiert kaum noch auf Führungsimpulse; es lässt, was auch immer geschieht, apathisch und teilnahmslos an sich vorbeiziehen.

Oft entwickelt sich in solchen Unternehmen eine »nostalgische Vision«: Eine Verklärung der Vergangenheit, verbunden mit anhaltender Trauer über die verlorene ›gute alte Zeit‹ (→ Kap. 13). Solche Unternehmen wiederzubeleben, zählt zu den schwierigsten Change-Herausforderungen.

Interessanterweise reagieren aber nicht alle Menschen auf die Erfahrung eines Kontrollverlusts mit gelernter Hilflosigkeit. Im Labor wie in der Realität greift die »Hilflosigkeitskonditionierung«, wie Seligman und Kollegen herausgefunden haben, bei einem gewissen Prozentsatz der betroffenen Personen (und Versuchstiere) nicht; sie erweisen sich als resilient (Seligman 2002).

Doch so bedeutsam diese Erkenntnis ist, sie sollte kein Anlass sein, die Gefahren einer unbeabsichtigten Hilflosigkeitskonditionierung zu ignorieren oder sie für ein Problem schwacher Persönlichkeiten zu halten. Auch wenn es solche robusten Menschen gibt, sie sind nur eine Minderheit von etwa 10–20 Prozent. Damit kann man keine Firma zum Erfolg führen.

WICHTIGSTE ERKENNTNISSE UND SCHLUSSFOLGERUNGEN

- Übernahmen und Fusionen bringen die betroffenen Mitarbeiter und Führungskräfte in eine Situation des Kontrollverlusts: Sie sind auf einen Schlag nicht mehr Herr über ihr eigenes (berufliches) Schicksal.
- Ein Kontrollverlust ist bedrohlich. Er löst bei den Betroffenen Angst bis hin zur Panik aus, gefolgt von dem hektischen Bemühen, die Kontrolle über die Situation wieder herzustellen. Dazu kann zum Beispiel das aktive Bemühen um die Mitarbeit in einem Integrationsteam zählen, aber auch die Suche nach einem anderen Job.
- Dass manche Mitarbeiter dabei auch Jobs annehmen, mit denen sie sich objektiv verschlechtern, macht sichtbar, wie stark das Bedürfnis nach Wiederherstellung der Kontrolle ist.
- Viele Mitarbeiter und Führungskräfte ergeben sich aber auch in ihr Schicksal und warten erst einmal ab, wie die Dinge sich entwickeln – was indes weni-

ger eine bewusste Entscheidung ist als der Ausdruck von Rat- und Hilflosigkeit. Diese sogenannten »Change Victims« machen etwa die Hälfte bis zwei Drittel der Belegschaft aus. Sie leiden zwar emotional unter dem Kontrollverlust, entwickeln aber keine eigene Initiative, sondern nehmen die Entwicklung tatenlos hin.

- Die Erfahrung eines dauerhaften Kontrollverlusts schlägt bei vielen Menschen in »Gelernte Hilflosigkeit« um: Sie werden passiv, apathisch, depressiv und büßen weitgehend ihre Lernfähigkeit ein. Das kann im weiteren Verlauf zu einem erheblichen Problem für das Unternehmen werden, weil diese Mitarbeiter dauerhaft unter ihren Leistungsmöglichkeiten bleiben.

9 Risikobereitschaft: Nicht Risiken scheuen wir, sondern Verluste

Wenn Top-Manager und Berater für Veränderungen werben, argumentieren sie – neben dem obligatorischen Hinweis auf die Sicherung der Arbeitsplätze – meistens mit den Vorteilen, die diese Veränderungen dem Unternehmen und seinen Mitarbeitern brächten. Und müssen dann irritiert feststellen, dass die Begeisterung sich in Grenzen hält. Angesichts dieses offenkundigen Mangels an Veränderungswillen sprechen sie verstimmt von »Beharrungsvermögen« und »Saturiertheit« – was freilich das Problem nicht löst, sondern nur die Schuld daran zuweist.

Aber warum verhalten sich Menschen eigentlich so defensiv gegenüber Veränderungen und sind so wenig risikobereit? Schon der Volksmund behauptet ja hartnäckig, ein Spatz in der Hand sei mehr wert als eine Taube auf dem Dach. Er wägt damit Chance gegen Sicherheit ab – und entscheidet zugunsten der Sicherheit: Einen kleinen Nutzen sicher zu haben, ist den meisten Menschen mehr wert als die Aussicht auf einen großen Nutzen, wenn der mit dem Risiko verbunden ist, am Ende mit leeren Händen dazustehen. Es scheint, als seien Menschen eben prinzipiell risikoscheu.

Aber wie passt das zusammen mit dem Verhalten des Autofahrers, der, um einen mäßig wichtigen Termin (Kunde, Flugzeug, Theater, Fußballübertragung) nicht zu verpassen, mit überhöhter Geschwindigkeit durch die Straßen prescht und damit sowohl die Schädigung von Menschen als auch seine eigene Gesundheit und seinen Führerschein riskiert? Wie mit dem Anleger, dessen Aktien tief in den roten Zahlen sind, der sie aber trotzdem hält, in der vagen Hoffnung, sie würden sich wieder erholen? Wie mit dem Verkäufer, der, um einen wichtigen Auftrag zu erhalten, unhaltbare Versprechungen macht und halsbrecherische Rabatte einräumt? Wie mit dem Bankier, der mit riskanten Spekulationsgeschäften versucht, einen entstandenen Verlust auszugleichen? Wie mit dem Bauern (oder Müller) vieler Volkssagen, der, nachdem er beim Kartenspiel Haus und Hof verloren hat, schließlich mit dem Teufel um seine Seele wettet?

9.1 »Losses Loom Larger Than Gains«

Den Psychologen und Mathematikern Daniel Kahneman und Amos Tversky verdanken wir zentrale Erkenntnisse über das menschliche Risikoverhalten (Kahneman/Slovic/Tversky 1982). Nach ihren Forschungen scheuen Menschen in Wirklichkeit nicht das Risiko – sie scheuen Verluste.

Was sich wie eine sprachliche Spitzfindigkeit anhört, ist in Wahrheit ein fundamentaler Unterschied. Denn es bedeutet, dass Menschen nur so lange risikoscheu sind, wie sie einen Besitzstand zu bewahren haben. Dagegen werden sie plötzlich risikobereit, wenn sie einen drohenden Verlust nur noch durch einen hohen und riskanten Einsatz abwenden (oder »ungeschehen machen«) können.

In seinem Buch »Thinking, Fast and Slow« nennt der Nobelpreisträger Kahneman sogar eine konkrete Zahl, nämlich den Faktor zwei. Demnach sind Verluste doppelt so schmerzlich wie Gewinne erfreulich sind (Kahneman 2011). Kein Wunder also, dass wir sie fast um jeden Preis zu vermeiden versuchen.

»People tend to avoid risks when seeking gains«, schreiben Kahneman und Tversky, »but choose risks to avoid sure losses«. So versucht der Autofahrer, den drohenden »Verlust«, seinen Flieger zu verpassen, durch erhöhte Risikobereitschaft abzuwenden. Genau dem gleichen Muster folgt das Handeln des Anlegers, des Bankiers und des sagenumwobenen Bauern oder Müllers: Angesichts des drohenden Verlustes von Vermögen, Ansehen, Haus und Hof setzen sie alles auf eine Karte.

Was bei oberflächlicher Betrachtung wie ein irrationales Vabanquespiel aussieht, ist in Wirklichkeit der verzweifelte – und oft völlig unverhältnismäßige – Versuch, einen drohenden Verlust im letzten Moment doch noch abzuwenden.

Wie klein die Anlässe sein können, welche eine hohe und oftmals überhöhte Risikobereitschaft auslösen, zeigt die Termin-Aufholjagd im Auto. Schon zur Abwendung eines relativ geringen Schadens riskieren wir bereitwillig einen großen – knappe 2 Tonnen auf 180 km/h beschleunigter Masse haben nun einmal eine gewisse Durchschlags- und Verformungskraft. Aus Angst vor einem drohenden Verlust riskieren angeblich risikoscheue Menschen plötzlich Kopf und Kragen – und bringen zusätzlich andere in Gefahr.

Deshalb ist es nicht nur für das Integration-Management, sondern auch für das ganz normale Leben wichtig, das eigene Risikoverhalten in Stress- und vor allem Verlustsituation kennen- und beherrschen zu lernen.

9.2 Konsequenzen für das Integration-Management

»People tend to avoid risks when seeking gains« – das macht verständlich, weshalb sich Mitarbeiter wie Führungskräfte gegenüber einer drohenden Fusion oder Übernahme ausgesprochen defensiv verhalten. Sie haben ja etwas zu verlieren – nicht nur materielle Besitzstände, auch emotionale: Erfahrung, Sicherheit, eingespielte Routinen, ein stabiles soziales Umfeld, die Kontrolle über das eigene Leben.

Das gilt besonders für ältere Mitarbeiter (wobei sich »älter« nicht allein nach der Zahl der Lebensjahre bemisst). Denn für sie stellen Veränderungen gleich eine doppelte Bedrohung dar: Zum einen gefährden sie den Erfahrungsvorsprung, der sie gegenüber Jüngeren auszeichnet, zum anderen erzeugen sie die Angst, den veränderten Anforderungen nicht mehr gewachsen zu sein. Je länger jemand eine Tätigkeit schon ausübt, desto größer ist in aller Regel seine Sorge, der Umstellung auf veränderte Abläufe, Arbeitsmethoden oder Anforderungen nicht mehr gewachsen zu sein.

Die Gesetzmäßigkeit der mit dem Besitzstand wachsenden Verlustangst erklärt auch, wieso oftmals gerade die mittleren und oberen Führungsebenen besonders hartnäckigen Widerstand gegen Veränderungen leisten – zur Enttäuschung und Verbitterung des Top-Managements, das dann verärgert von »Lähmschicht« spricht. Doch sie haben nun einmal besonders viel zu verlieren, deshalb entspricht ihr Verhalten genau dem, was die Risikoforscher vorhersagen würden. (Dass man es trotzdem nicht hinnehmen kann, steht auf einem anderen Blatt – und wie man es beeinflussen kann, folgt weiter unten.)

Dass die Aussagen von Kahneman und Tversky nicht nur für die »kleinen Leute« gelten, sieht man daran, dass die Unterstützung des Top-Managements für Veränderungsprojekte oftmals recht zögernd und halbherzig wird, wenn es um Konflikte und unangenehme Entscheidungen geht. Auch sie scheuen das Risiko eines Konflikts mit Leistungsträgern und entdecken angesichts eines drohenden Verlusts plötzlich den Charme des Spatzen in der Hand.

Selbst im Top-Management wächst die Risikobereitschaft häufig erst, wenn die Entscheider persönlich unter Druck kommen – sei es, weil sie gegenüber Shareholdern und Aufsichtsrat dringend Resultate brauchen, sei es, weil ihre weitere Karriere davon abhängt, dass bei dem aktuellen Projekt etwas herauskommt.

9.3 Unter Druck oft (zu) große Risikobereitschaft

»People ... choose risks to avoid sure losses« – das beschreibt die Situation derjenigen Personen, die für den Erfolg der Integration verantwortlich sind und unter Umständen mit ihrem Kopf dafür haften. Indem sie diese Verantwortung übernommen haben, haben sie sich mehr oder weniger freiwillig in eine potenzielle Verlustposition begeben, aus der sie nur dann unbeschädigt herauskommen, wenn sie die Veränderung zum Erfolg führen.[9]

Die für eine Integration Verantwortlichen werden daher in aller Regel relativ risikobereit sein und gewillt, neue Wege zu gehen. Bei unerwarteten Schwierigkeiten, die den Erfolg des Vorhabens infrage stellen, ist sogar zu erwarten und zu befürchten, dass sie – ähnlich wie der Autofahrer und der Bankier – mehr Risikobereitschaft an den Tag legen, als der Sache zuträglich ist.

Tauchen zum Beispiel während der Umsetzung Tatsachen und Argumente auf, die die errechneten Synergieeffekte infrage stellen, werden die Verantwortlichen dazu neigen, die »lästigen Bedenkenträger« abzuwehren und nach dem Prinzip »Das ist nicht verhandelbar« vorzugehen. Das kann gut gehen – es birgt aber das Risiko, folgenschwere Fehlentscheidungen zu treffen. Und das, obwohl zu diesem Zeitpunkt durchaus noch Korrekturen möglich wären.

Die Tendenz, störende Informationen auf die Seite zu schieben, ist paradoxerweise umso stärker, je gewichtiger ein Einwand ist und je stärker er die Verantwortlichen irritiert. Denn je mehr dieser Einwand den eingeschlagenen Weg infrage stellt, ein desto größeres Risiko stellt er dar, desto mehr Rat- und Hilflosigkeit löst er aus. Und desto stärker ist dementsprechend der Druck, sprich: die Angst, die dadurch ausgelöst wird. Unter diesem Druck entscheiden sich viele dafür, entschlossen wegzuschauen: »Augen zu und durch«.

Selbstverständlich ist das kein Appell, die Integration ängstlich und übervorsichtig anzugehen. Vielmehr ist es die dringende Empfehlung, das eigene Risikoverhalten systematisch zu beobachten und es genau kennenzulernen. Jeder von uns reagiert auf drohende Verluste nach seinem persönlichen Muster – in der Regel mit erhöhter Risikobereitschaft, die aber durchaus unterschiedliche individuelle Ausprägungen aufweisen kann.

Wer für eine Integration (mit)verantwortlich ist, sollte sein persönliches Muster so gut kennen, dass er es im Ernstfall wiedererkennt. Dann wird er in kritischen Situationen bemerken, dass er gerade dabei ist, in seiner typischen Weise

---

9 Warum ist das eine »potenzielle Verlustposition«? – Weil ihr Ansehen und ihre weiteren Karriereperspektiven ab sofort mit dem Erfolg des Mergers verknüpft sind. Sie müssen daher ins Risiko gehen, um diesen drohenden Verlust abzuwenden. Wenn sie nichts oder nicht das Richtige tun, scheitert sie mit der Integration.

zu reagieren – und kann sich bewusst entscheiden, ob er dieser Tendenz nachgeben will oder nicht.

Die beste Möglichkeit, seine spontanen intuitiven Reaktionen genauer kennenzulernen und gewissermaßen zu »eichen«, ist die Analyse zurückliegender Drucksituationen. Je besser Sie sich selbst auf die Schliche kommen, desto besser sind Sie auf künftige Stresssituationen vorbereitet – was den großen Vorteil hat, dass Sie sich in kritischen Situationen sehr viel besser kontrollieren und entsprechend »rationaler«, also geeigneter handeln können.

9.4 Risikobereitschaft erzeugen

Was kann man tun, um die Risikobereitschaft derjenigen Mitarbeiter und Führungskräfte zu erhöhen, die im Augenblick in einer vergleichsweise komfortablen Position der Besitzstandsverteidigung sind? Im Grunde ist die Antwort einfach: Die Rahmenbedingungen so gestalten, dass auch sie in einer potenziellen Verlustposition sind, in der sie nur noch dann gewinnen können, wenn sie etwas riskieren. Das setzt allerdings den Mut voraus, »gemein« zu sein und Sicherheiten und ungefährdete Rückzugsmöglichkeiten zerstören.

Feldherren haben das in der Geschichte immer wieder getan, indem sie vor entscheidenden Schlachten Brücken hinter sich abreißen ließen oder die eigenen Schiffe verbrannten. Damit hatten sie ihren Soldaten die Option »Flucht« (= Besitzstandswahrung) auf überzeugende Weise verbaut, und die einzige für die Truppe verbleibende Option hieß »Alles oder Nichts«. Man kann leicht nachempfinden, welche Gefühle das Zerstören der Rückzugsoptionen bei mäßig heldenhaften Soldaten auslöste, aber die meisten waren wohl klug genug, sie für sich zu behalten.

Ohne Zweifel ein martialisches Vorgehen – aber glücklicherweise haben wir es im Geschäftsleben nicht mit Situationen zu tun, in denen es um »Sieg oder Tod« geht. Die Parallele liegt im menschlichen Risikoverhalten: Solange manche Mitarbeiter und Führungskräfte in der komfortablen Situation sind, ihre Position verteidigen zu können, indem sie die unerwünschten Fremdlinge wegbeißen, erscheint vielen das Bewahren und Verteidigen des »Spatzen der Hand« attraktiver als die Taube einer guten Kooperation auf dem Dach.

9.5 Alles-oder-Nichts-Situationen schaffen

Es hilft alles nichts: Solange Menschen einen Besitzstand haben, verteidigen sie ihn und sind dabei in ihrem Handeln risikoscheu. Idealerweise müssen Sie also eine Situation herbeiführen, in der jeder einzelne Mitarbeiter persönlich in einer Alles-oder-Nichts-Situation ist – entweder weil er sich freiwillig dafür entscheidet oder weil er durch veränderte Rahmenbedingungen in eine solche Situation gebracht wird. Nur so können Sie einen Gleichklang der Interessen von Integrationsverantwortlichen und Betroffenen herstellen. Wie das konkret aussehen kann, ist im Kapitel »Kulturelle Integration« beschrieben (→ Kap. 29).

Eine zentrale Bedeutung hat in diesem Zusammenhang der frühzeitige und konsequente Umbau von Messsystemen und Erfolgsmaßstäben. Wenn es etwa darum geht, die Denk- und Arbeitsweisen zu verändern, ist es ratsam, die Adressaten nicht nur an ihrer eigenen Leistung zu messen, sondern auch am Erfolg der internen Partner, auf deren Ergebnis sie Einfluss haben. Konkret ist es dann zum Beispiel sinnvoll, die Linien-Manager auch am Erfolg der Projektmanager zu messen, die auf ihre Kooperation angewiesen sind.

Eine entscheidende Rolle spielt dabei Konsequenz im Umgang mit den »erfolgreichen Regelignoranten«, also mit Personen, die gute Leistungen bringen, sich aber nicht an die Regeln halten. Diese Konsequenz muss unabhängig von Rang, Namen, Ansehen und Unentbehrlichkeit der betreffenden Personen gezeigt werden. Am Anfang werden aus den beschriebenen Gründen etliche Mitarbeiter, insbesondere aber die »alten Haudegen«, versuchen, ihr bisheriges Spiel weiterzuspielen.

Sobald Sie dafür erste Anzeichen sehen, sollten mit dem oder den Betreffenden ein eindringliches Vier-Augen-Gespräch führen, in dem Sie einerseits deutlich machen, dass Sie ihn schätzen und gern im Unternehmen halten wollen, dass er Ihnen andererseits genau dies unmöglich machen würde, wenn sich herausstellen sollte, dass er die vorgesehenen Veränderungen unterläuft und/oder seinen Beitrag zu deren Erfolg nicht leistet. Ein solches Gespräch reicht, wenn es von spürbarer Entschlossenheit getragen ist, um die Betreffenden aus ihrer komfortablen Besitzstandsverteidigung in eine Alles-oder-Nichts-Situation zu bringen. Deshalb wird es seinen Zweck in den meisten Fällen erfüllen.

Falls es nicht ausreicht, müssen Sie – eventuell nach einem weiteren Warnschuss, wie etwa einer Abmahnung – den Beweis antreten, dass sie es ernst meinen, und sich kurzfristig von dem Betreffenden trennen. Anderenfalls würden Sie den (zahlreichen!) interessierten Beobachtern aufschlussreiche und folgenschwere Informationen über Ihre eigene Risikobereitschaft liefern. Interessant ist übrigens, dass man einem diese Entschlossenheit anmerkt: Solange Sie *nicht* zur letzten Konsequenz entschlossen sind, wird man dies ausreizen. Wenn Sie sich hingegen definitiv zum Handeln entschieden haben, werden Sie relativ selten gezwungen sein, die Trennung tatsächlich zu vollziehen.

WICHTIGSTE ERKENNTNISSE UND SCHLUSSFOLGERUNGEN

- Entgegen weitverbreiteter Meinungen sind Menschen nicht risikoscheu – sie sind verlustscheu. Sie vermeiden Risiken, um ihre vorhandenen Besitzstände nicht aufs Spiel zu setzen, doch sie sind überaus risikobereit, wenn es darum geht, drohende Verluste abzuwehren. Oft gehen sie dann sogar Risiken ein, die in keinem vernünftigen Verhältnis zu dem drohenden Verlust stehen.
- Die Gesetzmäßigkeit der mit dem Besitzstand wachsenden Verlustscheu erklärt, weshalb oftmals gerade die mittleren Führungsebenen besonders hartnäckigen Widerstand gegen Veränderungen leisten: Sie haben besonders viel zu verlieren.
- Es nützt wenig, die mangelnde Risikobereitschaft zu beklagen. Wer möchte, dass seine Mitarbeiter und Führungskräfte Veränderungen aktiv mitgestalten, statt sich nur gegen sie zu wehren, muss die Situation so verändern, dass sie nach vorne gehen und etwas riskieren müssen, um drohende Verluste abzuwenden.

10 Abstoßungsreaktionen: Die größte Gefahr kommt aus dem eigenen Lager

Als einer der häufigsten Gründe, weshalb Fusionen und Übernahmen scheitern, werden Unverträglichkeiten der Unternehmenskulturen genannt. Das ist nicht falsch, aber zu ungenau, um daraus die richtigen Schlussfolgerungen für das Management einer Integration abzuleiten. Vor allem aber lenkt es die Aufmerksamkeit auf die falsche Fährte: Die größte Gefahr geht nämlich nicht von der Kultur des übernommenen Unternehmens aus, sondern von den Mitarbeitern und vor allem den mittleren Führungskräften des übernehmenden.

Dass Menschen, wie wir im vorigen Kapitel gesehen haben, nicht risiko-, sondern verlustscheu sind, hat erhebliche Auswirkungen auf die psychologische Dynamik von Fusionen und Übernahmen. Bei den meisten Change-Prozessen bewirkt dies eine Aufteilung in zwei ganz unterschiedlich tickende Lager: Die Verantwortlichen für die Veränderung sind typischerweise eher risikobereit, weil sie einen Fehlschlag ihres Projektes – der für sie ein Verlust wäre – vermeiden wollen. Dagegen sind die Betroffenen, die ihre heutigen Besitzstände zu bewahren haben, eher risikoscheu und defensiv und zeigen keine große Neigung, sich auf Neuerungen einzulassen.

10.1 Sechs Lager mit unterschiedlichen Interessenlagen

Bei Fusionen, Übernahmen und Integrationsprozessen ist die Gemengelage etwas komplizierter. Hier steht der Hierarchie des übernommenen Unternehmens die Hierarchie des Übernehmers gegenüber, und es lassen sich auf jeder Seite drei Ebenen unterscheiden, die jeweils von ganz typischen Hoffnungen und Befürchtungen geprägt sind (s. Abb. 5).

Vier dieser sechs Gruppen befinden sich mit dem Rechtskräftigwerden der Fusion in einer »Verlustposition«, das heißt in einer Situation, wo sie erhebliche persönliche Nachteile nur noch abwenden können, wenn sie etwas riskieren. Die beiden Ausnahmen, die nicht unmittelbar bedroht sind und die deshalb nur ihren Besitzstand bewahren und verteidigen müssen, sind, wie wir gleich sehen werden, die Mitarbeiter und vor allem das mittlere Management des übernehmenden Unternehmens.

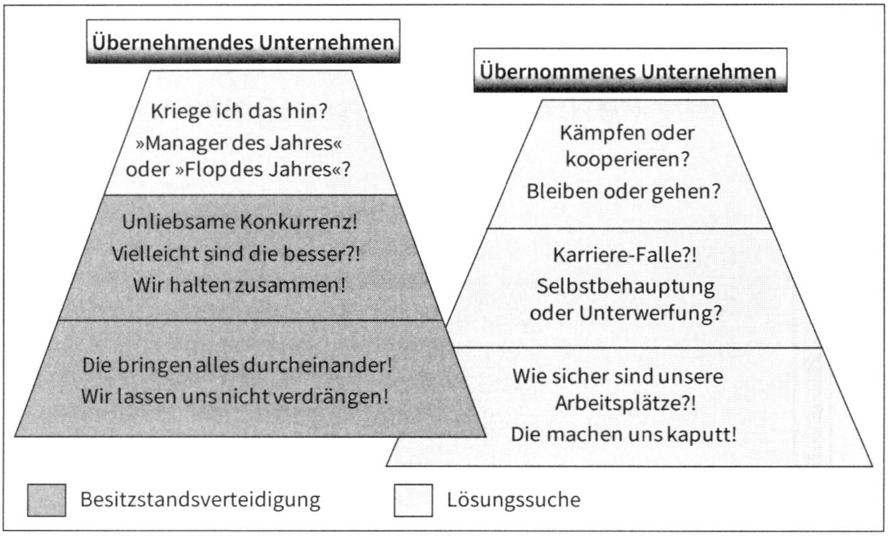

Abb. 5: Sechs Gruppierungen mit ganz unterschiedlichen Gefühlen und Interessenlagen

Sehen wir uns diese sechs Gruppierungen und ihre typischen Interessenlagen einmal etwas genauer an. Und beginnen wir mit dem Vorstand (bzw. der Geschäftsführung) des Übernehmers. Er ist buchstäblich »zum Erfolg verurteilt«: Er muss bei Strafe seiner unehrenhaften Ablösung den Beweis erbringen, dass die versprochenen Synergien tatsächlich realisiert werden können und der Wert des Unternehmens durch die Übernahme steigt.

Der Vorstand des übernommenen Unternehmens hat entweder – bei einer feindlichen Übernahme – die Schlacht verloren; dann steht sein Abgang unmittelbar bevor. Oder er hat der Fusion zugestimmt und ist (teilweise) in den Vorstand des fusionierten Unternehmens eingezogen. Dann ist er jetzt in der gleichen Situation wie der Vorstand des übernehmenden Unternehmens: Er ist es den Shareholdern schuldig, alles in seinen Kräften Stehende zu tun, um die Fusion zum Erfolg zu führen.

Das mittlere Management wie auch die Mitarbeiter des übernommenen Unternehmens sind ebenfalls in einer Verlustposition. Sie haben die Sicherheit ihres bisherigen Jobs verloren und müssen sich nun an den Entscheidungen orientieren, die vom Übernehmer gesetzt werden. Was ihnen an Besitzständen verbleibt, ergibt sich aus den Modalitäten der Fusion bzw. aus den gesetzlichen Regeln zum Betriebsübergang (→ Kap. 27) sowie dem Kündigungsschutzgesetz bzw. dem vereinbarten Sozialplan (→ Kap. 26).

Wenn sie sich nicht passiv in ihr Schicksal ergeben, sondern in dem fusionierten Unternehmen noch etwas werden wollen, müssen sie daher die Initiative ergreifen und etwas riskieren. Falls sie ihren Job behalten, finden sie sich in den neuen Abteilungen meist in einer Minderheitenposition wieder. Auch hier müssen Sie daher die Initiative ergreifen und auf ihre neuen Kollegen zugehen, wenn sie nicht versauern wollen.

10.2 Besitzstandsverteidigung: Das Risiko-Paradoxon

Ganz anders das mittlere Management und die übrigen Mitarbeiter des übernehmenden Unternehmens. Sie befinden sich in einer relativ komfortablen Position: Zwar ahnen sie natürlich, dass die Integration auch für sie Veränderungen bringen kann, doch behalten sie aller Voraussicht nach nicht nur ihre Jobs, sondern im Wesentlichen auch ihre Vorgesetzten, Kollegen und Mitarbeiter. Auch die eingespielten Abläufe, Seilschaften und Informationskanäle bleiben zunächst einmal erhalten. Für sie hätte es also keinen Sinn, größere Risiken einzugehen, sie können sich darauf beschränken, ihren Besitzstand gegen die unliebsame Konkurrenz zu verteidigen. Und genau das tun sie!

Die größte Gefahr für den Erfolg einer Übernahme oder Fusion geht daher nicht etwa von den Abwehrreaktionen des übernommenen Unternehmens aus und auch nicht von der viel beschworenen »Unverträglichkeit der Unternehmenskulturen«, sondern von den eigenen Leuten. Sie fühlen sich als Sieger, erkennen oder spüren aber zugleich die drohende Konkurrenz durch die »Neuankömmlinge«.

Also sind sie sich auch ohne Absprache schnell darüber einig, dass man den ungebetenen Fremdlingen von vornherein zeigen muss, wo der Hammer hängt. Das heißt, die Mitarbeiter und das mittlere Management des *übernehmenden* Unternehmens lassen ihre neuen Kollegen nach allen Regeln der Kunst auflaufen, bremsen sie aus, werfen ihnen Knüppel zwischen die Beine – und sind davon nur durch ein sehr konsequentes Management der Integration abzubringen.

Ein Paradebeispiel für solche Abstoßungsreaktion war vor vielen Jahren die Übernahme von Nixdorf durch Siemens. Nixdorf war vor der Übernahme ein flexibler und überaus kundenorientierter Mittelständler, der insbesondere im Bankensektor eine starke Stellung besaß. Nach dem plötzlichen Tod seines Gründers

Heinz Nixdorf war das Unternehmen in eine wirtschaftliche Schieflage geraten, die durch Managementfehler seiner Nachfolger verschärft wurde.

Die Übernahme wurde zum Desaster. Insbesondere die mittleren Führungsebenen von Siemens verhielten sich genau so, wie nach obiger Analyse zu erwarten war: Sie ließen die flexiblen Nixdorfer förmlich an der Siemens-Bürokratie zerschellen. Ihre Anliegen wurden durch den kühlen Verweis auf Antragswege, Zuständigkeiten etc. systematisch abgeblockt.

Das hatte Folgen: Die Nixdorfer begannen abzuwandern; erst wenige, aber bald in hellen Scharen. Einige Jahre später waren von der Nixdorf-Belegschaft nur noch diejenigen übrig, die entweder keine Alternativen fanden oder zu ängstlich für einen Wechsel waren – eine konsequente Negativ-Auslese. Was zur Folge hatte, dass das Ganze bald deutlich weniger wert war als die einzelnen Teile – ein klassisches Beispiel dafür, dass Synergien auch negativ sein können.

10.3 Welche Rolle spielen die Unternehmenskulturen?

Nun könnte man argumentieren, dass solche Abstoßungsreaktionen vielleicht doch etwas mit einer Unverträglichkeit der Kulturen zu tun hätten – schließlich seien ja im Siemens-Nixdorf-Beispiel zwei extrem unterschiedliche Kulturen aufeinandergetroffen. Tatsächlich spielen die Unternehmenskulturen bei Fusionen eine Rolle – allerdings eher als mögliche zusätzliche Erschwernis (→ Kap. 15.2 f.), nicht als die eigentliche Ursache von Abstoßungsreaktionen.

Denn gleich wie unterschiedlich oder ähnlich die Kulturen sein mögen, das unfreundliche und abweisende Verhalten der Mitarbeiter und mittleren Führungskräfte des Übernehmers gegenüber ihren neuen »Kollegen« ist ein aus ihrer subjektiven Sicht absolut sinnvolles Verhalten: Je besser es ihnen gelingt, die Neuankömmlinge einzuschüchtern, zu demoralisieren und letztlich ganz wegzubeißen, desto sicherer bleibt ihre eigene Position und ihr Arbeitsplatz.

Das soll ausdrücklich nicht heißen, dass dieses Abwehrverhalten bewusst, planmäßig oder gar in böser Absicht erfolgt. Erst recht handelt es sich dabei nicht um eine Verschwörung gegen das eigene Management, dessen Akquisitionserfolg durch diese Abstoßungsreaktionen ja in Gefahr gebracht wird. Vielmehr spüren die Betreffenden »instinktiv«, dass von den Hinzukömmlingen eine Bedrohung ihrer Besitzstände und ihrer liebgewordenen Gewohnheiten ausgeht – und erkennen schnell, dass sie diese Bedrohung am einfachsten loswerden, wenn sie die Neuen abtropfen lassen.

Unterschiedliche Kulturen können dieses Muster verschärfen. Je unterschiedlicher die »kulturellen Eichungen« der beteiligten Unternehmen sind, desto häufiger kommen Missverständnisse und Fehlinterpretationen vor, desto leichter entstehen Meinungsverschiedenheiten und Konflikte, und desto schwerer tun sich die Beteiligten, miteinander einen gemeinsamen Nenner zu finden.

Besonders schwierig wird es nach unseren Erfahrungen zum einen dann, wenn eine offene, hohe persönliche Gestaltungsspielräume bietende Kultur von einer sehr patriarchalischen oder bürokratischen Organisation übernommen wird. Zum anderen sind Probleme zu erwarten, wenn sehr unterschiedliche Geschäftsmodelle und »Philosophien« aufeinandertreffen, wie etwa im Falle von Daimler und Chrysler. Denn dann gibt es einen durchgängigen Dissens, wie das Geschäft betrieben werden muss und was die Leitlinien des Handelns sein sollten – und das ist ein Streit, der so gut wie jede einzelne Entscheidung erschwert.

10.4 Kontrastverstärkung bei ähnlichen Kulturen

Das heißt aber noch lange nicht, dass die Integration problemlos ist, wenn die Kulturen sich ähneln. Vielmehr kommt es in solchen Fällen zu einer »Kontrastverstärkung«. Das heißt, die Mitarbeiter beider Unternehmen freuen sich nicht etwa über die hohe Übereinstimmung, sondern betonen un- oder vorbewusst die Unterschiede und blähen sie auf.

Das ist psychologisch der gleiche Mechanismus, wie wenn jemand »auf Krawall gebürstet ist«, obwohl er eigentlich keinen Grund zum Streit hat: Wer danach sucht, wird auch bei noch so großer Einigkeit in der Sache immer ein Punkt finden, der sich zu einem Streit aufbauschen lässt. Die sachlichen Meinungsverschiedenheiten bzw. kulturellen Unterschiede sind nicht die *Ursache* für den Streit – sie liefern nur das Thema.

Wie die Ähnlichkeit oder Unterschiedlichkeit der Unternehmenskulturen die Abstoßungsreaktionen beeinflusst, lässt sich anhand des Schemas in Abbildung 6 vorhersagen.

Bei stark unterschiedlichen Unternehmensgrößen mündet die Kontrastverstärkung, wenn niemand steuernd eingreift, in das Entstehen von Enklaven, also von kleinen Inseln der übernommenen Kultur innerhalb der dominierenden Kultur des Übernehmers. Beispielsweise halten sich dann in der Entwicklung, im Vertrieb oder an einzelnen Standorten Enklaven der Altkultur, die untereinander sehr gut zusammenarbeiten, mit der umgebenden Kultur des Übernehmers aber nur mühsam.

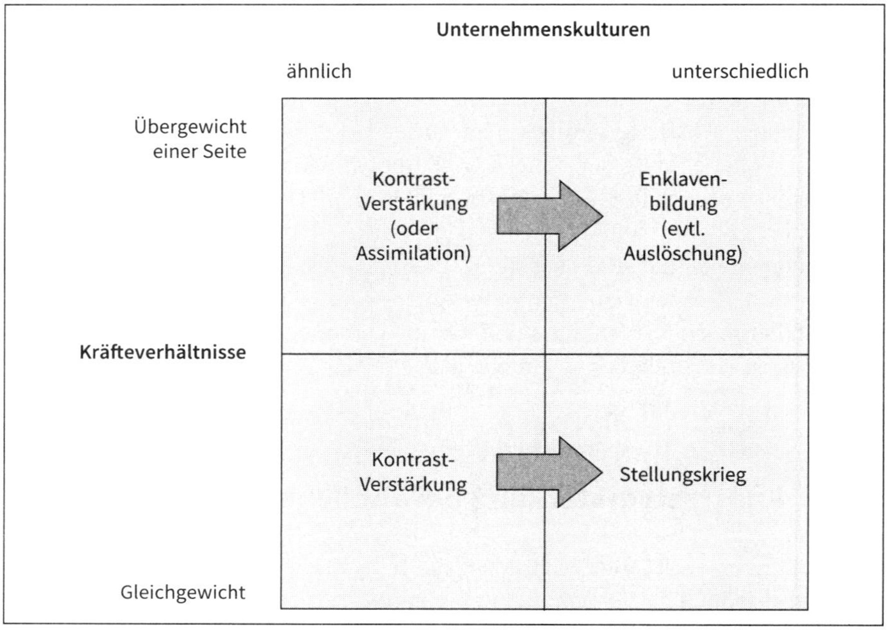

Abb. 6: Kontrastverstärkung, Enklavenbildung und Stellungskrieg

10.5 Teilautonome Enklaven

Mittelfristig droht diesen Enklaven der Untergang – entweder durch Konflikte und »Vertreibung« oder durch »Aussterben«. Aber sie können sich oft sehr lange halten, wenn die Strukturen dies ermöglichen. Wenn zum Beispiel zwei Banken fusionieren, bestehen oft die meisten der bisherigen Filialen mit neuem Firmenschild, aber kaum veränderter Besetzung fort. Und in den übernommenen Filialen kann die alte Kultur auf diese Weise sehr lange beinahe ungebrochen weiterleben.

Ähnlich ist es, wenn ein Unternehmen in einem ausländischen Markt übernommen wurde, in dem der Übernehmer bislang nicht oder nur über Vertriebsmittler präsent war: Formal wird die übernommene Firma zur ausländischen Tochter oder Niederlassung, aber ihre Kultur bleibt oft selbst dann weitgehend erhalten, wenn ein Manager des Übernehmers ihre Leitung übernimmt. Desgleichen, wenn ein Start-up oder auch ein etabliertes Unternehmen übernommen wurde, das in einem Geschäftsfeld tätig ist, in dem der Übernehmer bislang nicht aktiv war. Dann werden zwar wahrscheinlich die administrativen Funktionen in die des Übernehmers integriert, aber das Kerngeschäft bleibt bestehen – und damit auch seine Kultur.

Zur Assimilation, also zum völligen Aufgehen der einen Kultur in der anderen, kommt es, wenn die Mitarbeiter des übernommenen Unternehmens im Zuge der Integration so weit zerstreut wurden, dass nirgendwo die kritische Masse für eine eigene Subkultur bestehen bleibt: Zwei oder drei Leute können auf die Dauer keine lebensfähige Subkultur bilden.

Allerdings zeigen viele Beispiele aus Politik und Gesellschaft, dass für eine Enklavenbildung, also das Entstehen kleiner kultureller Inseln, schon relativ wenige Personen reichen – wenigstens für einige Jahre oder Jahrzehnte. Auch in Unternehmen findet man manchmal noch Jahre nach einer Fusion solche Inseln einer (stilisierten) alten Kultur, die dann meist auch von ihrer Umgebung als »Staat im Staate« empfunden und bezeichnet werden.

Das gilt besonders dann, wenn die Enklave eine gewisse räumliche Isolation von der Umgebung aufweist. Das muss gar kein eigener Standort sein, auch wenn das die sicherste Gewähr für eine eigene Subkultur ist. Schon eine eigene Etage, Abteilung oder Arbeitsgruppe schafft eine Kommunikationsgemeinschaft, die mehr miteinander als mit dem Rest des Unternehmens redet und zusammenarbeitet.

10.6 Stellungskrieg – der unangenehmste Fall

Wenn keine der beiden Kulturen stark genug ist, sich durchzusetzen, kann, eventuell nach vorausgegangener Kontrastverstärkung, der ungünstigste Fall eintreten: ein »Stellungskrieg« zwischen den Kulturen, der alle Merkmale eines kalten Konflikts hat[10].

Die militärische Terminologie ist in diesem Fall angebracht, denn zwischen den Lagern kommt es hier tatsächlich zu anhaltenden Feindseligkeiten, die mit hoher destruktiver Energie und erheblichen Kollateralschäden für das Geschäft ausgefochten werden. Häufig finden solche Stellungskriege zum Beispiel mit aus-

---

10 Ein »kalter Konflikt« ist das Gegenteil eines heißen Konflikts (in Anlehnung an Friedrich Glasl 1992, 2004). Während in einem heißen Konflikt mit hoher Energie und Emotionalität um die Durchsetzung der eigenen Vorstellungen gerungen wird, ist die Auseinandersetzung in einem kalten Konflikt sozusagen eingefroren: Dort wird nicht mehr gestritten, sondern Schach gespielt. Die Beteiligten versuchen nicht mehr, ihre Vorstellungen durchzusetzen, sondern hintertreiben mit kühlem Kalkül und lustvoller Bosheit den Erfolg ihrer Gegenspieler und lassen sich wechselseitig vor die Wand laufen. Für das Unternehmen übersetzt sich das in hohe Reibungsverluste und exorbitante Transaktions- bzw. Konfliktkosten.

ländischen Tochtergesellschaften statt: Hier kämpft die eine Seite verbissen darum, ihre verbliebene Autonomie zu wahren, während die andere verzweifelt versucht, die störrische Tochter endlich »in den Griff zu bekommen«.

Am seltensten ist ausgerechnet der Fall, den man sich eigentlich am meisten wünschen würde, nämlich dass die besonderen Stärken der Kultur des übernommenen Unternehmens in die des Übernehmers aufgenommen werden, sodass deren Schwächen überwunden werden und tatsächlich »das Beste aus beiden Welten« vereinigt wird.

Wenn die übernommene Firma zum Beispiel von einem zupackenden mittelständischen Pragmatismus geprägt ist, der sich wohltuend von der bürokratischen Behäbigkeit des übernehmenden Unternehmens abhebt, würde sich das Management wohl wünschen, dass dieser Geist auch dort Einzug hält.

Wenn man das Zusammenwachsen der Kulturen jedoch sich selbst überlässt, ist es so gut wie ausgeschlossen, dass dieser Traum Wirklichkeit wird. Denn die Kultur des übernehmenden Unternehmens reagiert angesichts ihrer Konfrontation mit dem mittelständischen Spirit nicht mit neugieriger Annäherung, sondern mit Kontrastverstärkung: Statt sich dem zupackenden Mittelständler anzunähern, wird sie noch mehr so, wie sie ohnehin schon ist.

Zumal sie schon bald entdeckt, dass sich ihre bürokratischen Rituale wunderbar als »Kampfmittel« gegen die Neuankömmlinge einsetzen lassen, indem man die nach allen Regeln der Kunst auflaufen lässt: »Was, Sie wollen ein neues Fertigungsverfahren testen? Dann hätten Sie einen Antrag an den Investitionsausschuss stellen müssen. Die Frist dafür ist leider für dieses Jahr abgelaufen.«

Um wirklich die Stärken zu vereinen und nicht bloß destruktive Marotten zu kultivieren, ist daher nicht nur eine aktive und sorgfältige Steuerung der kulturellen Integration erforderlich → Kap. 29), sondern in der Fortführung davon eine aktive Kulturgestaltung (→ Kap. 30).

10.7 Prävention und Therapie

Angesichts der Tatsache, dass die größte Bedrohung für den Erfolg einer Integration von den eigenen Leuten ausgeht, stellt sich die Frage, was man tun kann, um dem entgegen zu wirken. Ein erster wichtiger Schritt ist mit dem Erkennen der Problemlage bereits getan. Denn oftmals dauert es sehr lange, bis das Top-Management überhaupt bemerkt, was sich da in seinem »toten Winkel« abspielt. Wenn man sich des Problems bewusst ist, hat man die Gefahr zwar noch nicht gebannt, weiß aber zumindest, worauf man gefasst sein und wo man hinschauen muss.

Der zweite Schritt besteht darin, eine klare Linie für den Umgang mit diesen Verhaltenstendenzen zu finden. Einerseits dürfen Sie ein solches Verhalten nicht zulassen, wenn Sie nicht den Erfolg der Integration aufs Spiel setzen wollen; andererseits hätte es keinen Sinn, darauf wütend oder mit moralischer Entrüstung zu reagieren. Denn was Sie hier erleben, ist keine Bösartigkeit, sondern ganz normales menschliches Risikoverhalten.

Mit moralischen Appellen werden Sie indes wenig bewirken. Die Tendenz zur »Abwehr der Eindringlinge« werden Sie großflächig nur dann reduzieren, wenn Sie die Rahmenbedingungen verändern. Denn es hilft alles nichts: Solange sie Besitzstände zu bewahren haben, verhalten sich die allermeisten Menschen risikoscheu und defensiv – einschließlich Ihrer Mitarbeiter und Führungskräfte – und vermutlich sogar einschließlich Ihrer eigenen Person.

Nur wenn sie einen drohenden Verlust abwenden müssen, wird ihre Risikobereitschaft ansteigen. So hart es klingen mag, Ihre Chance liegt darin, Ihre eigenen Mitarbeiter und Führungskräfte in eine Situation zu bringen, in der sie aktiv werden müssen, um einen Verlust abzuwenden.

Eine Möglichkeit, dies zu erreichen, wäre beispielsweise, dass Sie alle Führungskräfte, gleich ob sie aus Ihrem eigenen Hause kommen oder aus dem übernommenen Unternehmen, einem Stellenbesetzungsverfahren unterwerfen, in dem sie um ihren Job kämpfen müssen (→ Kap. 24). Damit wären auch ihre eigenen Leute in einer Situation, in der sie sich nicht darauf beschränken könnten, bloß Besitzstände zu verteidigen.

Das Problem sind die Risiken und Nebenwirkungen: Ein solches Stellenbesetzungsverfahren würde das Unternehmen für mehrere Monate bis zur Handlungsunfähigkeit lähmen. Außerdem wäre die Integration der Kulturen damit längst noch nicht geschafft – Sie hätten lediglich für eine gewisse Durchmischung der Führungsmannschaft gesorgt.

Der beste Weg, die eigenen Leute aus ihrer defensiven Haltung herauszuholen, ist wohl, das gesamte Unternehmen unmittelbar nach der Fusion mit einer gemeinsameren Aufgabe zu konfrontieren, die die Manager aufs Äußerste fordert und sie unabhängig von ihrer Herkunft zur Zusammenarbeit zwingt. Dies ist nach meiner Kenntnis und Erfahrung aus mittlerweile rund 20 Fusionen die beste und wirksamste Integrationsstrategie überhaupt – vielleicht sogar die einzig wirksame. Wir kommen darauf im Kapitel »Kulturelle Integration« (→ Kap. 29) ausführlicher zurück.

WICHTIGSTE ERKENNTNISSE UND SCHLUSSFOLGERUNGEN

- Nicht von der vielbeschworenen Unverträglichkeit der Unternehmenskulturen geht die größte Gefahr für den Integrationserfolg aus, sondern von Ihren eigenen Leuten. Für die Mitarbeiter und Führungskräfte des übernehmenden Unternehmens ist es aus ihrer eigenen subjektiven Interessenlage heraus vernünftig, die neu hinzugekommenen Mitarbeiter und Führungskräfte zu schikanieren und sie am besten ganz zu vertreiben: So verteidigen sie ihre Besitzstände und Gepflogenheiten am wirksamsten.
- Starke kulturelle Unterschiede können die Spannungen und Konflikte zusätzlich anheizen, vor allem wenn sie das Grundverständnis, wie das Geschäft zu betreiben ist, oder die internen Spielregeln der Zusammenarbeit betreffen. Denn dann wird so gut wie jede zu treffende Entscheidung zu einem Grundsatzkonflikt.
- Doch auch bei sehr ähnlichen Kulturen erfolgt ab dem Moment, ab dem sie zusammengeführt werden sollen, reflexartig eine Kontrastverstärkung, die der Wahrung der eigenen Identität und der Abgrenzung von »den anderen« dient. Kein Unterschied ist gering genug, um nicht mit etwas gutem Willen zu einer markanten, kaum überbrückbaren Differenz aufgebauscht werden zu können.
- Je nach der Dominanz der übernehmenden Kultur und der Größe und räumlichen Separation der verbleibenden Einheiten kommt es im Laufe der Integration teils zu einer Assimilation bei weitgehender Auslöschung der Ursprungskultur, zu einer Enklavenbildung, das heißt zu einem Entstehen kultureller Inseln, oder, im ungünstigsten Fall, zu einem »Stellungskrieg« (»culture clash«), der mit erheblichen Kollateralschäden für das Geschäft einhergeht.
- Um Abstoßungsreaktionen von Seiten des übernehmenden Unternehmens entgegenzuwirken, ist es empfehlenswert, dessen Mitarbeiter und Führungskräfte möglichst rasch in eine Situation zu bringen, in der sie sich nicht auf Besitzstandsverteidigung beschränken können, sondern gezwungen sind, mit ihren neuen Kollegen zusammenzuarbeiten. Ein wirksames Instrument dazu sind herausfordernde gemeinsame Ziele, die nur durch enge Kooperation zu erreichen sind. Dies wirkt zugleich der Einigelung der übernommenen Mitarbeiter und Führungskräfte in wagenburgartigen Enklaven entgegen.

11 Lagerbildung: In der Wagenburg ist es am sichersten

Nichts ist besser geeignet, eine Gruppe zusammenzuschweißen, als ein gemeinsamer Feind. Auch das ist wohl ein Erbe der Menschheitsgeschichte, die ja über Jahrtausende hinweg von einem Leben in rivalisierenden Clans geprägt war. Unsere Ahnen waren dabei auf Gedeih und Verderb mit der Gruppe verbunden, der sie angehörten. Gleich ob es darum ging, sich gegen die Übergriffe von Nachbarn zu wehren oder selbst einen kleinen Überfall auf einen benachbarten Stamm zu organisieren, es war immer ein Überlebensvorteil, fest zusammenzuhalten und koordiniert zu handeln.

Der Zusammenhalt gegenüber einem gemeinsamen Feind ist dann am größten, wenn mental der Boden dafür bereitet ist – mit anderen Worten, wenn man sich einig darüber ist, wie böse, dumm und verabscheuungswürdig »die anderen« sind und wie gut, edel, klug und moralisch überlegen die eigene Gruppe und ihre Ziele.

Es liegt wohl in der menschlichen Natur, dass Gruppen dazu neigen, sich gegen andere Gruppen abzugrenzen. Selbst zufällig zusammengesetzte Arbeitsgruppen sind schnell dabei, ein positiv besetztes Wir-Gefühl zu entwickeln und (nur halb) spielerisch Überlegenheitsposen gegen »die anderen« einzunehmen. Das geschieht ganz von alleine und ohne fremdes Zutun – aber man kann dieser Tendenz sehr effektiv nachhelfen, indem man die eigenen Leute gegen »die anderen« einschwört.

11.1 Feindbilder festigen den inneren Zusammenhalt

Zu allen Zeiten haben Führer Feindbilder genutzt, um ihre Mannschaften zu solidarisieren: im Militär, in der Politik und auch in der Wirtschaft. »Yamaha wo tsubusu!«, lautete einst die Parole von Honda, »Wir werden Yamaha zerquetschen!« (Collins/Porras 1991). Nicht immer geht es so rabiat zu, doch auch die Rivalität von BMW und Mercedes oder die zwischen BCG und McKinsey ist sprichwörtlich – und solidarisierend. Der Zusammenhalt der eigenen Mannschaft wird dabei verstärkt durch einen Anspruch auf (technische, geistige, moralische …) Überlegenheit und eine Diskreditierung des jeweils anderen Lagers.

Solange das nur sogenannter »sportlicher Ehrgeiz« unter konkurrierenden Firmen ist, richtet es wenig Schaden an und wirkt für beide Seiten als Ansporn; manche sehen darin die Würze des Wettbewerbs. Aber selbst dann geht es mit einer Entwertung des Gegners einher, denn es ist kaum möglich, die positiven Seiten der »Wir-Gruppe« hervorzuheben, ohne sie gegen negative Eigenschaften der »Die-Gruppe« abzugrenzen.

Hören wir nur einmal genau hin: Was sagt man denn implizit über die Produkte des Hauptrivalen, wenn man den eigenen eine sportliche »Freude am Fahren« oder einen »Vorsprung durch Technik« zuschreibt? In ähnlicher Weise suggeriert auch der Überlegenheitsanspruch von Apple indirekt, dass die Produkte anderer Anbieter hässlich, schwer bedienbar und auch ästhetisch und modisch minderwertig sind. Was die Loyalität von Mitarbeitern und Kunden fördert, entwertet zugleich die Konkurrenz.

11.2 »Vollautomatische« Lagerbildung bei Fusionen und Übernahmen

Weit problematischer als die Rivalität mit *externen* Wettbewerbern ist jedoch, dass bei Fusionen und Übernahmen unweigerlich eine *interne* Polarisierung zwischen den beteiligten Firmen entsteht. Dahinter stecken keine geheimnisvollen Rädelsführer, die damit irgendwelche finsteren Absichten verfolgen – das geschieht ganz von alleine: Der »Autopilot« sozialer Systeme ist offenkundig so eingestellt, dass in solchen Situationen ohne fremdes Zutun eine Polarisierung in »Wir« und »Die« entsteht.

Dabei wird die Wir-Gruppe (natürlich) positiv bewertet, während man der Die-Gruppe eher skeptisch bis misstrauisch gegenüber steht: »Wir« verfolgen keine bösen Absichten, sondern betreiben nur ganz normal unser Geschäft und sind auch sonst ziemlich in Ordnung. Bei »denen« hingegen weiß man nicht, was sie im Schilde führen. Sie sind jedenfalls erst mal suspekt, zumal man sie ja – die Begründungen sind beliebig – schon aus dem Markt als unangenehmen Wettbewerber kennt, (und/oder) weil sie das eigene Geschäft nicht verstehen, (und/oder) weil sie einem ganz anderen Kulturkreis angehören, über dessen Geschäftsgebaren man einige ziemlich befremdliche Dinge gehört hat.

Auch wenn »wir« nichts Böses im Schilde führen, werden »wir« natürlich wachsam sein und würden uns zur Wehr setzen, falls »die« unfreundliche Absichten an den Tag legen oder in irgendeiner Weise versuchen sollten, »uns« ins Handwerk zu pfuschen oder uns gar die Butter vom Brot zu nehmen. Mit anderen Worten, innerlich bereitet man sich auf diese Weise, wie dereinst unsere Urahnen, auf den drohenden Überfall eines feindlichen Volksstamms vor – und schließt die Reihen.

Oder man bereitet selbst einen kleinen Überfall auf »die anderen« vor, in leicht euphorischem Übermut und einem Gefühl von Überlegenheit. Natürlich will man ihnen dabei nicht ernstlich etwas Böses tun, sie allenfalls ein bisschen erschrecken – und sich und ihnen damit die eigene Überlegenheit beweisen. Was man damit an emotionalen Reaktionen und damit letztlich an »Wettrüsten« auslöst, bleibt in geradezu provozierender Unschuld unbedacht.

Geradezu reflektorischer Zusammenschluss

Wie leicht und schnell diese Abgrenzung, Polarisierung und Lagerbildung entsteht, ist vielleicht am leichtesten nachzuvollziehen, wenn man sich in die Situation der Mitarbeiter und Führungskräfte eines Unternehmens versetzt, das gerade von einem anderen übernommen zu werden droht. Dieses andere Unternehmen wird damit automatisch zum Aggressor, und zwar zu einem, der nicht, wie die Wettbewerber im Markt, mit fairen Mitteln und unter Achtung der bestehenden Strukturen und Identitäten spielt, sondern in überraschender und bedrohlicher Weise die eigene Identität angreift.

Angesichts einer äußeren Bedrohung ist es die natürlichste Reaktion der Welt, sich mit anderen zusammenzuschließen, die in ähnlicher Weise bedroht sind: Im Rudel ist man allemal stärker – und weniger exponiert – als allein. Das bedarf keiner Überlegung und keiner bewussten Entscheidung, es ist ein intuitiver Reflex – eine jener »einfachen Faustregeln«, wie sie der Verhaltensökologe Richard Dawkins genannt hat, die uns die Evolution mitgegeben hat, um unsere Überlebenschancen in bedrohlichen Situationen zu verbessern (Dawkins 1976, 2006).

Für das *übernehmende* Unternehmen stellt sich die Lage anders dar, ohne dass dies am Ergebnis viel ändert: Seine Mitarbeiter und Führungskräfte fühlen sich, auch wenn sie dazu persönlich nicht allzu viel beigetragen haben, als die Sieger – so ähnlich wie Fußballfans, wie wenn »ihr« Verein gewonnen hat. Und diesen Sieg wollen sie auch auskosten. Nicht alle, aber etliche gehen daher in die ersten Kontakte mit den Übernommenen mit einem Schuss Übermut und unverschuldetem Selbstvertrauen hinein – nicht exakt die Haltung, die deren angeknackstem Selbstwertgefühl guttut.

Außerdem stellt sich in den ersten Kontakten mit den Übernommenen oft heraus, dass »die« weniger demütig und unterwürfig auftreten, als man vielleicht erwartet hatte. Ihre Vorstellungen, Argumente und Geltungsansprüche bringen die vermeintlichen Sieger unter Druck – erst recht, wenn sie sich fachlich gegenüber den Führungskräften der anderen Seite behaupten müssen. Auf einmal sehen sie ihr Ansehen und ihre Besitzstände bedroht – und reagieren darauf, ebenfalls ohne lange darüber nachzudenken, indem sie sich, wie im vorigen Kapitel beschrieben, zusammenschließen und »die anderen« nach besten Kräften auflaufen lassen.

11.3 Der Kampf um die Stellen polarisiert weiter

Die Stellenbesetzung (→ Kap. 24) trägt oft dazu bei, die Polarisierung und Lagerbildung weiter zu forcieren. Jedes Verfahren, das auch die Führungskräfte des übernehmenden Unternehmens in die Auswahl einbezieht – und damit ihre heutige Position infrage stellt –, wird natürlich als massive Bedrohung der eigenen Besitzstände empfunden und bewirkt unweigerlich, dass sich die Betroffenen untereinander gegen die andere Seite solidarisieren.

Das wird dadurch weiter verschärft, dass es für beide Seiten so gut wie unmöglich ist, sich ein objektives Bild davon zu machen, wie fair das Auswahlverfahren wirklich ist. Fast immer kursieren in solchen Fällen die wildesten Gerüchte und Spekulationen, mit welch üblen Tricks die andere Seite spielt, dass sie ebenso heimlich wie systematisch ihre eigenen Leute begünstige, dass das Auswahlverfahren selbst getürkt sei und so weiter.

Gern wird das auch mit Vorwürfen und Forderungen an die »eigenen Leute« im Top-Management verbunden: dass es unglaublich naiv sei, dieses Spiel nicht zu durchschauen und sich brav und bieder an die Regeln zu halten, statt mit allen Mitteln dagegenzuhalten, damit die eigenen Führungskräfte nicht völlig unter die Räder kämen.

Eine objektive Widerlegung dieser Gerüchte und Spekulationen ist kaum möglich – zumal es bei ehrlicher Betrachtung ja unmöglich ist, für jeden Einzelnen der Beteiligten die Hand ins Feuer zu legen. Jeder Versuch, etwas Ruhe in die Aufregung zu bringen und zu versichern, dass das neue Top-Management insgesamt im wohlverstandenen Eigeninteresse das Ziel hat, sämtliche Führungspositionen ohne Rücksicht auf Herkunft und Ansehen bestmöglich zu besetzen, wirkt daher allenfalls vorübergehend.

Hinter vorgehaltener Hand lassen sich diese Argumente immer der Rubrik Naivität zuordnen: »Wir kennen die doch. Das ist ein unglaublich politischer Verein. Für die zählen die Geschäftsergebnisse erst in zweiter Linie – zuerst kommen ihre Seilschaften!« Woran sich die düstere Klage anschließt: »Das wird böse für uns enden.«

11.4 Gegen die Lagerbildung angehen

Solange die Mitarbeiter und vor allem die Führungskräfte beider Unternehmen in direkter oder indirekter Konkurrenz zueinander stehen, ist es kaum möglich, diese Lagerbildung zu überwinden. Denn das Einzige, was angesichts dieser Bedrohungen Trost gibt, ist der Austausch mit Leidensgenossen in der eigenen Wagenburg.

Trotzdem darf das Top-Management diese Entwicklung nicht einfach hinnehmen, sondern muss von Anfang an aktiv dagegen angehen. Selbst wenn es die Lagerbildung in dieser Phase noch nicht überwinden wird, muss es zumindest dem Eindruck entgegenwirken, sie stillschweigend zu tolerieren und vielleicht sogar gutzuheißen.

Der Vorstand bzw. die Geschäftsführung muss hier nicht nur dagegenhalten, er muss unermüdlich mit Nachdruck und Beharrlichkeit die Position vertreten, dass ihn seit dem Tag des Closing nicht mehr die Herkunft eines Mitarbeiters oder einer Führungskraft interessiert, sondern einzig und allein deren zukunftsgerichteter Beitrag zum Erfolg der Integration und des Unternehmens. Und dass er deshalb auch nicht mehr bereit ist, Diskussionen über »Wir« und »Die« zu führen oder sie zuzulassen.

Es schadet in diesem Fall nichts, wenn diese Position etwas autoritär daherkommt: Wenn die nachgeordneten Ebenen es nicht mehr wagen, diese Themen in Anwesenheit des Vorstands anzusprechen, und, wenn sie es doch tun, auf eine sehr deutliche Ansage gefasst sein müssen, beendet das zwar nicht jede Diskussion, sondern drängt sie nur in den Untergrund. Aber es macht zugleich unmissverständlich klar, wo der Vorstand steht und wo er hinsteuert. Und das ist letztlich für alle Beteiligten eine gute Nachricht – auch und gerade für diejenigen, die sich große Sorgen machen, dass sie selbst und ihre alten Kollegen bei der Integration den Kürzeren ziehen könnten.

11.5 Einheitliches Auftreten des Top-Managements

Entscheidend ist allerdings, dass der Vorstand bzw. die Geschäftsführung an dieser Stelle mit einer Stimme spricht. Wenn einzelne Vorstände in den Verdacht geraten oder gar indirekt zu erkennen geben, dass sie sich weiterhin mehr mit ihrer alten Firma und ihren alten Kollegen verbunden fühlen, dann ist das ein Alarmsignal, und zwar nicht nur für die Mitarbeiter und Führungskräfte, die von der anderen Seite kommen, sondern für das gesamte Unternehmen.

Deshalb darf der oder die Vorstandsvorsitzende dies unter keinen Umständen dulden, sondern muss die Betreffenden sofort und nachdrücklich zur Ordnung rufen – und sich, wenn dies nichts nützt, auf der Stelle von ihnen trennen. Denn ein solches Verhalten an der Unternehmensspitze bringt die gesamte Integration in Gefahr: Wenn auch nur ein einziger Vorstand in seinem Ressort alte Seilschaften pflegt, ermutigt, ja, nötigt dies nicht nur seine nachgeordneten Ebenen, sich ähnlich zu verhalten, sondern strahlt auf andere Bereiche ab und vergiftet die Atmosphäre im gesamten Unternehmen.

Dasselbe gilt für die nachgeordneten Führungsebenen. Auch hier muss der Vorstand ein waches Auge auf Seilschaftsdenken haben und sofort intervenieren, wenn ihm entsprechende Informationen oder Gerüchte zu Ohren kommen. Dabei sollte er nicht warten, bis ihm gerichtsverwertbare Beweise vorliegen, denn letztlich geht es ja nicht darum, einen revisionsfesten Schuldspruch zu fällen, vielmehr geht es darum, derartige Verfehlungen im Keim zu ersticken.

Deshalb sollte er den oder die Betreffenden unverzüglich zur Rede stellen und um eine Stellungnahme bitten. Das wird natürlich nicht oder nur in den seltensten Fällen zu einem umfassenden »Geständnis« führen; die meisten der so Angesprochenen werden jede Einseitigkeit bestreiten und derartige »Unterstellungen« zurückweisen. Auch die Nachfrage »Wie konnte dieser Eindruck entstehen?« wird in den meisten Fällen mehr Abwehr als Nachdenklichkeit auslösen. Aber das ist auch gar nicht entscheidend, denn bei diesen Konfliktgesprächen geht es nicht um ein Eingeständnis – es geht um ein Zeichen.

Wenn die Mitarbeiter merken: Dieses Thema ist dem Vorstand so wichtig, dass er selbst Gerüchten nachgeht und sie unverzüglich anspricht, hat das Signalwirkung. Dann wird allen Beteiligten bewusst, dass das Eine-Firma-Denken für ihn höchste Priorität hat – und dass der Preis eines Verstoßes gegen diesen Grundsatz sehr hoch sein könnte. Das ist im Zweifelsfall all denen eine deutliche Warnung, die durchaus Sympathie dafür hätten, ihre alten Kollegen zu unterstützen, und eine Ermutigung für diejenigen, die bereit sind, die alten Strukturen hinter sich zu lassen und allen Mitarbeitern und Kollegen gleichermaßen aufgeschlossen zu begegnen.

11.6 Eine Herausforderung für die Führung

Insgesamt spielt die Führung eine entscheidende Rolle dabei, ob sich eine Lagerbildung entwickelt und verfestigt. Denn es ist nicht gottgegeben, welche Gruppen man als »Wir« und welche als »Die« ansieht, und es ist ebenfalls nicht vorgegeben, ob man die jeweils andere Gruppe als Freund oder als Feind betrachtet. Beides ist zu erheblichen Teilen eine Deutungssache, und für die *Be-Deutung* dessen, was man vorfindet, ist die Führung verantwortlich.

Menschen sind bereit, sich in dieser Frage führen zu lassen – ja, sie erwarten es sogar. Sie haben zwar in solchen Fällen erst einmal ihre eigene Meinung, aber sie gleichen ihre Meinung sehr rasch der ihres Umfelds und insbesondere der ihrer Führung an: Vielleicht ist auch das eine Reminiszenz an unsere Vorgeschichte, in der es ja für den Zusammenhalt einer Gemeinschaft elementar war, dass ihre Mitglieder ein einheitliches Verständnis davon hatten, wer Freund und wer Feind ist.

Natürlich ist es bei Fusionen und Übernahmen erst einmal sehr naheliegend, wen man als »Die« ansieht, und es liegt, wie eingangs beschrieben, auch auf der Hand, diese anderen als Bedrohung anzusehen, zumal ja zu Beginn einer Integration echte Konkurrenzsituationen bestehen. Doch ob sich die anfängliche »reflektorische« Lagerbildung verfestigt oder ob sie alsbald überwunden und von einer neuen, erweiterten Definition von »Wir« abgelöst wird, das ist zum großen Teil eine Führungsfrage – wozu auch gehört, dass die Führung ihre Sichtweise, wie gerade erläutert, notfalls gegen Widerstände durchsetzt.

Dabei geht es nicht nur darum, die Führungsmannschaft wie die Belegschaft auf ein »Eine-Firma-Denken« einzuschwören. Es geht auch darum, ihnen deutlich zu machen: Ihre wirklichen Konkurrenten sind nicht die Kollegen, die aus der anderen Firma kommen, sondern die Wettbewerber draußen im Markt, die sich die Hände reiben würden, wenn sich das fusionierte Unternehmen intern zerfleischt und so seine Chance verspielt, seine durch die Fusion verbesserte Position im Markt »auf die Straße zu bringen«.

Die äußere Bedrohung ist ja, wie im Kapitel »Ein Fenster der Verwundbarkeit« (→ Kap. 4.1) dargelegt, nicht bloß eine Chimäre, die sich das Management ausgedacht hat, um den inneren Zusammenhalt zu stärken, sie ist Realität – und zwar eine, die sich, wenn man sie nicht ernst nimmt, auf äußerst unangenehme Weise in Erinnerung bringen wird. Zusätzliche Elemente, die Lagerbildung zu überwinden und das Zusammenwachsen zu fördern, sind, wie im Kapitel »Kulturelle Integration« (→ Kap. 29) ausführlicher dargestellt, herausfordernde Ziele, die die beiden Lager nur durch gute Kooperation erreichen können, aber auch Mess- und Beurteilungssysteme, in die die Qualität der herkunftsübergreifenden Zusammenarbeit einfließt.

WICHTIGSTE ERKENNTNISSE UND SCHLUSSFOLGERUNGEN

- Menschen neigen dazu, ihre soziale Umgebung in »Wir« und »Die« zu unterteilen und sich in latent aggressiver Weise von »denen« abzugrenzen. Dies ist wohl ein Erbe der Evolution; es geschieht beinahe reflektorisch und ohne fremdes Zutun, kann aber durch die Führung verstärkt und genutzt werden. Im Angesicht einer äußeren Bedrohung schließen sich Menschen erst recht mit ihresgleichen zusammen. Dies ist keineswegs irrational, sondern spieltheoretisch eine optimale Strategie, um die eigenen Risiken zu minimieren und die Chancen zu optimieren.

- Die Bedingungen für eine Lagerbildung und gegenseitige Abgrenzung sind bei einer Übernahme oder Fusion geradezu prototypisch erfüllt. Infolgedessen bilden vor allem die Mitarbeiter und Führungskräfte des übernommenen Unternehmens ohne langes Nachdenken eine »Wagenburg«: Sie sind sich unausgesprochen einig, gegen »die anderen« zusammenhalten zu müssen. Aber auch die Belegschaft des Übernehmers beginnt bald, sich abzugrenzen, um ihre Position und ihre Besitzstände zu wahren.
- Nicht selten wird die Stellenbesetzung zum zentralen Schauplatz dieser Auseinandersetzung. Beide Seiten haben große Angst, durch unfaire Machenschaften der anderen Seite benachteiligt zu werden, und drängen »ihre« Repräsentanten im Top-Management dazu, diese vermeintliche Benachteiligung zu verhindern oder auszugleichen. Aber auch die Auswahl von Produkten, Systemen und Prozessen wird misstrauisch daraufhin beobachtet, wer sich hier durchsetzt.
- Obwohl diese Tendenz zur Polarisierung und Lagerbildung nachvollziehbar ist, darf das Management ihr keinesfalls nachgeben. Es muss im Gegenteil mit großem Nachdruck deutlich machen, dass es seit dem Closing nur noch eine Firma kennt und von »denen« bzw. »uns« nichts mehr hören will, dass es vielmehr sämtliche Mitarbeiter und Führungskräfte nur noch daran misst, ob und in welchem Umfang sie zum Erfolg der Integration und des Unternehmens beitragen.
- Entscheidend ist dabei ein einheitliches Auftreten des Managements, beginnend mit dem Vorstand bzw. der Geschäftsführung. Der Vorstand bzw. dessen Vorsitzende(r) darf nicht zulassen, dass einzelne Mitglieder des Top-Managements hier in alten Seilschaften denken und handeln; er muss sofort intervenieren, wenn ihm auch nur Gerüchte darüber zu Ohren kommen. Auf diese Weise macht der Vorstand seine Prioritäten deutlich, ermutigt diejenigen, die mit an der gemeinsamen Zukunft des Unternehmens bauen, und sendet ein deutliches Warnsignal an diejenigen, die weiterhin alte Seilschaften pflegen.
- Ob sich die anfängliche reflektorische Lagerbildung verfestigt oder ob sie sich bald auflöst und einem neuen gemeinsamen »Wir« Platz macht, ist zu einem großen Teil eine Frage der Führung. Sie muss mit Nachdruck und Beharrlichkeit deutlich machen, dass die wirklichen Konkurrenten nicht die Kollegen aus der anderen Firma sind, sondern die Wettbewerber im Markt. Gemeinsame Ziele, Projekte und entsprechend ausgerichtete Mess- und Beurteilungssysteme können und sollten die herkunftsübergreifende Zusammenarbeit fördern.

12 Abwanderung: Drohende Erosion der Leistungsträger

Am stärksten abwanderungsgefährdet sind in unruhigen Zeiten nicht diejenigen, die am lautesten klagen, sondern diejenigen, die die besten Alternativen haben: Mitarbeiter mit hohem Marktwert, hohem Selbstvertrauen, hoher Veränderungsbereitschaft – also genau die Leistungsträger, die Sie auf keinen Fall verlieren wollen.

Dabei spielt auch die Vergütung eine Rolle: Wer Schwierigkeiten hätte, im Markt sein heutiges Gehalt zu erzielen oder zu übertreffen (was häufig für ältere Fach- und Führungskräfte gilt), wird mit diesem Schritt eher zögern; wer es relativ leicht hätte, seine heutige oder eine höhere Vergütung auch anderswo zu erzielen, tut sich leichter mit einem Wechsel.

Wenn Sie hier nicht aktiv gegensteuern, verlieren Sie in der länger anhaltenden Unruhe, wie sie bei Fusionen und Übernahmen unvermeidlich ist, Ihre besten Leute zuerst. Selbstbewusste, zupackende Menschen warten nicht lange ab, wenn sie den Eindruck haben, dass sie zu lange in der Luft hängen und keine Kontrolle mehr über ihre berufliche Zukunft haben, vor allem wenn sich die Situation in ihrer Firma eher verschlechtert als stabilisiert. Sie sehen sich die Entwicklung eine Weile an, versuchen, sie zum Positiven zu beeinflussen, sprechen mit Kollegen und Vorgesetzten – doch wenn sie den Eindruck haben, dass das alles nichts nützt, dann fackeln sie nicht lange, sondern schauen sich nach Alternativen um.

12.1 Vom Abwarten über die Enttäuschung zur Neuorientierung

Die ersten Kündigungen kommen nach der Ankündigung einer Übernahme oder Fusion meist ziemlich schnell – aber man muss sich vor dem logischen Fehlschluss »Danach, also deswegen« hüten: Mit hoher Wahrscheinlichkeit haben sie noch gar nichts oder nur wenig mit der angekündigten Fusion oder Übernahme zu tun. Kündigungen gibt es ja immer, auch in ruhigen Zeiten, und nicht jede

Kündigung, die *nach* der Ankündigung eines Mergers erfolgt, hat auch seine Ursache in ihm.

Die Suche nach einem neuen Job erfordert ja einigen zeitlichen Vorlauf: von den ersten Gesprächen über Klärungs- und Entscheidungsprozesse auf beiden Seiten bis hin zu den Vertragsverhandlungen. Wer also wenige Wochen nach der Ankündigung der Fusion oder Übernahme kündigt, war zu diesem Zeitpunkt vermutlich längst in einem fortgeschrittenen Prozess einer Neuorientierung. Allenfalls mag die Ankündigung noch den letzten Ausschlag für die Entscheidung gegeben haben.

Doch auch wenn man sich vor Alarmismus hüten muss, steigt in unsicheren Zeiten die Abwanderungswahrscheinlichkeit – nicht zuletzt deshalb, weil Mitarbeiter und Führungskräfte die Anfragen von Headhuntern, die es ja ständig gibt, aufmerksamer und aufgeschlossener prüfen als in ruhigeren Zeiten. Und natürlich ist es eine noch leichtere Entscheidung, »einfach mal ein unverbindliches Gespräch zu führen«, als sich aktiv auf die Suche zu machen – zumal dies dem unangenehmen Gefühl des Kontrollverlusts (→ Kap. 8) entgegenwirkt.

Zur »Massenbewegung« wird die Abwanderung frühestens nach einigen Monaten, nachdem die Leistungsträger drei Phasen durchlaufen (und durchlitten) haben: Zuerst eine Phase des Abwartens, Hoffens und der versuchten Einflussnahme, dann eine der Enttäuschung und Resignation, in der die Hoffnung auf eine Entwicklung zum Positiven langsam erstirbt, und schließlich die Phase der inneren Neuorientierung.

Wie schnell diese Phasen durchlaufen werden, hängt zum einen vom persönlichen Naturell ab: Manche Menschen sind ziemlich schnell dazu bereit, einen Schlussstrich unter einen Lebensabschnitt zu ziehen, andere ringen sehr lange mit sich und den Verhältnissen, bevor sie »alle Hoffnung fahren lassen«. Zum anderen hängt es mit dem Tempo der stattfindenden Veränderung zusammen. Hier kommt der »Boiled Frog«-Effekt[11] zum Tragen: Schleichende Verschlechterungen, bei denen es über längere Zeit hinweg Schritt für Schritt bergab geht, werden sehr viel länger ertragen als scharfe Einschnitte, wie sie zum Beispiel durch Übernahmen, Umstrukturierungen und rabiate Kostensenkungsprogramme gesetzt werden.

Doch selbst bei einschneidenden Veränderungen warten viele Mitarbeiter und Führungskräfte die Entwicklung erst einmal ab – sogar dann, wenn das eigene Unternehmen von einem Wettbewerber übernommen wird, der nicht im besten Ruf steht oder als »Erbfeind« eingestuft wird. Nicht alle, aber die meisten Men-

---

11 Wirft man einen Frosch in einen Topf mit heißem Wasser, springt er sofort wieder heraus. Setzt man ihn hingegen in einen Topf mit kaltem Wasser und erhitzt dieses Wasser nach und nach immer weiter, springt er, so eine häufig kolportierte Story, angeblich nicht heraus, sondern geht in der langsam wachsenden Hitze ein.

schen lassen sich nach anfänglicher Aufregung auf die Situation ein und versuchen, das Beste daraus zu machen.

Wenn sie dann aber feststellen müssen, dass ihre Kollegen aus dem übernehmenden Unternehmen sie dauerhaft ausgrenzen, sie nach allen Regeln der Kunst auflaufen lassen und ihnen keine Chance für eine gute Zusammenarbeit geben, geschweige denn die Chance auf ein weiteres Vorankommen, tritt jene Phase der Enttäuschung und Resignation ein, die den letzten Anstoß dazu gibt, sich nach Alternativen umzusehen.

So erklärte eine engagierte Personalchefin ihren schließlichen Wechsel zu einem Wettbewerber so: »Wenn man nach drei Jahren trotz aller Dinge, die man bewegt hat, immer noch das Gefühl vermittelt bekommt, nicht dazuzugehören, dann muss man sich wohl von der Hoffnung verabschieden, dass sich das irgendwann zum Positiven verändern wird.«

Im schlimmsten Fall hat das zur Folge, dass zwei bis drei Jahre später nur noch die Mitarbeiter übrig sind, die keinen anderen Job gefunden haben – oder zu mutlos oder passiv waren, einen zu suchen. Man kann sich ausmalen, welche Folgen eine solche »Negativauslese« für das Geschäft hat.

12.2 Das Gespräch mit den Leistungsträgern suchen

So früh wie möglich, spätestens aber zu Beginn der zweiten Phase, bevor die aufkommende Enttäuschung in Resignation umschlägt, müssen Sie die Leistungsträger erreichen, wenn Sie sie nicht verlieren wollen. Mit einem »guten Gespräch« allein ist es dabei nicht getan: Gute Mitarbeiter und Führungskräfte, die sich Sorgen um ihre Zukunft machen, können auf die Dauer nur durch Fakten überzeugt werden.

Da es aber eine Weile dauern wird, bis solche Fakten verfügbar sind, bis also zum Beispiel die neue Organisationsstruktur steht und die Stellen besetzt sind, ist in der Zwischenzeit ein recht enger Gesprächsfaden erforderlich, um die Verluste in Grenzen zu halten.

Idealerweise sollte Ihre Überzeugungsarbeit aber früher einsetzen, insbesondere wenn sich abzeichnet, dass die Integration mit Personalabbau verbunden sein wird (→ Kap. 25). Dann ist es besonders wichtig, dass Sie Ihre Leistungsträger aktiv ansprechen und Ihnen deutlich machen, dass Sie für die Zukunft auf sie setzen. Betonen Sie, dass Leistungsträger wie sie gerade unter den veränderten Rahmenbedingungen gebraucht werden, und beziehen Sie Ihre wichtigsten Mitarbeiter direkt oder indirekt in die Integration-Teams ein, oder machen Sie sie zu Diskussionspartnern für Analysen und Lösungsideen.

Was sich so einleuchtend anhört, trifft in der Praxis auf drei Schwierigkeit: Erstens dürften Sie nach der Rechtslage eigentlich gar niemandem sagen, dass Sie ihn für die Zukunft fest eingeplant haben – jedenfalls dann nicht, wenn betriebsbedingte Kündigungen vorgesehen sind. Denn damit würden Sie potenziell der Sozialauswahl vorgreifen (→ Kap. 26). Zweitens müssen Sie damit rechnen, dass Informationen durchsickern und Sie von anderen Mitarbeitern, mit denen Sie nicht gesprochen haben, gefragt werden, wie es denn um ihre Zukunftschancen steht.

12.3 Wenn (noch) keine Zusagen möglich sind

Ihnen gegenüber könnten sie ehrlicherweise nur auf den noch nicht abgeschlossenen Klärungsprozess verweisen – was natürlich für Enttäuschung, Verstimmung und Demotivation sorgen wird und Ihnen unter Umständen eine Beschwerde beim Betriebsrat einbringt.

Und drittens müssen Sie darauf gefasst sein, dass die Beruhigung, die Sie mit den Gesprächen erreichen, nur eine vorübergehende ist. Denn früher oder später wird ein ebenso wohlmeinender wie ängstlicher Zeitgenosse Ihren Leistungsträgern den Ratschlag geben: »Lass Dir das unbedingt schriftlich geben!« Aber genau das können und dürfen Sie zu diesem Zeitpunkt nicht.

Für diese Schwierigkeiten gibt es keine perfekte Lösung: Sie können die Mitarbeiter, mit denen Sie gesprochen haben, zwar um strenge Vertraulichkeit bitten und ihnen klarmachen, dass sie Sie in erhebliche Schwierigkeiten bringen würden, wenn sie diese vertraulichen Signale ausplaudern. Und dass sie sich damit unter Umständen auch selbst schaden, weil der Betriebsrat bei der Sozialauswahl dann umso unnachgiebiger darauf pochen wird, dass es keine »Sonderfälle« gibt. Aber letztlich liegt es trotzdem nicht in Ihrer Hand, ob die betreffenden Mitarbeiter die Sache für sich behalten oder nicht.

Dennoch bleibt Ihnen kaum eine andere Wahl, als solche Gespräche regelmäßig zu führen. Denn wenn Sie sich von den beschriebenen Schwierigkeiten abschrecken lassen, heißt dies im Ergebnis, die Sache sich selbst zu überlassen. Damit riskieren Sie, Ihre besten Mitarbeiter zu verlieren – was weder in Ihrem Interesse noch in dem des Unternehmens ist.

Und was bei genauer Betrachtung auch nicht im Interesse des Betriebsrats liegen kann, weil dem im Zweifelsfall auch klar ist, dass manche Leistungsträger für die Zukunft kaum verzichtbar sind. Gut möglich, dass der Betriebsrat hier gar kein Interesse hat, übergenau hinzuschauen, solange ihn niemand dazu zwingt. Wenn daraus jedoch eine öffentliche Diskussion wird, dann bleibt dem Betriebsrat gar nichts anderes übrig, als strikt auf die Sozialauswahl zu pochen.

Prinzipiell räumt § 1 Absatz 3 Satz 2 Kündigungsschutzgesetz sogar die Möglichkeit ein, einzelne Arbeitnehmer von der Sozialauswahl auszunehmen, »wenn betriebstechnische, wirtschaftliche oder sonstige berechtigte betriebliche Bedürfnisse« deren Weiterbeschäftigung erfordern. Aber das ist natürlich in vielen Fällen eine Ermessenssache, die der Arbeitgeber besser im Voraus mit dem Betriebsrat abstimmt, damit der sich nicht beim Interessenausgleich und Sozialplan querlegt. Was wiederum den Nachteil hat, dass man den betreffenden Mitarbeitern dazu im Vorfeld keine Zusage machen kann, sondern ihnen allenfalls zusagen kann, sich bei den Sozialplanverhandlungen für eine solche Ausnahmeregelung einzusetzen.

WICHTIGSTE ERKENNTNISSE UND SCHLUSSFOLGERUNGEN

- Am stärksten abwanderungsgefährdet sind in unruhigen Zeiten nicht diejenigen, die am lautesten klagen, sondern diejenigen, die die besten Alternativen haben: einen hohen Marktwert, hohes Selbstvertrauen, hohes Veränderungsbereitschaft – also genau die Leistungsträger, die Sie auf keinen Fall verlieren wollen. Daher muss sich das Augenmerk des Managements bei einer Übernahme oder Fusion darauf richten, diese Leistungsträger zu identifizieren und sie, so gut es unter den gegebenen Umständen geht, an das Unternehmen zu binden.
- Die ersten Kündigungen kommen nach der Ankündigung einer Übernahme oder Fusion oft ziemlich schnell – haben aber meist noch gar nichts oder nur wenig mit der Fusion oder Übernahme zu tun. Die Suche nach einem neuen Job hat ja einigen Vorlauf. Oft waren die Betreffenden schon auf dem Sprung, und die Ankündigung hat allenfalls den letzten Ausschlag für ihre Entscheidung gegeben.
- Dennoch steigt in unsicheren Zeiten die Abwanderungswahrscheinlichkeit – einfach deshalb, weil Mitarbeiter und Führungskräfte die Anfragen von Headhuntern, die es ja immer gibt, aufmerksamer und aufgeschlossener prüfen. Zur »Massenbewegung« wird sie aber frühestens nach einigen Monaten, nachdem die Leistungsträger drei Phasen durchlaufen (und durchlitten) haben: Zuerst eine Phase des Abwartens, Hoffens und der versuchten Einflussnahme, dann eine der Enttäuschung und Resignation und schließlich die Phase der Neuorientierung.
- Um möglichst wenige Leistungsträger zu verlieren, ist es wichtig, das Gespräch mit den betreffenden Personen zu suchen und ihnen zu verdeutlichen, dass man sie unbedingt an Bord halten möchte und für die Zukunft auf sie setzt. Eine Schwierigkeit ist dabei, dass man ihnen, sofern ein größerer Personalabbau vorgesehen ist, keine verbindliche Zusage machen kann, weil man damit der Sozialauswahl vorgreifen würde. Für dieses Dilemma gibt es keine perfekte Lösung. Dennoch sind solche Gespräche von großer Bedeutung, wenn man die Entwicklung nicht sich selbst überlassen und riskieren möchte, etliche Leistungsträger zu verlieren.

13 Nostalgische Vision: Wenn man die Zukunft im Rückspiegel sucht

Normalerweise sind Visionen ja in die Zukunft gerichtet. Wie der Stern von Bethlehem sollen sie eine ferne, aber verlässliche Orientierung liefern und die Richtung angeben, in die man gehen muss.

Wenn Menschen aber infolge allzu vieler Enttäuschungen und Misserfolge an Gegenwart und Zukunft verzweifeln, entwickeln sie stattdessen oft eine »nostalgische Vision«: Sie verklären die Vergangenheit und wünschen nichts sehnlicher, als dass die guten alten Zeiten zurückkehren mögen. Was natürlich völlig unrealistisch ist – und damit die sichere Grundlage für dauerhafte Unzufriedenheit.

Solch eine nostalgische Vision kann sich auch in fusionierten oder übernommenen Unternehmen entwickeln, wenn eine Integration sehr holprig verläuft und schließlich in ein Kostensenkungsprogramm übergeht.

Von nostalgischen Visionen ist häufig die Stimmung in solchen Unternehmen geprägt, denen es aus Sicht ihrer Führungskräfte und Mitarbeiter nicht sehr gut geht und die früher bessere Zeiten erlebt haben. Das ist oft auch bei Unternehmen der Fall, die früher selbstständig waren und nun, nach einer schwierigen, mit massivem Personalabbau verbundenen Übernahme oder Fusion zu zwangsadoptierten Töchtern einer fremden und ungeliebten Mutter geworden sind – vor allem, wenn sich die übernommenen Mitarbeiter und Führungskräfte von ihren neuen Kollegen nicht als gleichwertig anerkannt und respektiert fühlen.

13.1 Tiefe Mutlosigkeit

So verständlich es sein mag, dass die Mitarbeiter in solch einer Situation die »gute alte Zeit« zurücksehnen, so verheerend sind die Folgen für die Gegenwart. Denn der rückwärts gerichtete Traum blockiert, wenn er sich einmal verfestigt hat, damit jede Veränderung zum Positiven. Er weist alle Merkmale einer »gelernten Hilflosigkeit« (→ Kap. 8.3) auf, von Passivität über Niedergeschlagenheit bis hin zu einer stark eingeschränkten Lernfähigkeit: Nachdem sie schon so viele Enttäuschungen erlebt haben, »wissen« die Mitarbeiter und Führungskräfte einfach, dass auch bei dem erneuten Versuch, die Situation zu verbessern, nichts herauskommen wird – und sorgen durch ihr Verhalten dafür, dass sie Recht behalten.

Das Extrem einer solchen Situation habe ich vor etlichen Jahren in einer Sparte eines großen Elektronikkonzerns erlebt. Fast alle Mitarbeiter und Führungskräfte, mit denen wir damals sprachen, waren einerseits extrem offen, was die schonungslose Beschreibung der Probleme betraf, und beschrieben in drastischen Worten die Führungsdefizite an der Spitze (was jungen Beratern natürlich imponiert).

Andererseits waren sie zutiefst resigniert, was die Chancen auf eine Lösung der Probleme betraf. Sie strengten sich regelrecht an, uns Beratern klar zu machen, dass unter den gegebenen Bedingungen – von der Auftragslage über die Technologie bis zur Besetzung des Vorstands – jede Hoffnung auf eine positive Entwicklung naiv und illusionär sei. Die entscheidenden Fehler seien vor Jahren gemacht worden, und das gesamte Handeln des Vorstands zeige nur, dass er dies immer noch nicht begriffen habe. Dabei hätte sich das Unternehmen großartig entwickeln können, wenn es nur den damaligen Kurs beibehalten hätte ...

Die Mutlosigkeit, die hier zum Ausdruck kommt, hat aber noch eine andere Komponente: Sie sagt nicht nur etwas über die betriebliche Situation aus, sondern auch einiges über diejenigen, die dieses Klagelied singen. Denn es stellt sich doch die Frage, was die betreffenden Führungskräfte und Mitarbeiter dazu veranlasst, trotz einer überaus pessimistischen Einschätzung der Lage im Unternehmen zu bleiben und sich Träumen über die guten alten Zeiten hinzugeben, statt ihre Koffer zu packen und sich einen anderen Job zu suchen. Wer der Meinung ist, sich auf einem sinkenden Schiff zu befinden, könnte ja auch die Rettungsboote klarmachen, statt sich in Trauer darüber zu ergehen, wie schön das Schiff früher war.

13.2 Resignation – und Bequemlichkeit

Mehr als sie vielleicht wollten, erzählen die Betreffenden damit auch über sich selbst und ihren mangelnden Mut, ihr Schicksal selbst in die Hand zu nehmen. Wenn jemand kurz vor der Rente steht, kann man eine solche Haltung noch verstehen, weil er es dann wahrscheinlich schwer hätte, einen neuen Job zu finden, und darauf vertraut, dass das angeschlagene Schiff noch so lange durchhalten wird, bis er das rettende Ufer erreicht hat.

Doch je mehr jemand von seinem Berufsleben noch vor sich hat, desto mehr an persönlicher Mutlosigkeit und Passivität kommt hinter der nostalgischen

Vision zum Vorschein – und zugleich an Bequemlichkeit: Bei genauerem Hinschauen zeigt sich, dass es sich die Betreffenden in ihrer nostalgischen Vision oft recht gemütlich eingerichtet haben. Da die Sache nach ihrer Überzeugung ohnehin den Bach hinuntergeht, brauchen sie sich auch nicht mehr anzustrengen, sondern können sich darauf beschränken, den bevorstehenden Untergang mit ihren Klagegesängen zu begleiten. Dabei beziehen sie ihr volles Gehalt weiter und vertrauen offensichtlich darauf, dass dessen Fortzahlung auch nicht gefährdet ist. Ein Beispiel dafür ist der obigen genannte Fall, in dem hinter der angeschlagenen Sparte ja ein Weltkonzern mit seinen tiefen Taschen stand – und ein Betriebsrat, der nicht zulassen würde, dass die Sparte irgendwann einfach geschlossen und ihre Beschäftigten auf die Straße gesetzt würden.

Wenn man der Vorgeschichte nachgeht, stellt sich häufig heraus, dass diejenigen, die hier der guten alten Zeit nachtrauern, zum großen Teil Übriggebliebene sind. Viele ihrer ehemaligen Kollegen, die die negative Entwicklung ihres Unternehmens ebenfalls mitbekommen haben, haben sich irgendwann ein Herz gefasst und sich einen anderen Job gesucht.

Manche haben sich dabei sogar verbessert, andere mussten Abstriche machen, teils beim Gehalt, teils durch einen Umzug. Aber die allermeisten sind nun wieder in einem Unternehmen, das aus ihrer Sicht eine Perspektive hat. Zurückgeblieben sind diejenigen, die entweder keine neue Stelle gefunden haben oder vor Kurzem erst in der näheren Umgebung gebaut hatten – oder die gar nicht erst den Mut aufbrachten, sich auf die Suche zu machen. Man kann es drehen und wenden, wie man will: Eine Positivauswahl ist das nicht.

13.3 Schlechte Prognose

Die wechselseitige Entmutigung, die von einem solchen Umfeld ausgeht, ist ungeheuer; sie strahlt, wie im obigen Beispiel zu sehen, sogar auf Lieferanten und Berater ab. Unternehmen, die in einer nostalgischen Vision gefangen sind, sind oft nur noch durch einen Führungswechsel zu retten – und das auch nur, wenn es der neuen Führung sehr rasch gelingt, deutlich Zeichen dafür zu setzen, dass nun ein anderer Wind weht.

Dafür spielt »symbolisches Management« eine große Rolle: Der neue Chef muss fatale Gewohnheiten sehr schnell erkennen und radikal und spektakulär mit ihnen brechen. Nur dann hat er überhaupt eine Chance gegen die geballten negativen Erwartungen.

Wenn es nicht gelingt, die nostalgische Vision zu überwinden und die Belegschaft wieder auf Gegenwart und Zukunft zu orientieren, ist die Prognose düster.

Denn mit einem Unternehmen, das vergangenen Zeiten nachtrauert und nicht an seine Zukunft glaubt, ist im Wettbewerb kein Blumentopf zu gewinnen. Da seine Führungskräfte und Mitarbeiter vorwiegend mit sich selbst und ihrer Vergangenheit beschäftigt sind, bekommen sie die Spielzüge der Konkurrenz kaum mit und haben auch wenig Energie, darauf zu reagieren, geschweige denn, selbst in die Offensive zu gehen.

Aber was kann man tun, um eine nostalgische Vision zu überwinden? Der Schlüssel dazu verbirgt sich hinter einer zentralen Erkenntnis der psychologischen Forschung zur »gelernten Hilflosigkeit«. Wie dem amerikanischen Psychologen Martin Seligman schon früh aufgefallen war, erfasst selbst eine massive »Hilflosigkeitskonditionierung«, wie sie etwa eine misslungene Integration bewirkt haben kann, nie 100 Prozent derer, die ihr ausgesetzt sind: Ein gewisser Prozentsatz von etwa einem Drittel der Betroffenen weigert sich hartnäckig, hilflos zu werden und eine nostalgische Vision zu entwickeln (Seligman 1990, 1993, 2002).

13.4 Überwindung einer nostalgischen Vision

Von diesem resilienten Drittel wird in einem solchen Unternehmen vermutlich ein guter Teil abgewandert sein – aber erfahrungsgemäß nicht alle. Die verbliebenen (halbwegs) resilienten Mitarbeiter und Führungskräfte gilt es, möglichst schnell zu identifizieren, wenn ein Unternehmen in einer nostalgischen Vision gefangen ist. Aus ihren Reihen werden dann einige Change-Projekte zusammengestellt.

Diese Projekte sollten strategisch wichtig, aber nicht zu ambitioniert sein, denn um die vorherrschenden negativen Erwartungen zu durchbrechen, müssen sie unbedingt zu einem Erfolg werden. Dafür brauchen sie die volle Rückendeckung des Top-Managements. Die Projektteams kann und sollte man mit neu eingestellten Mitarbeitern und Führungskräften verstärken. Die werden auf diese Weise davor bewahrt, ebenfalls in den Sog der allgemeinen Resignation hineingezogen zu werden.

Wenn auf diese Weise einige Projekte erfolgreich abgeschlossen und umgesetzt wurden, zeigt sich bei den »Nostalgikern« eine allmähliche Polarisierung: Einige werden sich standhaft weigern, die erfolgreichen Projekte als positives Zeichen dafür anzuerkennen, dass das Unternehmen nun doch allmählich wieder Tritt fasst und seine Krise überwindet. Sie werden darauf bestehen, dass dies nur Zufallserfolge waren oder nur unbedeutende Schein-Projekte oder nur eine vorübergehende Entspannung auf dem Weg in den unvermeidlichen Untergang. Die anderen aber werden vorsichtige Hoffnung schöpfen, dass vielleicht doch noch nicht alles verloren ist.

Letztere gilt es, in die weitere Projektarbeit einzubeziehen. Denn die engagierte Mitwirkung an Zukunftsprojekten verträgt sich nicht mit einer nostalgischen Vision; sie trägt dazu bei, die betreffenden Personen zu ermutigen und »umzudrehen«. Das Lager der Nostalgiker wird so allmählich kleiner, und das Vertrauen in die Zukunft beginnt wieder zu wachsen.

Trotzdem werden nach aller Erfahrung einige – vielleicht sogar etliche – hartnäckige Pessimisten übrig bleiben. Auf Mitarbeiterebene ist das zu verkraften, solange sie ihre Arbeit machen und die Umgebung nicht mit ihrer Mutlosigkeit anstecken. Bei Führungskräften ist es problematischer, denn die sollen ja eine ermutigende und keine entmutigende Ausstrahlung auf ihr Umfeld haben, und das verträgt sich schlecht mit einer nostalgischen Vision.

Von Führungskräften, die sich von ihrer nostalgischen Vision nicht lösen können oder wollen, sollte man sich trennen – und das Gleiche gilt auch für Mitarbeiter, die darin einen missionarischen Eifer entfalten und eine deutlich negative Ausstrahlung auf ihr Umfeld haben.

Das mag ungerecht erscheinen, weil die Betreffenden ihre pessimistische Grundhaltung ja nicht aus Boshaftigkeit entwickelt haben, sondern als Reaktion darauf, was ihnen widerfahren ist. Doch geht es auch gar nicht darum, sie für ihr Handeln zu bestrafen, vielmehr ist das Ziel, das Unternehmen vor ihrem negativen Einfluss auf die Stimmung zu schützen, der im Ergebnis schädlich und entmutigend ist. Deshalb würde ich in solchen Fällen auch immer für eine großzügige Trennung plädieren – aber für eine Trennung.

WICHTIGSTE ERKENNTNISSE UND SCHLUSSFOLGERUNGEN

- Wenn Mitarbeiter und Führungskräfte der Meinung sind, dass sich ihre Situation gegenüber der Zeit vor der Fusion oder Übernahme erheblich verschlechtert hat, kann sich eine »nostalgische Vision« entwickeln, das heißt eine Verklärung der Vergangenheit und ein Zurücksehnen der guten alten Zeiten.
- Solch eine nostalgische Vision ist fatal für die Wettbewerbsfähigkeit. Denn der rückwärts gerichtete Traum blockiert, wenn er sich einmal verfestigt hat, jede Veränderung zum Positiven; seine Vertreter weisen alle Merkmale einer »gelernten Hilflosigkeit« von Passivität über Niedergeschlagenheit bis hin zu einer stark eingeschränkten Lernfähigkeit auf. Damit steht die nostalgische Vision Innovationen ebenso im Weg wie der Anpassung an veränderte Markt- und Wettbewerbsbedingungen.

- Hinter einer nostalgischen Vision steht tiefe Mutlosigkeit, denn sie bedeutet ja, dass die betreffenden Mitarbeiter und Führungskräfte trotz ihrer pessimistischen Erwartungen nicht die Kraft oder nicht den Mut hatten, sich eine andere Beschäftigung zu suchen. Während sich ihre mutigeren Kollegen längst abgesetzt haben, haben sie sich in ihrem Unglück häuslich eingerichtet und warten darauf, dass sich nichts ändert.
- Wenn sich eine nostalgische Vision einmal verfestigt hat, ist es schwierig, sie zu überwinden. Am ehesten ist dies wohl unter einer neuen Führung möglich. Sie muss rasch die resilientesten Personen im Unternehmen identifizieren, also die, die von der allgemeinen Mutlosigkeit noch am wenigsten erfasst sind, und sie mit Projekten beauftragen, die dann unbedingt mit voller Rückendeckung des Top-Managements zu einem Erfolg geführt werden müssen.
- Auf diese Weise lässt sich eine allmähliche Polarisierung der »Nostalgiker« erreichen. Diejenigen, die eine erste vorsichtige Hoffnung schöpfen, sollten rasch in weitere Projekte einbezogen werden, denn die engagierte Mitwirkung an Zukunftsprojekten verträgt sich nicht mit einer nostalgischen Vision. Von denen, die sich von ihrer nostalgischen Vision nicht lösen können oder wollen, sollte man sich trennen, denn von ihnen geht sonst ein dauerhafter entmutigender, lähmender Einfluss auf das gesamte Unternehmen aus.

Teil III:

Die gestörten Systeme stabilisieren I – Weichenstellungen für eine erfolgreiche Integration

Nachdem wir in den beiden vorausgegangenen Teilen untersucht haben, was für eine Dynamik Übernahmen und Fusionen in den betroffenen sozialen und ökonomischen Systemen auslösen, widmen wir uns nun der Frage, was man tun kann, um diese aus dem Gleichgewicht gebrachten Systeme wieder zu stabilisieren.

Wir tun das in zwei Teilen: Dieser erste erläutert, welche **Weichenstellungen im Vorfeld** getroffen werden müssen, damit man am Tag des Closing rasch und strukturiert mit der Arbeit beginnen kann; der folgende zeigt, worauf es beim Integration-Management jenseits der reinen Sacharbeit in der Praxis ankommt.

Der entscheidende Erfolgsfaktor für eine gelungene Integration liegt lange vor deren Beginn, nämlich in der Qualität der **PMI-Vorbereitung**. Denn eine Integration steht, wie wir gesehen haben, unter massivem Zeitdruck: Die Uhr läuft buchstäblich gegen die Integration. Um nicht schon am Anfang in Rückstand zu geraten, sondern am Tag des Closing wirklich loslegen zu können, muss man bis zu diesem Zeitpunkt ziemlich viel Vorarbeit geleistet haben.

Falls die Integration von einer **Beratungsfirma** begleitet werden soll, was, wie wir sehen werden, aus mehreren Gründen empfehlenswert ist, muss sie spätestens zu diesem Zeitpunkt startklar sein – was, beginnend mit deren Auswahl, einigen Vorlauf erfordert.

Um ein Gefühl dafür zu bekommen, wie leicht oder schwierig die kulturelle Integration werden wird, ist eine überlegenswerte Option, eine **Cultural Due Diligence** durchzuführen, also eine vergleichende Analyse der zu verschmelzenden Unternehmenskulturen. Dabei geht es nicht so sehr um Ähnlichkeit oder Unähnlichkeit; viel wichtiger ist, ob es grundlegende Inkompatibilitäten im Geschäftsmodell oder in der Führungsphilosophie gibt. Mit Fragebögen ist da wenig zu wollen – da muss man mit Leuten reden, um sich in die beiden Kulturen einzudenken und einzufühlen.

Geklärt sein muss zu diesem Zeitpunkt natürlich auch die Frage nach der Führungsspitze des neuen Unternehmens. Da gerade bei Fusionen im Zeichen eines »Merger of Equals« nicht selten eine **Doppelspitze** eingesetzt wird, werden wir sehen, weshalb Doppelspitzen besser als ihr Ruf sind – und bei Fusionen trotzdem meist nicht lange gut gehen.

Weshalb ein **Merger of Equals** auch ansonsten eine zweifelhafte Idee ist, obwohl »Best of Both Worlds« doch in der Theorie so gut und so fair klingt, und was die Alternativen dazu sind, beleuchten wir im Kapitel über die **Integrationsstrategie**. Vor der Integrationsstrategie kommt aber die Entscheidung über die **Integrationstiefe**. Wie wir sehen werden, muss eine vollständige Verschmelzung, obwohl sie intuitiv naheliegt, nicht unbedingt die beste Lösung sein.

Da Übernahmen, Fusionen und Integrationsprozesse bekanntermaßen mit erheblichen Risiken behaftet sind, ist ein professionelles **Risikomanagement**

Pflicht. Die größte Hürde dafür ist nicht die methodische Seite, sondern unsere eigene Psyche: Nachdem wir uns entschieden haben, ein so großes und vielversprechendes Vorhaben anzupacken, wollen wir uns mit nichts weniger beschäftigen als damit, aus welchen Gründen es in Schwierigkeiten geraten oder scheitern könnte. Diese emotionale Hürde muss man überspringen, und zwar nicht nur einmal, sondern immer wieder, denn ein halbherziges, nicht fortgeschriebenes Risikomanagement ist Zeitverschwendung.

14 PMI-Vorbereitung: Mit klarem Integrationskonzept rasch wieder arbeitsfähig werden

Jede Fusion und jede Übernahme – und nebenbei gesagt, auch jede größere Umstrukturierung – ist eine massive Beeinträchtigung des operativen Geschäfts, also genau dessen, wovon die beteiligten Unternehmen leben. Die Führungskräfte und Mitarbeiter sind primär mit ihren eigenen Sorgen beschäftigt, Kunden werden vernachlässigt, Spielzüge von Wettbewerbern zu spät erkannt und beantwortet, Projekte bleiben liegen, gesetzte Ziele werden nicht weiterverfolgt, Veränderungsinitiativen verpuffen.

Die zentrale Aufgabe des Integration-Managements ist, diese Störungen so kurz wie möglich zu halten, ihren Schaden zu begrenzen und das fusionierte Unternehmen so rasch wie möglich wieder handlungsfähig zu machen – und dennoch die versprochenen Synergieziele zu erreichen.

14.1 Die Komplexität nicht noch vergrößern

Aus zwei (oder mehr) Unternehmen ein funktionsfähiges neues zu machen, ist eine unglaubliche Menge Arbeit, und es hat eine mörderische Komplexität. Zudem besteht immer die Versuchung, bei dieser Gelegenheit noch ein paar andere Dinge – wie eine neue Strategie, eine Umstellung der Logistik und IT, eine neue Vertriebsstruktur – »mitzuerledigen«. Denn in der Tat kann man, wie es ein Kollege einmal treffend festgestellt hat, im Rahmen einer Fusion viele Dinge durchsetzen, die unter normalen Bedingungen völlig undenkbar wären.

Doch muss man höllisch aufpassen, dass man sich dabei nicht überhebt. Schon die Dinge, die unabweisbar getan werden müssen, genügen völlig, um alle verfügbaren Kräfte bis zum Anschlag auszulasten. Es ist daher klüger, alle weiteren Schritte vielleicht jetzt schon zu beschließen, ihre Realisierung aber auf eine

Phase 2 oder 3 unmittelbar nach erfolgter Integration zu verschieben, als in einer ohnehin äußerst komplexen und stressreichen Situation noch zusätzliche Komplexität »draufzusatteln«.

Aus nacktem Eigeninteresse sollten Sie alles daran setzen, das »Fenster der Verwundbarkeit«, also die Zeitspanne, in der die alten Unternehmen nicht mehr funktionieren und das neue noch nicht, so kurz wie möglich zu halten. Denn in dieser Übergangsphase ist Ihr neues Unternehmen äußerst angreifbar und verletzlich (→ Kap. 4). Konkurrenten umwerben Ihre besten Kunden, Headhunter Ihre besten Mitarbeiter, Analysten suchen nach Frühindikatoren für Erfolg oder Misserfolg der Integration, Journalisten eine möglichst spektakuläre Story – wohl wissend, dass Dramen, Zwist und Krisen mehr Auflage bringen als eine Erfolgsgeschichte. Je länger die Lähmung anhält, desto bessere Karten haben all diese »Beutegreifer«.

14.2 Schnellstmöglich wieder handlungsfähig werden

Die entscheidenden Weichen für das Gelingen oder Scheitern einer Fusion werden innerhalb der ersten Wochen gestellt. Um die Phase der Lähmung möglichst kurz zu halten, muss das Top-Management sich darauf konzentrieren, zentrale Entscheidungen so rasch wie möglich zu treffen. Voraussetzung dafür ist ein durchdachtes Integrationskonzept, das glasklare Prioritäten für die ersten Wochen und Monate liefert. Es ist absolut tödlich, wenn man sich in dieser entscheidenden Phase in »nachgeordneten Dringlichkeiten« verzettelt. Schnell gleitet dem Management dann das Gesetz des Handelns aus der Hand, und es wird vom Treiber zum Getriebenen. Und damit ist die Fusion bereits auf dem Wege des Scheiterns.

Wie viel Arbeit im Rahmen einer Integration anfällt, wird sichtbar, wenn man sich einmal eine Liste der standardmäßig anfallenden Integrationsaufgaben macht:

- Interne Kommunikation
- Künftige Aufbauorganisation
- Stellenbesetzungen
- Vertriebsstrukturen (Vertriebskanäle und -linien/Zweigstellen/Händler/Auslandsniederlassungen)
- Kundenkommunikation/Vertriebskommunikation
- Lieferantenkommunikation
- Produktsortiment
- Produktionsstruktur
- After-Sales-Service (Service, Wartung, Ersatzteillogistik, ...)
- Angleichung von Prozessen und Systemen

- Beschaffung und Logistik/Supply Management
- Integration Rechnungswesen/Berichtswesen/Controlling-Systeme
- Zusammenführung IT-Systeme
- Neustrukturierung Verwaltungsfunktionen
- Gehaltsstruktur
- Führungssysteme
- Kulturelle Integration
- Strategiekonforme Ausrichtung der Unternehmenskultur
- Interne Regelungen (von den Reisekosten bis zur »Car Policy«)
- ...

Trotz ihrer Länge ist diese Auflistung in doppelter Hinsicht unvollständig: Erstens berücksichtigt sie weder die Besonderheiten der jeweiligen Branche, aus denen sich zusätzliche Aktionsfelder ergeben können, noch die Überlappungen und damit die Synergiepotenziale der fusionierenden Unternehmen. Zweitens sagt sie nichts über Prioritäten.

Schon beim ersten Blick auf die Liste sieht man aber, dass für die Wiederherstellung der Handlungsfähigkeit weder alle Themen gleich wichtig noch gleich dringlich sind. So wird man mit einer Vereinheitlichung der Gehaltsstrukturen warten können, bis die Integration aus dem Gröbsten heraus ist. Ähnliches gilt für die Reisekostenregelungen und die »Car Policy«, also die in jeder Firma heiß diskutierte Frage, wem welchen Firmenwagen mit welcher Motorisierung und Ausstattung zusteht. Wenn man sich hingegen mit der künftigen Organisationsstruktur oder der Stellenbesetzung (→ Kap. 24) ebenso lange Zeit lässt, wird einem die Integration wahrscheinlich um die Ohren fliegen.

Auch innerhalb der einzelnen Kategorien gibt es in vielen Fällen Abstufungen. So ist es in aller Regel weder notwendig noch möglich, die gesamte IT-Landschaft in einem Anlauf zu integrieren. Im Normalfall reicht es aus und ist dann auch ratsam, sie in mehreren Etappen, gestuft nach Wichtigkeit und Dringlichkeit, zusammenzuführen.

14.3 Vier Faustregeln für die Priorisierung

Dennoch lässt obige Aufstellung erahnen, dass man mit all diesen Aufgaben die gesamte Führungsmannschaft für lange, lange Zeit beschäftigen könnte – und damit genau in die beschriebene Lähmungsfalle geriete. Hier vier praktische Leitlinien, um so rasch wie möglich wieder handlungsfähig zu werden:

Vitalfunktionen zuerst

Die erste Phase der Integration muss sich auf die lebenswichtigen Funktionen konzentrieren. Tausend andere Dinge wären auch wichtig und dringlich, gleich ob es sich um die Bereinigung der Produktpalette, die Angleichung der Vergütungssysteme oder die Vereinheitlichung des Berichtswesens handelt. Trotzdem können die, ohne ernsthaften Schaden anzurichten, für eine Übergangszeit nebeneinander herlaufen; sie sind sie zweite Priorität in Relation zur blanken Wiederherstellung der Arbeitsfähigkeit.

Wirklich lebenswichtig sind, wenn man es genau betrachtet, nur drei Dinge: erstens die Zahlungsströme, zweitens die Ursachen hierfür, also die Wertschöpfungskette vom Vertrieb über Produktion und Logistik bis hin zu den operativen Servicefunktionen, und drittens, als deren Voraussetzung, die Eckpfeiler der Infrastruktur, insbesondere die Aufbauorganisation, die zentralen IT-Systeme und die Stellenbesetzungen.

Rasche und fortlaufende Kommunikation

Je größer die Verunsicherung, desto wichtiger ist Kommunikation (→ Kap. 22). Denn wenn man die Mitarbeiter nicht oder nur verspätet, vage und unzureichend informiert, werden sie dies natürlich registrieren, interpretieren und ihre Schlussfolgerungen daraus ziehen – ganz abgesehen davon, dass dies der ideale Nährboden für Gerüchte und Spekulationen ist.

Eine erfolgreiche Integration ist nur erreichbar, wenn das Top-Management intensiv und offen kommuniziert und dabei einerseits Orientierung gibt, andererseits auf die Ängste und Interessen, aber auch auf die Sachargumente der Mitarbeiter aller Ebenen eingeht. Wenn Sie Ihre besten Mitarbeiter nicht verlieren und die gesamte Belegschaft nicht demotivieren wollen, sollten Sie Kommunikation daher zu einer Ihrer Top-Prioritäten für Ihr Management der Integration machen. Das gilt nicht nur intern, sondern auch für die externen Schnittstellen des Unternehmens, also vor allem für Kunden und Lieferanten (→ Kap. 23).

Struktur vor Kultur

Strukturen lassen sich leichter und schneller verändern als Gewohnheiten, die Grundbausteine der Unternehmenskultur(en). Zwar werden schon beim ersten Zusammentreffen der Integrationsteams und im Grunde auch schon davor (z. B. in der Verhandlungsphase) die bestehenden Kulturen (= Gewohnheiten) wirksam; man kann Kultur also nicht »zurückstellen« oder ausblenden, bis die »Sacharbeit« gemacht ist. Dennoch ist es aus zwei Gründen ratsam, sich zunächst einmal auf die strukturellen Entscheidungen, wie Aufbauorganisation, Stellenbesetzungen etc. zu konzentrieren.

Erstens geben Strukturen den Mitarbeitern Halt und Orientierung und reduzieren damit Unsicherheit: Solange Mitarbeiter und Führungskräfte nicht wissen, ob sie überhaupt einen Platz in der künftigen Organisation haben und was genau ihre Aufgabe ist, ist ihre Leistungsfähigkeit stark eingeschränkt. Und zweitens schaffen Strukturentscheidungen Tatsachen. Sobald sie getroffen und umgesetzt sind, werden sie von der normativen Kraft des Faktischen unterstützt: Man hat dann eben einen neuen Chef und ganz bestimmte Aufgaben; beidem kann man sich nicht ohne Weiteres entziehen. An eine echte kulturelle Integration sollte man erst gehen, wenn die Strukturen im Wesentlichen stehen.

An neuen Herausforderungen zusammenwachsen: »Auf zu neuen Ufern«
Zuweilen wird versucht, die kulturelle Integration über Kultur-Workshops oder ähnliche Veranstaltungen zu fördern. Wie viel dies bringt, ist schwer zu beurteilen: Viele Experten schwören darauf, aber die Reaktionen der Betroffenen sind zumeist verhalten, und dass ein paar Workshops zum Entstehen einer gemeinsamen Kultur führen sollen, ist auch nicht unbedingt plausibel.

Der beste Weg, getrennte Kulturen zusammenzuführen, ist nach meiner Erfahrung die Konfrontation mit einer herausfordernden neuen Aufgabe. Sie muss so gestaltet sein, dass sie die Mitarbeiter und Manager, sobald die gröbsten Integrationsaufgaben abgeschlossen sind, aufs Äußerste fordert und sie unabhängig von ihrer Herkunft zur Zusammenarbeit zwingt. Dies ist zugleich auch die wirksamste Vorgehensweise, um Abstoßungsreaktionen zu vermeiden. Mehr dazu im Kapitel »Kulturelle Integration« (→ Kap. 29).

14.4 »Pre-Merger-Integration«: Die Integration beginnt, bevor sie beginnt

Vor Jahren diskutierten wir unter BCG-Kollegen über Pre- und Post-Merger-Integration. Bis irgendein Spielverderber fragte, was eigentlich mit Pre-Merger-Integration gemeint sei – er könne sich unter einer Integration *vor* dem Zusammenschluss nichts vorstellen. Nach einer kurzen, verblüfften Pause großes Gelächter – und der Begriff Pre-Merger-Integration wurde wegen des dringenden Verdachts von Gegenstandslosigkeit fallen gelassen.

Etliche Fusionen später muss ich unsere und meine damalige Auffassung revidieren und feststellen, dass es so etwas wie Pre-Merger-Integration sehr wohl gibt. Zwar darf man konkrete Integrationsmaßnahmen in der Tat erst nach dem Closing starten, also nach dem juristischen Inkrafttreten des Zusammenschlusses, dennoch wäre es ein verhängnisvoller Fehler, bis dahin einfach abzuwarten.

Wer erst *nach* dem Closing beginnt, sich über das Vorgehen bei der Integration Gedanken zu machen, hat deren Erfolg schon so gut wie verspielt. Eine Post-Merger-Integration ist immer ein Spiel gegen die Zeit, und zwar mit einer atemberaubenden Komplexität und Vielfalt von Aufgaben. Wer hier keinen klaren Plan hat, welche Themen vorrangig angegangen werden sollen und wie er die Prioritäten zu setzen gedenkt, wird beinahe zwangsläufig zum Getriebenen.

Der Unterschied zwischen erfolgreichen und gescheiterten Übernahmen und Fusionen liegt zu einem wesentlichen Teil darin, wie gut die Verantwortlichen am Tag des Closing vorbereitet sind: Haben sie ein glasklares Programm, das es ihnen ermöglicht, schnell und zielgerichtet sowohl eine klare und überzeugende Kommunikation mit Führungskräften, Mitarbeitern und Betriebsräten zu starten als auch die erforderlichen Projektstrukturen aufzubauen, oder brauchen sie erst einmal einige Wochen, bis sie sich sortiert und auf ein halbwegs abgestimmtes Vorgehen verständigt haben?

Deshalb erlaubt der Start der Integration bereits eine Prognose für deren Erfolg. Zwar kann man sich natürlich auch danach noch in der Komplexität verheddern, die Mitarbeiter durch schlechte Kommunikation oder mangelnde Führung verlieren oder durch eine Kette von Fehlentscheidungen in Schwierigkeiten kommen. Aber was man beim Start an Zeit und Fokus verliert, kann man im weiteren Verlauf kaum noch aufholen. Wenn die Integration erst einmal begonnen hat, ist so viel zu tun und zu entscheiden, dass für konzeptionelle Überlegungen und Diskussionen kaum noch Zeit bleibt, außer man schneidet sie sich mit ungeheurer Disziplin gegen alle Sachzwänge aus den Rippen.

14.5 Überprüfung beschlossener Maßnahmen

Ein wichtiger Teil der »Pre-Merger-Integration« ist auch die Überprüfung aller größeren Maßnahmen, die die fusionierenden Unternehmen vor der Entscheidung zu dem Merger geplant hatten und für die vielleicht auch schon die Mittel freigegeben waren – Investitionen, Umbauten, Anschaffung von Hard- und Software, aber auch Stellenbesetzungen und Beförderungen.

Sobald sich eine Fusion oder Übernahme konkret abzeichnet, ist es sinnvoll, all diese Maßnahmen auf den Prüfstand zu stellen und sie vor ihrem Vollzug darauf zu überprüfen, ob sie auch unter der Bedingung eines Zusammenschlusses sinnvoll bleiben. Und sie auf Eis zu legen, wenn dies ungewiss oder gar zweifelhaft ist.

Das gilt auch für Beförderungen und die Besetzung freigewordener Stellen, soweit sie nicht für das Tagesgeschäft unverzichtbar sind. Natürlich ist das für die

Betroffenen frustrierend und wird zu sehr ärgerlichen Reaktionen führen – sinnvoll ist es trotzdem, weil die betreffenden Weichenstellungen mit der Fusion nutzlos, vielleicht sogar kontraproduktiv wären.

In der Realität passiert nicht selten das genaue Gegenteil: Kurz vor »Torschluss« werden noch schnell Beförderungen ausgesprochen oder Investitionen getätigt, sei es um Fakten zu schaffen, um den eigenen Leuten etwas Gutes zu tun oder um das eigene Unternehmen in eine günstigere Ausgangsposition für das unvermeidliche interne Benchmarking zu bringen.

Im Einzelfall kann dies sogar den Straftatbestand der Untreue (§ 266 StGB[12]) erfüllen; in jedem Fall aber sollte man sich, sofern es geschehen ist, sehr genau überlegen, ob man die Zukunft des neuen Unternehmens auf Manager aufbauen will, die bewiesen haben, dass sie keine Skrupel haben, in kritischen Situationen derartige »Cleverness« zu Lasten des Gesamtunternehmens an den Tag zu legen.

14.6 Der Trick mit der Vorbereitung

Der Dreh- und Angelpunkt der »Pre-Merger-Integration« aber ist das Vorausdenken. Denn wer nicht vom Start weg ein klares Konzept hat, ist auch nicht dazu in der Lage, seine Führungsrolle auszufüllen, weil er seinen Mitarbeitern und seiner Führungsmannschaft keine Orientierung geben kann. Dies verunsichert alle Beteiligten und ermutigt ausgerechnet diejenigen, die in einer solchen Situation vor allem ihre eigenen Schäfchen ins Trockene bringen wollen.

Im Grunde lassen sich sehr viele Dinge schon zu dem Zeitpunkt vorausdenken, an dem man sich für ein konkretes Akquisitionsziel entschieden hat – spätestens aber dann, wenn der »Letter of Intent« (eine Art Vorvertrag) unterschrieben ist:

- Welche Integrationstiefe (→ Kap. 16) soll angestrebt werden? Soll bzw. muss zur Realisierung der Synergieziele eine vollständige Verschmelzung herbeigeführt werden, genügt eine Teilintegration, oder können die Unternehmen weitgehend unabhängig bleiben, wenn nur die Schnittstellen und Spielregeln klar definiert sind?

---

12 § 266 StGB: (1) Wer die ihm durch Gesetz, behördlichen Auftrag oder Rechtsgeschäft eingeräumte Befugnis, über fremdes Vermögen zu verfügen oder einen anderen zu verpflichten, missbraucht oder die ihm kraft Gesetzes, behördlichen Auftrags, Rechtsgeschäft oder eines Treueverhältnisses obliegende Pflicht, fremde Vermögensinteressen wahrzunehmen, verletzt und dadurch dem, dessen Vermögensinteressen er zu betreuen hat, Nachteil zufügt, wird mit Freiheitsstrafe bis zu fünf Jahren oder mit Geldstrafe bestraft.
(2) In besonders schweren Fällen ist die Strafe Freiheitsstrafe von einem Jahr bis zu zehn Jahren.

- Welche Funktionen müssen mit oberster Priorität und so schnell wie möglich zusammengeführt werden, damit das neue Unternehmen handlungsfähig ist? Welche Überlappungen sollen oder müssen sofort nach dem Merger (bzw. sehr kurzfristig) aufgelöst werden? Auf welche Weise?
- Wo liegen die wesentlichen Synergiefelder (→ Kap. 3), um derentwillen die Fusion oder Übernahme stattfindet, und auf welche Weise sollen die Synergien gehoben werden?
- Welche Integrationsstrategie (→ Kap. 17) soll gewählt werden – ein echter »Merger of Equals«, eine Eingliederung oder eine Mischform? Wie soll dies konkret abgewickelt werden und mit welchem Zeithorizont?
- Soll die Integration auf eigene Faust durchgeführt werden oder mit Unterstützung externer Berater (→ Kap. 18)? Welche Beratungsfirmen kommen infrage? Wann sollen sie eingebunden werden – bereits in der Planung der Integration (also mehr oder weniger ab sofort) oder erst bei deren Umsetzung? Wie soll die Beraterauswahl (Firma/konkrete Personen) vorgenommen werden? Wie wird gewährleistet, dass die Beratungsfirma die nötigen Kapazitäten/Personen für den Tag X bereithält?[13]
- Auf welche Schwerpunkte soll sich die Integration in der ersten Phase konzentrieren? Welche Integrationsaufgaben können auf eine zweite oder eine spätere Phase zurückgestellt werden?
- Welche Integration-Teams sollen eingerichtet werden? Wer soll sie leiten? Wie lautet ihr konkreter Auftrag? Welche Expertise wird dafür benötigt? Mit welchen Personen/Funktionen sollen die Teams besetzt werden? Soll dabei auf Ausgewogenheit zwischen den Ursprungsfirmen geachtet werden?
- Welche Struktur soll das Integrationsprojekt haben? Wie soll die Gesamtsteuerung des Integrationsprozesses organisiert werden? Soll es direkt an den Gesamtvorstand berichten oder soll ein Lenkungsausschuss eingerichtet werden? Wie soll er sich ggf. zusammensetzen?
- Wie soll die neue Organisationsstruktur aussehen? Wie sieht das künftige »Leer-Organigramm« aus?
- Wie, wann und auf welchem Weg soll die Kommunikation der Fusion oder Übernahme (→ Kap. 22) an die Mitarbeiter/Führungskräfte/Betriebsräte erfolgen? Wie wird sichergestellt, dass sie diese Nachricht nicht – mit entsprechend negativen Motivationsfolgen – aus der Zeitung erfahren? Wie geht der Kommunikationsprozess danach weiter und wer ist für ihn verantwortlich?

---

13 Falls Sie die Unterstützung einer Beratungsfirma in Anspruch nehmen wollen, denken Sie daran, dass deren Auswahl und Beauftragung einigen zeitlichen Vorlauf erfordert! Das wird vor allem dann zum kritischen Engpass, wenn Sie die Expertise der Berater schon für die PMI-Vorbereitung und die Konzipierung Ihres Integrationsprojekts nutzen wollen.

- Nach welchem Verfahren sollen die Stellenbesetzungen (→ Kap. 24) in den Überlappungsbereichen vorgenommen werden? Durch wen? Mit oder ohne externe Unterstützung?
- Wer ist für die Information des Betriebsrats über die vorgesehene Betriebsänderung und das Verhandeln eines Interessenausgleichs und Sozialplans gemäß §§ 111 ff. BetrVG verantwortlich? Mit welchem Ziel soll verhandelt werden – mit dem einer möglichst vorteilhaften Einigung oder mit dem einer schnellstmöglichen Lösung?
- Liegt ein Betriebsübergang nach § 613a BGB vor, und falls ja, wer ist in diesem Fall für die Information der Mitarbeiter nach § 613a Absatz 5 verantwortlich?
- Falls zur Erzielung der Synergieziele Personalabbau erforderlich ist, wann, wie und durch wen wird dies kommuniziert? Wer ist verantwortlich für die rechtlich korrekte und menschlich anständige Abwicklung?
- Wie wird generell der Kommunikationsprozess organisiert und wer ist dafür (a) im Vorstand und (b) im Integrationsprojekt verantwortlich (→ Kap. 22)?
- Wie halten wir in dieser Übergangszeit den Vertrieb motiviert und handlungsfähig? Wie wird die Kunden-, Lieferanten- und Vertriebskommunikation organisiert, und wer ist dafür verantwortlich (→ Kap. 23)?
- Wie wird gewährleistet, dass sich die Integration nicht ausschließlich auf Kostensynergien konzentriert, sondern möglichst von Anfang an auch darauf, aus der Fusion Wettbewerbsvorteile im Markt und zusätzliches Wachstum zu erzielen?

Natürlich kann es passieren, dass ein Teil dieser Vorausplanungen noch einmal (oder auch mehrfach) korrigiert werden muss, weil sich grundlegende Eckdaten ändern – sei es, dass die Kartellbehörden den Verkauf von Unternehmensteilen verlangen, dass sich bei genauerem Kennenlernen des anderen Unternehmens herausstellt, dass man in Teilbereichen falsche Annahmen gemacht hat oder dass vor oder während der Integration wichtige Personen abwandern.

Dennoch macht wohl nicht nur die Länge der Liste, sondern auch die Komplexität der zu treffenden Entscheidungen samt ihren Wechselwirkungen deutlich, dass man sich keinen Gefallen tut, wenn man sich all diesen Fragen erst nach der Unterschrift oder gar erst nach dem Closing zuwendet.

Ein Unternehmen durch eine schwierige Zeit zu führen, hat viel mit Vorausdenken zu tun. Wer kein klares Konzept hat, ist logischerweise auch außerstande, anderen Orientierung zu vermitteln. Während sich aber im Tagesgeschäft vieles von selbst organisiert, sollte man in der Gemengelage einer Fusion besser nicht auf Selbstorganisation oder, wie es so zeitgeistig heißt, auf »Autopoiesis« hoffen.

In der unübersichtlichen, von Interessenkonflikten geprägten PMI-Situation ist das einzige, was sich von selbst organisiert, eine lähmende Patt-Situation. Ein

Führungsvakuum mündet hier in einen sprunghaften Anstieg von Reibungsverlusten, eine krasse Verlangsamung der Entscheidungsprozesse und, daraus resultierend, in wachsende Konfusion und Resignation.

Wer persönlich lieber auf seine Improvisationsfähigkeit setzt, sei versichert: Auch bei der besten Planung wird es noch viel Raum (und Bedarf!) für Improvisation geben. Doch ohne Vorplanung besteht die Gefahr, dass man die Grenzen seiner Improvisationsfähigkeit genauer kennenlernt, als man es jemals wollte, und in dem massiven Stress und der geballten Komplexität die Übersicht verliert – und damit an der Integrationsaufgabe scheitert.

WICHTIGSTE ERKENNTNISSE UND SCHLUSSFOLGERUNGEN

- Der Schlüssel dazu, mit dem fusionierten Unternehmen schnellstmöglich handlungsfähig zu werden und die Beeinträchtigungen des operativen Geschäfts so gering wie möglich zu halten, liegt in einer sorgfältigen Vorbereitung des Integrationsprozesses. Sie darf nicht erst nach dem Closing beginnen, sie muss in Gang gesetzt und nachdrücklich vorangetrieben werden, sobald sich eine Fusion oder Übernahme konkret abzeichnet – am besten schon nach Unterzeichnung des »Letter of Intent«, allerspätestens aber nach dem »Signing«.
- Auch wenn eine Fusion oder Übernahme die Möglichkeit eröffnet, Dinge durchzusetzen, die in ruhigeren Zeiten kaum durchzubringen wären, gilt es, von dieser Möglichkeit nur sehr sparsam und selektiv Gebrauch zu machen. Denn die Komplexität, aber auch die schiere Menge der zu erledigenden Arbeit ist auch so schon groß genug. Im Zweifel ist es klüger, zusätzliche Themen vielleicht schon zu beschließen, ihre Realisierung aber auf eine Phase 2 oder 3 zu verschieben.
- Sobald sich eine Fusion oder Übernahme konkret abzeichnet, sollten alle größeren Investitionen wie auch Umstrukturierungen auf den Prüfstand gestellt und darauf hinterfragt werden, ob sie auch unter der Bedingung eines Zusammenschlusses weiterhin sinnvoll sind. Wenn dies ungewiss oder gar zweifelhaft ist, sollten sie gestoppt werden, auch wenn das punktuell zu Verstimmungen führt.
- Neben den strategischen Festlegungen zu Integrationstiefe und Integrationsstrategie ist eine der wichtigsten Entscheidungen der Vorbereitung die konsequente Priorisierung der abzuarbeitenden Aufgaben. Dabei empfiehlt es sich dringend, alles, was nicht zwingend in der ersten Phase miterledigt werden muss, für die zweite, dritte oder eine vierte Phase aufzusparen.
- Einige nützliche Faustregeln für die Priorisierung lauten: (1) Vitalfunktionen zuerst – dazu zählen insbesondere die Zahlungsströme, die direkte Wertschöpfung für den Kunden sowie die dafür unverzichtbare Infrastruktur;

(2) rasche und fortlaufende Kommunikation nach innen und außen; (3) Struktur vor Kultur, konkret: Vorrang für Aufbauorganisation und Stellenbesetzungen; und (4) schnellstmöglicher Aufbruch zu neuen Herausforderungen durch neue anspruchsvolle Ziele.

- Der Dreh- und Angelpunkt der »Pre-Merger-Integration« ist das Vorausdenken. Es gibt erstaunlich viele Dinge, die man schon lange vor dem Closing planen und vorbereiten kann. Je sorgfältiger und konsequenter man dies im Vorfeld getan hat, desto zügiger und entschlossener kann man nach dem Closing die Integration vorantreiben. Und desto schneller wird das fusionierte Unternehmen wieder handlungsfähig, und desto mehr Vertrauen in seine Zukunft entwickeln Mitarbeiter und Führungskräfte, aber auch Kunden, Lieferanten und Aktionäre.

15 Cultural Due Diligence: Die Unternehmenskulturen und ihre Verträglichkeit prüfen

Im Vorfeld von Fusionen und Übernahmen ist es Standard, eine sogenannte Due Diligence durchzuführen, das heißt eine sorgfältige Prüfung der Finanzdaten des Übernahmekandidaten. Nach der Unterzeichnung des »Letter of Intent«, eines Vorvertrags über die geplante Akquisition, erhält der Kaufinteressent Einblick in dessen Bücher, damit er nicht die Katze im Sack kaufen muss. So kann er sich ein Bild machen, wie die wirtschaftliche Lage des zum Verkauf stehenden Unternehmens wirklich ist, ob sich zum Beispiel verborgene Risiken in den Bilanzen verbergen.

So unverzichtbar eine solche Due Diligence ist, so unvollkommen ist sie auch. Denn der Blick in die Bücher ist zwangsläufig ein Blick in den Rückspiegel: Er liefert, sofern korrekt bilanziert wurde, Einsichten in die Ergebnisse der Vergangenheit und lässt erahnen, wo das Unternehmen heute (materiell) steht, aber er macht weder sichtbar, welche neuen Produkte und innovativen Ideen es im Köcher hat, noch etwa, welche immateriellen Vermögenswerte und/oder Altlasten der Käufer mitübernimmt.

Ein Unternehmen allein auf Basis der Due Diligence zu kaufen, ist so ähnlich wie einen Bewerber nur auf Basis seines Lebenslaufs einzustellen: So aussagekräftig der auch sein mag, er verrät weder, ob der Kandidat für seine neue Aufgabe brennt oder ob er längst ausgebrannt ist, noch wie er mit seiner neuen sozialen Umgebung zurechtkäme und welche Stärken und welche Belastungen er in sein künftiges Team einbrächte. Aus guten Gründen versucht man deshalb bei der Personalauswahl, sich auch ein Bild von der Persönlichkeit, dem Engagement und der sozialen Kompetenz der Bewerber zu machen.

15.1 Erweiterung und Ergänzung der betriebswirtschaftlichen Due Diligence

In ähnlicher Weise lohnt es sich zu überlegen, ob man die betriebswirtschaftliche Due Diligence nicht durch eine Cultural Due Diligence ergänzen möchte, um ein besseres Gefühl dafür zu bekommen, »wie der Laden tickt«, was also die besonderen Charakteristika seiner Kultur sind und welche Stärken und welche Schwächen der Übernahmekandidat mit in die Ehe bringt. Dann könnte man nicht nur besser abschätzen, worauf man bei der Integration achten muss, sondern man bekäme eine wertvolle zusätzliche Information, ob die zum Verkauf stehende Firma ihr Geld wirklich wert ist (Berner 2008).

Beispielsweise könnte sich bei einer solchen Cultural Due Diligence herausstellen, dass die ganze Firma von der Überzeugung durchdrungen ist, es habe keinerlei Sinn, die Kunden nach ihrer Meinung zu fragen, weil sie die wahre Qualität der Produkte und den Nutzen von Innovationen ohnehin nicht beurteilen können; die einzigen, die dies wirklich beurteilen könnten, seien die eigenen Techniker und Ingenieure. Ein solcher Befund müsste nicht unbedingt ein Kaufhindernis sein, aber man müsste dann wohl ins Kalkül ziehen, dass es ein hartes Stück Arbeit würde, diese Firma nach der Integration kunden- und marktorientiert auszurichten.

Ähnliches gälte, wenn sich etwa herausstellte, dass in diesem Unternehmen eine aggressive bis feindselige Atmosphäre herrschte, dass Angriffe, Vorwürfe und Schuldzuweisungen sowie Rechtfertigungen und Gegenangriffe das Klima bestimmten und die interne Zusammenarbeit unter massiven Reibungsverlusten leidet. In diesem Fall könnte sich die Cultural Due Diligence sogar kurzfristig bezahlt machen, wenn man dann aus kulturellen Gründen eine Reduzierung des Kaufpreises fordern könnte, weil die angestrebten Synergieeffekte (→ Kap. 3) unter diesen Umständen wohl wesentlich schwieriger zu heben wären.

15.2 Es geht nicht primär um die Ähnlichkeit der Kulturen

Hinter der Forderung nach einer Cultural Due Diligence steht häufig die Hoffnung, eine solche Untersuchung könne helfen, den gefürchteten Zusammenprall der Kulturen zu verhindern. Doch der Einfluss der Unternehmenskulturen auf den Integrationserfolg wird allgemein überschätzt. Eine angebliche Unverträglichkeit der Kulturen wird zwar häufig als Ursache für das Scheitern von Integrationen genannt, aber das ist meist nur eine Entschuldigung, selten ihr wirklicher

Grund. Auch bei sehr unterschiedlichen und selbst bei geradezu polaren Kulturen kommt es bei gut geführten Integrationen selten zu unüberbrückbaren Kulturkonflikten, während bei schlecht gemanagten Integrationen auch zwischen ähnlichen Kulturen massive Reibungen und Konflikten entstehen.

Dennoch ist eine Cultural Due Diligence im Prinzip eine gute Idee, weil sie hilft, besser einzuschätzen, was bei der Integration von der kulturellen Seite her auf einen zukommt. Unterschiedliche Glaubenssätze, divergierende Sitten und Gebräuche und unterschiedliche Führungsphilosophien können eine Integration erschweren. Wichtig ist dabei, sich nicht in kryptischen Modellen zu verlieren, sondern die wirklichen Risikofelder für die kulturelle Integration herauszudestillieren und sich beim Integrationsprozess auf sie zu konzentrieren.

Ob bei einer Fusion oder Übernahme aus zwei getrennten Unternehmenskulturen rasch eine neue gemeinsame wächst oder ob sich die beiden Kulturen heftig gegeneinander abgrenzen, ist zwar weniger eine Frage ihrer Ähnlichkeit oder Unterschiedlichkeit als eine Frage einer erfolgreichen kulturellen Integration (→ Kap. 29). Dennoch gibt es Risikofaktoren, die sich aus schwer vereinbaren Werten, Überzeugungen und Gewohnheiten ergeben. Deren Früherkennung ist über eine »Cultural Due Diligence« möglich.

15.3 Kontrastverstärkung in sozialen Systemen

Die Grundidee einer Cultural Due Diligence scheint simpel: Man müsste einfach herausfinden, wie ähnlich oder unterschiedlich die zu verschmelzenden Kulturen sind. Je unterschiedlicher, auf desto größere Schwierigkeiten müsste man gefasst sein, und je ähnlicher, desto weniger Sorgen brauchte man sich wegen der Kultur machen.

Das klingt einleuchtend, ist aber zu »technisch« gedacht. Die objektive Unterschiedlichkeit spielt bei technischen Systemen wie IT und Accounting eine entscheidende Rolle; bei sozialen Systemen hingegen ist sie nur ein Aspekt unter vielen und nicht einmal der wichtigste.

Wenn im Zuge einer Fusion beispielsweise die Stammdaten von zwei Versicherungen zusammengeführt werden müssen, dann ist die Schwierigkeit dieses Teils der Integration maßgeblich davon bestimmt, ob die Struktur der Datenbanken ähnlich ist oder ob sie nach völlig unterschiedlichen Logiken aufgebaut sind. Wenn es hingegen um die kulturelle Integration geht, dann kann man auch bei sehr ähnlichen Kulturen (und zuweilen gerade dort) sein blaues Wunder erleben. Wenn diese Kulturen nämlich, wie es beinahe unweigerlich geschieht, beginnen, sich gegeneinander abzugrenzen, dann werden auch geringfügige Unterschiede so aufgeblasen und überbetont, dass daraus kaum überbrückbare Differenzen werden.

Aus der Verhaltensforschung ist ein ähnlicher Mechanismus bekannt: die »Kontrastverstärkung«. Das Paradebeispiel sind Vogelarten, die sich so ähnlich sind, dass man sie in freier Wildbahn kaum unterscheiden kann. Nur dort, wo sich ihre Verbreitungsgebiete überlappen, unterscheiden sie sich in Erscheinungsbild und Gesang deutlich: Dort, wo sie direkt aufeinandertreffen, haben beide Arten die Kontraste zwischen sich verstärkt.

Der biologische Sinn und Zweck dieser Kontrastverstärkung liegt auf der Hand: Beiden Arten fällt es auf diese Weise leichter, ihre Artgenossen von der Nachbarart zu unterscheiden. Nur so können sie überhaupt unterschiedliche Arten bleiben: Wenn sie sich nicht voneinander abhöben, würden die beiden Arten verschmelzen. (Sofern sie noch fortpflanzungsfähige Nachkommen erzeugen können. Falls nicht, würde die fehlende Unterscheidbarkeit erst recht zum Handicap, denn dann hätten all diejenigen Individuen, die sich »aus Versehen« mit der anderen Art verpaarten, Nachteile in ihrem Reproduktionserfolg und damit für die Weitergabe ihrer Gene.)

Auch wenn man mit der Übertragung biologischer Mechanismen auf menschliche Sozialsysteme vorsichtig sein muss, ist die Parallele doch offensichtlich. Auch bei Fusionen und Übernahmen besteht der Sinn und Zweck der Kontrastverstärkung letztlich darin, die eigene Ursprungskultur abzugrenzen und sie damit zu bewahren. Je leichter es fällt, »die unseren« von »den anderen« zu unterscheiden, und je angespannter das Klima zwischen den Lagern ist, desto geringer ist die Gefahr des »Fraternisierens«, also der Verbrüderung mit der anderen Seite, und desto geringer ist damit auch das Risiko des Untergangs der eigenen Kultur.

15.4 Konfliktpunkte der kulturellen Integration

Anders als technische Systeme, die Eingriffe völlig emotionslos über sich ergehen lassen, reagieren soziale Systeme hochsensibel auf bevorstehende Veränderungen und die Art und Weise, wie dabei mit ihnen umgegangen wird. Deshalb ist es nicht möglich, anhand eines Vergleichs der beiden Ausgangskulturen zu prognostizieren, ob die kulturelle Integration leicht oder schwierig werden wird.

Selbst erhebliche »objektive« Unterschiede der Kulturen müssen kein Problem sein, wenn den Betroffenen der eingeschlagene Weg einleuchtet und sie das Vertrauen haben, im neuen Unternehmen einen Platz und eine akzeptierte Rolle zu bekommen. Umgekehrt bedarf es keiner objektiven Unterschiede, um den gefürchteten Zusammenprall der Kulturen auszulösen. Angesichts einer Bedrohung von außen, wie sie eine Fusion oder Übernahme ja zweifellos darstellt, tendieren Menschen dazu, sich mit »ihresgleichen« zusammenzuschließen (→ Kap. 11).

Und da die Bedrohung ja angesichts der angestrebten Synergieeffekte und der Konkurrenz um Führungspositionen sehr real ist, ist der »Autopilot« beider Seiten auf Abgrenzung und Kontrastverstärkung eingestellt. Ohne dass irgendwer aktiv etwas dafür tun müsste, ist bei Fusionen und Übernahmen eine Verstärkung des Wir-Gefühls sowie ein negatives Fremdbild vorprogrammiert – was sich in der Praxis zum Beispiel darin äußert, dass sehr rasch Feindbilder von »den anderen« und ihren finsteren Absichten und üblen Tricks entstehen.

Keine Prognose über Wahrscheinlichkeit eines Kulturkonflikts

Halten wir also fest: Auch ohne große kulturelle Unterschiede erzeugt die Eigendynamik der sozialen Systeme bei Fusionen und Übernahmen ganz von alleine zwei polarisierte Lager – und fördert damit den »Clash der Kulturen«. Dafür bedarf es keiner speziellen Auslöser oder Rädelsführer, es bedarf dafür nicht einmal bewusster Überlegungen und eines rationalen Kalküls; diese Entwicklung ergibt sich automatisch aus den subjektiv vernünftigen Reaktionen der Beteiligten auf die Bedrohung ihrer Position und ihrer Besitzstände (→ Kap. 9.1).

Ob es zu dem gefürchteten Zusammenprall der Kulturen kommt, hängt deshalb weniger von der Unterschiedlichkeit der Kulturen ab als davon, wie gut die Integration insgesamt gemanagt wird und wie geschickt insbesondere das Zusammenwachsen der Kulturen gefördert wird (zur kulturellen Integration → Kap. 29). Letztlich entscheidend ist dabei, ob die Übernommenen rasch ein Gefühl der Zugehörigkeit entwickeln und die Überzeugung gewinnen, in dem fusionierten Unternehmen einen anerkannten Platz und eine sinnvolle Aufgabe zu bekommen und die gleichen Chancen auf Ansehen, Aufstieg und Karriere zu haben wie die Kollegen von der anderen Seite.

Ob sie ihre künftige Tätigkeit als sinnvoll empfinden, hat freilich nicht nur mit dem Arbeitsinhalt zu tun, sondern auch mit der Möglichkeit, die Arbeit (im Wesentlichen) gemäß den eigenen Vorstellungen und Überzeugungen ausführen zu können. Hier kommt durch die Hintertür doch die bisherige Unternehmenskultur ins Spiel – nämlich über die mitschwingenden Werte und das Vorverständnis, welche Art des Arbeitens richtig ist.

Denn die subjektive Überzeugung, welche Arbeitsweise sinnvoll und welcher Führungsstil förderlich ist, ist maßgeblich davon geprägt, was die Mitarbeiter sich in ihrem bisherigen Unternehmen als »normal und richtig« zu betrachten angewöhnt haben. Das »Ob« ist dabei wichtiger als das »Wie«: Bei inhaltlichen Streitfragen wird man sich meist finden, sofern die gegenseitige Akzeptanz, das heißt das Gefühl von Zugehörigkeit und Wertschätzung gesichert ist.

15.5 Inkompatible Geschäftsmodelle und »Philosophien«

Deshalb können sich aus inkompatiblen »Philosophien« und Geschäftsmodellen zusätzliche Risiken für die Integration ergeben. Wenn zum Beispiel die Grundüberzeugungen, wie das Geschäft zu betreiben ist, völlig divergieren, dann lässt sich risikolos vorhersagen, dass das Zusammenwachsen schwierig werden wird – nicht aufgrund gruppendynamischer Probleme, sondern wegen des unendlichen Konfliktpotenzials, das in unterschiedlichen Geschäftsphilosophien und Weltbildern für jede einzelne Sachfrage angelegt ist.

So konnte man bei dem gescheiterten DaimlerChrysler-Merger schon im Vorfeld ahnen, dass es schwierig werden würde, schwäbische Ingenieure und amerikanische Verkäufer zu einer gemeinsamen Kultur zu verschmelzen: Nicht wegen der Sprachprobleme, sondern weil beide Seiten »definitiv wissen«, dass ihre Art, das Geschäft zu betreiben, die einzig mögliche oder doch zumindest die einzig Erfolg versprechende ist: Ist das Streben nach technischer Perfektion der richtige Weg, oder geht es einfach darum, Durchschnittsprodukte mit viel Marketing, aggressiver Werbung und hohen Rabatten in den Markt zu drücken?

Bei völlig konträren Geschäftsmodellen oder Managementphilosophien sollte aus strategischer Perspektive sorgfältig überdacht werden, welche Integrationstiefe (→ Kap. 16) sinnvoll ist. Denn eine Integration unterschiedlicher Glaubenssysteme ist mit erheblichen Risiken behaftet und, falls überhaupt, nur mit großem Aufwand zu erreichen. Auf dem Papier errechenbare Synergien sind wenig wert, wenn sie in der Realität entweder gar nicht oder nur unter hohen Verlusten zu realisieren sind.

Zudem besteht die Gefahr, dass bei einer Zusammenführung konträrer Philosophien ein Amalgam entsteht, das den Keim für ein strategisches Desaster in sich trägt: Eine »mittlere Lösung« zum Beispiel zwischen amerikanischer Vertriebsorientierung und schwäbischer Ingenieurskunst ergibt kein tragfähiges Geschäftsmodell.

In solchen Fällen ist es unter Umständen klüger, auf eine Verschmelzung zu verzichten und die Geschäfte weitgehend getrennt zu halten, allenfalls Zentral- und Verwaltungsfunktionen zusammenzulegen. Das hält die Geschäfte lebensfähig, ermöglicht eine schnelle Umsetzung und erspart überdies die Schmerzen, Risiken und Kollateralschäden einer konfliktreichen Integration mit ungewissem Ausgang.

Konträre Führungsphilosophien

Erhebliche Schwierigkeiten lassen sich ebenfalls absehen, wenn die beiden zu verschmelzenden Unternehmen völlig konträre Führungsphilosophien pflegen. Als zum Beispiel die mit vielen Freiräumen geführte deutsche Niederlassung eines japanischen Unternehmens von der sehr eng und zentralistisch geführten Niederlassung eines französischen Konzerns übernommen wurde, war vorherzusehen, welches Konfliktpotenzial sich ergeben würde, wenn die (deutschen) »Franzosen« versuchen würden, die (deutschen) »Japaner« an ihre enge und zentralistische Führung zu gewöhnen.

Hier lagen so unterschiedliche kulturelle Eichungen vor, dass es keine für beide Seiten befriedigende Lösung gab: Immer dann, wenn die Art der Zusammenarbeit für die eine Seite einigermaßen richtig war, war sie für die andere völlig inakzeptabel. Das Konfliktpotenzial, das sich aus unterschiedlichen »Eichungen« ergibt, besteht unabhängig von der Qualität des Integrationsprozesses – und schraubt dessen Schwierigkeitsgrad in die Höhe. Wenn das übernehmende Unternehmen in solch einem Fall nicht sehr sensibel und zugleich sehr mutig vorgeht, droht es im Laufe weniger Jahre den Großteil jener Mitarbeiter und Führungskräfte zu verlieren, welche die hohen Freiheitsgrade in ihrer früheren Firma geschätzt und genutzt haben. (Was vermutlich nicht die schlechtesten waren.)

In solchen Fällen gibt es keine strategische Lösung. Theoretisch könnte man argumentieren, dass die Konfrontation mit einem völlig anderen Führungsmodell für das französische Unternehmen die Chance wäre, seine Führungsphilosophie zu überdenken und in Richtung von mehr »Empowerment« weiterzuentwickeln. In der Praxis ist es so gut wie ausgeschlossen, dass dieses Überdenken und Weiterentwickeln der Kultur ausgerechnet unter dem Druck einer Übernahme gelingt.

Im Normalfall wird dem übernommenen Unternehmen die zentralistische Führungskultur des Übernehmers einfach übergestülpt – und zwar mit geradezu missionarischer Inbrunst: »Die müssen jetzt lernen, sich an die Regeln zu halten!« Den Übernommenen bleibt dann nur die Wahl, sich entweder anzupassen oder einen neuen Job zu suchen. Infolgedessen ist die Abwanderung vieler Leistungsträger in solchen Fällen so vorhersehbar, dass man sie beim Errechnen der Synergiepotenziale eigentlich von vornherein einkalkulieren müsste.

Kaum zu beeinflussen sind auch grundlegende »Charakterzüge« der zusammenzuführenden Unternehmen, die ihren Mitarbeitern oft gar nicht bewusst sind: ob eine Unternehmenskultur bedächtig oder aktionistisch ist, streng oder locker, perfektionistisch oder sich an die 80:20-Regel hält, prinzipiengeleitet oder einzelfallorientiert, wohlwollend oder latent feindselig. Hier liegen Konfliktpotenziale ebenso wie Ergänzungs- und Korrekturchancen, doch auch hier gilt, dass der Mittelweg nicht immer golden ist.

15.6 Verstehen statt Daten erheben

Wer solche kulturbedingte Risikofaktoren schon im Vorfeld identifizieren will, für den stellt sich die Frage, wie die Cultural Due Diligence effektiv durchgeführt werden kann. Denn für die Analyse der Unternehmenskulturen gibt es ja keinen »Data Room«, in dem alle erforderlichen Unterlagen bereitliegen. Ein zusätzliches Handicap ist, dass die Datenerhebung vor der offiziellen Ankündigung der Fusion oder Übernahme aus Vertraulichkeitsgründen nur mit größter Vorsicht durchgeführt werden kann. Und die Adressaten zu diesem Zweck mit einer falschen Legende hinters Licht zu führen, ist um der eigenen Glaubwürdigkeit willen nicht ratsam.

Fragebogenerhebungen jeglicher Art, gleich ob mit standardisierten Instrumenten oder mit eigens entwickelten Fragekatalogen, sind für diesen Zweck kaum nutzbar. Vor der offiziellen Ankündigung der Fusion oder Übernahme können sie nicht eingesetzt werden, weil es für die Vertraulichkeit ein viel zu großes Risiko wäre, in beiden Unternehmen parallele Erhebungen mit identischen Fragebögen durchzuführen. Nach der offiziellen Ankündigung sind die Antworten schon von den aufwallenden Sorgen und Ängsten geprägt. Man müsste damit rechnen, dass die Ergebnisse in undurchschaubarer Weise verzerrt sind durch die einsetzende Verklärung jener Kultur, die mit der Fusion oder Übernahme verloren zu gehen droht.

Zudem ergeben sich die eigentlichen Reibungspunkte ja nicht aus den Kulturen selbst, sondern aus dem Spannungsverhältnis zwischen ihnen. Was man also wirklich wissen möchte, ist deshalb nicht: »Wie unterschiedlich sind die Kulturen?«, sondern: »Welche ihrer Unterschiede könnten oder werden bei der Integration zu Problemen führen?« und »Welche Unterschiede sind unabhängig von ihrer objektiven Größe kein ernsthaftes Hindernis?«.

Zudem können nicht nur die Unterschiede den Keim für Konflikte in sich tragen – zuweilen sind es auch die Übereinstimmungen. Wenn zum Beispiel beide Firmen erstens erfolgreich sind und zweitens ihre Art, das Geschäft zu betreiben, als die bestmögliche betrachten, würde dies bei einer Fragebogenerhebung eine hohe Ähnlichkeit der Selbsteinschätzungen erbringen. Also kein Problem? Doch, und was für eines!

Denn bei der Integration werden dann zwei Parteien aufeinanderprallen, die sich in beinahe jeder Sachfrage in die Haare geraten – und zwar gerade weshalb, weil beide Seiten felsenfest davon überzeugt sind, dass ihre eigenen Vorstellungen denen ihrer neuen Kollegen deutlich überlegen sind. Im weiteren Verlauf würden sich beide zunehmend über die Sturheit und Verbohrtheit der jeweils anderen Seite ärgern, die wider alle Sachargumente stur an ihren Vorstellungen festhält. Von dieser Verärgerung bis zu dem Versuch, die eigenen Vorstellungen mit Macht durchzudrücken, ist es nur ein kleiner Schritt. Da die andere Seite dies kaum widerstandslos hinnehmen wird, lassen sich heftige Machtkämpfe absehen.

15.7 Eine pragmatische Vorgehensweise

Nach dem derzeitigen Stand der Handwerkskunst sind strukturierte Methoden und Instrumente kaum geeignet, die kulturbedingten Konfliktpotenziale zwischen zwei Organisationen vorherzusehen und ihre Brisanz abzuschätzen. Zu wenig lässt sich bislang theoriegeleitet und/oder erfahrungsgestützt vorhersagen, wo im konkreten Fall die Reibungspunkte liegen werden. Als Erfolg versprechender Weg empfiehlt sich ein »hermeneutisches Vorgehen«, also das Bemühen, die Besonderheiten des konkreten Falls möglichst genau zu verstehen.

Um im konkreten Fall ein Gefühl für die Risiken zu entwickeln, ist einige Erfahrung mit Unternehmenskulturen und dem Verlauf von Integrationsprozessen nützlich. Genau wie es mit ein wenig Menschenkenntnis möglich ist, recht gut vorherzusagen, ob sich zwei Menschen, die sich noch nicht kennen, verstehen werden oder nicht, so ist dies auch bei Unternehmenskulturen möglich: nicht mit absoluter Genauigkeit, aber doch mit erstaunlicher Treffsicherheit.

Der Weg dorthin verläuft nicht über einen standardisierten Vergleich von Gemeinsamkeiten und Unterschieden, sondern eher intuitiv über eine ganzheitliche Wahrnehmung und gedankliche Gegenüberstellung der Persönlichkeiten – bei Unternehmen genau wie bei Individuen. Ein solches Vorgehen genügt nicht strengen wissenschaftlichen Kriterien, denn es ist weder »objektiv« noch reproduzierbar, sondern im Gegenteil hochgradig subjektiv und von den Fähigkeiten der jeweiligen Interviewer abhängig.

Doch auch wenn das Vorgehen im ersten Schritt eher intuitiv als analytisch ist, ist es keinesfalls beliebig und erst recht kein Alibi für bedeutungsvolles Geraune und waghalsige Deutungen. Ganz im Gegenteil: Der zweite Schritt muss dabei immer darin bestehen, die intuitiven Eindrücke aus den Interviews rational und analytisch zu »dekonstruieren«, das heißt, sich Rechenschaft darüber abzulegen, aufgrund welcher Wahrnehmungen, Beobachtungen und Beurteilungen diese intuitiven Einschätzungen zustande kamen.

Denn unsere intuitiven Bewertungen werden uns ja nicht von geheimnisvollen Kräften eingegeben; vielmehr sind unsere Gefühle und Intuitionen die Folge von (meist vorbewussten) Gedanken, Bewertungen und Urteilen. Und die lassen sich mit ein bisschen Mühe durchaus rekonstruieren.

Diese Klärung und Präzisierung ist ein wichtiger Beitrag zum Risikomanagement einer Fusion oder Übernahme: Sie hilft, die Aufmerksamkeit der Verantwortlichen auf die wirklich heiklen Punkte der Integration zu richten und vorhandene Risiken bei der Wahl des Vorgehens zu berücksichtigen oder sie zumindest mit besonderer Wachsamkeit zu beobachten. Sie erspart es einem aber auch, sich an der falschen Stelle unnötige Sorgen und Mühen zu machen. Davon profitiert der gesamte Integrationsprozess und damit letztlich die Erfolgswahrscheinlichkeit nicht nur der kulturellen, sondern auch der ökonomischen Integration.

Geeignete Interviewpartner identifizieren

Solch eine Cultural Due Diligence besteht aus einer Reihe von teilstrukturierten Interviews mit Kennern beider Unternehmen. Das können Interne sein, mit denen sich ein solches Gespräch schon vor der offiziellen Ankündigung unverdächtig und ohne (falsche) Begründung führen lässt, wie zum Beispiel Mitglieder des Top-Managements, aber auch Zufallskontakte.

Sehr ergiebig ist nach unserer Erfahrung auch das Gespräch mit Externen, die das Unternehmen gut kennen und vielleicht sogar mit anderen Unternehmen vergleichen können. Natürlich sollte die Stichprobe, mit der solche Interviews geführt werden, nicht zu klein sein; wichtiger als die absolute Zahl der Gesprächspartner ist aber, eine möglichst große Vielfalt unterschiedlicher Perspektiven abzudecken.

Bei der Auswahl der Interviewpartner steht man vor einem doppelten Problem. Erstens ist Unternehmenskultur kein Thema, bei dem man auf Knopfdruck eine aussagekräftige Beschreibung abrufen kann. Viele Überzeugungen und Gewohnheiten sind den Beteiligten so tief in Fleisch und Blut übergegangen, dass sie sich ihrer kaum noch bewusst sind. Daraus resultiert die für Kulturanalysen ausgesprochen lästige Paradoxie, dass jemand umso weniger über eine Kultur Auskunft zu geben vermag, je tiefer er in ihr verwurzelt ist. Das zweite Problem ist, dass es in aller Regel nur wenige Gesprächspartner gibt, die *beide* Unternehmenskulturen kennen. Die Gegenüberstellung der Kulturen muss daher primär im Kopf des Interviewers oder der Interviewer stattfinden.

Geeignete Gesprächspartner, um die Besonderheiten einer Unternehmenskultur und ihre ungeschriebenen Regeln besser zu verstehen, sind zum Beispiel:

- Neue Mitarbeiter, die das Unternehmen erst in den letzten Monaten kennengelernt haben und sich noch daran erinnern können, worüber sie sich anfangs gewundert haben oder woran sie sich erst gewöhnen mussten;
- Mitarbeiter, die zuvor in anderen Firmen gearbeitet haben, sodass sie Vergleiche ziehen können und anhand eigener Erlebnisse die Besonderheiten der Kultur schildern können;
- Mitarbeiter, die mehrfach die Funktion oder Abteilung gewechselt haben, sowie interne Berater, die das Unternehmen aus ganz unterschiedlichen Perspektiven »von innen« kennen und daher Auskunft darüber geben können, wie homogen oder heterogen die Kultur ist;
- Kunden und Lieferanten, die das Unternehmen von außen erleben und aus dem Vergleich mit Wettbewerbern Auskunft über seine Eigenheiten und seine Besonderheiten in der Zusammenarbeit geben können;

- externe Berater, die das Unternehmen samt seinen Besonderheiten über einen längeren Zeitraum von innen kennengelernt haben und dabei einen Vergleich mit anderen Firmen und möglicherweise mit anderen Branchen ziehen können;
- Branchenexperten, die zwar in der Regel kein differenziertes Bild von der spezifischen Unternehmenskultur haben, dafür aber viel über die Markt- und Wettbewerbsposition sowie über die Eigenheiten der Unternehmen sagen können und oft auch über deren Entwicklung über die Zeit.

Besonders lohnende Interviewpartner sind Menschen, die beide Unternehmen kennen und deshalb nicht nur Hinweise auf Unterschiede, sondern unter Umständen auch auf konkrete Reibungspotenziale geben können:

- Mitarbeiter und Führungskräfte, die aus dem anderen Unternehmen gekommen sind und von daher aus ihrem eigenen Erleben einen direkten Vergleich der beiden Kulturen ziehen können;
- zuweilen deren unmittelbare Kollegen und Vorgesetzte, die oft aufschlussreiche Erinnerungen daran haben, welche »Eingewöhnungsprobleme« diese Neuen in den ersten Monaten hatten (oder welche kulturuntypischen Angewohnheiten sie vielleicht noch immer besitzen);
- Berater, die für beide Firmen schon gearbeitet haben;
- Kunden und Lieferanten, die mit beiden Firmen in Geschäftsbeziehungen stehen;
- Branchenexperten – wie sie sich vermutlich auch unter den Bankern und Beratern befinden, die in die Fusions- oder Übernahmepläne eingeweiht sind, sodass sie schon in einem frühen Stadium risikolos angesprochen werden können.

Vom Weitwinkel zur Zoomperspektive

Sinnvoll ist, die Interviewreihe mit diesen »Kennern beider Welten« zu starten, um so gleich zu Beginn ein Gefühl für die zentralen Unterschiede und Reibungsflächen zu gewinnen. Vieles spricht dafür, mit den Externen zu beginnen, weil ihr distanzierter Blick auf die Kulturen an dieser Stelle den größten Nutzen bringt.

Bei Internen hingegen, die beide Kulturen intensiv am eigenen Leib erlebt haben und sie direkt vergleichen können, wäre es schade, wenn ihr zur Intuition geronnenes Erfahrungswissen nicht besser ausgeschöpft würde. Deshalb empfiehlt es sich, sie erst gegen Abschluss der Interviewreihe zu befragen, um die bis dahin entstandenen Eindrücke und Hypothesen querzuprüfen.

Durchgeführt werden die Interviews am besten entweder von Externen oder – nach unserer Erfahrung noch fruchtbarer – von einem Tandem aus je einem oder einer Externen und einem oder einer kultursensiblen Internen. Die Verbindung von externer und interner Sicht hat den Vorteil, dass Externe die nötige Unbefangenheit mitbringen, um nicht alle »Sitten und Gebräuche« der jeweiligen

Kultur für selbstverständlich zu nehmen, während die Internen oftmals die Hintergründe (oder Legenden) bestimmter Gepflogenheiten besser verstehen. Dieser Unterschied eröffnet zusätzliche Lernchancen.

Eine »pragmatische Variante«, die durch den rasch aufkommenden Zeitdruck einer Fusion oder Übernahme zuweilen halb ermöglicht, halb erzwungen wird, ist, dass ein oder mehrere ausreichend erfahrene und sensible Mitglieder einer der beiden Organisationen das andere Unternehmen kennenlernen und dessen Kultur auf sich wirken lassen. In der Regel spüren sie dabei sehr schnell, ob es gravierende Reibungspunkte gibt und wo sie liegen.[14]

Wichtig ist, dass sie die Fähigkeit haben, Eindrücke nicht nur aufzunehmen, sondern sie auch in Worte zu fassen und ihre möglichen Auswirkungen zu reflektieren. Dabei kann ihnen ein geschulter Interviewer helfen. Ihre langjährige Verwurzelung im eigenen Unternehmen wirkt dabei als »kulturelles Benchmark«: Ihre eigenen Empfindungen werden zum Sensor, der absehbare Reibungspunkte mit dem vorgesehenen Partner anzeigt. Allerdings ist das Bild, das auf diese Weise entsteht, im wahrsten Sinne des Wortes »einseitig«: Es legt nur die Punkte offen, in denen sich die Herkunftskultur der Beobachter an der anderen Kultur reiben könnte, nicht aber jene, bei denen die andere Kultur sich an der ihren reiben wird. Und erst recht liefert es kein umfassendes Bild der anderen Kultur – was aber für unsere Zwecke auch gar nicht erforderlich ist.

---

14 Die größte Schwierigkeit bei dieser Vorgehensweise ist, dass es den Emissären in aller Regel sehr schwerfällt, Beobachtungen und Bewertungen zu trennen. Die meisten Mitarbeiter und Führungskräfte, die die andere Kultur kennenlernen, spüren intuitiv sehr rasch und intensiv, wo Reibungspunkte liegen könnten – aber ihre Beobachtungen verwandeln sich im gleichen Moment in emotionale, moralische und/oder politische Bewertungen, die von ihrer eigenen Rolle und Interessenlage geprägt sind.
Beispielsweise registrieren sie sehr schnell, dass die andere Seite ihre ganz eigenen Vorstellungen davon hat, wie das Geschäft zu betreiben ist und dass das mit ihren eigenen Vorstellungen nicht zusammenpasst. Aber sie konstatieren dies nicht einfach wertfrei, sondern bewerten es sofort, und zwar vor dem Hintergrund ihrer eigenen Interessenlage und des sich abzeichnenden Konflikts. Das heißt, die Bewertungen sind in der Regel negativ getönt – sie sehen das Festhalten der anderen Kultur an ihren eigenen Vorstellungen zum Beispiel als eigensinnig, irregeleitet, verbohrt oder was auch immer an. Charakteristisch dafür ist, dass sie ihre Einschätzung oft in einem ärgerlichen, empörten oder kämpferisch-entschlossenem Ton vorbringen: Bewertungen lösen Emotionen aus, und die Emotionen übersetzen sich in Handlungsimpulse.
Trotzdem enthalten diese ersten Eindrücke, mit denen die Emissäre von ihren ersten Kontakten zurückkommen, wertvolle Informationen sowohl über die andere Kultur als auch über mögliche Reibungspunkte – aber die bekommt man nur, wenn man sich die Mühe macht, die Beobachtungen in einem »Debriefing« zu rekonstruieren, die diese Bewertungen ausgelöst haben. Um an sie heranzukommen, ist ein Interviewer erforderlich, der beharrlich der Frage nachspürt: »Was konkret haben Sie im Gespräch mit der anderen Seite beobachtet oder erlebt? Was hat wer gesagt oder getan? An welchen Beobachtungen machen Sie zum Beispiel fest, dass sie die andere Seite als eigensinnig, irregeleitet oder verbohrt empfinden?«

15.8 Drei große Themenfelder

Als Strategie für die Interviews empfiehlt es sich, nicht abstrakt nach der Unternehmenskultur oder nach Normen und »heimlichen Spielregeln« zu fragen, weil das in der Regel eher zu Allgemeinplätzen als zu konkret verwertbaren Ergebnissen führt. Sinnvoller ist es, möglichst nahe an den *konkreten Erfahrungen* und dem Erleben des Gesprächspartners zu bleiben. Ein Gesprächseinstieg für neue Mitarbeiter kann etwa lauten: »Wenn Sie zurückdenken an Ihre ersten Tage und Wochen in diesem Unternehmen: Was ist Ihnen da besonders aufgefallen, das anders war, als Sie es von Ihrer früheren Firma gewohnt waren? Was hat Sie erstaunt, verwundert, überrascht oder befremdet?«

Solch ein erlebensnaher Einstieg liefert in der Regel zwei bis drei Fährten, denen genauer nachzuspüren sich lohnt, um den »Charakter« der jeweiligen Organisation besser zu verstehen. Dabei ist es am ergiebigsten, auch im weiteren Gespräch nahe an konkreten Beispielen und Erfahrungen zu bleiben, etwa weiterzufragen, welche Regeln und Schlussfolgerungen die Gesprächspartner aus diesen Erfahrungen für sich und ihr weiteres Verhalten abgeleitet haben. Dagegen bringt es in aller Regel wenig, in allgemeine Charakterisierungen der Kultur abzugleiten. Je konkreter und lebensnäher die Beispiele und die aus ihnen gezogenen Lehren sind, desto nützlicher sind auch die Erkenntnisse.

Bei Gesprächspartnern, die dem Unternehmen emotional verbunden sind – und das können neben Mitarbeitern auch Kunden, Lieferanten und Berater sein –, lohnt es sich, einen weiteren wichtigen Aspekt zu erfragen, nämlich das *»kulturelle Familiensilber«*: Auf welche Aspekte ihrer Kultur ist die Organisation besonders stolz? Was sind ihre Grundüberzeugungen, wie man das Geschäft betreiben muss, um erfolgreich zu sein? Welche unverrückbaren Prinzipien und Spielregeln gelten in der Firma?

Manchmal kommt das Familiensilber klarer zum Vorschein, wenn man die Frage umkehrt: Welche Prinzipien dürften auf keinen Fall infrage gestellt werden, um den geschäftlichen Erfolg, die Leistungsfähigkeit des Unternehmens und/oder ein lebenswertes Arbeitsklima nicht zu gefährden? In welche Richtung sollte die Entwicklung auf keinen Fall gehen?

Das führt zu dem dritten Themenfeld, den *»Angstbereichen«*. Auch wenn eine Fusion und noch mehr eine Übernahme aus Sicht der Mitarbeiter immer bedrohlich ist, kann zum Beispiel eine pessimistische Selbsteinschätzung dazu führen, dass Mitarbeiter und Führungskräfte auf bestimmte reale oder wahrgenommene Bedrohungen besonders defensiv reagieren: Wie Individuen, so können auch ganze Unternehmen »Minderwertigkeitsgefühle« haben.

Beispielsweise war die Selbstwahrnehmung des Managements bei einem Übernahmekandidaten: Wir sind fachlich sehr kompetent und überdurchschnittlich erfolgreich, aber wir können uns nicht gut verkaufen, und schon gar nicht auf Englisch! Infolgedessen herrschte in der Führungsmannschaft eine Mischung aus Panik und trotziger Wurstigkeit im Bezug auf den bevorstehenden Stellenbesetzungsprozess (→ Kap. 24), der eine Kombination von Interviews und Assessment-Center-Elementen vorsah, die großteils auf Englisch durchgeführt werden sollten (→ Kap. 28).

Meist beziehen sich solche kollektiven Ängste nur auf einzelne Anforderungsdimensionen, wie im obigen Fall das »Sich-Verkaufen auf Englisch«. Manchmal ist das Minderwertigkeitsgefühl aber auch generalisiert, vor allem bei Unternehmen, deren Selbstvertrauen angeknackst ist, weil sie seit Jahren die »notorischen Verlierer« ihrer Branche sind.

Das kann so weit gehen, dass die Mitarbeiter und Führungskräfte trotz aller Angst, den künftigen Anforderungen nicht zu genügen, zugleich große Hoffnungen in die Übernahme setzen – und ihr, wenn die strukturellen Entscheidungen erst einmal gefallen sind, viel weniger Widerstand entgegensetzen als erwartet. Da ihre bisherige Kultur kein Erfolgsmodell war, muss sie auch nicht mit Zähnen und Klauen verteidigt werden. Also sind es dann allenfalls Komfort- und Sicherheitsaspekte, die als bewahrenswert angesehen werden.

15.9 Praktische Konsequenzen

Die Auswertung dieser Interviews sollte sinnvollerweise nicht erst nach Abschluss aller Gespräche stattfinden, sondern als fortlaufende Bilanzierung der im Prozess gewonnenen Erkenntnisse sowie der daraus entstehenden neuen Fragen. Die zentrale Frage ist dabei: Aus welchen Aspekten der zu verschmelzenden Kulturen ergeben sich ernsthafte Risiken für die Integration?

Die drei angesprochenen Themenfelder haben unterschiedlichen Einfluss auf Verlauf und Risiken der Integration: Die *Angstbereiche* bestimmen am stärksten die anfänglichen Reaktionen auf die Übernahme oder den Zusammenschluss; sie fördern Kontrastverstärkung und Wagenburg-Bildung (→ Kap. 11) auf beiden Seiten. Doch können sie durch gute Kommunikation, durch Eingehen auf die vorhandenen Ängste und ein durchdachtes und zügiges Management der Integration entscheidend gemildert werden. Deshalb stellen sie zwar eine Hürde, aber kein unüberwindliches Hindernis für den Integrationserfolg dar.

Für das Eingehen auf die Ängste ist es natürlich eine große Hilfe, wenn man sie kennt. Genau hier macht sich die »Cultural Due Diligence« bezahlt. Denn gerade die ersten Signale in den ersten Wochen und Monaten nach Ankündigung der Fusion oder Übernahme haben großen Einfluss darauf, ob sich die Mitarbeiter und Führungskräfte einigeln oder ob sie der Entwicklung mit vorsichtiger Zuversicht entgegensehen.

Je mehr die Mitarbeiter merken, dass die Verantwortlichen die spezifischen Sorgen beider Seiten verstanden haben und sich darum bemühen, ihnen Rechnung zu tragen, umso weniger werden sie sich bedroht fühlen und umso weniger müssen sie sich daher gegen die andere Seite solidarisieren.

Das heißt nicht, dass man jede Befürchtung ausräumen kann und jedem Wunsch entsprechen muss; in vielen Fällen, wie etwa bei der Besetzung der Führungspositionen oder beim Realisieren von Synergien, ist dies gar nicht möglich. Trotzdem wirkt es entlastend, wenn die Mitarbeiter und Führungskräfte spüren, dass die Integrationsverantwortlichen ihre Befürchtungen und Bedürfnisse kennen und nicht ohne Not über sie hinweggehen.

Unvereinbare Geschäftsmodelle und Grundüberzeugungen

Unvereinbare Grundüberzeugungen hingegen sind eher ein mittel- bis langfristiges Hindernis für die Integration. Zwar bewirken sie möglicherweise von Anfang an, dass einem der designierte Fusionspartner unsymphathisch ist, und nähren den Verdacht, dass die Zusammenführung schwierig werden könnte, doch ihr volles Konfliktpotenzial entfalten sie erst, wenn zuerst in den Integrationsteams und später in der operativen Zusammenarbeit geklärt werden muss, nach welchen Spielregeln das Geschäft künftig betrieben wird.

Solange die Differenzen nur Themen von minderer Bedeutung betreffen, ist das zwar anstrengend, aber mit etwas Druck und gutem Willen lösbar. Genau hier helfen ein gemeinsamer Feind und/oder eine gemeinsame Not, die Konsensfindung zu beschleunigen und der Entstehung rivalisierender »Glaubenslager« entgegenzuwirken (→ Kap. 10).

Richtig schwierig wird es, wenn in zentralen Fragen des Geschäfts unterschiedliche Überzeugungen bestehen, wie etwa, ob Kostenführerschaft oder eine Mehrwert-Differenzierung angestrebt werden soll. Hier ist in vielen Fällen kein Kompromiss möglich. In solchen Fällen besteht der einzige Ausweg darin, dass das Top-Management eine Grundsatzentscheidung trifft, welcher Weg künftig eingeschlagen wird, und sie nötigenfalls gegen Widerstände durchsetzt.

Auch ein solcher Richtungsentscheid wird nicht verhindern können, dass manche Mitarbeiter und Führungskräfte weiterhin ihren alten Überzeugungen treu bleiben. Für sie stellt sich die Frage, ob sie ihren Frieden mit der ungeliebten Geschäftspolitik machen oder sich ein neues Umfeld suchen wollen. Gerade in Phasen eines schwierigen Arbeitsmarkts besteht aber die Gefahr, dass sie weder das eine noch das andere tun, sondern im Unternehmen bleiben, aber im unerklärten Krieg mit der neuen Geschäftspolitik versuchen, im eigenen Einflussbereich weiterhin ihre alten Überzeugungen umzusetzen.

Besonders groß ist diese Gefahr dort, wo ganze Enklaven einer der Ursprungskulturen bestehen bleiben. Auf sie muss das Management ein wachsames Auge haben, um ein operatives Unterlaufen der neuen Geschäftsstrategie schon im Ansatz zu unterbinden. Die »Cultural Due Diligence« macht hier sichtbar, wie groß diese Gefahr ist und an welchen Stellen im Unternehmen sie auftreten könnte.

Unterschiedliche »Charakterzüge«

Das Konfliktpotenzial beim Zusammentreffen unterschiedlicher »Charakterzüge« schließlich ist das Feld, das am stärksten der Einzelfallbetrachtung bedarf. Grundsätzlich scheinen hier nur wenige Konstellationen wirklich kritisch zu sein. So wie im Alltag mit etwas gutem Willen die unterschiedlichsten Charaktere miteinander auskommen können, so stellen auch unterschiedliche Charaktere von Unternehmen kein prinzipielles Hindernis für eine erfolgreiche Integration dar.

Ob die einen ein bisschen vornehmer und die anderen ein bisschen ruppiger sind, ob eine aktionistische Handlungsorientierung auf einen bedächtigeren Arbeitsstil trifft, oder ob sich ausgeprägte Vorsicht mit weitreichender Bereitschaft zum Experimentieren begegnet, das schafft zwar Friktionen, aber keine unüberwindlichen Barrieren – zumal ja beide Kulturen, wenn man genauer hinsieht, auch in sich nicht monolithisch sind, sondern Häufigkeitsverteilungen um die jeweiligen Mittelwerte darstellen.

Trotzdem gibt es, wie zwischen Individuen auch, zuweilen Fälle, wo zwei Kulturen absolut »nicht miteinander können«. Auch solche Risiken kann die »Cultural Due Diligence« mit einiger Treffsicherheit vorhersehen, sodass man schon im Vorfeld darüber nachdenken kann, welche Schlussfolgerungen daraus für Strategie und Taktik der Integration abzuleiten sind.

WICHTIGSTE ERKENNTNISSE UND SCHLUSSFOLGERUNGEN

- Die betriebswirtschaftliche Due Diligence, wie sie vor Fusionen und Übernahmen üblich ist, ist primär ein Blick in den Rückspiegel: Sie überprüft, wie die wirtschaftliche Lage des zum Verkauf stehenden Unternehmens wirklich ist und wie sie sich entwickelt hat, aber sie lässt weder erkennen, welche Zukunftsperspektiven das Unternehmen hat, noch etwa, welche immateriellen Vermögenswerte oder kulturellen Altlasten der Käufer unweigerlich mitübernimmt. Deshalb ist es überlegenswert, die betriebswirtschaftliche Due Diligence um eine Cultural Due Diligence zu ergänzen.
- Bei einer Cultural Due Diligence geht es nicht darum, zu bestimmen, wie ähnlich oder unterschiedlich die beiden Kulturen sind, um daraus abzuleiten, wie schwierig die Integration werden wird. Das wäre zu technisch gedacht:

Auch bei geringen kulturellen Unterschieden werden sich die Kulturen im Zuge einer Kontrastverstärkung zunehmend gegeneinander abgrenzen, sobald sich eine Fusion abzeichnet. Ziel der Cultural Due Diligence muss vielmehr sein, herauszufinden, ob es in den beiden Unternehmen inkompatible Geschäftsmodelle, Grundüberzeugungen oder Führungsphilosophien gibt, welche die Integration erschweren, unter Umständen sogar ihre Erfolgsaussichten fraglich machen.

- Da es für die Cultural Due Diligence keinen Data Room gibt und eine Fragebogenerhebung schon aus Gründen der Vertraulichkeit ausscheidet, führt die beste Vorgehensweise über Interviews mit Kennern einer oder beider Kulturen. Ein Suchraster hilft, geeignete Personen zu identifizieren.
- Diese Interviews sollten teilstrukturiert sein: Sie sollten sich einen vorbereiteten Fragenkatalog – oder noch besser: an vorher festgelegten Erkenntniszielen – orientieren, aber sie sollten auch die in persönlichen Gesprächen liegende Chance nutzen, sowohl bereits gewonnene Erkenntnisse und Hypothesen einfließen zu lassen und so zu »testen«, als auch in dem Interview entstehende neue Erkenntnisse und Ideen weiterzuverfolgen.
- Deshalb sollte die Auswertung der Interviews zweckmäßigerweise nicht erst nach dem letzten Gespräch erfolgen, sondern eine fortlaufende Bilanzierung der gewonnenen Einsichten sein, aus der sich neue Fragen ergeben können, die in die weiteren Interviews einfließen.
- Als Grundstrategie für die Interviews empfiehlt es sich, nicht abstrakt nach der Unternehmenskultur bzw. den Unternehmenskulturen zu fragen, sondern sich entlang konkreter eigener Erfahrungen aus der Zusammenarbeit zu deren Besonderheiten und dem »Charakter« der jeweiligen Organisation vorzuarbeiten.
- Bei Personen, die dem Unternehmen emotional verbunden sind, lohnt sich die Frage nach dessen »kulturellem Familiensilber«, also nach den Merkmalen, die dessen besondere Stärken und den Stolz der jeweiligen Kultur ausmachen. Ein weiteres ergiebiges Thema sind die Angstbereiche in Bezug auf die bevorstehende Fusion oder Übernahme.
- Aus der Cultural Due Diligence lässt sich nicht nur ableiten, ob es für die Integration besondere Risiken gibt und wo sie liegen, bis hin zu einer völligen Unvereinbarkeit der Kulturen und Geschäftsmodelle. Sie macht die Integration auch leichtgängiger, weil man die Angstbereiche beider Seiten kennt und deshalb besser auf sie eingehen kann. Und schließlich kann sie dazu beitragen, den Wert des fusionierten Unternehmens zu steigern, weil man das »Familiensilber« beider Seiten erkannt hat und deshalb bei der Verschmelzung weder unnötig Porzellan zerschlägt noch das Silber ramponiert.

16 Integrationstiefe: Zwischen Finanzbeteiligung und vollständiger Verschmelzung

Eine der wichtigsten strategischen Entscheidungen am Beginn einer Übernahme oder Fusion ist die über die Integrationstiefe, also darüber, wie weit das übernommene Unternehmen mit dem übernehmenden verschmolzen werden soll. Die Gestaltungsmöglichkeiten und Konstruktionen sind vielfältig und reichen von einer reinen Finanzbeteiligung bis hin zur totalen Verschmelzung. Die frühzeitige und wohlüberlegte Festlegung der Integrationstiefe ist aus zwei Gründen zwingend erforderlich: Erstens weil sie das gesamte weitere Vorgehen bestimmt, sodass ohne eine Klärung dieser Frage keine sinnvolle Weiterarbeit möglich ist, zweitens weil sowohl das Vorgehen als auch der Schwierigkeitsgrad der Integration maßgeblich von der gewählten Integrationstiefe abhängen.

16.1 Übernahme ohne Integration

Am einfachsten ist der »Integrationsprozess« natürlich, wenn die gekaufte Firma völlig unabhängig bleibt und als reine Finanzbeteiligung geführt wird. Dann ist die Integration im Wesentlichen ein juristisches und finanztechnisches Problem. Vermutlich wird dann ein Gewinnabführungsvertrag geschlossen und der Aufsichtsrat neu besetzt; vielleicht zieht noch eine Vertrauensperson des Käufers in die Geschäftsführung ein, aber ansonsten aber ändert sich weder für das übernommene Unternehmen allzu viel noch für das übernehmende. Dementsprechend gibt es auch keinen Bedarf für eine Post-Merger-Integration. Allerdings entstehen auf diese Weise natürlich auch keine Synergieeffekte.

Nun kann man natürlich fragen, warum sich jemand ein Unternehmen kaufen sollte, wenn er keine Synergieeffekte erzielen will. Doch solche Gründe gibt es durchaus – zum Beispiel, weil man Kapital anlegen möchte oder muss. Wenn etwa ein Großinvestor à la Warren Buffett, eine Private-Equity-Firma oder ein Pensionsfond eine gute Verzinsung für seine Einlagen sucht, ist der Kauf von oder die Beteiligung an Unternehmen eine Alternative bzw. Ergänzung zu anderen Formen der Kapitalanlage.

Ein anderes Motiv ist – trotz heftiger strategischer Kritik – Diversifizierung, also das Bemühen, branchentypische Risiken und Schwankungen durch die Verteilung des Geschäfts auf mehrere Branchen zu mindern. Oder – ebenfalls lebhaft diskutiert – der komplette Ausstieg aus einem alten, schrumpfenden Geschäftsfeld und der Einstieg in ein neues, wie ihn etwa der Röhrenhersteller Mannesmann (heute Vodafone) mit seinem folgenschweren Wechsel in die Mobilfunkbranche oder der Stahlverarbeiter Preussag (heute TUI) mit seinem Umbau zum Tourismuskonzern vollzogen haben.

Auch beim Portfolio-Management, das heißt, wenn Konzerne ihre Beteiligungen neu »abmischen«, geht es nicht um Integration, jedenfalls nicht am Anfang. Erst recht nicht bei den »Corporate Raiders«, den »Unternehmenskaperern«, die Firmen und selbst ganze Konzerne kaufen, um sie auszuschlachten und ihre Einzelteile zu einem höheren Preis zu verkaufen als sie für das ganze Unternehmen bezahlt haben. Dabei handelt es sich zwar um eine legalisierte Form von Raubrittertum, finanziell ist es aber immer dann sehr lukrativ, wenn ein Unternehmen unterbewertet ist, sodass das Ganze vor der Übernahme *weniger* wert ist als die Summe seiner Teile. Deshalb häufen sich solche »Raubüberfälle« in Zeiten schwacher Kapitalmärkte und kommen in guten Börsenzeiten weitgehend zum Erliegen.

16.2 Vorstufen zur Integration

Keine Verschmelzung, aber deutlich mehr an Einflussnahme auf das operative Geschäft ist zu erwarten, wenn ein Unternehmen ein anderes aus der Überzeugung gekauft hat, dass es unter einer besseren Führung deutlich mehr Ertrag abwerfen und/oder sehr viel stärker wachsen könnte. In diesem Fall wird der Käufer vermutlich nicht bloß einige Schlüsselpersonen austauschen, sondern das Management insgesamt sehr viel stärker ergebnisorientiert führen. Was möglicherweise Personalabbau nach sich zieht, sicher aber anspruchsvollere Zielvorgaben und ein strafferes Controlling und Kostenmanagement.

Ein ganz anderes Motiv für die Akquisition kann darin liegen, eine vor- oder nachgelagerte Wertschöpfungsstufe unter seine Kontrolle zu bringen (»vertikale Integration«), also beispielsweise einen wichtigen Zulieferer oder, am anderen Ende der Wertschöpfungskette, den Vertrieb oder Handel. So übernahm Coca-

Cola Ende der 1990er-Jahre etliche Konzessionäre, die seine Produkte herstellten, abfüllten und vertrieben. Desgleichen kauften manche Autohersteller ihre Händler auf, um diesen Teil der Wertschöpfung erstens besser steuern zu können und zweitens selbst daran zu verdienen.

Bei diesem Gegenstück zum Outsourcing entstehen in aller Regel keine großen Synergien; es entfällt bloß die Notwendigkeit zu immer neuen Vertragsverhandlungen sowie die mühsame Überzeugungsarbeit, wenn die Händler oder Konzessionäre nicht so woll(t)en wie der Hersteller. Stattdessen brauchen nur noch Schnittstellen und Spielregeln definiert werden. Der eigentliche Nutzen liegt hier vor allem darin, dass das Verhalten des Partners leichter zu steuern ist – und seine Gewinne in die eigene Tasche fließen.

16.3 Teil- und Vollintegration

Wirkliche Synergien entstehen jedoch nur bei einer teilweisen oder vollständigen Integration. Auch hier gibt es eine Vielzahl unterschiedlicher Modelle, und längst nicht immer ist eine vollständige Verschmelzung die einzig mögliche oder einzig richtige Lösung. Im Gegenteil: Eine teilweise Integration ist oft vorzuziehen, wenn beide Unternehmen in wesentlichen Teilbereichen so gut aufgestellt sind, dass eine Verschmelzung für den künftigen Geschäftserfolg eher Risiken als Nutzen brächte.

Beispielsweise könnten fusionierende Pharmaunternehmen darüber nachdenken, zwar Produktion, Vertrieb und Verwaltung zusammenzulegen, ihre hochspezialisierten Forschungszentren jedoch getrennt zu halten. Oder die fusionierenden Firmen können, wie etwa Renault und Nissan, zwar ihr »Back-Office«, also die Logistik- und Verwaltungsfunktionen zusammenlegen, aber ihre Marken in Entwicklung, Produktion, Marketing und Vertrieb strikt getrennt halten. Ähnliches tun auch manche Versicherer, die nach der Fusion zwar unter mehreren Marken und mit unterschiedlichen Produktprogrammen und Vertriebswegen im Markt präsent bleiben, aber letztlich aus dem gleichen Haus (bzw. Rechenzentrum) kommen.

Auf den ersten Blick scheint zwischen einer Teilintegration und einer vollständigen Verschmelzung kein wesentlicher Unterschied zu bestehen, stellen sich doch in beiden Fällen im Grunde die gleichen Probleme und Aufgaben, nur dass sie bei einer Teilintegration vielleicht ein oder zwei Nummern kleiner sind. Doch dieser kleine Unterschied ist größer als er sich anhört, denn je überschaubarer die zu verschmelzenden Bereiche sind, desto geringer ist die Komplexität des Integrationsprozesses. Und auch eine Teilverschmelzung ist noch komplex genug, denn unter den zu verschmelzenden Funktionen sind praktisch immer die Zentralfunktionen und meistens auch die IT. Und die sind erfahrungsgemäß für die Funktionsfähigkeit der direkt produktiven Bereiche oft wichtiger als diesen bewusst ist.

Fusion von Mischkonzernen ist oft einfacher
Einfacher stellt sich die Situation erstaunlicherweise bei der Fusion von Mischkonzernen und Konglomeraten dar, wie etwa beim Zusammenschluss von Krupp-Hoesch und Thyssen. Denn die sind meist ohnehin schon in Branchen-Holdings gegliedert (wie zum Beispiel Automotive, Steel, Industries, Handel usw.); erst unter diesen Branchen-Holdings versammeln sich die einzelnen Konzernunternehmen.

Da diese Einzelunternehmen aber ohnehin weitgehend selbstständig operieren, trifft sie die Fusion nicht unmittelbar. Außer, wenn der Fusionspartner ein Unternehmen mit in die Ehe gebracht, das im selben Geschäftsfeld tätig ist: Dann ist damit zu rechnen, dass hier einige Synergieeffekte fest eingeplant sind.

Ansonsten werden sie im schlimmsten Fall einer anderen Industrie-Holding zugeordnet, und sie erhalten als Gegenleistung für den neuen Briefkopf möglicherweise anspruchsvollere Ergebnisziele, um die Fusion mitzufinanzieren. Doch im Übrigen wird ihr Geschäft von der Verschmelzung der Konzernzentralen kaum beeinträchtigt. (Spitze Zungen behaupten, dass es dadurch sogar erleichtert würde, weil die Zentralen dann hinreichend mit sich selbst beschäftigt seien, um sich nicht ständig ins Geschäft einzumischen oder zeitaufwendige Sonderprogramme aufzulegen.)

Die Zentrale selbst sowie die Branchen-Holdings trifft es härter. Denn irgendwo müssen die Synergieeffekte ja herkommen, die die Fusion oder Übernahme rechtfertigen, und da ist mit Sicherheit ein kluger Stratege auf die Idee gekommen, dass der fusionierte Konzern nur noch eine Zentrale braucht und auch deutlich weniger Branchen-Holdings. Also gibt es hier reichlich zu tun für das Integration-Management – und für den Personalbereich, der in diesem Fall vermutlich ziemlich viele Auflösungsverträge verhandeln und ausfertigen muss.

16.4 Schrittweise Integration

Nicht zu verwechseln mit einer Teilintegration sind schrittweise Verschmelzungen. Bei einer Teilintegration ist das Getrennt-Bleiben einzelner Bereiche oder Funktionen der angestrebte Endzustand; bei einer schrittweisen Integration ist es nur eine Zwischenstufe, die zum Zwecke oder Komplexitätsreduktion, aus technischen oder aus anderen Gründen eingeschoben wird; das Endziel bleibt aber eine vollständige Integration.

Ideal ist eine schrittweise Integration in aller Regel nicht, weil Menschen schlecht mit Übergangszuständen leben können. Wenn sie wissen, dass in absehbarer Zeit noch einmal größere Veränderungen auf sie zukommen, beeinträchtigt das nicht nur ihr Wohlbefinden, sondern oft auch ihre Leistung. Zuweilen sind stufenweise Integrationen aber nicht zu vermeiden, weil technische Gründe wie zum Beispiel die IT kein anderes Vorgehen zulassen.

Manchmal wird aus einer Teilintegration allerdings nachträglich und entgegen den ursprünglichen Absichten eine vollständige Verschmelzung, einfach weil sich nach einiger Zeit herausstellt, dass die angestrebte Teilintegration in der Praxis nicht so funktioniert wie gedacht, aus welchen Gründen auch immer.

Dann wird eben einige Jahre nach der Teilintegration doch noch eine vollständige Verschmelzung beschlossen und durchgeführt. Optimal ist das nicht, weil das Unternehmen so ein zweites Mal aufgemischt wird und funktionierende Arbeits- und Kundenbeziehungen zerrissen werden, aber was bleibt einem übrig, wenn sich der ursprünglich anvisierte Zustand als untauglich erweist ...

Eine vollständige Verschmelzung schließlich hat das Ziel, aus den zwei (oder mehr) fusionierenden Unternehmen ein neues Ganzes zu schaffen, wie etwa aus Ciba-Geigy und Sandoz den neuen Konzern Novartis oder aus Hoechst und Rhone-Poulenc das neue Unternehmen Aventis (das mittlerweile in Sanofi aufgegangen ist). Die vollständige Verschmelzung ist die umfassendste und komplexeste Form der Integration; entsprechend hoch sind hier die Anforderungen an das Integration-Management.

16.5 Was ist die richtige Integrationstiefe?

Wie lässt sich im konkreten Fall bestimmen, was die richtige Integrationstiefe ist? Es gibt Fusionen und Übernahmen, bei denen dies ziemlich offensichtlich ist. So liegt es beim Zusammenschluss von Konglomeraten auf der Hand, dass sowohl die Konzernleitungen als auch die sich überlappenden Industrie-Holdings vollständig verschmolzen werden müssen, die nachgeordneten Einzelunternehmen dagegen nur dort, wo es echte Überschneidungen gibt.

Doch in den meisten Fällen liegt der optimale Integrationsgrad nicht so klar auf der Hand. Wichtig ist, bei diesen Überlegungen nicht in eine psychologische Falle zu tappen, die lautet: entweder ganz oder gar nicht. Wie die Gestaltpsychologie herausgefunden hat, ist unser Gehirn so konstruiert, dass es große Sympathie für klare, saubere, einfache Lösungen empfindet (»Gesetz der geschlossenen Gestalt«).

Die beiden einzigen »glasklaren« Lösungen bei einem Merger sind aber zum einen die völlige Unabhängigkeit, zum anderen die vollständige Verschmelzung. Deshalb ist es verführerisch, genau diese Alternativen zu bevorzugen. Da eine völlige Unabhängigkeit aber oftmals ausscheidet, weil sie keine Synergien bringt, bewirkt dieses »Gestaltgesetz«, dass wir vom Bauchgefühl her oft allzu schnell mit einer vollständigen Verschmelzung sympathisieren.

Dabei wäre eine Teilintegration in vielen Fällen die bessere Lösung. Denn gemäß der 80:20-Regel lassen sich damit manchmal bei sehr viel geringerem Integrationsaufwand und in deutlich kürzerer Zeit fast die gleichen oder sogar noch bessere Resultate erzielen als mit einer vollständigen Verschmelzung. Wieso noch bessere? Weil das Unternehmen schneller wieder handlungsfähig wird, wesentlich weniger Aufwand für die Integration benötigt und weniger Leistungsträger und weniger Kunden verliert – was ja bei ehrlicher Betrachtung auch Kosten sind, und zwar substanzielle.

Diese Vorteile zählen umso mehr, als bei manchen rechnerischen Marginal-Synergien durchaus fraglich ist, ob sie jemals über das Papier hinauskommen werden, auf dem sie errechnet bzw. geraten wurden. Für jede einzelne Funktion oder Organisationseinheit, deren Verschmelzung Sie in Angriff nehmen, gilt: Die Ablenkung vom Tagesgeschäft, Unruhe und Demotivation, die die Zusammenführung mit sich bringt, haben Sie sicher, desgleichen das Zerreißen eingespielter (und deshalb in der Regel effizienter) Beziehungen – die geplanten Synergieeffekte noch lange nicht.

Synergien unter fünf Prozent dürften in etlichen Fällen unterhalb der Schätzgenauigkeit (und des Wunschdenkens) der M&A-Berater liegen, deshalb lohnt es sich oft nicht, den Versuch ihrer Hebung zu machen. Es erfordert zwar ein Stück Mut, sich dem Trend zur vollständigen Verschmelzung zu widersetzen und auf »errechnete« Restsynergien zu »verzichten«. Aber es bringt oftmals bessere Ergebnisse und hat zudem den Vorteil, der Konkurrenz weniger Angriffsfläche zu bieten (→ Kap. 4).

16.6 Geringstmögliche Integrationstiefe, aber klare Führung

Eine zweite psychologische Falle ist, sich beim Bestimmen der Integrationstiefe von unreflektierten Ängsten leiten zu lassen. Das kann einen dann entweder dazu veranlassen, mit überhöhtem Kontrollbedürfnis an das übernommene Unternehmen heranzugehen und vor lauter Sorge, es nicht in den Griff zu bekommen, einen zu hohen Integrationsgrad anzustreben. Oder es verleitet im Gegenteil dazu, ihm aus lauter Höflichkeit und Konfliktscheu mehr Eigenständigkeit zuzugestehen, als langfristig durchzuhalten ist, weil ja Synergien abgeliefert werden müssen und eine reibungslose Zusammenarbeit gewährleistet werden muss.

Solch eine unklare Linie scheint besonders bei deutschen Akquisitionen im Ausland vorzukommen, weil wir Deutsche offenbar oft die Sorge haben, von anderen Nationalitäten als »deutsche Panzer« wahrgenommen zu werden, die rücksichtslos und ohne Feingefühl alles plattwalzen, was ihnen in den Weg kommt. Wer sich deshalb am Anfang allzu verständnisvoll und großzügig gibt, läuft Gefahr, diese Übertreibung später mit erheblichem Flurschaden und unter einigem Glaubwürdigkeitsverlust korrigieren zu müssen.

Management und Belegschaft des übernommenen Unternehmens *erwarten*, dass der Käufer die unternehmerische Führung übernimmt, und reagieren irritiert und verwirrt, wenn das nicht geschieht. So fragte uns der IT-Manager eines amerikanischen Unternehmens, das vor mehreren Jahren von einem deutschen übernommen worden war, mit deutlicher Irritation: »What we don't understand: If they bought us, why don't they lead us?«

Andererseits ist für den Integrationserfolg auch wichtig, beim Ausmaß und Detaillierungsgrad der Führung nicht zu überziehen. Denn wenn sich der Eindruck einer umfassenden Gängelung breitmacht, werden sich gerade die Leistungsträger bald fragen, ob sie sich das weiter antun müssen.

Eine gute Faustregel für das richtige Maß der Integrationstiefe ist, nicht die *größtmögliche* Verschmelzung anzustreben, sondern die geringstmögliche, die erforderlich ist, um die strategischen Ziele zu erreichen. Dies gilt insbesondere für die Zusammenführung von annähernd gleich großen Unternehmen, weil dort die Belastung relativ zu den eigenen Ressourcen am größten ist.

Dabei empfiehlt es sich, gedanklich eine »Umkehr der Beweislast« vorzunehmen: Zu beweisen ist nicht, weshalb auf eine vollständige Verschmelzung verzichtet werden soll; zu beweisen ist vielmehr, weshalb eine vollständige Verschmelzung substanziell mehr Nutzen bringt als eine Teilintegration, die mit deutlich geringeren Kosten und Risiken einhergeht.

Ohne Zweifel gibt es Fälle, wo die Akquisitionsziele nur durch eine vollständige Verschmelzung zu erreichen sind – dann muss dieser Weg eben gegangen und das Integrationskonzept entsprechend ausgestaltet werden. In etlichen Fällen aber genügt eine Teilintegration – und dann ist dies mit großer Wahrscheinlichkeit der bessere Weg.

WICHTIGSTE ERKENNTNISSE UND SCHLUSSFOLGERUNGEN

- Die Frage der Integrationstiefe ist eine Schlüsselentscheidung, von der das ganze weitere Vorgehen bei der Integration abhängt. Deshalb muss sie ganz am Anfang und sehr wohlüberlegt getroffen werden.
- Zwischen der Führung als Finanzbeteiligung (also der Nicht-Integration) und der vollständigen Verschmelzung gibt es eine Vielzahl von Zwischenstufen, die im konkreten Fall mehr oder weniger sinnvoll sein können. Beispielsweise ist eine Option, nur das »Back-Office« (Logistik und Verwaltung) zu integrieren und das »Front-End«, also die Marken einschließlich Entwicklung, Produktion und Vertrieb, eigenständig zu lassen.
- Bei der Entscheidung über die Integrationstiefe gilt es, nicht voreilig der Verlockung der vermeintlich saubersten Lösung zu erliegen, also einer vollständigen Verschmelzung. Denn die ist mit dem höchsten Aufwand, der größten Komplexität und damit auch mit den höchsten Misserfolgsrisiken verbunden. All das lohnt sich nur, wenn es von der Sache her notwendig ist.
- Bei den Synergieeffekten sollte man sich nicht in die Tasche rechnen: Sie sind leichter geschätzt als gehoben. Vor allem bei marginalen Synergien ist oft fraglich, ob die Wahrscheinlichkeit, sie zu heben, in einem vernünftigen Aufwand zu den Kosten und Risiken steht.
- Als Faustregel empfiehlt sich, nicht die größtmögliche Verschmelzung anzustreben, sondern die geringstmögliche, die erforderlich ist, um die strategischen Ziele zu erreichen. Dabei empfiehlt sich eine gedankliche »Beweislastumkehr«: Zu beweisen ist, dass eine vollständige Verschmelzung substanziell mehr Nutzen bringt als eine deutlich weniger aufwendige und riskante Teilintegration.

17 Integrationsstrategie: »Merger of Equals«, Eingliederung oder was sonst?

Nirgendwo wird bei Fusionen so hemmungslos gelogen wie bei der Frage nach der Integrationsstrategie. Spätestens seit der großen ABB-Fusion Anfang der 1990er-Jahre ist es Mode geworden, größere Übernahmen als »Merger of Equals« zu tarnen, also als Fusion unter Gleichen. Konsequenterweise wird dann auch behauptet, man wolle »das Beste aus beiden Welten« (»Best of Both Worlds«) zur Grundlage der gemeinsamen Zukunft machen. Und natürlich soll bei der Besetzung der Führungspositionen »nicht die Herkunft, sondern einzig und allein die Leistung« zählen – beinahe zu schön, um wahr zu sein. Und, wie es so treffend heißt, wenn etwas zu schön ist, um wahr zu sein, dann ist es zu schön, um wahr zu sein.

Neben der offiziell verkündeten Integrationsstrategie gibt es oftmals noch eine inoffizielle, reale. Die offizielle ist eher dem internen Marketing zuzurechnen, das sich vor allem an der Frage orientiert, was voraussichtlich bei Mitarbeitern, Führungskräften und Öffentlichkeit am besten ankommt; die inoffizielle ist das eigentliche Konzept dafür, wie man die Fusion zum Erfolg führen und die versprochenen Synergien realisieren will.

Je größer die Diskrepanz zwischen verkündetem und realem Vorgehen jedoch ist, desto mehr wird sie zur Zeitbombe, denn desto mehr untergräbt sie auf mittlere Sicht die Glaubwürdigkeit der Geschäftsleitung und damit die Loyalität der Mitarbeiter.

17.1 Zwei mögliche Integrationsstrategien

Prinzipiell gibt es zwei Strategien, wie man zwei (oder mehrere) Unternehmen zusammenführen kann, und natürlich zahlreiche Mischformen:

- »**Best of Both Worlds**« heißt, man strebt an, die Stärken der beiden Ausgangsfirmen zu vereinen: die besten Leute, die besten Produkte, die besten Systeme usw. Wo immer es für eine Funktion mehrere Alternativen gibt, gleich ob es

sich dabei um Personen, Produkte oder um Systeme handelt, soll die bessere ausgewählt werden. Das klingt großartig, aber es bedeutet praktisch: Für jede einzelne dieser Funktionen muss in einem sorgfältigen Auswahlprozess bestimmt werden, auf welchen Feldern das übernehmende und auf welchen das übernommene Unternehmen besser aufgestellt ist. Und zwar anhand von »objektiven« Kriterien, die von beiden Seiten als fair und angemessen anerkannt werden.
- **Eingliederung** heißt, dass das übernommene Unternehmen in das übernehmende »einpasst« wird (seltener auch umgekehrt). Das heißt praktisch, man nimmt das insgesamt größere (oder besser funktionierende) Unternehmen als Basis und reichert es um die besten Leute, die besten Systeme und die besten Produkte des anderen Unternehmens an. Die Strukturen, Systeme und Personen des Übernehmers gelten dabei als gesetzt; Veränderungen werden nur dort vorgenommen, wo das übernommene Unternehmen klare Vorteile aufzuweisen hat.

Eine »gemischte Variante« der Eingliederung wird häufig praktiziert, wenn ein Unternehmen übernommen wurde, das in einem Geschäftsfeld oder einer Region erfolgreich ist, in dem der Übernehmer nicht oder nur schwach vertreten ist. Dann werden in dessen Kerngeschäft oft die Strukturen des *übernommenen* Unternehmens erhalten, während seine Verwaltungs- und Zentralfunktionen aufgelöst und in die Strukturen des Übernehmers integriert werden.

Ähnlich kann man auch vorgehen, wenn von zwei fusionierenden Unternehmen das eine in dem einen Geschäftsfeld stark ist und das andere in einem anderen: Dann kann man jeweils das erfolgreichere Geschäftsfeld zur Basis der Eingliederung machen und aus dem jeweils anderen nur die Personen, Systeme und Produkte übernehmen, die tatsächlich wertvolle Ergänzungen darstellen. Das hat zwar einen Anklang von »Best of Both Worlds«, weil man das jeweils bessere Geschäftsfeld auswählt, aber es ist von der Realisierung her wesentlich weniger komplex, weil nicht jede einzelne Stellenbesetzung, Produkt- und Systementscheidung zur Disposition gestellt wird: Innerhalb des jeweiligen Geschäftsfelds bleibt es eine reine Eingliederung.

17.2 Was »Best of Both Worlds« so schwierig macht

»Best of Both Worlds« – das klingt sehr logisch und fair. Die Stärken der beiden Ursprungsunternehmen werden zu einem neuen, nahezu optimalen Ganzen zusammengeführt. Das suggeriert, dass für die Zukunftschancen von Menschen,

Ideen und Produkten nicht die Machtverhältnisse entscheidend sind, sondern allein (oder zumindest ganz überwiegend) ihre Qualität.

Vor allem für Mitarbeiter und Führungskräfte des übernommenen Unternehmens ist dies tröstlich (für ihre Kollegen im übernehmenden weniger), gibt es ihnen doch Hoffnung auf eine faire Chance – und hilft, ihren Glauben an die Gerechtigkeit der Welt zu wahren. Deshalb wird dieses Fusionskonzept denn auch häufig verkündet – und zunächst auch von den allermeisten Beteiligten positiv aufgenommen.

Der erste Pferdefuß dieses sympathischen Ansatzes ist die Zeit. Um »Best of Both Worlds« tatsächlich zu realisieren, sind aufwendige Auswahl- und Entscheidungsprozesse erforderlich. Denn um konkret herauszufinden, was das Beste aus beiden Welten ist, bedarf es für jedes Themenfeld, für das eine Wahl getroffen werden muss, erstens klarer Kriterien, zweitens der Entwicklung eines (möglichst objektiven) Bewertungsverfahrens und drittens dessen sauberer Durchführung. All dies dauert.

Schon das Entwickeln der Kriterien ist eine zeitraubende Angelegenheit, denn natürlich haben die beiden Seiten da unterschiedliche Vorstellungen – nicht nur aus taktischen Gründen, sondern oft auch, weil in aller Regel unterschiedliche »Philosophien« aufeinandertreffen, die sich aus den unterschiedlichen Kulturen und Traditionen der fusionierenden Unternehmen ergeben, vor allem aber auch aus unterschiedlichen Geschäftsmodellen.

Noch höher ist der Zeitbedarf für die Durchführung der Auswahl- und Entscheidungsverfahren. Gleich ob es um Stellenbesetzungen geht oder um die Auswahl der IT-Systeme, um Konsolidierung des Produktportfolios oder um Prozessoptimierung: Wenn man all diese Verfahren mit der nötigen Sorgfalt durchziehen will, gehen leicht ein paar Monate ins Land.

Gefahr, das Unternehmen lahmzulegen

Das trifft den Integrationsprozess an seinen beiden empfindlichsten Punkten, nämlich der Zeit und den begrenzten Ressourcen der Entscheider. Bei »Best of Both Worlds« muss man höllisch aufpassen, dass man das Unternehmen nicht für Monate lahmlegt – und zugleich einen Entscheidungsstau vor dem Vorstandsbüro produziert.

Da Schnelligkeit einer der entscheidenden Erfolgsfaktoren für eine Fusion ist, sind zeitraubende Entscheidungsprozesse mehr als ein Schönheitsfehler: Es öffnet das »Fenster der Verwundbarkeit« (→ Kap. 4.1) sperrangelweit und lässt es für lange Zeit offen stehen. Das kann, vor allem in Märkten mit aggressiven Wettbewerbern, einen hohen Preis haben, weil es zu Verlusten von Zeit, Motivation, Mitarbeitern und Kunden führt.

Deshalb empfiehlt es sich, bei der Abwägung zwischen Schnelligkeit und Gerechtigkeit im Zweifelsfall der Schnelligkeit den Vorzug zu geben. Zumal man sich, ähnlich wie in jedem Rechtssystem, fragen muss, wie lange ein gerechtes Verfahren höchstens dauern darf, ohne dass seine Dauer selbst zur Quelle von Ungerechtigkeit wird – oder zumindest zur Quelle mangelnder Fairness.

Andererseits hat auch die sehr viel schnellere Strategie »Eingliederung« ihre Schwachpunkte. Erstens verliert man viel Kompetenz und Know-how, wenn man ganze Bereiche »über die Klinge springen lässt«, zweitens ist die Integration der übernommenen Unternehmensteile damit noch längst nicht gelungen; vielmehr drohen nach der Eingliederung heftige Abstoßungsreaktionen, und zwar nicht von den Mitarbeitern des übernommenen Unternehmens, sondern von den eigenen Leuten (→ Kap. 10.2).

Erfahrene Fusionsmanager streben daher oftmals eine Mischform aus beiden Integrationsstrategien an, häufig mit der Strategie »Eingliederung« als Grundkonzept und »Best of Both Worlds« dort, wo diese Form der Optimierung erheblichen Zusatznutzen verspricht. An der Wahrscheinlichkeit von Abstoßungsreaktionen und einer Lagerbildung ändert das nichts, aber es dämmt zumindest den Verlust von Leistungsträgern und wertvollem Know-how ein.

17.3 »Synthese« oder Konfliktvermeidung

Die dritte mögliche Integrationsstrategie könnte man vornehm »Synthese« nennen; etwas weniger euphemistisch müsste man von Konfliktvermeidung sprechen. Dazu kommt es zuweilen, wenn das Top-Management versucht, möglichst wenig Unruhe zu erzeugen und deshalb nicht allzu viele unangenehme Entscheidungen zu treffen. In solchen Fällen bleiben Strukturen und Personen beider Seiten weitgehend bestehen; sie werden schlicht addiert bzw. nebeneinandergestellt; auch die Aufgaben- und Kompetenzverteilung wird nicht so richtig angefasst.

In Reinform kommt das kaum vor, weil man manche Funktionen in der Praxis schlecht doppeln kann: Spätestens bei der Doppelung der Bilanzierung hört der Spaß auf, denn wenn beide Bilanzen übereinstimmen, fragt jeder, was das soll – und wenn nicht, dann erst recht. Doch häufig beginnt die Konfliktvermeidung schon mit einer Doppelspitze (→ Kap. 20) und setzt sich dann über den Fortbestand der meisten Stabsabteilungen fort. (Deren Anzahl auf diese Weise leicht eine zweistellige werden kann.)

Konfliktvermeidung ist das Schlimmste, was man bei einer Fusion machen kann. Denn die Vermeidung von Konflikten, die sich nicht vermeiden lassen, schlägt in ihr genaues Gegenteil um: in einen langen, aufreibenden Nervenkrieg.

Was anfangs nach einer »sehr menschlichen« Lösung aussieht, wird zur Tortur ohne Ende.

Denn nach dem Abflauen der ersten Erleichterung wird allen klar, dass eine »Fusion ohne Synergien« wohl nicht der Weisheit letzter Schluss sein kann. Infolgedessen kehrt auch keine Ruhe ein – im Gegenteil: Im Bewusstsein, dass es früher oder später ein heftiges »Nachbeben« (→ Kap. 5.6) geben wird, kann sich keine vertrauensvolle Zusammenarbeit entwickeln; stattdessen belauern sich die Mitarbeiter und Abteilungen gegenseitig und werfen einander Knüppel zwischen die Beine.

Der hohe Preis der Konfliktvermeidung

Daraus entwickelt sich in den Monaten und Jahren danach ein destruktiver Dauerkonflikt, der alle Merkmale eines »kalten Konflikts« hat. Darin hat jeder Manager und jede Abteilung – nicht aus Böswilligkeit, sondern aus blanker Existenzangst! – vor allem das Ziel, sich selbst in eine möglichst günstige Ausgangsposition für die ausstehende Entscheidung zu bringen und seine Konkurrenten möglichst schlecht aussehen zu lassen, idealerweise ihre Überflüssigkeit nachzuweisen. Dabei verlieren die betroffenen Bereiche Markt und Wettbewerb völlig aus den Augen; unter riesigen internen Reibungsverlusten wartet alles wie gelähmt auf das »Nachbeben« oder, wie es in einem fusionierten Unternehmen genannt wurde, auf die »Nacht der langen Messer«.

Das ist nicht nur schlecht für das Ernten von Synergien und damit mittelfristig für den Aktienkurs, sondern auch eine Katastrophe für Funktionsfähigkeit und Betriebsklima des neu entstehenden Unternehmens. Ein solchermaßen gelähmtes Unternehmen ist das ideale Objekt für Angriffe von Wettbewerbern wie auch für eine feindliche Übernahme. Nur die Tochterunternehmen und Auslandsniederlassungen sind Nutznießer dieser Lähmung: Aus ihrer Sicht konnten sie sich noch nie so unbehelligt von der Zentrale um das Geschäft kümmern wie in dieser Phase.

Bemerkenswert ist trotzdem, zu wie viel Kreativität und zu welch innovativen Lösungen solch ein Schwebezustand führen kann. In einem Fall blieben bei der Fusion zweier traditionsreicher Konzerne ausgerechnet deren umfangreichen Jagden übrig, die in einer modernen Konzernzentrale natürlich nirgendwo so richtig dazu passten. Und es wollte sie auch niemand haben, zumal das Thema nach unangenehmen Entscheidungen roch: wenig Potenzial für Einsparungen, aber viel Potenzial, Aufsichtsräte, Großkunden und Politiker zu verärgern.

Bis schließlich der Leiter eines Zentralbereichs, selbst passionierter Jäger, zugriff. Er dachte überhaupt nicht daran, die Jagden aufzulösen, stattdessen wurde er damit zum Herrn über Jagdhütten, Einladungslisten und Luxussuiten – und hatte zugleich persönlichen Zugang zu vielen der hohen (Damen und) Herren, um deren Komfort und Bewirtung er sich natürlich persönlich kümmerte. Wie sehr dies zu Lasten der Leistung seiner »restlichen« Zentralabteilung ging, die im internen Jargon längst »Jagden und Konzernrevision«[15] hieß, ist nicht überliefert, aber es brachte ihn in eine ziemlich unangreifbare Position.

17.4 Offizielle und inoffizielle Integrationsstrategie

Mittlerweile wissen natürlich viele Führungskräfte, Mitarbeiter und Betriebsräte, dass nicht überall, wo »Merger of Equals« draufsteht, auch »Merger of Equals« drin ist. Sie werden daher vermuten oder zumindest für möglich halten, dass es neben der offiziell verlautbarten auch eine inoffizielle Integrationsstrategie gibt. Deshalb werden sie sehr aufmerksam zuhören, wenn Mitglieder des Top-Managements über die konkrete Vorgehensweise bei Systementscheidungen und Stellenbesetzungen sprechen.

Deshalb lassen sich nur Unerfahrene von wohlklingenden Worten à la »Best of Both Worlds« blenden. Andere werden hartnäckig nachfragen, was damit konkret gemeint ist und wie es in der Praxis ablaufen soll. Wieder andere werden die tatsächlichen Entscheidungen des Managements argwöhnisch beobachten, interpretieren und auf dieser Basis über dessen wahre Absichten spekulieren. Die allermeisten aber werden den Gang der Ereignisse sehr wachsam verfolgen – und die Worte der Geschäftsleitung an ihren Taten messen.

Von Zweifeln angenagt

Selbst für die am Integrationsprozess Beteiligten ist manchmal nicht klar, welche Fusionsstrategie der Vorstand wirklich verfolgt. Was manchmal auch daran liegt, dass die Linie tatsächlich nicht hundertprozentig klar ist: Eigentlich hatte man sich auf einem »Merger of Equals« festgelegt, aber einigen konkreten Personen (oder Systemen) fühlt man sich doch verpflichtet, sodass man hinter den Kulissen ein wenig ins Lenkrad greift. Da andere dies direkt oder indirekt mitbekommen, tun sie es ihnen nach, um ihre eigenen Leute (und Systeme) zu schützen.

Wenn aber erst einmal der Verdacht aufkommt, dass es neben der offiziellen Fusionsstrategie auch noch eine wirkliche gibt, droht dies zu einer Quelle enormer Reibungsverluste für den Integrationsprozess insgesamt zu werden. Denn wenn selbst diejenigen, die eigentlich die Treiber der Integration sein sollten, von Zweifeln und Misstrauen geplagt sind, dann höhlt dies schleichend den gesamten

15 Zweite Hälfte der Bezeichnung aus Vertraulichkeitsgründen abgewandelt.

Integrationsprozess aus; dann kann man sich allenfalls noch auf die Objektivität der externen Berater verlassen, falls an der Integration welche beteiligt sind.

Für das Top-Management sollte das eine Warnung sein, nicht mit gezinkten Karten zu spielen: Damit würde es die Loyalität seiner Leistungsträger aufs Spiel setzen, auf deren Unterstützung und Engagement es für den Erfolg der Integration angewiesen ist. Vertrauen und Glaubwürdigkeit, die an dieser Stelle verloren gegangen sind, sind kaum noch zurückzugewinnen: Wer sich bei einer so zentralen Frage getäuscht und hintergangen fühlt, wird den betreffenden Personen zumindest innerlich – und früher oder später vielleicht auch äußerlich – die Gefolgschaft kündigen.

17.5 Eine Frage der Glaubwürdigkeit

Das Problem ist allerdings: Als Top-Manager werden Sie auch bei redlichstem Bemühen kaum vermeiden können, dass es zwischen dem, was Sie gesagt haben, und dem, was hinterher geschieht, zuweilen zu Diskrepanzen kommt. Denn bei einem so komplexen Vorhaben kommt es immer wieder vor, dass sich die Dinge anders entwickeln als ursprünglich geplant; dass zum Beispiel Fakten entstanden sind, die Sie nicht ignorieren können; dass sich die Strategie »Best of Both Worlds« nicht, wie ursprünglich gedacht, realisieren lässt, ohne sämtliche Zeitpläne zu sprengen; oder dass politische Kräfte – sei es aus diversen »Fürstentümern« oder aus dem Kapitalmarkt – stärkeren Einfluss nehmen, als Sie erwartet hatten.

Wie die Mitarbeiter und Führungskräfte auf solche Diskrepanzen reagieren, hängt wesentlich davon ab, wie sehr sie Ihnen vertrauen. Wobei die Tendenz zum Misstrauen umso größer sein wird, (1) je größer die subjektiv empfundene Bedrohlichkeit ist, (2) je schlechter die Erfahrungen sind, die sie in der Vergangenheit mit Ihnen gemacht haben und (3) je weniger Sie offen über die kritischen Punkte kommunizieren.

Der einzige von diesen Punkten, den Sie kurzfristig beeinflussen können, ist die Kommunikation. Deshalb sollten Sie trotz allen Drucks, der auf Ihnen lastet, nicht nur offen für Kritik sein, sondern kritische Punkte offen von sich aus ansprechen – insbesondere gegenüber Ihren engsten Mitstreitern, auf deren Vertrauen und Loyalität Sie angewiesen sind.

WICHTIGSTE ERKENNTNISSE UND SCHLUSSFOLGERUNGEN

- Im Grunde gibt es nur zwei mögliche Modelle, eine Integration zu realisieren, nämlich den »Merger of Equals«, bei dem »das Beste aus beiden Welten« ausgewählt und für das künftige Unternehmen übernommen werden soll, und die Eingliederung, bei der die Strukturen des einen Unternehmens gesetzt sind und nur dort, wo Bedarf besteht, durch Personen, Systeme oder Produkte des anderen ergänzt werden.
- Allerdings kann man auch nach Geschäftsbereich, Land oder Region unterschiedlich festlegen, welche Strukturen als gesetzt gelten und welche eingegliedert werden. Dies ist besonders dann sinnvoll, wenn die Stärken und Schwächen der fusionierenden Unternehmen sehr unterschiedlich verteilt sind.
- Die Begriffe »Merger of Equals« und »Best of Both Worlds« klingen großartig, erweisen sich aber in der praktischen Durchführung oft als Albtraum, denn sie erfordern für jedes einzelne Themenfeld, für das eine Wahl getroffen werden muss, erstens klare Kriterien, zweitens die Entwicklung eines (möglichst objektiven) Bewertungsverfahrens und drittens dessen saubere Durchführung. Das kostet unendlich viel Zeit und Kraft – und ist überdies ständig von dem Misstrauen begleitet, dass in Wirklichkeit doch ganz andere Kriterien ausschlaggebend sind.
- Da bei so komplexen Vorhaben selten alles nach der reinen Lehre verläuft, ist die praktische Umsetzung eines »Merger of Equals« mit »Best of Both Worlds« nicht nur anstrengend, sondern zugleich meist auch emotional belastet und belastend, weil er häufig in einer Atmosphäre wechselseitigen Misstrauens und Belauerns verläuft. Gerade wegen des hohen Anspruchs ist die Zufriedenheit mit dem Verfahren hinterher meist geringer als bei einer Eingliederung, die von vornherein nicht auf Gerechtigkeit zielt, sondern auf schnelle Wiederherstellung der Funktionsfähigkeit.
- Verheerend ist, im Zuge der Integration Konflikte und unangenehme Entscheidungen zu vermeiden. Denn nach anfänglicher Erleichterung wird allen Beteiligten klar, dass eine »Fusion ohne Synergien« nicht das letzte Wort sein kann. Deshalb fürchten dann alle ein »Nachbeben« bzw. eine »Nacht der langen Messer« und tun ihr Möglichstes, um sich dafür in eine gute Ausgangsposition zu bringen (und ihre Konkurrenten in eine möglichst schlechte).

18 Berater: Weshalb ihr Einsatz bei der PMI in der Regel sinnvoll ist

Man kann darüber streiten, ob Unternehmen heutzutage nicht zu häufig Berater einsetzen: ob die Tendenz, für alles und jedes externe Berater einzusetzen, nicht Ausdruck einer verwöhnten Grundhaltung und/oder einer ausgeprägten Absicherungsmentalität ist; ob sich Unternehmen die Kapazitäten, die sie über quälende Kostensenkungsprogramme abgebaut haben, nicht auf diese Weise für teures Geld wieder zurückkaufen und so weiter. Doch wenn der Einsatz externer Berater überhaupt irgendwo sinnvoll ist, dann bei größeren Übernahmen und Fusionen. Denn hier treffen fast alle Gründe zusammen, die für eine externe Unterstützung sprechen.

18.1 Gründe für einen Beratereinsatz

Prinzipiell gibt es fünf unternehmerisch sinnvolle Gründe, externe Berater einzusetzen[16]:

- **Kompetenz:** Wenn für eine Aufgabenstellung spezifisches Know-how benötigt wird, das Sie im eigenen Hause nicht oder nicht in ausreichendem Maße besitzen
- **Kapazität:** Wenn Sie nicht genügend Manpower haben, um die geplanten Veränderungen schnell genug aus eigener Kraft zu bewältigen
- **Durchsetzungskraft/Beschleunigung/Energie:** Wenn Sie die Durchschlagskraft derer, die auf eine zügige Veränderung hinarbeiten, gezielt verstärken wollen, um den Change-Prozess zu beschleunigen

16 Unbestritten gibt es daneben auch eine Reihe von weniger unternehmerischen Gründen, externe Berater einzusetzen, wie die Legitimation bereits getroffener Entscheidungen, das Verstecken hinter Beratern, die Delegation der Rolle des »Bad Guy« und so weiter. Sie brauchen in unserem Zusammenhang aber nicht vertiefend beleuchtet zu werden.

- **Objektivität:** Wenn Sie für die Ausgestaltung der Veränderungen eine neutrale Instanz brauchen, die weitgehend frei von eigenen Interessen und eigener Betroffenheit ist
- **Sicherheit:** Wenn Sie sicher sein wollen, dass bei Ihrem Veränderungsvorhaben die neuesten Erkenntnisse der jeweiligen Spezialdisziplin berücksichtigt sind, um so die besten Voraussetzungen für den Erfolg Ihres Vorhabens zu schaffen – und auch, um sich nicht dem Vorwurf auszusetzen, nicht alle Möglichkeiten für einen erfolgreichen Verlauf ausgeschöpft zu haben

Sofern Sie nicht umfangreiche PMI-Expertise im eigenen Hause haben, dürften bei einer Integration so ziemlich alle fünf Gründe gegeben sein, die für einen Beratereinsatz sprechen. Bei größeren Übernahmen und Fusionen empfiehlt es sich daher, externe Beratung nicht nur für die Konzipierung der Integration (→ Kap. 14) in Anspruch zu nehmen, sondern auch für die operative Begleitung und Unterstützung des Integrationsprozesses.

Sinnvoll ist es, jedem Teilprojekt einen Berater zur Seite zu stellen, der den jeweiligen Teilprojektleiter unterstützt und die Arbeit des Teams anleitet und koordiniert. Das kostet zwar eine Stange Geld, zumal man hierfür aus Kapazitätsgründen meist auf die größeren (und teureren) Beratungsfirmen zurückgreifen muss, doch in Relation zu dem wirtschaftlichen Gesamtvolumen des Mergers und den bestehenden Risiken ist dieses Geld sinnvoll eingesetzt.[17]

Falls Sie aber für Ihre Integration die Unterstützung einer Beratungsfirma in Anspruch nehmen wollen, denken Sie daran, dass deren Auswahl und Beauftragung einigen zeitlichen Vorlauf erfordert! Das kann vor allem dann zum kritischen Engpass werden, wenn Sie die Expertise der Berater schon für die PMI-Vorbereitung und die Konzipierung Ihres Integrationsprojekts nutzen wollen (→ Kap. 14 ff.).

18.2 Ein spieltheoretisches Dilemma

Bei einer Integration ist das Kriterium »Objektivität« in seiner Bedeutung nicht zu unterschätzen. Es liegt ja in der Natur der Sache, dass in praktisch allen Teilprojekten Mitarbeiter bzw. Führungskräfte beider fusionierender Unternehmen vertreten sein werden. Aufgrund ihrer unterschiedlichen Vorgeschichten und Pers-

17 Um dem Verdacht entgegenzuwirken, die Empfehlungen dieses Kapitels könnten (auch) von Eigeninteressen bestimmt sein, sei klargestellt: Unsere Beratungsfirma »Die Umsetzungsberatung« bietet keine umfassende PMI-Beratung, wie hier empfohlen, an. Unser Leistungsangebot beschränkt sich auf die Felder Kommunikation, Change, kulturelle Integration und Neuausrichtung der Unternehmenskultur.

pektiven bringen sie nicht nur unterschiedliche Auffassungen mit, was bei den zahlreichen zu treffenden Entscheidungen die beste Lösung ist, sondern haben auch divergierende Eigeninteressen. Diese Feststellung beinhaltet ausdrücklich keine Wertung: Das ist einfach so.

Auch wenn das niemand so offen sagen würde, stehen die Leiter und Mitglieder der Integration-Teams unausgesprochen vor dem spieltheoretischen Dilemma, ob sie sich in ihrem Handeln ausschließlich am übergeordneten Interesse des fusionierenden Unternehmens orientieren sollen (in der Hoffnung, dass die andere Seite dies auch tut) oder ob sie dort, wo es geht und Aussicht auf Erfolg hat, die Interessen ihres eigenen Lagers durchsetzen sollen (in der Annahme oder Befürchtung, dass die andere Seite dies auch tut).

Unterschwellig steht daher bei jeder anstehenden Entscheidung die Frage im Raum, ob die andere Seite bestimme Argumente aus sachlicher Überzeugung vorträgt oder aus taktischem Kalkül, um ihre Interessen durchzudrücken. Zugleich steht jedes Teammitglied auch selbst vor der Frage, ob es sich den besseren (oder besser klingenden) Argumenten beugen oder unabhängig von der Qualität der Argumente für die Interessen des eigenen Lagers kämpfen soll und muss (→ Kap. 11).

In dieser Gemengelage zwischen Sachdiskussion und Interessenkonflikt verbeißen sich beide Seiten zuweilen so sehr in ihre Positionen, dass sie aus eigener Kraft kaum noch vorwärtskommen – mit der Folge, dass Verzögerungen entstehen und das Teilprojekt immer weiter hinter seinem Zeitplan zurückbleibt – wobei sich die Beteiligten manchmal selbst nicht mehr sicher sind, ob sie das Richtige tun oder ob sie sich in eine Sackgasse verrannt haben.

18.3 Eine neutrale Instanz wirkt entkrampfend

In solchen Situationen ist es eine erhebliche Erleichterung, wenn ein neutraler Dritter im Raum ist, der keine eigenen inhaltlichen Interessen verfolgt und niemandem persönliche Loyalität schuldet, sondern ausschließlich dem übergeordneten Interesse des fusionierten Unternehmens verpflichtet ist. Wenn er begütigend auf die Beteiligten einwirkt, kann dies angespannte Situationen entkrampfen und enorm zur Versachlichung beitragen.

Die Aufgabe der externen Berater ist dabei weder eine Mediation noch eine Arbitration – auch wenn es nichts schadet, wenn sie Grundkenntnisse der Konfliktmoderation besitzen. Vielmehr nehmen sie einfach die Position eines »politischen Neutrums« ein: Sie beteiligen sich ganz normal an der Diskussion und vertreten, gestützt auf sachliche Gründe, ihre Meinung. Sie helfen, Argumente herauszuarbeiten und divergierende Sichtweisen zu klären, halten aber auch nachdrücklich dagegen, wenn sie der Meinung sind, dass jemand auf dem falschen Dampfer ist.

Sofern der Berater sachlich und persönlich vertrauenswürdig ist, dient seine klare Position den Beteiligten als Anker: Wenn dieses politische Neutrum ein Argument mitträgt und unterstreicht, dürfen sie davon ausgehen, dass es sachlich stichhaltig ist und nicht bloß taktisch oder »politisch«, und können sich eher darauf einlassen.

Zugleich dämpft die Präsenz eines Externen politische Spielchen, weil sie deren Risiko erhöht: Wenn einer der Beteiligten in seinem Projektteam allzu schamlos die Interessen seiner alten Firma verfechten sollte, liefe er Gefahr, dass ihm das eine Beschwerde des Beraters beim Leiter des Integrationsprojekts oder gar beim Vorstand einbringt – und als Folge davon zumindest einen nachdrücklichen »Ordnungsruf«, möglicherweise auch dauerhafte Minuspunkte. Und das möchten denn doch die wenigsten riskieren.

18.4 Zusätzliche Ressourcen, Kompetenz und Energie

Neben ihrer Neutralität bringen Berater natürlich auch zusätzliche Arbeitskapazität und Energie in das Integrationsprojekt ein. Und da die meisten Berater gewohnt sind, in eng getakteten Projektstrukturen zu arbeiten, bringen sie in der Regel auch Erfahrung in der Strukturierung, Steuerung und Abarbeitung von Projekten mit. Dies kann und sollte genutzt werden, wenn im eigenen Haus nicht genügend einschlägige Erfahrung vorhanden ist – zum Beispiel durch die Einrichtung eines »Project Office«, das dem Leiter des Integrationsprojekts zuarbeitet.

Bei einem so komplexen und zeitkritischen Projekt wie einer Post-Merger-Integration ist weiterhin ein gutes Controlling wichtig, das zeitnah erkennt, ob alle Teilprojekte im Plan sind oder ob es irgendwo Verzögerungen, inhaltliche Probleme oder andere Komplikationen gibt. Die Voraussetzungen, um Planabweichungen feststellen zu können, sind erstens, dass man überhaupt einen Plan hat, aus dem sich ablesen lässt, bis wann welche Teilziele erreicht sein konnten, und zweitens eine Berichtssystematik, die dafür sorgt, dass das Project Office auf dem aktuellen Stand der Dinge ist. Auch hierbei können die Berater helfen.

Es gibt aber auch eine Reihe von Aufgaben, für die Sie, unabhängig von deren Provenienz und Qualifikation, unter keinen Umständen Berater einsetzen sollten. Das gilt für alle Aufgaben, die zum Kern der Unternehmensführung gehören. Dazu zählen insbesondere das Treffen strategischer Entscheidungen, die Kommunikation mit den Mitarbeitern aller Ebenen und das Vermitteln von Orientierung, das Durchsetzen getroffener Entscheidungen auch gegen Widerstände – und ganz besonders auch die Kommunikation schlechter Nachrichten.

Wenn diese originären Führungsaufgaben an Berater delegiert werden, kommt dies einer faktischen Abdankung des Managements gleich. »Ich frage mich langsam, wer dieses Unternehmen eigentlich führt – der Vorstand oder die Berater«, heißt es dann aus dem Betriebsrat und den mittleren Führungsebenen. Noch schlimmer ist der Verlust an Achtung und Respekt, wenn die Geschäftsleitung die Kommunikation schlechter Nachrichten delegiert: »Sie hatten nicht einmal den Mut, es uns ins Gesicht zu sagen, sondern haben die Berater dafür vorgeschickt!«

18.5 Auswahl der richtigen Berater

Welcher Berater für Sie der richtige ist, hängt entscheidend von Ihren Erwartungen ab – und damit letztlich davon, wo Sie im eigenen Hause die größten Engpässe und den größten Unterstützungsbedarf haben. Die Beraterauswahl beginnt also damit, dass Sie sich darüber klar werden, wo Ihr größter Bedarf liegt:

- Brauchen Sie jemanden, der Ihnen hilft, den gesamten Integrationsprozess zu konzipieren und die Prioritäten richtig zu setzen? Dann brauchen Sie möglicherweise gar kein großes Beratungsteam mit zahlreichen Junior-Beratern; dann reicht Ihnen vermutlich ein PMI-erfahrener Senior-Berater, der sowohl die komplexe fachliche Seite Ihrer Integration überschaut als auch ein Gespür für den sozialen Prozess einer Integration hat.
- Brauchen Sie schlicht Ressourcen, sprich zusätzliche qualifizierte Personen, die für einen befristeten Zeitraum ihre internen Teilprojektleiter und Projektteams unterstützen? Dann ist Ihnen wahrscheinlich am meisten mit einer größeren Beratungsfirma gedient, bei der zahlreiche Junior-Berater unterschiedlicher Fachrichtungen unter Anleitung eines (hoffentlich) erfahrenen Projektleiters die anstehenden Aufgaben abarbeiten.
- Brauchen Sie Berater, die nicht nur ihre Arbeitskapazität in die Teilprojekte einbringen, sondern, wie oben beschrieben, eine kompetente Moderation übernehmen? Dann könnten Sie ebenfalls auf das vorige Modell zurückgreifen, sollten aber zusätzlich Wert auf die soziale Kompetenz der Junior-Berater und ggf. eine einschlägige Qualifikation legen.
- Brauchen Sie vor allem kompetente Projektmanager, die Ihren internen Projektleiter bei der Koordination und Steuerung Ihres Integrationsprojekts unterstützen? Dann liegt Ihr Bedarfsschwerpunkt eher beim Projektmanagement, wobei Sie trotzdem auf PMI-Erfahrung Wert legen sollten und außerdem dar-

auf, dass Ihr Berater in dieser Rolle mehr leistet als bloß »Deliverables« abzuhaken und grüne, gelbe und rote Ampeln zu verwalten.

Entwickeln Sie auf der Basis dieser und eventuell weiterer Kriterien ein Anforderungsprofil und suchen Sie gezielt den Berater aus, der für Ihre spezifische Bedarfslage die nötige Kompetenz mitbringt. Falls Sie mit einer der größeren Beratungsfirmen arbeiten wollen, achten Sie außerdem darauf, dass Sie nicht nur die Akquisiteure oder »Oberindianer« kennenlernen, sondern die Personen, die das Projekt in Ihrem Hause konkret durchführen werden. Denn der Name der Beratungsfirma mag noch so gut sein, letztlich hängt vieles an den konkreten Personen, die an Ihrem Projekt mitarbeiten.

Scheuen Sie sich daher nicht vor der Forderung, mit jedem einzelnen der für Ihr Projekt vorgesehenen Berater ein persönliches Gespräch zu führen, bevor Sie ihn bzw. sie akzeptieren, und einzelne Berater abzulehnen, wenn Sie von ihnen nicht restlos überzeugt sind.

18.6 Wie viel Branchenerfahrung ist erforderlich?

Prüfen Sie auch, ob und in welchem Ausmaß die Berater wirklich eine intime Kenntnis Ihrer Branche besitzen müssen. Denn zum einen schränken Sie damit die Auswahl stark ein und schließen Beratungsfirmen aus, die mit Integrationsprozessen mehr Erfahrungen haben und Ihnen deshalb möglicherweise mehr Nutzen bringen könnten als die »Branchenkenner«.

Zum anderen kann zu viel Branchenerfahrung sogar ein Nachteil sein: Erstens weil branchenspezialisierte Berater unvermeidlich auch die unreflektierten Selbstverständlichkeiten der jeweiligen Branche verinnerlicht haben und nicht genügend frischen Wind mitbringen. Unter Umständen ist die Erfahrung, die Ihre Berater aus anderen Branchen mitbringen, für Ihr Unternehmen sogar wertvoller als die aus Ihrer eigenen – auch wenn am Anfang der Einarbeitungsaufwand etwas höher ist.

Zweitens kommt Branchenerfahrung ja nur dadurch zustande, dass die Berater schon für etliche Ihrer Wettbewerber gearbeitet haben – und dies auch in Zukunft tun werden. Das mag von Vorteil sein, wenn Sie Projekte realisieren, die in Ihrer Branche bereits Standard sind, aber es gefährdet Ihren Wettbewerbsvorteil, wenn Sie wirklich innovative Dinge vorhaben. Denn mit ihren branchenkundigen Beratern ist auch Ihr spezifisches Know-how im Markt – und dient bei der nächsten Projektakquise möglicherweise als USP.

Wichtiger als Branchenerfahrung ist möglicherweise, dass sich der Berater mit der speziellen Aufgabenstellung auskennt, die Sie angehen wollen, und auf seiner persönlichen Lernkurve nicht bei Punkt Null beginnt. Also: Welche ähnlichen Projekte hat er schon durchgeführt, und wie sind sie gelaufen? Wobei es bei größeren Beratungsfirmen oft reicht, wenn der Projektleiter PMI-Erfahrung besitzt und seine »Juniors« entsprechend einweist.

WICHTIGSTE ERKENNTNISSE UND SCHLUSSFOLGERUNGEN

- Bei größeren Integrationsprojekten ist es in aller Regel sinnvoll, die Unterstützung einer PMI-erfahrenen externen Beratungsfirma in Anspruch zu nehmen: Sie bringt nicht nur zusätzliche Ressourcen und Kompetenz ein, sondern kann und soll auch helfen, die Integration zu beschleunigen, indem sie die Teilprojekte koordiniert und die Projektleiter bei ihrer Steuerung unterstützt.
- Eine überaus wichtige Rolle liegt weiterhin darin, dass externe Berater in den Teilprojekten als »politisches Neutrum« wirken: Sie verfolgen keine eigenen inhaltlichen Interessen und schulden niemandem persönliche Loyalität, sondern sind ausschließlich dem übergeordneten Interesse des fusionierten Unternehmens verpflichtet. Dies trägt erfahrungsgemäß sehr dazu bei, die komplizierte Gemengelage zwischen sachlichen und taktischen Argumenten zu entzerren, die die Projektarbeit massiv behindern und sogar völlig zum Stillstand bringen kann, und in den Teilprojekten sachorientierte Lösungen zu finden.
- Für die Beraterauswahl ist wichtig, sich als Erstes über die eigenen Erwartungen und die tatsächliche Bedarfslage klar zu werden: Wer primär Unterstützung beim Entwickeln des Integrationskonzepts sucht, der braucht andere Berater als der, der eine kompetente Moderation der Teilprojekte oder eine professionelle Projektsteuerung für sein Integrationsprojekt benötigt.
- Es lohnt sich zu prüfen, ob und in welchem Ausmaß die Berater Branchenerfahrung haben müssen, um Ihre Integration wirksam unterstützen zu können, oder ob es vielleicht sogar von Vorteil ist, wenn sie die unreflektierten Selbstverständlichkeiten ihrer Branche noch nicht verinnerlicht haben. Wichtiger ist im Zweifelsfall, dass die Berater substanzielle Erfahrung im Management von Integrationen haben.
- Falls Sie die Unterstützung einer Beratungsfirma in Anspruch nehmen wollen, denken Sie daran, dass deren Auswahl und Beauftragung einigen zeitlichen Vorlauf erfordert. Das kann vor allem dann zum kritischen Engpass werden, wenn Sie die Expertise der Berater schon für die PMI-Vorbereitung und die Konzipierung Ihres Integrationsprojekts nutzen wollen.

19 Risikomanagement und Krisenprävention: Integrationsrisiken managen statt verdrängen

Gleich welche der vielen im Umlauf befindlichen Zahlen man zugrunde legt: Dass Fusionen, Übernahmen und Integrationsprozesse mit Risiken behaftet sind, ist unstrittig. Dazu zählen nicht bloß mögliche Kosten- und Terminüberschreitungen, die, so ärgerlich sie sein mögen, dem Gesamterfolg keinen Abbruch tun, sondern auch solche, die den Integrationserfolg in Gefahr bringen.

Im schlimmsten Fall bleiben nicht nur die versprochenen Synergieeffekte (→ Kap. 3) ganz oder teilweise aus – und damit der wirtschaftliche Mehrwert der Fusion oder Übernahme –, sondern die Integration verheddert sich völlig in den Fallstricken aus Komplexität und Konflikten, mit der Folge, dass das Unternehmen über Jahre hinaus nur eingeschränkt handlungsfähig ist und in dieser Zeit viele wichtige Kunden und zahlreiche fähige Mitarbeiter verliert. Oder sie scheitert völlig, wie zum Beispiel die Rover-Übernahme durch BMW oder die DaimlerChrysler-Fusion, weil es nicht gelingt, eine funktionierende Zusammenarbeit zwischen den beiden Ursprungsunternehmen herzustellen.

19.1 Ein unangenehmes Thema

Der Gedanke an ein mögliches Scheitern des eigenen Mergers ist natürlich beunruhigend; am liebsten möchte man sich damit gar nicht beschäftigen. Aber die wenigsten Risiken verschwinden dadurch, dass man sie entschlossen ignoriert. Manchmal könnte man sogar den Eindruck haben, dass sich die Risiken durch so viel Missachtung provoziert fühlen und dann erst recht wie verwöhnte Kinder so lange penetrant auf sich aufmerksam machen, bis sie ausreichend Beachtung finden.

Und dennoch: Risikomanagement ist ein unangenehmes Geschäft. Es konfrontiert uns mit etwas, was wir am liebsten gar nicht in Betracht ziehen möchten, nämlich dass unser Vorhaben in Schwierigkeiten geraten oder sogar völlig misslingen könnte. Und es zwingt uns, die Möglichkeit von Komplikationen oder gar des Scheiterns nicht nur abstrakt zu konzedieren, sondern uns detailliert mit allen möglichen Risiken zu beschäftigen und damit sozusagen »in der Katastrophe zu baden« – nein, noch unangenehmer, in allen möglichen Varianten denkbarer Katastrophen.

Das verunsichert und macht Angst. Deshalb ist unsere eigene Psyche das größte Hindernis für das Risikomanagement. Ähnlich wie das Abfassen des eigenen Testamentes mobilisiert es Widerstände – von der brüsken Weigerung, sich damit überhaupt zu befassen, bis zu geschmeidigem Ausweichen: »Damit müssen wir uns unbedingt einmal beschäftigen, nur die nächsten Wochen geht es leider überhaupt nicht!«

19.2 Halbherziges Risikomanagement ist Zeitverschwendung

Viele gestandene Manager sind nur schwer zu bewegen, sich überhaupt mit den Risiken ihrer Vorhaben auseinanderzusetzen. Und wenn sie dazu gezwungen sind, weil es ihnen von internen oder externen Instanzen abverlangt wird, bringen sie es als lästige Pflichtübung hinter sich – und fassen es danach nie wieder an. Was sie dann auch hätten lassen können, denn so betrieben ist Risikomanagement Aufwand ohne Nutzen.

Die größte Hürde für ein professionelles Risikomanagement sind nicht technische und methodische Probleme, es ist die tiefe emotionale Abneigung der allermeisten Beteiligten, sich ernsthaft und sorgfältig mit den Risiken ihrer Pläne zu befassen. Das reicht bis zu abergläubischen Ängsten wie, man dürfe Probleme nicht »herbeireden« und »den Teufel nicht an die Wand malen«: »Beschrei' es nicht!«

Allerlei pseudo-psychologische Theorien warnen sogar, es sei gefährlich, sich mit Risiken zu befassen, weil man sich durch solche negativen Gedanken selbst »auf Misserfolg programmiere«. Doch diese Küchenpsychologie verdeckt nur knapp den Aberglauben: als ob Risiken auf magische Weise größer würden, wenn man sich mit ihnen befasst.

Risikomanagement bringt aber nur dann etwas, wenn man es mutig und mit Konsequenz und Beharrlichkeit betreibt. Deshalb stehen am Anfang nicht technische oder methodische Fragen, sondern die persönliche Grundsatzentscheidung, es entweder richtig zu machen oder es ganz zu lassen. Ein halbherziges Risikomanagement kann und sollte man sich sparen – das ist Zeit- und Ressourcenverschwendung. Anders gesagt: Risikomanagement stellt gewisse Anforderungen an die Selbstdisziplin.

19.3 Der Nutzen eines professionellen Risikomanagements

Auch wenn einem nicht unbedingt der Sinn danach steht, gibt es doch gute Gründe, sich mit dem Risikomanagement zu befassen. Der erste ist, dass, wie erwähnt, die wenigsten Risiken dadurch verschwinden, dass man sie ignoriert. Durch Ignorieren verschenkt man lediglich die Chance, die Risiken in Ruhe zu analysieren und sich mit den eigenen Handlungsmöglichkeiten zur Prävention wie auch zur Intervention auseinanderzusetzen, bevor sie eingetreten sind.

Risikomanagement ist so nutzlos wie eine gezahlte Versicherungsprämie, wenn der Schadensfall nicht eintritt. Es kann einem aber Kopf und Kragen retten, wenn er eintritt.

Ein weiterer Grund, bei einer Integration ein professionelles Risikomanagement zu betreiben, ist, jedenfalls für Vorstände und Geschäftsführer von Kapitalgesellschaften, das Aktiengesetz. Nach § 91 Absatz 2 AktG hat der Vorstand die Verpflichtung, »geeignete Maßnahmen zu treffen, insbesondere ein Überwachungssystem einzurichten, damit den Fortbestand der Gesellschaft gefährdende Entwicklungen früh erkannt werden«.[18]

Dies lässt zwar einigen Ermessensspielraum, wie solch ein »Überwachungssystem« auszusehen hat und wie es auszugestalten ist. Da Außenstehende jedoch zuweilen die Neigung haben, bereits eingetretene Ereignisse im Nachhinein für vorhersehbar zu erklären, ist man als Vorstand oder Geschäftsführer klug beraten, hier etwas Substanzielles vorweisen zu können. Anderenfalls läuft man im Falle

18 Wie der Wirtschaftsanwalt und Sanierungsberater Bernd Grüber in seinem »Schnellkurs Krisenmanagement« schreibt, »gilt diese Vorschrift analog auch für die Geschäftsführer jeder GmbH. Diese organschaftliche Pflicht (…) ist ernst zu nehmen: Jeder Vorstand und jeder Geschäftsführer macht sich höchstpersönlich schadensersatzpflichtig, wenn er diese Pflicht verletzt und es dadurch zu wirtschaftlichen Verlusten oder gar zur Pleite des Unternehmens kommt« (Grüber 2001, S. 21 f.).

eines Problems Gefahr, besserwisserischen Vorhaltungen nichts entgegensetzen zu können.

Ein Risikomanagement zu installieren, das professionellen Standards genügt und über alle Zweifel erhaben ist, erleichtert Ihnen auch die Risikokommunikation gegenüber Eigentümern und Aufsichtsgremien: Für sie ist es eine gute Nachricht zu wissen, dass das Management die bestehenden Risiken kennt, ernst nimmt und professionell mit ihnen umgeht.

Immer mehr Eigentümer und Analysten haben inzwischen verstanden, dass Fehlentwicklungen nichts anderes sind als eingetretene Risiken – und dass es daher eine enge Beziehung zum Risikomanagement gibt. Bei eingetretenen Problemen fragen sie daher insistierend nach, ob diese Punkte im Risikoinventar enthalten waren – und reagieren unter Umständen sehr ungnädig, wenn vorhersehbare Risiken darin nicht erfasst waren. Das kann bis zu der Forderung nach Schadensersatz reichen.

19.4 Risikovermeidung ist keine Option

Natürlich liegt die Frage nahe, ob es nicht gescheiter wäre, Risiken zu vermeiden, statt an ihnen herumzumanagen. Für viele Alltagssituationen ist das auch richtig. So empfiehlt es sich in der Tat, stark befahrene Straßen nur bei grüner Ampel zu überqueren und, wie wir es als Kinder gelernt haben, erst links, dann rechts, dann geradeaus zu schauen. Dummerweise lassen sich aber bei vielen grundlegenden Lebensentscheidungen – Berufswahl, Heirat, Annahme oder Kündigung eines Jobs, Kauf oder Bau eines Hauses – Risiken nicht oder nur um einen hohen Preis vermeiden.

Fast alle wesentlichen Entscheidungen im Leben sind nun einmal Entscheidungen unter Ungewissheit – und damit Entscheidungen mit Risiko. Konsequente Risikovermeidung würde daher in eine ziemlich kümmerliche Existenz münden: keine Ausbildung, keine Familie, keinen Job ... Ähnliches gilt für die Führung von Unternehmen: Keine Veränderungen vorzunehmen oder nur solche, die ohne Risiko sind, ist auf die Dauer eine sehr riskante Strategie.

Dazu kommt: Bei Fusionen und Übernahmen ist die einzige wirkliche Strategie zur Risikovermeidung, die Finger davon zu lassen. Oder, wenn man das Risiko eines Kaufs schon eingegangen ist, dann zumindest auf eine Integration zu verzichten und das gekaufte Unternehmen als reine Finanzbeteiligung (→ Kap. 16.1) zu führen. Das Problem an dieser Strategie ist nur, dass man mit dem Risiko auch die Gewinnchancen vermeidet, denn ohne Integration entstehen natürlich auch keine Synergieeffekte (→ Kap. 3) und kein ökonomischer Mehrwert.

19.5 Mit dem Risiko steigen die Gewinnchancen

Die amerikanischen Projektmanagement-Experten Tom DeMarco und Timothy Lister schlagen in ihrem brillanten Buch »Bärentango«[19] genau das gegenteilige Vorgehen vor: »Wenn ein Projekt kein Risiko birgt (...) lassen Sie die Finger davon. Risiken und Gewinn gehen immer Hand in Hand.« (DeMarco/Lister 2003, S. 3)

Dass das so ist, hat einen ganz simplen kapitalistischen Grund: Ohne nennenswertes Risiko sind nur jene Vorhaben und Projekte, die frei von technischen, organisatorischen und gruppendynamischen Schwierigkeiten sind. Solche Maßnahmen kann im Grunde jeder realisieren – entsprechend groß ist die Konkurrenz, und entsprechend schlecht sind die Preise. Wer sich um ein solches »risikofreies« Projekt bewirbt, hat also unzählige Wettbewerber und kann sich im Grunde nur über den Preis differenzieren: kein Risiko, kein Gewinn.

Ganz anders, wenn ein Projekt hohe Unwägbarkeiten und Risiken birgt: Dann setzt eine erfolgreiche Realisierung viel Erfahrung, einiges Wissen und erhebliches handwerkliches Können voraus. Entsprechend sinkt die Zahl der Anbieter, die dazu in der Lage sind, dieses Projekt mit Aussicht auf Erfolg durchzuführen, und damit lässt auch der Preisdruck nach.

Zwar können sich natürlich auch tollkühne Amateure um solch einen Auftrag bewerben, und vielleicht tun sie es sogar, weil sie gar nicht imstande sind, die Risiken zu erkennen. Doch die meisten Auftraggeber werden sich in wohlverstandenem Eigeninteresse nicht auf Hasardeure einlassen, sondern gezielt nach Kompetenz und Erfahrung suchen.

Die logische Folge: Mit dem Risiko steigen auch die Gewinnchancen. Die *Chancen*, wohlgemerkt, nicht die Gewissheit eines Gewinns. Um aus einer Gewinnchance einen realisierten Gewinn zu machen, ist ein bewusster und verantwortlicher Umgang mit den bestehenden Risiken erforderlich. Deshalb dürfen auch Profis den von DeMarco und Lister empfohlenen Weg, bewusst Risiken einzugehen, nur dann einschlagen, ohne sich ins Verderben zu stürzen, wenn sie das nicht tollkühn tun, sondern die Risiken wachsam und sorgfältig managen. Das beginnt ganz banal damit, dass man sich ihrer bewusst ist, und zwar nicht bloß in schlaflosen Nächten.

19 Der rätselhafte Buchtitel ist eine Anspielung auf ein amerikanisches Kinderlied, das im deutschen Sprachraum niemand kennt und in den USA auch nicht jeder.

19.6 Das Glück nicht überstrapazieren

Risikomanagement heißt übrigens nicht, dass man für jedes Risiko einen Plan haben muss: »Sich auf sein Glück zu verlassen, kann ein vollkommen vernünftiger Weg sein, mit manchen Risiken umzugehen, aber nicht mit allen. *Aber nicht mit allen* – auf diesen Nachsatz kommt es an, denn es ist eine weit verbreitete Krankheit, darauf zu spekulieren, das Glück werde sich *aller* Risiken annehmen.« (DeMarco/Lister 2003, S. 44; Hervorhebungen im Original)

Wie unwahrscheinlich es ist, dass uns ein gnädiges Schicksal vor sämtlichen Risiken bewahrt, zeigt eine simple Überschlagsrechnung: Nehmen wir vereinfachend an, für ein bestimmtes Projekt gebe es zehn Risiken, deren Eintrittswahrscheinlichkeit jeweils bei 10 Prozent liegt. Dann ist es durchaus vertretbar, eines dieser Risiken zu ignorieren: Die Chance, dass das gut geht, liegt bei immerhin 90 Prozent. Doch wäre es verwegen, alle zehn Risiken zu ignorieren, denn die Wahrscheinlichkeit, zehnmal Glück zu haben, liegt nur noch bei rund 35 Prozent (0,9 hoch 10). Das heißt, es ist sehr wahrscheinlich, dass wenigstens ein oder zwei dieser Risiken eintreten, auch wenn man dummerweise erst später erfahren wird, welche.

Das eherne Gesetz von Großprojekten

Der Oxford-Professor Bent Flyvbjerg hat die Ursachen für die wiederkehrenden Kosten- und Terminüberschreitungen von Großprojekten intensiv studiert (Flyvbjerg 2009, 2014; Flyvbjerg/Bruzelius/Rothengatter 2003); er besitzt die weltweit größte Datenbank solcher Projekte. In dem Artikel »Survival of the Unfittest« stellt er fest, dass für diese Überschreitungen prinzipiell drei Arten von Gründen in Betracht kommen: technische, psychologische und politische bzw. ökonomische.

Sein Resümee: »The data (...) lead us to reject the technical explanation of forecasting inaccuracy« (Flyvbjerg 2009, S. 350). Denn Planungsfehler sollten zufallsverteilt sein; es müsste also auch etliche Projekte geben, die vor der Zeit und/oder zu günstigeren Kosten fertig werden. Der Mittelwert der wahren Kosten und Termine liegt aber weit oberhalb der Plandaten. Wobei auffällig ist, dass über die Jahre trotz erheblicher Investitionen in die Planungsmethodik keine Verbesserung der Vorhersagegüte festzustellen ist.

Psychologische Erklärungsansätze wie die von Kahneman, Tversky und Kollegen entdeckte »Planning Fallacy« und der »Optimism Bias« vertragen sich schon besser mit den Daten (Kahneman 2011). Trotzdem hält Flyvbjerg auch psychologische Faktoren für eine unzureichende Erklärung: In einem professionellen Umfeld, so meint er, sollten einige Dekaden Erfahrung reichen, um die gröbsten Selbsttäuschungen in den Griff zu bekommen. Davon kann aber nach der Datenlage keine Rede sein: Ein Lernen aus Erfahrung, das zu besseren Schätzungen führt, findet offenkundig nicht statt. Trotz aller bösen Überraschungen aus früheren Projekten gehen die Planer unverdrossen jedes Mal wieder davon aus, dass bei dem neuen Projekt alles glattgehen wird.

Bleiben als Erklärung für die Kosten- und Terminüberschreitungen politische Gründe. Sowohl die Verfechter von Großprojekten als auch die Planungsverantwortlichen sind ja in aller Regel, so Flyvbjerg, keine neutrale Instanz, sie sind Partei: Sie wollen das Vorhaben durchsetzen – und dafür ist es *erforderlich*, dass der errechnete Nutzen möglichst groß und die Kosten möglichst niedrig sind.

Also greifen sie nach Flyvbjergs Untersuchungen auch zu »gezielt unzutreffenden Darstellungen« (»strategic misrepresentations«). Und sie weisen nachgeordnete Stellen zum Beispiel an, »die Luft aus der Planung zu lassen«, also Risikopuffer zu streichen, und den Nutzen noch einmal »unter realistischeren Annahmen« durchzurechnen – sprich, unter Annahmen, die zum gewünschten Ergebnis führen.

Diese Feststellungen veranlassten Flyvbjerg dazu, sarkastisch das »Iron Law of Megaprojects« auszurufen: »Over budget, over time, over and over again« (Flyvbjerg 2014, S. 11). Unter solchen Bedingungen kann man sich ein Risikomanagement sparen, denn es müsste ohnehin so hingebogen werden, dass es den gewünschten Zieltermin nicht gefährdet.

Nicht wenige Projektplanungen erfüllen schlicht den Tatbestand des gemeinschaftlichen Selbstbetrugs. Beim Ausblenden von Risiken gibt es oft ein seltsames Zusammenspiel zwischen den Projektleitern und ihren Auftraggebern. Die gleichen Menschen, die als Privatpersonen zahlreiche Versicherungen gegen die unwahrscheinlichsten Risiken abgeschlossen haben, verwandeln sich bei Projekten in Hasardeure und gehen ebenso unkalkulierte wie unverantwortete Risiken ein – Risiken, die sie zum Großteil nicht einmal benennen, geschweige denn quantifizieren können und die keine Versicherung der Welt in Deckung zu nehmen bereit wäre.

Typisch für solche Projekte ist, dass sie in ihrer Planung, wie DeMarco und Lister es nennen, den Fall »N« zugrunde legen, nämlich das »Nano-Prozent-Datum«, das nur dann zu erreichen ist, wenn eine außergewöhnliche Verkettung *günstigster* Umstände eintritt. Dass solch ein Termin platzt, ist so gut wie sicher, weil im wirklichen Leben nun einmal selten alles optimal läuft. Ähnlich gilt für die Kostenplanung.

19.7 Kollektive Verweigerung der Risikowahrnehmung

Die Verweigerung der Risikowahrnehmung beginnt bei Fusionen und Übernahmen oft schon im Vorstand. Denn der steht unter Druck, die vor dem Kauf versprochenen Synergien nun auch zu liefern (→ Kap. 3.4). Unter diesem Druck wollen Vorstände gegenläufige Fakten oft schlicht nicht wahrhaben.

Stattdessen neigen etliche Top-Manager dazu, ihr Problem nach unten durchzureichen: »Ich weiß, dass dieser Plan herausfordernd ist, aber er ist absolut unverrückbar. Ich wäre Ihnen daher dankbar, wenn Sie mir nicht erklären, warum das schwierig ist, sondern sich an die Arbeit machen!« Andere setzen auf Verführung: »Mir ist sehr wohl bewusst, dass diese Synergieziele schwer zu realisieren sind – genau deshalb vertraue ich das Projekt ja Ihnen an!«

Natürlich kann man dekretieren, dass das einfach gehen muss und dass Scheitern keine Option ist. Aber mit heroischen Beschlüssen ist das so eine Sache: Der Vorstand kann zwar beschließen, dass die Schwerkraft für dieses Projekt nicht gilt, doch es ist nicht sicher, ob sich die Schwerkraft an diesen Beschluss hält.

Doch ist es keineswegs bloß das Top-Management, das eine realistische Auseinandersetzung mit den Projektrisiken unterläuft. Mindestens ebenso verhängnisvoll ist offene oder verdeckte Konkurrenz zwischen Kollegen. Allzu oft werden diejenigen, die Risiken offen benennen, als Bedenkenträger abgestempelt und in der internen Konkurrenz ausgestochen von jenen nassforschen Helden-Imitatoren, die zwar auch keinen Plan haben, aber der Geschäftsleitung durch ihr Auftreten die gewünschte Illusion vermitteln, dass die Einhaltung der Termine nur eine Frage der persönlichen Entschlossenheit sei.

Bereitschaft, unangenehme Tatsachen zur Kenntnis zu nehmen

In Unternehmen, in denen unausgesprochen eine Weltmeisterschaft im zur Schau getragenen Optimismus stattfindet, bleibt zwangsläufig die Realitätsnähe – und mit ihr das Risikomanagement – auf der Strecke.

Noch einmal DeMarco und Lister: »Die schlimmsten Organisationen sanktionieren unattraktive Voraussagen, nicht aber unattraktive Ergebnisse. Wenn ein Projekt scheitert, heißt es: ›Okay, der Typ konnte den Termin nicht halten, aber er hat es immerhin versucht.‹ Auf diese Weise bekommt das Problem neue Nahrung: Die Mitarbeiter begreifen, dass große Versprechungen wichtiger sind als Termintreue, und lernen, sich entsprechend zu verhalten. Wenn Sie für eine Organisation arbeiten, auf die diese Beschreibung zutrifft, sind Sie gut beraten, mit den Wölfen zu heulen und ihre Risikoeinschätzung für sich zu behalten.« (DeMarco/Lister 2003, S. 39)

Ihre unzweideutige Schlussfolgerung: »Wenn Ihre Unternehmenskultur Ihnen nicht zugesteht, Unsicherheit zuzugeben, können Sie kein Risikomanagement betreiben. Schluss. Aus. Fertig.« (a. a. O., S. 40)

So besehen, ist es eine Frage des herrschenden Klimas, ob in einem Unternehmen überhaupt ein realistisches Risikomanagement möglich ist: Darf man, ohne seinem Ruf zu schaden, offen über Unsicherheiten, Risiken und Gefahren sprechen? Oder herrscht eine Kultur des positiven Denkens, oder genauer, eine des positiven Schwätzens und der realitätsabgelösten Wir-werden-das-schon-irgendwie-hinkriegen-Parolen? Wird über Risiken in professioneller Nüchternheit gesprochen oder werden Gefahren verharmlost? Oder werden sie lustvoll dramatisiert und wie in einer emotional aufgewühlten Selbsterfahrungsgruppe ausgekostet?

Werden tatsächlich jene Risiken benannt, die zu erheblichen Termin- und Kostenüberschreitungen führen könnten oder an denen die Integration gänzlich scheitern könnte, oder gibt es bloß ein Pro-forma-Risikomanagement, das pflichtgemäß ein paar minder schwere, aber genau deshalb auch weniger beunruhigende Mini-Risiken verwaltet? Wissen der Projektleiter und die Mitglieder des Lenkungsausschusses, wo das Projekt in Bezug auf seine zentralen Risiken steht, oder herrscht phasenweise das Gefühl vor, mit angehaltenem Atem auf einem Pulverfass zu sitzen und zu beten, dass nirgendwo ein Funken entsteht?

19.8 Ein professionelles Risikomanagement aufbauen

Ob eine offene Auseinandersetzung mit den wirklichen Risiken möglich ist, hängt entscheidend von den obersten Führungsebenen innerhalb und außerhalb des Projekts ab. Wenn sie den Eindruck vermitteln, keine schlechten Nachrichten hören zu wollen (und der Hinweis auf ein ernsthaftes Risiko ist natürlich eine schlechte Nachricht), dann werden ihnen die meisten Mitwirkenden diesen Gefallen tun – schon um sich nicht unbeliebt zu machen.

Der erste Schritt zu einem professionellen Risikomanagement besteht darin, die bestehenden Risiken (= potenzielle Krisen) zu identifizieren, sie systematisch zu erfassen und festzuhalten. Technisch und methodisch braucht man dafür keine besonderen Tools und Techniken; dafür genügt im ersten Anlauf ein simpler Zettel oder besser ein Flipchart.

Die identifizierten Risiken werden im zweiten Schritt nach Eintrittswahrscheinlichkeit und möglichen Folgen bewertet. Drittens ist zu klären, was im Falle ihres Eintritt die wichtigsten (Erreichungs- und Vermeidungs-)Ziele wären, und viertens, welche Handlungsoptionen es im konkreten Fall gibt und was deren Vor-

und Nachteile sind. Dabei ist es sinnvoll, zu unterscheiden zwischen Präventivmaßnahmen (Risikominderung) und der Notfall- oder Eventualplanung, die festlegt, welche Maßnahmen ergriffen werden, wenn die Krise tatsächlich eintreten sollte (der berühmte »Plan B«).

Ermutigung zur Benennung kritischer Risiken

Wenn Sie als Integrationsverantwortlicher ein realistisches Risikomanagement aufbauen wollen, genügt es nicht, dass Sie bereit sind, die Risiken zur Kenntnis zu nehmen, die aus dem Projekt heraus an Sie herangetragen werden. Vielmehr müssen Sie Ihre Mitstreiter aktiv dazu ermutigen, Risiken zu benennen. Und sie müssen ihnen deutlich machen, dass es Ihnen dabei nicht um Bagatellrisiken geht, die selbst im Falle ihres Eintritts eher den Charakter einer Belästigung hätten als den einer ernsten Krise, sondern dass Sie jene Risiken wissen wollen, die die Integration an den Rand des Scheiterns oder darüber hinaus bringen könnten.

Am besten gehen Sie dabei mit gutem Beispiel voran. DeMarco und Lister empfehlen eine wahre Rosskur gegen die Tendenz, wertvolle Zeit mit nebensächlichen Risiken zu verplempern: »Der Impfstoff muss ganz am Anfang jeder Risikomanagementanstrengung verabreicht werden. Bei der ersten Runde (...) impfen Sie jeden, indem Sie alle katastrophalen Folgen nennen, die Sie sich vorstellen können. Fragen Sie die Gruppe nach weiteren möglichen Katastrophen. (...) Verwenden Sie Worte wie ›Scheitern‹, ›Abnahmeverweigerung‹, ›Einstellung des Projekts‹. (Wenn Sie diese Worte nicht über die Lippen bringen, sind Sie bereits infiziert und sollten professionelle Hilfe in Anspruch nehmen.) Wenn Sie die Worte sagen können, versuchen Sie, andere dazu zu bringen, sie ebenfalls auszusprechen ...« (DeMarco/Lister 2003, S. 43).

Es wäre nicht überraschend, wenn dies einigen Ihrer Mitstreiter nach einer Weile unheimlich würde und sie davor warnten, »die Situation schlechtzumachen« oder »Probleme herbeizureden«. Solche Reaktionen sind ein typisches Kennzeichen dafür, dass Mitarbeiter und Führungskräfte den offenen Umgang mit Risiken nicht gewohnt sind und es daher mit der Angst zu tun bekommen, wenn sie allzu heftig beim Verdrängen gestört werden.

Machen Sie in diesem Fall deutlich, dass das Benennen der Risiken die Situation des Projekts in keiner Weise verschlechtert und dass deren Auflistung weder mit Schlecht- noch mit Herbeireden zu tun hat: Durch die Benennung und Auflistung entsteht kein einziges Risiko zusätzlich, es werden lediglich die vorhandenen sichtbar. Die Projektrisiken werden dadurch auch nicht größer, sondern nur transparenter. Und umgekehrt: Kein Risiko verschwindet, bloß weil Sie sich weigern, es zur Kenntnis zu nehmen – dadurch entäußern Sie sich nur der Möglichkeit, es einzugrenzen.

Möglichst vollständige Auflistung bestehender Risiken

Um zu einer möglichst vollständigen Sammlung der bestehenden Risiken zu kommen, schreiben Sie einfach all die Risiken auf ein oder mehrere Flipcharts, die den Beteiligten ohnehin schon seit einer Weile durch den Kopf gehen. Daran kann sich ein gemeinsames Brainstorming anschließen, bei dem man zunächst ohne Diskussion alles zusammenträgt, was den Beteiligten noch an möglichen Projektrisiken einfällt – die Bewertung und Beurteilung erfolgt nach den Brainstorming-Regeln in einem zweiten Schritt.

Empfehlenswert ist es, dieses Risikoinventar im Team zu erstellen, denn die Wahrnehmung einer Gruppe ist immer breiter als die eines Einzelnen. Auch die Zusammensetzung dieses Teams spielt eine Rolle: Teilnehmen sollten alle, die bei der Integration eine Leitungs- oder Beratungsfunktion haben. Ideal ist, wenn auch der Auftraggeber anwesend ist: Dann bekommt er von vornherein ein realistisches Bild von den bestehenden Risiken und wird zum Bestandteil der Diskussion.[20]

Danach können Sie mit systematischen Methoden querprüfen, ob an alles Wesentliche gedacht wurde. Der erste Quercheck sollte zweckmäßigerweise sein, die Erfahrungen früherer Projekte auszuwerten, denn, wie DeMarco und Lister trocken schreiben: »Das Problem von gestern ist das Risiko von heute« (DeMarco/Lister 2003, S. 60).

Da Sie vermutlich in jüngerer Vergangenheit nicht so viele Integrationsprojekte hatten, dass sie eine brauchbare Datenbasis hergeben, ziehen Sie ruhig auch andere Change-Projekte heran. Denn bis zum Beweis des Gegenteils ist es realistisch, davon auszugehen, dass sich bestimmte Problemmuster wiederholen, wie zum Beispiel: Heroischer Aufbruch – Anfangserfolge – erste Schwierigkeiten – Orientierungsverlust und aufkommende Konfusion – Nachlassen der Energie – Distanzierungen und Vorwürfe – Auftreten derer, die schon immer gewarnt haben – Suche nach den Schuldigen und Zerfall des Projekts.

Typische Risikomuster erkennen

Nützlich ist für diese Zwecke, wenn es dokumentierte Auswertungen zu früheren Projekten gibt, aber zur Not reicht auch die Erinnerung der Beteiligten. Gab es bei früheren Projekten zum Beispiel das Problem, dass Mitarbeiter nicht in ausreichendem Ausmaß zu Verfügung standen, weil sie von unaufschiebbaren Aufga-

20 Von der Tendenz, das Risikomanagement hinter verschlossenen Türen zu machen und den Vorstand oder den Lenkungsausschuss vor der vollen Wahrheit zu »verschonen« oder sie ihnen nur in homöopathischen Dosen zuzumuten, ist dringend abzuraten: Das löst zwangsläufig Unsicherheit und Misstrauen aus, weil die Adressaten sich logischerweise fragen, aus welchem Grund man ihnen keinen reinen Wein einschenkt und welche anderen Risiken sich noch in Ihren »Geheimakten« verbergen.

ben im Tagesgeschäft gebunden waren? Dann können Sie darauf wetten, dass dieses Risiko auch dieses Mal droht.

Markige Bekundungen, dass man das dieses Mal auf keinen Fall hinnehmen werde, sind kein Risikomanagement, sondern Risikoverschleierung. Ein Risikomanagement, das diesen Namen verdient, wäre etwa der Verzicht auf die »50-Prozent-Fiktion«: »Sie sind zu 50 Prozent für das Projekt freigestellt. Ihren normalen Job behalten Sie natürlich; Sie müssen sich dort halt für die Dauer des Projekts (im Gegensatz zu sonst) auf das Wesentliche konzentrieren.« Aktives Risikomanagement könnte hier zum Beispiel heißen, festzulegen, dass der »harte Kern« des Integrationsprojekts für die Projektdauer zu 100 Prozent freigestellt wird.

Gab es in der Vergangenheit heftigen Streit um die Schuldfrage, nachdem die Dinge sich nicht so entwickelten wie geplant? Dann diskutieren Sie nicht lange, sondern nehmen Sie diesen Punkt ins Risikomanagement auf.

Ein weiteres nützliches Hilfsmittel zur Früherkennung von Risiken ist eine »SWOT-Analyse«. Sie besteht darin, gemeinsam zu untersuchen, wie Sie mit Ihrer Mannschaft für das bevorstehende Projekt aufgestellt sind: Wo liegen Ihre Stärken (**S**trengths) und Schwächen (**W**eaknesses)? Und welche Chancen (**O**pportunities) und Gefahren (**T**hreats) bringt Ihre Integration mit sich? Solch simple Heuristiken sind eine erstaunlich gute Hilfe nicht nur für die Risikoidentifikation, sondern auch für eine umfassende Projektvorbereitung.

Leider gibt es keine Methode, mit der sich definitiv sicherstellen ließe, dass man sämtliche Risiken eines Projekts vollständig erfasst hat. Das liegt einfach daran, dass die Zukunft ungewiss und selbst die Gegenwart nicht vollständig transparent ist: Schwarze Schwäne können ebenso auftreten wie weiße Elefanten. Aber nicht nur unvorhergesehene Entwicklungen können die Risikolandschaft verändern; ein mindestens ebenso großes Risiko ist, dass sich eigene stillschweigende Annahmen als ganz oder teilweise falsch erweisen[21] – eine Gefahr, gegen die es, außer vielen Gesprächen mit Außenstehenden, kaum ein »Gegengift« gibt.

Daraus folgt zweierlei: Erstens ist es sinnvoll, statt sich hier festzubeißen, irgendwann einen Schlussstrich zu ziehen und sein Risikomanagement vorerst auf die Punkte zu konzentrieren, die man mit vereinten Kräften identifiziert hat. Zweitens, und das wird gern übersehen, ist es genau aus demselben Grund notwendig, die Risikoliste offenzuhalten und fortzuschreiben. Es ist unbedingt erforderlich, von Zeit zu Zeit zu überprüfen, ob neue Risiken sichtbar geworden sind, an die Sie und Ihr Team zum Zeitpunkt der Erstellung der Liste noch nicht gedacht haben – gleichgültig, ob sie damals übersehen wurden oder ob es sich aus einer unvorhergesehenen Entwicklung ergeben haben.

---

21 Im Anlagenbau kursiert dazu der deftige, aber einprägsame Merksatz: »Assumption is the mother of all fuck-up.«

19.9 Methoden der Risikoanalyse und -bewertung

Aber das Benennen und Auflisten ist nur der erste Schritt, denn im Gegensatz zu Rumpelstilzchen reißen sich Risiken nicht selbst in Stücke, wenn man sie beim Namen nennt. Die Namensnennung bewirkt erst einmal nur, dass die Risiken auf dem Tisch liegen bzw. am Flipchart stehen. Das ist die notwendige Voraussetzung, auf der alle weiteren Schritte des Risikomanagements aufbauen, aber noch nicht mehr.

Im nächsten Schritt werden die gesammelten Risiken analysiert und bewertet. Letztendlich interessieren uns dabei hauptsächlich zwei Aspekte, nämlich erstens die Eintrittswahrscheinlichkeit eines Risikos, zweitens die wirtschaftlichen Folgekosten des Risikoeintritts (einschließlich der Auswirkungen der zeitlichen Verzögerungen, die er nach sich zöge).

Die Multiplikation dieser beiden Zahlen ergibt den statistischen »Erwartungswert« für das betreffende Risiko, das heißt den Schätzwert des zu erwartenden Schadens. Das ist gewissermaßen der »langjährige Mittelwert« des Schadens, den dieses Risiko bei einer großen Zahl vergleichbarer Projekte anrichtet – einerseits eine sehr theoretische Größe, weil ein Risiko im konkreten Projekt entweder eintritt oder nicht eintritt, andererseits doch eine recht nützliche Kennzahl, weil sie eine quantitative Bewertung unterschiedlichster Risiken und damit deren Vergleich ermöglicht.

Das Problem ist nur, dass man in vielen Fällen weder die Eintrittswahrscheinlichkeit noch die zeitlichen und finanziellen Auswirkungen des Risikoeintritts so genau kennt. Wie wahrscheinlich ist es zum Beispiel, dass bei dem Integrationsprojekt mehrere Mitarbeiter durch Krankheit oder Kündigung ausfallen? Schwer zu sagen, da es von zahlreichen Faktoren – von Grippewelle über Projektklima bis Arbeitsmarkt – abhängt. Und was wären die zeitlichen und wirtschaftlichen Auswirkungen? Das hängt von den konkreten Personen und vom Zeitpunkt ihres Ausfalls im Projektverlauf ab. Und nun?

Die Risikobewertung ist umso schwieriger, je genauer man dabei sein möchte. Dagegen ist sie durchaus machbar, wenn wir uns mit einem Genauigkeitsgrad zufriedengeben, der von unserem Denken und unserer Sprache unterstützt wird. Wenn zum Beispiel der durchschnittliche Krankenstand bei etwa drei Prozent und die Fluktuation bei acht Prozent liegt, dann kann man, wenn man unbedingt möchte, eine Weile mit Wahrscheinlichkeitsmatrizen herummultiplizieren – und würde dann wohl zu einem Ergebnis kommen, das einem der gesunder Menschenverstand auch so sagt: Nämlich, dass es bei einem größeren Projekt *ziemlich wahrscheinlich* ist, dass *einzelne* Mitarbeiter ganz oder zeitweilig ausfallen werden, aber *eher unwahrscheinlich*, dass es eine große Zahl sein wird.

Schon diese grobe Betrachtung zeigt, dass es unrealistisch ist, bei der Projektplanung davon auszugehen, dass sämtliche Teammitglieder zu 100 Prozent zur Verfügung stehen: Ein Puffer für Ausfälle sollte also eingeplant werden. Die Risikovorsorge könnte also ganz simpel lauten: Für den Ausfall von bis zu zwei Mitarbeitern planen wir Reserven ein – und wir vertrauen auf unser Glück, dass es nicht mehr werden.

Wie das Beispiel zeigt, kann es sinnvoll sein, bei der Risikobetrachtung Abstufungen vorzunehmen, statt nur digital zwischen Eintritt und Nichteintritt des Risikos zu unterscheiden. Denn der Ausfall von Mitarbeitern ist ja kein digitales Risiko – vielmehr gibt es eine Wahrscheinlichkeitsverteilung. Man muss also nicht auf den extrem unwahrscheinlichen Fall des Ausfalls sämtlicher Projektmitarbeiter vorbereitet sein, doch es ist vernünftig, Vorsorge für den relativ wahrscheinlichen Ausfall einzelner Mitarbeiter zu treffen.

Die Risikomatrix

Für den Hausgebrauch genügt es, sowohl die Eintrittswahrscheinlichkeit als auch die Auswirkungen grob drei- oder fünfstufig zu klassifizieren: »gering – mittel – hoch« bzw. »sehr gering – gering – mittel – hoch – sehr hoch«. Schon bei einer so groben Klassifizierung sondert sich rasch die Spreu vom Weizen. Wenn man sie in die in Abbildung 7 dargestellte Matrix einträgt, finden sich in deren oberer rechter Hälfte die Risiken, die entweder von ihren Auswirkungen oder von ihrer Eintrittswahrscheinlichkeit her (oder von beidem) besonderer Aufmerksamkeit bedürfen.

Besonders kritisch sind natürlich die Risiken, bei denen ein potenziell hoher Schaden mit einer nicht zu vernachlässigenden Eintrittswahrscheinlichkeit zusammentrifft. Den Grenzbereich markiert die Diagonale der Grafik: Darunter erstrecken sich von rechts nach links die Risiken, die gravierende Folgen hätten, aber eher unwahrscheinlich sind, bis zu jenen, die relativ wahrscheinlich sind, aber von ihren Folgen eher unbedeutend wären. Was unterhalb dieses Grenzbereichs liegt, wird man im Allgemeinen zur Kenntnis nehmen, aber nicht mit Maßnahmen hinterlegen; was darüber liegt, erfordert genauere Überlegungen.

Eine Art von Risiko, die in Brainstormings regelmäßig zum Vorschein kommt, bedarf dabei einer besonderen Betrachtung, nämlich übergeordnete Gefahren, wie etwa die, dass das Unternehmen pleitegeht, dass ein Flugzeug auf die Firma stürzt oder ein benachbartes Kernkraftwerk explodiert. Solche Ereignisse würden den Fortschritt der Integration ohne Zweifel negativ beeinflussen – angesichts ihrer übergeordneten Tragweite wären die Auswirkungen auf das Projekt aber ein nachrangiges Problem. Deshalb ist es sinnvoll, solche übergeordneten Katastrophen im Risikomanagement schlicht zu ignorieren.

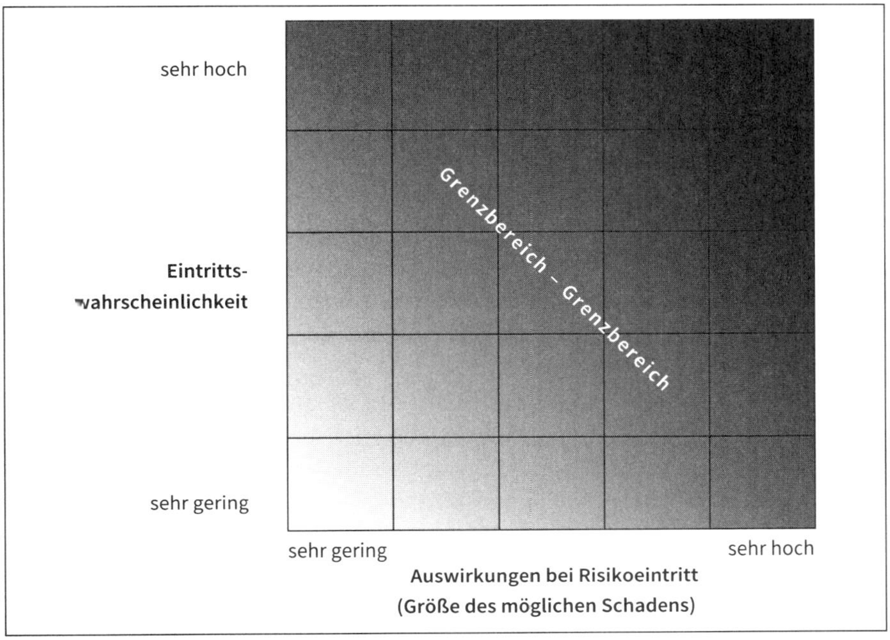

Abb. 7: Risikobewertung anhand der »Risikomatrix«

19.10 Echte und unechte Strategien des Risikomanagements

Und was machen wir nun mit den identifizierten und bewerteten Risiken? Tom DeMarco und Timothy Lister nennen vier Möglichkeiten: (1) Vermeiden; (2) Begrenzen; (3) Vermindern; (4) Auf das Glück bauen (also nichts tun und darauf hoffen, dass das Risiko nicht eintritt). (Politikern steht noch eine fünfte Variante zu Verfügung, nämlich die, das Risiko »sehr ernst zu nehmen« – was sich aber bei näherem Hinsehen meist als diplomatische Verbrämung von Variante 4 entpuppt.)

Was die Hoffnung auf das Glück betrifft, haben wir schon festgestellt, dass dies durchaus eine zulässige Vorgehensweise für *einzelne* Risiken sein kann, insbesondere dann, wenn deren Eintrittswahrscheinlichkeit sehr gering und/oder Gegenmaßnahmen sehr teuer wären. Man sollte sie nur nicht für zu viele Risiken wählen, sonst überschreitet man die Grenze vom Integrationsmanagement zum Glücksspiel.

Der verhängnisvolle Reiz des Glücksspiels rührt in diesem Fall weniger von dem Adrenalin-Kick der Gefahr her als von der vermeintlichen Zeit- und Kostenersparnis: Während alle ernsthaften Gegenmaßnahmen Geld, Ressourcen und oftmals auch Zeit kosten, kostet das Hoffen auf das Glück vordergründig nichts. Aber das ist natürlich eine Milchbubenrechnung, ungefähr so weitblickend wie das »Einsparen« einer Feuerversicherung.

Denn die Kostenersparnis gilt nur für den Fall, dass das Risiko nicht eintritt. Das tatsächliche Risiko liegt, wie oben festgestellt, völlig unbeeindruckt von solchen Manövern bei dem Produkt aus Eintrittswahrscheinlichkeit und zu erwartendem Schaden (»Erwartungswert«). Und wenn es denn eintritt, ist der Schaden da, möglicherweise der Totalschaden.

Auch das Vermeiden von Risiken ist aus den genannten Gründen meist keine geeignete Strategie – außer, man kommt bei einer sorgfältigen Risikoanalyse zu dem Ergebnis, dass die Integration, gemessen an den eigenen Fähigkeiten und Erfahrungen, einfach mit zu hohen Risiken behaftet ist, und entscheidet sich deshalb, gänzlich die Finger davon zu lassen. Ein Weg zum unternehmerischen Erfolg ist die Risikovermeidung allerdings nicht.

Manche Strategien, die zur Risikovermeidung empfohlen werden, sind in Wirklichkeit nur eine Risikoverlagerung bzw. ein Risikotausch: Wenn Sie sich zum Beispiel entscheiden, externe Berater einzusetzen, weil Sie im eigenen Haus nicht genügend Erfahrung besitzen, haben Sie sich damit zwar des Risikos des Selbermachens entledigt, tauschen es aber gegen das Risiko ein, dass die Berater vielleicht in die falsche Richtung laufen oder zusätzliche Probleme hervorrufen. Trotzdem können solche Risikoverlagerungen sinnvoll sein – und zwar genau dann, wenn sie das Gesamtrisiko vermindern.

19.11 Strategien zur Risikominderung

Ein Schuss Risikovermeidung ist dagegen empfehlenswert, wenn es darum geht, Projekte vernünftig zu dimensionieren und sie nicht mit zu großer Komplexität zu überfrachten. Deshalb ist es ratsam, die ohnehin hohe Komplexität einer Post-Merger-Integration nicht noch dadurch anzureichern, dass man zusätzlich ein Prozess-Redesign, eine Umstellung der IT-Systeme und eine grundlegende strategische Neuausrichtung hineinpackt. Allerdings ist das streng genommen keine Risikovermeidung, sondern eine Risikominderung.

Strategien der Risikominderung zielen darauf, die Eintrittswahrscheinlichkeit von Risiken zu reduzieren. Beispielsweise verringert der Einsatz externer Berater nicht die Höhe des Schadens, wenn das Projekt scheitert oder in Verzug gerät, aber sie reduziert – bei Auswahl einer geeigneten Beratungsfirma – die Wahrscheinlichkeit dafür, dass dieses Risiko eintritt (→ Kap. 18.2 f.).

In ähnlicher Weise zielt auch die Beschränkung des Projektumfangs (»scope«) primär darauf, die Wahrscheinlichkeit für einen erfolgreichen Projektverlauf zu erhöhen und damit im Umkehrschluss das Risiko gravierender Zeit- und Kostenüberschreitungen bzw. eines totalen Fehlschlags zu verringern. Das Gleiche gilt, wenn man ein Projekt, um der Gefahr personeller Ausfälle vorzubeugen, mit etwas mehr Personal ausstattet – auch wenn dies von manchen dynamischen Managern sofort als »Slack« (»Spiel«) gebrandmarkt wird.

Vermutlich hören Sie bereits heraus, wo der Haken bei der Sache ist: Erstens kostet das Vermindern von Risiken in aller Regel Geld und/oder zusätzlichen Aufwand, und zweitens wirken Vorsorgemaßnahmen definitionsgemäß nur dann, wenn sie im Vorfeld getroffen werden.

19.12 Strategien zur Risikobegrenzung

Im Gegensatz zur Risikominderung zielt die Risikobegrenzung darauf, die Höhe des Schadens zu limitieren, der im Falle des Risikoeintritts entstünde. Hier lautet die Frage nicht: »Was können wir tun, um die *Wahrscheinlichkeit* zu verringern, dass das Risiko eintritt?«, sondern: »Einmal angenommen, das Risiko tritt ein: Wie können wir den *Schaden* begrenzen, der in diesem Fall entstünde?«

Das Paradebeispiel für eine Risikobegrenzung sind Versicherungen: So beseitigt eine Kfz-Versicherung zwar längst nicht alle Folgen eines Autounfalls, aber sie reduziert immerhin dessen finanziellen Schaden. Allerdings um den Preis einer Risikoprämie, die sich die Versicherung dafür bezahlen lässt, dass sie als »Risikoträger« einsteht. In ähnlicher Weise begrenzen Kurssicherungsgeschäfte bei Auslandsprojekten die Risiken von Wechselkursschwankungen.

Grundsätzlich gibt es zwei Strategien der Risikobegrenzung: Die eine besteht aus Vorsorgemaßnahmen, die von Beginn an getroffen werden, also unabhängig vom Projektverlauf (wie zum Beispiel der Abschluss eines Kurssicherungsgeschäfts). Die andere ist die Erstellung einer Notfallplanung oder Eventualplanung: der berühmte »Plan B«. Er besteht darin, dass man sich im Voraus ein Konzept und eine Vorgehensweise für den Fall zurechtlegt, dass das Risiko eintritt bzw. sich sein Eintreten abzeichnet.

Vorsorgemaßnahmen haben den Nachteil, dass sie in der Regel recht aufwendig sind – und dass man zum Zeitpunkt der Investition nicht weiß, ob sich der ganze Aufwand überhaupt lohnt: Vielleicht geht ja auch alles glatt. Andererseits gibt es Risiken, die sich überhaupt nur durch frühzeitige Vorsorge begrenzen lassen, weil spätere Maßnahmen nicht mehr ausreichen, um das Problem abzufangen – siehe Kurssicherung.

Auch die Erstellung eines Notfallplans ist natürlich eine Investition, hat aber den Vorteil deutlich geringerer Kosten. Sie bestehen im Wesentlichen nur in Zeitaufwand, nämlich im Vorausdenken und in der inneren Vorbereitung für den Fall des Falles. Das kann ohne großen Mitteleinsatz geschehen. Zur »Billiglösung« darf der Notfallplan dennoch nicht verkommen, denn er nützt nur dann etwas, wenn er hinreichend detailliert ausgearbeitet und logisch schlüssig ist.

19.13 Wenn-dann-Planung und Frühwarnsignale

Die Aussage: »Wenn Risiko X eintritt, setzen wir uns sofort zusammen und machen uns Gedanken über Gegenmaßnahmen« ist kein Notfallplan, sondern die Beschwörung der eigenen Improvisationsfähigkeit – nicht verwerflich, aber als Risikovorsorge auch nicht sonderlich nutzbringend. Seinen Namen verdient ein Notfallplan nur dann, wenn er tatsächlich konkrete Maßnahmen für den Fall des Falles vorsieht: »Falls das Risiko X eintritt, dann machen wir erstens M, zweitens N und drittens O«, und wenn er außerdem eine Abschätzung der Wirksamkeit dieser Maßnahmen enthält.

Notfallmaßnahmen sind in der Regel umso wirksamer, je früher sie bei Eintritt des Risikos eingeleitet werden. Obwohl das unmittelbar einleuchtend ist, wird die logische Schlussfolgerung daraus längst nicht immer gezogen – nämlich erstens, für jedes Risiko Frühindikatoren zu bestimmen, die ein rasches Entdecken des Risikoeintritts und eine rasche Reaktion ermöglichen, und zweitens, diese Frühindikatoren ständig zu beobachten. So ein Frühindikator kann zum Beispiel sein, dass ein Teilprojekt um mehr als drei Wochen hinter seinem Zeitplan zurückliegt oder dass mehr als zwei für die Integration wichtige Manager von sich aus kündigen.

Da es in solchen Fällen oft auf die besonderen Umstände des konkreten Falls ankommt, ist es bei Integrationsprojekten weniger sinnvoll als bei technischen Systemen, beim Eintritt eines Frühindikators automatisch »auf Notbetrieb umzuschalten«; meist ist es klüger, in diesem Fall unverzüglich eine Managemententscheidung darüber herbeizuführen, ob der Notfallplan aktiviert werden soll. Dabei ist allerdings wichtig, sich nicht in die Tasche zu lügen und das Problem wegzureden, bloß weil es einem momentan ungelegen kommt. Denn auf diese Weise würde man genau den zusätzlichen »Bremsweg« verschenken, den man sich durch die Frühindikatoren verschafft hat.

19.14 Das Risikomanagement im Bewusstsein halten

Ein professionelles Risikomanagement aufzubauen und zu pflegen, ist mit Aufwand verbunden. Diese Zeit und Mühe lohnt sich nur dann, wenn die erstellten Unterlagen dann nicht in der Schublade verstauben bzw. auf einem Fileserver vom Moos überwuchert werden.

Genau dies ist aber oft das Schicksal von Risikomanagement-Systemen: Sie werden pflichtbewusst begonnen, in der Anfangsphase von Projekten tapfer (und zuweilen mit übertriebenem Aufwand) gepflegt, schlafen aber »zufällig« genau dann ein, wenn angesichts der ersten kritischen Deadlines der Druck zunimmt und die Verantwortlichen »keine Zeit haben, sich jetzt auch noch um das Risikomanagement zu kümmern«.

Für kurze Zeit kann man sich das leisten, denn das Risikomanagement bricht nicht zusammen, wenn Sie mal für ein paar Tage andere Prioritäten setzen. Es verliert seinen Wert schleichend. Eine veraltete Risikoanalyse aber ist allenfalls noch für die Projektevaluation von Interesse – oder zur Abwehr von Schadensersatzklagen.

Um sicherzustellen, dass dem Risikomanagement gerade dann die nötige Aufmerksamkeit gewidmet wird, wenn der Nutzen für das Projekt am größten ist, ist es ratsam, es zum regelmäßigen Tagesordnungspunkt im Lenkungsausschuss zu machen. Dieses Gremium muss sich nicht mit jedem Bagatellrisiko auseinandersetzen, aber es sollte über die wesentlichen Projektrisiken fortlaufend unterrichtet sein, und zwar sowohl über ihre Existenz und die getroffenen Maßnahmen zur Risikominderung bzw. Risikobegrenzung als auch über eventuell eingetretene Frühindikatoren.

Dabei ist es wichtig, die Diskussion in einem konstruktiven Geist zu führen, denn wenn einzelne Lenkungsausschuss-Mitglieder bei Problemen hauptsächlich nach den Schuldigen suchen und den Druck auf den Projektleiter erhöhen, leisten sie damit keinen Beitrag zur Lösung des aktuellen Problems, tragen aber sehr viel zur Verschleierung künftiger Probleme bei.

Halten wir fest: Es gibt kein Risikomanagement zum Nulltarif. Professionelles Risikomanagement kostet sowohl Zeit als auch Geld. Und je nachdem, mit was für einer Kultur und mit was für Personen man es intern zu tun hat, kann es auch Nerven kosten und zum einen oder anderen Konflikt führen, weil es auch manche Menschen in Spitzenpositionen Probleme lieber ignorieren und das Projekt schönreden. Kommen wir also noch einmal auf unsere Ausgangsfrage zurück: Warum sollte man sich das alles antun?

Die Antwort lautet: Weil es in Summe trotzdem Zeit, Geld und Nerven spart. Denn natürlich halten sich Projekte in den seltensten Fällen an eine Planung, die primär auf Glück und eine Verkettung günstigster Umstände baut. Wenn man nicht darauf vorbereitet ist, dass es auch anders kommen könnte als geplant, können einem schon ziemlich früh die Gesetze des Handelns entgleiten, sodass man vom Treiber zum Getriebenen wird.

Der Zusatzaufwand für ein professionelles Risikomanagement verteuert das Projekt nur im Vergleich zu DeMarcos »Nano-Prozent-Fall«, der in der Wirklichkeit kaum jemals eintritt. Aber es spart Zeit, Geld und Nerven gegenüber dem Normalfall, in dem eben doch das eine oder andere Risiko eintritt und ein ebenso zeit- und kostenaufwendiges wie stressiges Krisenmanagement (→ Kap. 31) erforderlich macht. Es trägt dazu bei, Termine realistisch zu planen und sie dann tatsächlich zu halten; es trägt dazu bei, erhebliche Mehrkosten für Feuerwehraktionen zu sparen, und es trägt schließlich auch dazu bei, den Projektverantwortlichen so manche schlaflose Nacht und so manches kleinlaute Eingeständnis zu ersparen.

WICHTIGSTE ERKENNTNISSE UND SCHLUSSFOLGERUNGEN

- Fusionen, Übernahmen und Integrationen sind bekanntermaßen mit Risiken behaftet. Integrationsprojekte sollten daher ein professionelles Risikomanagement betreiben – sowohl, um die bestehenden Risiken zu kennen und vorausschauend mit ihnen umzugehen, als auch zum eigenen Schutz, um sich nicht dem Vorwurf eines leichtfertigen und unverantwortlichen Vorgehens auszusetzen.
- Risikomanagement ist ein unangenehmes Thema: Es zwingt uns dazu, uns detailliert und sorgfältig mit Dingen zu beschäftigen, die hochgradig beunruhigend sind und an die wir am liebsten gar nicht denken würden. Das können Komplikationen durch Verzögerungen, das Verfehlen von Synergiezielen oder gar das Scheitern der gesamten Integration sein.
- Das größte Problem beim Risikomanagement liegt daher nicht auf der sachlichen oder methodischen Ebene, sondern auf der psychologischen. Es setzt die bewusste Entscheidung voraus, sich den bestehenden Risiken mit offenen Augen zu stellen, sowie die Disziplin, das System auch in stressigen Phasen fortzuführen. Ein halbherziges Risikomanagement ist Aufwand ohne Nutzen und damit Zeitverschwendung.
- Was bei der Entscheidung helfen kann, ist, sich bewusst zu machen, dass durch ein Risikomanagement kein einziges Risiko zusätzlich entsteht. Die Vorstellung, man könne Risiken »herbeireden« oder würde sich »unbewusst auf Misserfolg programmieren«, ist blanker Aberglauben.
- Risikomanagement beginnt mit einer möglichst vollständigen Auflistung der bestehenden Risiken. Dies macht man am besten im Team, weil die Perspektive einer Gruppe breiter ist als die eines Einzelnen. Dabei sollten Sie die Gruppe ermutigen, nicht nur Bagatellrisiken zu thematisieren, sondern vor allem die großen Risiken beim Namen zu nennen.
- Um die kritischen Risiken zu identifizieren, ist es sinnvoll, für alle identifizierten Risiken sowohl ihre Eintrittswahrscheinlichkeit als auch den im Falle

ihres Eintritts zu erwartenden Schaden abzuschätzen. In einer Risiko-Matrix lässt sich dies übersichtlich darstellen. Aufmerksamkeit erfordern vor allem die Risiken, bei denen ein erheblicher Schaden mit einer nicht zu vernachlässigenden Eintrittswahrscheinlichkeit zusammentrifft.

- Bei Risiken, die Abstufungen kennen, bei denen es also nicht nur um Eintreten oder Nichteintreten geht, ist es sinnvoll, in einer Wahrscheinlichkeitsverteilung zu denken und zu bestimmen, welche Ausprägungen so unwahrscheinlich sind, dass man sie vernachlässigen kann, und welche so wahrscheinlich sind, dass man sich auf sie einstellen sollte.
- Prinzipiell gibt es vier Möglichkeiten, mit Risiken umzugehen: (1) Vermeiden; (2) Begrenzen; (3) Vermindern; (4) Auf das Glück bauen (also nichts tun und darauf hoffen, dass es gut geht).
- Auch in einem professionellen Risikomanagement ist es zulässig, für *manche* Risiken keine Vorsorge zu treffen und einfach auf sein Glück zu hoffen. Man sollte das nur nicht bei zu vielen Risiken machen, denn auch geringe Wahrscheinlichkeiten addieren sich am Ende zu einer nicht mehr so geringen Wahrscheinlichkeit. Anders gesagt: Die meisten Risiken mit geringer Eintrittswahrscheinlichkeit werden nicht eintreten – einige aber doch.
- Das größte Risiko lässt sich nicht vermeiden, denn es besteht im Durchführen der Integration selbst. Vermeiden lässt sich aber, dieses Risiko noch dadurch zu erhöhen, dass man die vermeintlich günstige Gelegenheit nutzt, um noch etliche andere anstehende Themen draufzusatteln. Denn damit treibt man die ohnehin hohe Komplexität samt möglicher Wechselwirkungen noch weiter in die Höhe.
- Etliche Risiken lassen sich vermindern, zum Beispiel indem man die Zeitplanung und die Ressourcenausstattung des Integrationsprojekts mit einem Puffer ausstattet, statt sie auf die äußerst unwahrscheinliche Verkettung optimaler Umstände – DeMarcos »Nano-Prozent-Fall« – aufzubauen. Der Haken daran ist: Ein solcher Puffer kostet, wie jede Versicherung, Geld.
- Eine Risikobegrenzung ist zum einen durch Vorsorgemaßnahmen möglich, zum anderen durch eine Notfall- oder Eventualplanung. Vorsorgemaßnahmen sind oft mit erheblichen Kosten verbunden; für eine Eventualplanung muss lediglich der Aufwand betrieben werden, einen schlüssigen Wenn-dann-Plan für den Eintritt des Risikos zu entwickeln und ggf. Frühwarnsignale zu identifizieren. Dieser Plan muss konkret und spezifisch sein: Pauschale Aussagen sind im Ernstfall nutzlos; sie täuschen mehr Risikomanagement vor als tatsächlich vorhanden ist.
- Damit ein Risikomanagement etwas nützt, muss es fortgeschrieben werden. Es ist daher sinnvoll, es regelmäßig zu aktualisieren und das Thema zum routinemäßigen Bestandteil der Agenda des Lenkungsausschusses zu machen. Und zwar zu einem, der nicht erst ganz am Schluss kommt und dann aus Zeitmangel entfällt.

20 Doppelspitze: Fauler Kompromiss oder ernstzunehmendes Führungsmodell?

Als demonstratives Symbol eines »Mergers of Equals« wird die Führung des fusionierten Unternehmens zuweilen in die Hände einer Doppelspitze gelegt. Zwei gleichberechtigte Vorstandsvorsitzende oder Geschäftsführer sollen dann seine Geschicke lenken – »wenigstens für eine Übergangszeit«, wie es oft in zweifelhafter Beschwichtigung heißt. Die Besänftigung ist angebracht, denn solchen Doppelspitzen schlägt allgemeine Skepsis entgegen: »Einer muss schließlich das letzte Wort haben!«, lautet eine populäre Managerweisheit. Aber stimmt das wirklich? Sind Doppelspitzen zwangsläufig eine Totgeburt?

Die Empirie scheint den Skeptikern Recht zu geben: Doppelspitzen nach Fusionen haben eine geringe Halbwertszeit; schon nach zwei Jahren sind wohl weniger als die Hälfte davon übrig. Und viele halten wohl nur deshalb so lange, weil die Aufsichtsgremien ohne diese Anstandsfrist öffentlich einräumen würden, eine Fehlentscheidung getroffen zu haben. In anderen Fällen handelt es sich auch um den planmäßigen Rückzug eines der beiden Chefs: Nach zwei Jahren, so glaubt man, sollte so viel Ruhe in dem fusionierten Unternehmen eingekehrt sein, dass sich keine der beiden Seiten mehr »verraten und verkauft« fühlt und die Abwanderungstendenzen entsprechend gering sind.

20.1 Funktionierende Doppelspitzen

Andererseits gibt es gar nicht so wenige Beispiele für funktionierende Doppelspitzen. Insbesondere in kleineren und mittleren Unternehmen sind sie durchaus verbreitet; die Namen vieler Mittelständler (»König & Bauer«, »Marks & Spencer«, …) zeugen davon. Funktionierende Doppelspitzen können zum Beispiel aus den zwei (oder mehr) Gründern bestehen, die ihr Unternehmen gemeinsam aufgebaut haben und gemeinsam führen, aus Ehepartnern, die mit klarer Rollenverteilung, aber gemeinsamer Verantwortung an der Spitze der gemeinsamen Firma stehen, aus Vater oder Mutter und Sohn oder Tochter, aber auch aus zwei Managern, die ein Unternehmen gemeinsam erworben haben und es nun mit vereinten Kräften nach vorne bringen.

Natürlich kann man sich in all diesen Fällen fragen, ob nicht trotz aller formaler Gleichberechtigung eine(r) von beiden der »wahre Chef« ist. In der Tat wird man bei ausreichend genauer Beobachtung häufig finden, dass in solchen Konstellationen oftmals eine(r) von beiden die dominantere Persönlichkeit hat. Aber Vorsicht! Wer nicht nach dem Grundsatz, dass nicht sein kann, was nicht sein darf, an die Sache herangeht, der muss sich die Frage stellen, ob es auf die Dominanz überhaupt ankommt und ob derjenige, der dominanter auftritt, deshalb automatisch der »wahre Chef« ist.

Das Thema ist erstaunlich emotionsbesetzt – vermutlich, weil im Hintergrund nicht nur unser Grundverständnis von Führung angesprochen ist, sondern zugleich ein zentraler Eckstein unseres Welt- und Menschenbildes. Die Gretchenfrage lautet: Ist Führung unteilbar (»Einer muss immer der Chef sein!«), oder kann sie (und darf sie oder sollte sie vielleicht sogar) auf mehrere Schultern verteilt werden?

20.2 Wie werden Entscheidungen getroffen?

Dass zwei Personen exakt gleich dominant sind, ist rein statistisch ähnlich unwahrscheinlich wie dass sie exakt gleich groß sind. Wenn das gleiche Ausmaß an Dominanz also zwingende Voraussetzung für eine echte Doppelspitze wäre, dann könnte es tatsächlich kaum eine geben. Doch bei genauerer Betrachtung ist Dominanz schlicht das falsche Kriterium. Worauf es wirklich ankommt, ist die Frage, wie wesentliche Entscheidungen gefällt werden: Werden sie gemeinsam getroffen oder hat bei Dissens eine(r) von beiden das letzte Wort?

Eine echte Doppelspitze liegt dann vor, wenn sich zwei Personen die Entscheidungsgewalt für wichtige Fragen teilen – völlig unabhängig von der Ausprägung ihrer persönlichen Dominanz. Auch sonst ist ja nicht jeder Chef die dominanteste Persönlichkeit in seiner Organisationseinheit – aber er ist derjenige, der, falls es zu keinem Konsens kommt, die abschließende Entscheidung trifft. Falls dieses letzte Wort also nicht bei einem der beiden liegt, sondern tatsächlich bei beiden, dann liegt eine echte Doppelspitze vor.

20.3 Weshalb Doppelspitzen nach Fusionen häufig scheitern

Genau genommen ist es auch kein Argument gegen Doppelspitzen, dass sie in den meisten Fällen nicht ewig halten. Denn das Gleiche gilt auch für »Einzelspitzen«: Sie halten ja auch nicht ewig. Die durchschnittliche Dauer, die sich Vorstandsvorsitzende an der Spitze halten, ist in den letzten Jahrzehnten sogar immer kürzer geworden.

Trotzdem leitet daraus bislang niemand das Argument ab, dass Einzelspitzen in der heutigen Zeit nicht mehr funktionieren – obwohl man so ja durchaus argumentieren könnte: Die rückläufige Halbwertszeit könnte man ja auch als Beleg dafür sehen, dass dieser Job unter den heutigen Markt- und Wettbewerbsbedingungen kaum noch von einer einzigen Person zu bewältigen ist, weshalb man in der Zukunft viel mehr auf Doppelspitzen zurückgreifen müsse.

Dennoch ist es kein Zufall, wenn gerade Doppelspitzen, die im Gefolge von Fusionen entstehen, einen schlechten Ruf haben – und diesem häufig auch gerecht werden, weil sie in der Tat oft nur holprig funktionieren. Das liegt zum einen daran, dass hinter der Entscheidung für eine Doppelspitze häufig eine Integrationsstrategie der Konfliktvermeidung steht: Oft handelt es sich dabei entweder um einen Kompromiss zwischen den Eigentümern der beiden fusionierenden Unternehmen, oder es soll damit ein demonstratives politisches Signal in Richtung »Merger of Equals« nach innen oder nach außen gesetzt werden.

Der zweite Grund, der zu einer ungünstigen Prognose führt, ist, dass es sich in diesen Fällen in aller Regel um »unfreiwillige« Doppelspitzen handelt. Mit anderen Worten, die Betroffenen haben diese Konstruktion nicht aus Überzeugung gewählt, sondern sie als einen (»bis auf Weiteres«) unvermeidlichen Kompromiss akzeptiert.

Im Grunde ihres Herzens sind sie davon überzeugt, dass nur einer an der Spitze des Unternehmens stehen sollte – nämlich sie selbst. Nur war diese Lösung »aus politischen Gründen« nicht durchsetzbar, deswegen mussten sie die Doppelspitze notgedrungen akzeptieren – und »für eine Übergangszeit« erdulden. Doch danach möchten sie – beide – alleine an der Spitze es Unternehmens stehen, wofür sie sich in der Zeit der Doppelspitze natürlich positionieren und gegenüber ihrem Kollegen-Konkurrenten profilieren müssen.

Dass solche unfreiwilligen Doppelspitzen eine labile Sache sind, ist kein Wunder, zumal dabei oftmals Persönlichkeiten zusammengespannt werden, die ausgeprägte Einzelkämpfer und Alphatiere sind. Sie empfinden ihren Gegenpart dort, wo er nicht mit ihnen übereinstimmt, in ihrem tiefsten Inneren als Bremsklotz – und dort, wo er übereinstimmt, als überflüssig. Infolgedessen versuchen sie früher oder später (meist früher), den anderen faktisch auszubooten und die alleinige Führung zu übernehmen – entweder durch bewusst dominierendes Auftreten oder durch Alleingänge und das Schaffen vollendeter Tatsachen. Wenn sich der andere dem nicht beugt, entsteht daraus zwangsläufig ein Machtkampf.

Ein Machtkampf an der Spitze jedoch ist so ziemlich das Schlimmste, was einem fusionierenden Unternehmen passieren kann. Er durchzieht in kürzester Zeit das ganze Unternehmen, denn er zwingt die nachgeordneten Führungsebenen, sich zu entscheiden, auf welche Seite sie sich schlagen. Dabei spielen alte Loyalitäten eine Rolle, aber auch taktische Überlegungen: Da abzusehen ist, dass früher oder später nur (bzw. höchstens) einer der beiden Protagonisten übrig bleiben wird, gilt es, aufs richtige Pferd zu setzen. Das Resultat ist eine Lagerbildung, die das gesamte Unternehmen an den Rand der Handlungsunfähigkeit bringt.

Das heißt, von unfreiwilligen Doppelspitzen ist (nicht nur) bei Fusionen abzuraten: Zu groß ist das Risiko, damit sehenden Auges den Keim für eine Führungskrise zu legen, die weder der Integration noch der Firma noch den Aufsichtsgremien gut bekommt. Statt zu einem Symbol der Eintracht werden sie im schlimmsten Fall zu dem einer Spaltung, die das ganze Unternehmen durchzieht. Andererseits: Aus der Tatsache, dass unfreiwillige Doppelspitzen kaum je funktionieren, folgt keineswegs, dass Doppelspitzen prinzipiell nicht funktionieren können.

20.4 Unter welchen Bedingungen Doppelspitzen funktionieren

Eine zentrale Voraussetzung für das Funktionieren einer Doppelspitze ist, dass sie von beiden Beteiligten wirklich gewollt ist. Eine Doppelspitze wirklich zu wollen, heißt, sich nicht nur ihrer Vorteile bewusst zu sein und sie haben zu wollen, sondern auch bereit zu sein, ihre Nachteile in Kauf zu nehmen und »den Preis dafür zu bezahlen«.

Denn natürlich haben Doppelspitzen auch Nachteile. Der wichtigste betrifft die Schnelligkeit von Entscheidungen – insbesondere in den Fällen, wo die beiden sich nicht einig sind und erst um eine gemeinsame Lösung ringen müssen. Das kann zeitraubend, anstrengend und auch frustrierend sein. Das Gefühl, nicht frei schalten und walten zu können, sondern bei wichtigen Fragen immer erst die Zustimmung des Partners einholen zu müssen, ist der unvermeidliche Preis einer Doppelspitze – aber für manche Alphatiere auf die Dauer kaum zu ertragen.

Umgekehrt haben Doppelspitzen Vorteile in der Qualität der Entscheidungen – und auch in deren Beständigkeit. Gerade wenn die beiden Chefs unterschiedliche Charaktere sind, hat eine Doppelspitze den großen Vorteil, dass die Gründe für und wider eine Entscheidung breiter bedacht und tiefer ausgeleuchtet werden, als es ein einzelner Entscheider je könnte. Was auch dazu führt, dass sie sich ihrer Sache in der Regel sicherer sind als Einzelkämpfer. Deshalb treffen gut funktionierende Doppelspitzen in der Regel belastbare Entscheidung, die nicht mehr so leicht ins Wanken kommen.

Dazu kommen die Vorteile der Arbeits- und Rollenteilung, die eine Doppelspitze vornehmen kann. Zwar hat natürlich auch eine Einzelperson an der Spitze die Möglichkeit, Aufgaben zu delegieren. Doch gibt es nicht delegierbare Führungsaufgaben, die die Person an der Spitze unabweisbar selber ausfüllen muss – ob sie das gut kann oder nicht, wie zum Beispiel die Übermittlung schlechter Nachrichten oder das Halten einer überzeugenden Rede für eine neue strategische Ausrichtung. Hier hat eine Doppelspitze die Möglichkeit, sich die Aufgaben nach Kompetenz und Neigung aufzuteilen. Jedenfalls dann, wenn sie dies ohne Gefühle von Rivalität und Eifersucht hinbekommt.

Zu der quantitativen Entlastung durch die Arbeitsteilung kommt ein Stück Entlastung von dem Druck der Verantwortung, den eine Spitzenposition zwangsläufig mit sich bringt. Entscheidungen gemeinsam zu treffen, heißt, dass man die Argumente und Gegenargumente, wenn man sie im Dialog getestet hat, genauer kennt und vollständiger durchdacht hat, als wenn man allein entscheiden muss. Dies ist zugleich ein gutes Mittel gegen die »Einsamkeit an der Spitze«.

Auch eine Frage der Persönlichkeit

Am Ende ist es eine Persönlichkeitsfrage, ob man sich für eine Doppelspitze eignet oder nicht. Wer sich schwer damit tut, gelegentliche Zeitverluste und Frustration über mangelnde Handlungsfähigkeit und die vermeintliche Sturheit und Uneinsichtigkeit des (jeweils) anderen in Kauf zu nehmen, wer deshalb versucht ist, Dinge an sich zu ziehen und Fakten zu schaffen, wer nicht von sich aus bereit ist, kritische Themen einzubringen und eine gemeinsame Entscheidung herbeizuführen, der sollte besser die Finger von diesem Modell lassen. Denn, wie gesagt: Entscheidend ist nicht, ob man die Vorteile gerne hätte – entscheidend ist, ob man bereit ist, den Preis dafür zu bezahlen.

Die unabdingbare Voraussetzung für eine Doppelspitze ist gegenseitiges Vertrauen. Vertrauen heißt hier vor allem, dass man sich keine Sorgen über das machen muss, was hinter dem eigenen Rücken geschieht. Eine Doppelspitze wird nur dann funktionieren, wenn beide Seiten dieses Vertrauen aktiv pflegen, was sehr viel mit hoher persönlicher Glaubwürdigkeit, frühzeitiger Kommunikation und ständigem Abgleichen von Erwartungen im Sinne einer ständigen Konfliktprävention zu tun hat.

Das erklärt übrigens auch, weshalb funktionierende Doppelspitzen seltener sind als »Einzelspitzen«: Denn dafür genügt es nicht, *einen* Geeigneten zu finden, sondern es müssen *zwei* Persönlichkeiten zusammentreffen, die miteinander können, die beide zu einer partnerschaftlichen Führung bereit und in der Lage sind, die nicht (oder nur wenig) rivalisieren und die außerdem zu ständigen Investitionen in das gegenseitige Vertrauen bereit sind.

Da solche Persönlichkeiten in Top-Positionen dünn gesät sind, ist es erst recht unwahrscheinlich, dass zwei davon zusammentreffen. Deshalb kommen funktionierende Doppelspitzen wohl am häufigsten dadurch zustande, dass zwei Personen im Zuge einer Unternehmensgründung oder durch den gemeinsamen Kauf einer Firma in ein solches Zusammenspiel hineinwachsen.

Wer jedoch Arbeitsteilung sucht, trotz einer Spitzenposition noch etwas vom Leben haben möchte, wer sich die »Einsamkeit an der Spitze« ersparen möchte *und* bereit ist, den Preis zu bezahlen, der kann, wenn er einen adäquaten Partner dafür findet, mit einer Doppelspitze sehr gut und erfolgreich fahren. Letzten Endes sind beides gangbare Modelle der Führung – und vielleicht ist die Doppelspitze sogar das modernere, zukunftsträchtige Führungsmodell.

Wichtiger als solche »Imagefragen« ist aber allemal, ob das jeweilige Modell zur eigenen Persönlichkeit passt. Deshalb sollte eine Doppelspitze nach Fusionen nicht aus symbolischen oder machtpolitischen Gründen gewählt werden, sondern dann und nur dann, wenn zwei Top-Manager zu Verfügung stehen, die von ihrer Persönlichkeit her dazu geeignet und ehrlich dazu bereit sind, dieses Modell mit all seinen Vor- und Nachteilen zu leben.

WICHTIGSTE ERKENNTNISSE UND SCHLUSSFOLGERUNGEN

- Immer wieder wird nach Fusionen versucht, mit einer Doppelspitze beiden Seiten symbolträchtig zu signalisieren, dass tatsächlich ein »Merger of Equals« stattfindet. Zuweilen ist dies auch ein politischer Kompromiss auf höchster Ebene. Doch solche Doppelspitzen funktionieren selten; meist halten sie mit Mühe und Not ein oder zwei Jahre. Im schlimmsten Fall werden sie statt zu einem Symbol der Eintracht zu dem einer Spaltung, die das ganze Unternehmen durchzieht.
- Der Grund, weshalb Doppelspitzen nach Fusionen selten funktionieren, liegt entgegen landläufiger Meinung nicht darin, dass Doppelspitzen prinzipiell kein geeignetes Führungsmodell sind: Viele Firmennamen zeigen, dass ganze Unternehmen von Doppelspitzen aufgebaut und zum Erfolg geführt wurden. Er liegt vielmehr darin, dass es sich dabei in aller Regel um *unfreiwillige* Doppelspitzen handelt, mit Protagonisten, die zu einer partnerschaftlichen Führung nicht bereit sind und sich dafür von ihrer Persönlichkeit her nicht eignen.

- Wenn auch nur einer der Protagonisten versucht, den anderen auszubooten und faktisch die alleinige Führung an sich zu reißen, kann sich daraus sehr schnell ein erbitterter Machtkampf entwickeln, der alsbald die nachgeordneten Führungsebenen erfasst und das ganze Unternehmen in feindliche Lager spaltet. Dazu tragen einerseits alte Loyalitäten bei, andererseits taktisches Kalkül: Da absehbar ist, das maximal einer der beiden Akteure übrig bleibt, gilt es, aufs richtige Pferd zu setzen.
- Unabdingbare Voraussetzung für eine funktionierende Doppelspitze ist die Bereitschaft beider Verantwortlicher, deren »Preis« zu bezahlen, der vor allem in einem erhöhten Kommunikations- und Koordinationsaufwand und einer eingeschränkten spontanen Handlungsfähigkeit liegt. Entscheidend ist wechselseitiges Vertrauen, sprich das Wissen, dass man sich keine Sorgen machen muss, was hinter seinem Rücken geschieht. Dieses Vertrauen erfordert den Verzicht auf manche kurzfristigen Vorteile; es muss bewahrt und gepflegt werden.

Teil IV:

Die gestörten Systeme stabilisieren II – Integration-Management in der Praxis

Wie gut die Qualität der Vorbereitungen war, zeigt sich am Tag des Closing, wenn das **Integrationsprojekt** startet. Ganz am Anfang sollte ein **Kickoff-Workshop** stehen – doch schon die banale Frage, wer dazu eingeladen werden sollte, setzt Klarheit über die Projektstruktur sowie über die Eckdaten des Vorgehens voraus, und dafür ist wiederum Voraussetzung, dass Entscheidungen über die Integrationstiefe sowie die Integrationsstrategie getroffen wurden: beides Fragen, die man nicht mal so nebenbei entscheiden kann.

Ebenfalls vom ersten Tag an muss die **Kommunikation** beginnen – und zwar nicht nur mit Führungskräften, Mitarbeitern und Betriebsräten, sondern auch mit **Kunden und Lieferanten**. Denn sie alle haben zweierlei gemeinsam: Erstens machen sie sich Sorgen um ihre Zukunft, und zweitens können sie eigene Entscheidungen treffen. Das heißt, wenn sie zu lange in der Luft hängen, besteht die Gefahr, dass sie Entscheidungen treffen, die nicht im Sinne des fusionierenden Unternehmens sind.

Viele Ängste und Sorgen innerhalb des Unternehmens kreisen naturgemäß zum einen um die **Stellenbesetzungen**, zum anderen um **Personalabbau**. Um die erhofften und gefürchteten Synergieeffekte zu heben, sind Entscheidungen zu erwarten, von denen manche Mitarbeiter und Führungskräfte negativ betroffen sind. Umso wichtiger ist es, bei der Vorgehensweise darauf zu achten, dass sich nicht aus Gedankenlosigkeit oder Ungeschicklichkeit zusätzliche Härten und Brüskierungen ergeben.

Bei Fusionen und Übernahmen, die nach deutschem Recht stattfinden, sind die **Mitbestimmungsrechte** des Betriebsrats zu beachten und darüber hinaus im Falle eines **Betriebsübergangs** nach § 613a BGB die gesetzlichen Informationspflichten.

Viele Fusionen und Übernahmen überschreiten inzwischen die Grenzen des deutschen Sprachraums, sodass unter Umständen die Notwendigkeit besteht, **Englisch als Firmensprache** einzuführen. Dabei müssen Sprachbarrieren überwunden werden.

Sobald die wichtigsten strukturellen Weichenstellungen getroffen und die Führungspositionen besetzt sind, muss die **kulturelle Integration** beginnen. Wichtiger als kreative Höhenflüge bei den Integrationsworkshops ist, die Mitarbeiter und vor allem die Führungskräfte des neuen, gemeinsamen Unternehmens mit Aufgaben und Zielen zu konfrontieren, die sie zur Zusammenarbeit zwingen.

Es ist aber nicht damit getan, dass sich die Führungsmannschaft irgendwie »zusammenrauft«; vielmehr geht es darum, die Kultur des integrierten Unternehmens konsequent auf dessen Strategie auszurichten. Dafür ist eine **aktive Kulturgestaltung** erforderlich. Die gute Nachricht dabei ist, dass sich die Kultur in solch einer Umbruchssituation leichter formen lässt als in ruhigeren Zeiten. Doch man muss sich darum aktiv kümmern, statt dem »freien Spiel der Kräfte« zu überlassen, welche Kultur sich herausbildet.

Integrationsprojekte sind so komplex, dass sich trotz aller Sorgfalt nicht völlig ausschließen lässt, dass sie auch mal in eine Krise geraten. In diesem Fall gilt es, die Nerven zu bewahren, Verantwortung zu übernehmen und mit einem beherzten **Krisenmanagement** dafür zu sorgen, dass die schlingernde Integration wieder in die Spur zurückfindet.

Und schließlich sollte am Ende eines jeden Projekts, gleich wie gut es gelaufen ist, eine **Auswertung** stehen. Das dient zum einen dazu, nicht nur individuell, sondern kollektiv aus den gemachten Erfahrungen zu lernen (»Lessons Learnt«), zum anderen dient es der Psychohygiene aller Beteiligten. Statt einfach auseinanderzulaufen, geht es darum, einen Schlusspunkt zu setzen, an dem man noch einmal ein Resümee zieht, ausspricht, was noch ausgesprochen werden muss, aber auch den gemeinsamen Erfolg feiert.

21 Integrationsprojekt: Die Voraussetzungen für einen guten Start schaffen

Idealerweise findet der Kickoff-Workshop des Integrationsprojekts schon am Tag des Closing statt – und signalisiert so allein schon durch die Wahl des Termins, dass die neue Führung die Integration mit Entschlossenheit und einem klaren Konzept angeht und keine Zeit zu verlieren gedenkt. Das setzt natürlich voraus, dass Sie die PMI-Vorbereitung (→ Kap. 14) abgeschlossen haben und zu dem Zeitpunkt, an dem die offizielle Startfreigabe erfolgt, auch wirklich startklar sind. Das erfordert, wie wir gleich sehen werden, einen beträchtlichen Vorlauf, der weit über die Vorbereitung des Kickoff-Meetings hinausgeht.

Um tatsächlich am Tag des Closing mit der Integration beginnen zu können, muss die Planung ziemlich weit gediehen sein. Man kann ja nicht mit einem mehr oder weniger zufällig zusammengewürfelten Teilnehmerkreis ein Brainstorming in Sachen Integration veranstalten: »Wie Sie ja wissen, haben wir eine Firma gekauft. Wir wollten heute mal mit Ihnen diskutieren, wie wir diese Firma in unser Unternehmen integrieren und wie wir dazu vorgehen ...« – Das wäre ein ziemlich schlechter Start, weil er beängstigend klar zeigt, wie schlecht das Management vorbereitet ist.

21.1 Erheblicher Vorlauf

An dem Kickoff-Workshop sollten sinnvollerweise die designierten Projektteams und ihre Leiter teilnehmen. Das klingt banal, aber es erfordert, dass die betreffenden Personen spätestens beim Versand der Einladung nicht nur nominiert sein müssen, vielmehr sollten sie rechtzeitig, bevor die schriftliche Einladung sie erreicht, über die ihnen zugedachte Rolle informiert worden sein. Das setzt wiederum voraus, dass Sie sich bereits einige Wochen *vor* diesem Termin die Struktur des Integrationsprojekts – Ziele, Prioritäten, Teilprojekte, Mitwirkende, Berichtsstrukturen etc. – festgelegt haben. Dies ist die Nagelprobe, ob die Zeit für die PMI-Vorbereitung gut genutzt wurde (→ Kap. 14).

Noch etwas mehr Vorlaufzeit sollten Sie für die Auswahl der Projektleitung und gegebenenfalls der Teilprojektleiter sowie für deren Einarbeitung vorsehen. Zumindest der designierte Leiter des Integrationsprojekts sollte bereits an der PMI-Vorbereitung mitwirken – am besten von Anfang an, damit er nicht nur die getroffenen Festlegungen kennt, sondern auch mit den dahinter stehenden Überlegungen vertraut ist. Denn mitdenken und im Sinne des Ganzen handeln kann nur, wer die Ziele und Zusammenhänge versteht. Auch die Teilprojektleiter sollten zumindest schon damit begonnen haben, sich mit ihrer Aufgabe auseinanderzusetzen, damit sie in ihren Teams tatsächlich eine Leitungsrolle übernehmen können.

Falls die Integration von einer externen Beratungsfirma (→ Kap. 18) begleitet werden soll, muss spätestens bis zu diesem Termin die Beraterauswahl abgeschlossen sein. Zudem benötigen auch die Berater selbst etwas Vorlauf, um sich vorzubereiten, geeignete Mitarbeiter auszuwählen und sie, wenn nötig, für das Projekt freizuschaufeln.

Sofern man bei der Integration auf Berater zurückgreift, ist es allerdings ratsam, sie schon in die PMI-Vorbereitung einzubeziehen, um ihre Erfahrung optimal zu nutzen und ein gemeinsames Verständnis über Prioritäten und Vorgehensweisen zu entwickeln. Das gilt ganz besonders, wenn im eigenen Unternehmen wenig Integrationsexpertise vorhanden ist und man die Berater auch oder vor allem wegen ihres Integrations-Know-hows eingekauft hat: Dann sollten sie nicht erst zu Beginn der Umsetzung auf den Plan treten, sondern sollten unbedingt schon mitwirken, wenn das Vorgehen konzipiert wird.

Acht bis zehn Wochen Vorbereitungszeit

Rechnen wir das einmal überschlagsweise in Wochen und Monate um. Die Einladung zu dem (ganz- bzw. halbtägigen) Kickoff-Meeting sollte spätestens drei Wochen vor dem Termin versandt werden: Alles andere ist eine Zumutung, die viele der Eingeladenen dazu zwingt, kurzfristig ihre Kalender umzuwerfen, und damit Unmut und Verärgerung erzeugt. Unter Umständen kann schon deutlich früher ein »Save the Date« verschickt werden, auch wenn das bei den noch uninformierten Empfängern Fragezeichen verursacht.

Für die Vorgespräche mit Teilprojektleitern und Teammitgliedern muss man mindestens ein bis zwei Wochen vorsehen, weil die Schnittmengen der Terminkalender kurzfristig wohl eher begrenzt sind. Sie können aber erst beginnen, wenn sowohl die Struktur des Integrationsprojekts als auch deren personelle Besetzung beschlossen und verabschiedet sind.

Das heißt, die Projektstruktur muss spätestens vier bis fünf Wochen vor dem Kickoff-Workshop stehen – noch ein bisschen früher wäre kein Schaden, wenn etliche Schlüsselpersonen mit ziemlicher Sicherheit erst von anderen Projekten »freigeeist« werden müssen. Es käme einem Wunder gleich, wenn die Personen, die sie für Schlüsselpositionen in Ihrem Integrationsprojekt vorgesehen haben, allesamt frei und verfügbar wären. Höchstwahrscheinlich ist dies gerade bei Ihren wichtigsten Leute *nicht* der Fall – und je kurzfristiger Sie sie aus anderen Projekten herausreißen, desto größer wird nicht nur die Frustration bei allen Beteiligten sein, sondern auch der Schaden, der dadurch in diesen Projekten entsteht.

Für die Erarbeitung der Struktur des Integrationsprojekts sollten Sie drei bis vier Wochen rechnen. Ein oder zwei Wochen Puffer ist hier dringend anzuraten, denn wenn Sie den Termin für die Verabschiedung nicht halten, sind Sie mit Ihrer Integration schon im Verzug, bevor Sie damit überhaupt begonnen haben. Ein Teil der Erarbeitung lässt sich delegieren, etwa an Stabsstellen, interne Projektleiter und an externe Berater – falls Sie diese zu dem Zeitpunkt schon an Bord haben. (Der nächste Engpass: Für die Beraterauswahl müssen wohl weitere vier bis sechs Wochen Vorlauf veranschlagt werden!)

Damit sind wir bei zehn bis zwölf Wochen – ohne Puffer, und ohne den Vorlauf, der für die Auswahl geeigneter Berater sowie für die des Leiters des Integrationsprojekts benötigt wird. Wenn Ihnen diese Zahlen zu hoch oder zu niedrig erscheinen, setzen Sie gern andere ein, die nach Ihrer Einschätzung für Ihr Unternehmen passen. Aber setzen Sie sie ein und kalkulieren Sie den benötigten Vorlauf mit Ihren konkreten Zahlen durch!

Engpass Vorstandskalender

Der eigentliche Engpass ist in vielen Fällen nicht die *Erarbeitung* der Projektstruktur, sondern die Konsensbildung im Vorstand. Genau wie bei Reorganisationen ist es auch bei Integrationen völlig normal, dass es im Vorstand zu einzelnen Aspekten sehr unterschiedliche Meinungen gibt – und völlig normal ist leider auch, dass es extrem schwierig ist, angesichts der vollgepackten Kalender genügend Schnittmengen bei den Terminen zu finden, an denen tatsächlich alle (!) am selben Ort verfügbar sind.

Wenn auch nur einer in den entscheidenden Wochen eine seit langem geplante Chinareise antritt, steht die Konsensbildung so lange still – aber die Uhr tickt unbarmherzig weiter. Eine Konsensbildung mit »n-1« kann man versuchen, aber sie führt mit hoher Wahrscheinlichkeit dazu, dass man die Diskussion in wesentlichen Teilen zweimal führt. Oder die Sache endet damit, dass diejenigen, die daran nicht teilgenommen haben, die Beschlüsse zwar akzeptieren, sie aber nicht mit voller Überzeugung mittragen, weil sie ihre Hintergründe nicht verstehen und sie möglicherweise bei der ersten Veränderung der Sachlage infrage stellen.

Mindestens ebenso wichtig wie das Einplanen des zeitlichen Vorlaufs ist daher, in den kritischen Phasen genügend Zeit in den Kalendern der Vorstände zu blockieren. Denn es nützt wenig, wenn die dafür reservierten Wochen ungenutzt verstreichen, weil der Vorstand währenddessen nicht genügend Zeit für gemeinsame Diskussionen findet. Es ist daher ratsam, im Zweifel eher zu viel Zeit zu blockieren und, gerade wenn es um die Verabschiedung der Projektstruktur geht, auch einige Samstage oder Wochenenden zu reservieren. Erfahrungsgemäß wird es einem leicht verziehen, wenn nicht alle reservierten Termine benötigt werden; es ist aber beinahe unmöglich, kurzfristig bei allen einen halben Tag zusätzlich freizumachen – und zwar den gleichen halben Tag.

Die kritische Phase, in der der Vorstand genügend gemeinsame Zeit haben muss (!), ist vor allem die Diskussion und Verabschiedung der Struktur des Integrationsprojekts sowie – in einem engen zeitlichen und sachlichen Zusammenhang – die Verabschiedung der künftigen Organisationsstruktur. Je nach Integrationsstrategie (→ Kap. 17) kommen dazu noch die Stellenbesetzungen im oberen Management (→ Kap. 24): Ebenfalls ein Thema, bei dem erheblicher Diskussionsbedarf zu erwarten ist.

Zusätzliche Zeit müssen die Vorstände für die Gespräche mit den designierten Teilprojektleitern und, falls das nicht die Projektleiter übernehmen, den Teammitgliedern einplanen. Doch das ist – sofern keine Fernreisen geplant sind – meist weniger kritisch, weil hier nicht alle Vorstände zur selben Zeit agieren müssen; hier muss nur jeder für sich genügend Zeit haben, um rechtzeitig vor dem Versand der Einladung für den Kickoff-Workshop mit »seinen« Auserwählten sprechen zu können.

21.2 Wichtige Weichenstellungen im Vorfeld

Wie diese Überlegungen zeigen, gilt für den Kickoff-Workshop eines Integrationsprojekts noch mehr als sonst im Change Management die Regel: Es beginnt, bevor es beginnt. Soll heißen: Entscheidende Weichen für den Erfolg des Kickoffs wie des gesamten Integrationsprojekts werden weit im Vorfeld gestellt.

Das beginnt mit dem »Abholen« und Einstimmen der Teammitglieder. Auch wenn man meinen sollte, dass man dies nicht zu erwähnen bräuchte: Ich habe zu viele Kickoff-Meetings erlebt, die die Teilnehmer mit erkennbar geringer Begeisterung und ohne jedes Engagement an sich vorbeiziehen ließen – bis sich irgendwann herausstellte, dass sie mehr oder weniger zu dem Meeting »abkommandiert« worden waren und im Vorfeld keinerlei Informationen erhalten hatten, geschweige denn, um ihre Mitwirkung gebeten worden waren.

Also nahmen sie lustlos an dem Workshop teil, rätselten im Stillen, warum es ausgerechnet sie getroffen hat, und überlegten, wie sie aus dieser Sache möglichst rasch und mit möglichst wenig Zusatzarbeit wieder herauskommen könnten.

Wer Integrationserfahrung hat, der weiß natürlich, dass es erstens ein gutes Zeichen und zweitens eine große Chance ist, zur Mitarbeit an dem Integrationsprojekt eingeladen zu werden. Da die meisten Mitarbeiter und Führungskräfte aber keine Integrationserfahrung haben, wissen sie das nicht und sehen sie in ihrer Einladung erst einmal weniger die Chancen als die möglichen Risiken (→ Kap. 6.1): Im harmlosesten Fall eine Menge zusätzlicher Arbeit, im weniger harmlosen werden sie vielleicht in unangenehme Auseinandersetzungen hineingezogen, müssen sich exponieren und/oder bekommen eine Verantwortung zugeschoben, von der sie nicht wissen, wie sie mit ihr umgehen sollen.

Wer so beginnt, muss sich nicht wundern, wenn das Kickoff-Meeting in einer sehr reservierten Stimmung verläuft und die Teilnehmer kein Engagement entwickeln, sondern versuchen, mit Begründungen wie Arbeitsüberlastung oder langfristig geplantem Urlaub aus der ihnen zugedachten Aufgabe zu entkommen. Wie die Erfahrung zeigt, können Projekte trotz solch eines verkorksten Starts noch gelingen, aber der Aufwand, der erforderlich ist, um die »zwangsrekrutierten« Teammitglieder doch noch für das Projekt zu begeistern, ist ungleich höher, als wenn man sich im Vorfeld um sie bemüht.

Designierte Teammitglieder im Vorfeld ansprechen und um sie werben

Die Motivationslage stellt sich völlig anders dar, wenn die designierten Teammitglieder im Vorfeld persönlich angesprochen und zur Mitarbeit an dem Integrationsprojekt eingeladen wurden. Zwar wissen oder ahnen die Angesprochenen natürlich, dass dies eine Einladung ist, die sie kaum ablehnen können. Trotzdem macht es einen himmelweiten Unterschied, ob sie gefragt wurden und auch ihre Fragen stellen konnten, oder ob sie nur eine elektronische Termineinladung erhielten und mit ihren Fragen und Befürchtungen alleine gelassen wurden.

Deshalb ist es unbedingt empfehlenswert, mit jedem der vorgesehenen Teammitglieder im Vorfeld ein Gespräch zu führen, um seine Mitwirkung an dem Projekt zu werben und sich seiner Unterstützung zu versichern. Diese Aufgabe sollte entweder der direkte oder der nächsthöhere Vorgesetzte übernehmen. Sie sollten den Betreffenden bei dieser Gelegenheit ankündigen, dass der Leiter des Integrationsprojekts oder ihres Teilprojekts auf sie zukommen wird. Noch motivierender ist es natürlich, wenn die Teammitglieder von einem Vorstandsmitglied angesprochen und um ihre Unterstützung gebeten werden.

Der Einwand, dies sei alles viel zu viel Aufwand, ist kurzsichtig: Wenn das Integrationsprojekt wichtig genug ist, um unter erheblichem Einsatz von Arbeitszeit durchgeführt zu werden, dann sollte auch die Zeit dafür da sein, dessen Mitstreiter im Vorfeld für das Projekt zu motivieren, damit sie später wirklich mit dem Herzen dabei sind und nicht die Hälfte der Zeit darüber nachdenken, wie sie mit möglichst wenig Aufwand aus der ganzen Sache wieder herauskommen.

Wer hier argumentiert: »So viel Zeit habe ich nicht!«, möge sich bewusst sein, dass er sie nach einem misslungenen Start wird haben müssen, und zwar in ungleich größerem Umfang, als sie im Vorfeld nötig gewesen wäre. Selten wird man also eine bessere Kosten-Nutzen-Relation bekommen als bei diesen Gesprächen.

21.3 Bewusst in ein gutes Arbeitsklima investieren

Der Kickoff-Workshop eines Integrationsprojekts ist mehr als bei anderen Projekten von Anspannung geprägt. Denn erstens ist dies für die meisten Teilnehmer die erste direkte Begegnung mit »den anderen«: Deshalb können sie schwer einschätzen, wie diese »anderen« auftreten werden und in welcher Stimmung und Atmosphäre das Treffen ablaufen wird.

Zweitens hängt viel davon ab, wie das neue Top-Management auftritt und agiert: Gelingt es ihm, trotz aller Anspannung eine freundliche und kooperative Atmosphäre zu schaffen – oder redet es technokratisch an den Leuten vorbei oder macht vor allem Druck? Setzt es sich erkennbar für ein neues gemeinsames »Wir« ein – oder sind sein Auftreten und seine Handlungen von alten Loyalitäten und Seilschaften geprägt? Zieht das Management spürbar an einem Strang und bemüht sich um eine gemeinsame Linie oder werden alsbald Risse hinter der Fassade sichtbar?

Die erste halbe Stunde des Kickoff-Meetings bestimmt maßgeblich darüber, ob sich die Anspannung löst und trotz der schwierigen Aufgaben, die vor den Beteiligten liegen, ein freundliches und kooperatives Klima entsteht oder ob alle ihre Helme fester schnallen und innerlich ihre Rüstungen anlegen, weil die Atmosphäre nichts Gutes verheißt. Da eine Zusammenarbeit unter hohem Stress jedoch nicht effizienter wird, sondern nur anstrengender, konfliktträchtiger und langsamer, liegt es im ureigenen Interesse der Verantwortlichen, eine möglichst freundliche und offene Atmosphäre zu schaffen.

Das beginnt nicht mit der Begrüßung und Einführung, sondern mindestens eine halbe Stunde davor. Denn wenn Sie die Phase des Eintreffens und Platznehmens sich selbst überlassen, finden Sie bereits die perfekte Lagerbildung vor (→ Kap. 11), bevor Sie den ersten Satz gesagt haben: Die Teilnehmer der beiden Seiten werden »sicherheitshalber« gemeinsam bzw. in kleinen Gruppen eintreffen, und sie werden – eventuell nach einer flüchtigen Begrüßung der »anderen«

– in getrennten Gruppen zusammenstehen und sich gegenseitig misstrauisch beäugen, bevor Sie in getrennten Blöcken Platz nehmen.

Ein guter Gastgeber sein

Der Vorstand und der Leiter des Integrationsprojekts sollten sich bei diesem Kickoff-Meeting daher bewusst als »Gastgeber« verstehen, und sie sollten, wie gute Gastgeber, mindestens eine halbe Stunde vor Beginn da sein, um die ankommenden Teilnehmer in Empfang zu nehmen, zu begrüßen und sie untereinander bekannt zu machen, vor allem aber mit ihren jeweiligen Teilprojektleitern.

Dabei sollten sie ihre Aufmerksamkeit vorrangig den Teilnehmern zuwenden, die sie noch nicht kennen, ohne dabei ihnen bekannte Personen zu vernachlässigen. Denn gerade wenn man irgendwo fremd ist und sich unwohl fühlt, spielt es eine besonders entscheidende Rolle, wie man empfangen wird. Viel Anspannung fällt ab, wenn man von einem der »Häuptlinge« freundlich begrüßt und in einen kurzen Smalltalk verwickelt wird – und wenn man bei dieser Gelegenheit auch »seinen« Teilprojektleiter und die künftigen Teamkollegen kennenlernt.

Zur Rolle eines guten Gastgebers gehört auch, sich Gedanken darüber zu machen, wie die Sitzordnung sein sollte, damit die »Gäste« sich wohlfühlen und möglichst schnell mit Gleichgesinnten in ein produktives Gespräch kommen. Das kann man natürlich, wie bei anderen Meetings, einfach sich selbst überlassen und darauf vertrauen, dass erwachsene Menschen das schon für sich selber lösen können. Doch was in den meisten anderen Fällen problemlos funktioniert, führt in diesem Fall mit hoher Wahrscheinlichkeit zu einer Frontenbildung, die in der Folge auch für den Sitzungsverlauf prägend ist.

Andererseits wäre es eher befremdlich, den Teilnehmern wie bei einem Gala-diner mit Platzkärtchen oder Ähnlichem ihre Sitzplätze zuzuweisen. Eine Möglichkeit, die beinahe unvermeidliche Frontenbildung gar nicht erst entstehen zu lassen, ist, für jedes Teilprojekt einen eigenen Tisch vorzusehen. Auf diese Weise entsteht unweigerlich eine Durchmischung; sie bringt die Teammitglieder in kleineren Gruppen, die vor einer gemeinsamen Aufgabe stehen, miteinander ins Gespräch. Diese Sitzordnung kann, je nach Agenda, später auch dazu dienen, gleich in die inhaltliche Arbeit der Teilprojekte einzusteigen.

Halten Sie hier einen Augenblick inne und reflektieren Sie, wie sehr Sie die Atmosphäre, in der das Kickoff-Meeting im Anschluss beginnen wird, schon dadurch verändert haben, dass Sie die Teammitglieder erstens im Vorfeld persönlich angesprochen und sie zweitens bei ihrem Eintreffen freundlich in Empfang genommen haben!

Mit hoher Wahrscheinlichkeit werden allein diese kleinen Maßnahmen bewirken, dass das ganze Meeting – und damit möglicherweise das gesamte Integrationsprojekt – einen etwas anderen Verlauf nimmt. Und zwar nicht nur einen freundlicheren und entspannteren, sondern vor allem auch einen produktiveren und effizienteren. Denn am Ende geht es nicht (primär) um das Wohlbefinden, sondern vor allem darum, die Integration zügig voranzubringen.

21.4 Was ein guter Kickoff-Workshop leisten sollte

Der Projektstart ist eine zentrale Weichenstellung für den gesamten weiteren Verlauf. Deshalb muss das Kickoff-Meeting sowohl auf der inhaltlichen Seite Klarheit bringen, was auf die Beteiligten zukommt und was die Erwartungen an sie sind, als auch eine Basis für Motivation und Zusammenarbeit legen – wobei die Aspekte, die die zwischenmenschliche Seite betreffen, gleichwertig neben den inhaltlichen Zielen stehen:

- Klare »One-Company«-Ansage des Vorstands
- Sinn und Nutzen der Übernahme oder Fusion
- Integrationstiefe (→ Kap. 16) und Integrationsstrategie (→ Kap. 17)
- Klarheit über übergeordnete Ziele des Integrationsprojekts, Ziele der anstehenden nächsten Projektphase(n) und erwartete Resultate
- Eckpunkte des Vorgehens
- Team-Zusammensetzung und eigene Rolle
- Projekt- und Berichtsstrukturen
- Kommunikationskonzept
- Umgang mit der Mitbestimmung (→ Kap. 26), Rolle und Haltung der Betriebsräte
- zu erwartender Arbeitsumfang und ggf. vorgesehene Entlastung vom Tagesgeschäft
- Zeitpläne und Meilensteine
- gegenseitiges Kennenlernen des Projektteams bzw. der Teilprojekte (sowohl intern als auch ggf. zwischen Internen und Beratern)
- Teamentwicklung/Teambuilding
- Motivation, d.h. Entscheidung des Teams, dass es einen Beitrag für die Zukunft des Unternehmens leisten kann und will
- Einstieg in die inhaltliche Arbeit

Das ist ein strammes Programm. Wenn Sie erreichen wollen, dass die Teilnehmer nicht bloß eine große Zahl von Folien über sich ergehen lassen, sondern auch miteinander ins Gespräch kommen und einen Einstieg in die Arbeit ihrer Teilprojekte finden, sollten Sie dafür wohl mindestens einen halben, besser einen ganzen Tag reservieren. Eine überlegenswerte Variante ist, den Kickoff-Workshop zweizuteilen und den ersten halben Tag ganz oder überwiegend im Plenum zu verbringen, während die zweite Tageshälfte den Teilprojekten als deren Kickoff gehört, eventuell noch gefolgt von einem kurzen Resümee im Plenum und einem gemeinsamen Abendessen.

Auf die vermeintlichen »Kleinigkeiten« achten

Apropos Abendessen: Mit einem gemeinsamen Abendessen kann man schließen oder den ersten halben Tag beenden, wenn das Kickoff erst mittags begonnen hat, aber es ist eher schwierig, damit am Vorabend des Kickoffs zu beginnen. Denn zu diesem Zeitpunkt würde es vermutlich in einer recht ungemütlichen Atmosphäre stattfinden, weil die Teilnehmer noch nicht durch gemeinsame Arbeitsthemen miteinander warm geworden sind. Und einen ganzen Abend lang mit potenziellen Konkurrenten Smalltalk zu machen, ohne konkrete inhaltliche Gesprächsthemen zu haben, werden die wenigsten Teilnehmer inspirierend finden.

Wenn größere Gruppen in einem Hotel zu Abend essen, decken die Hotels oft große runde Tische ein, an denen 12, 16 oder noch mehr Personen sitzen. So dekorativ das aussieht, so unangenehm kann es sein, an einem solchen Tisch zu sitzen, wenn die Runde darum herum zur Hälfte oder zwei Dritteln aus fremden Menschen besteht. Denn in einer solchen großen Runde will meist keiner den Alleinunterhalter geben und das große Wort führen. Andererseits ist die Situation zu öffentlich, um sich bloß mit seinen Nachbarn zu unterhalten. Also fühlen sich die meisten unbehaglich und löffeln schweigend ihre Suppe.

Besser ist, entweder von vornherein kleinere Tische zu jeweils etwa sechs Personen zu wählen – oder zur Not einen Aufbau, den man bei Tagungen auf keinen Fall verwenden sollte, nämlich lange, schmale Tafeln. Denn dort kann keiner alle sehen, ohne aufzustehen, und ist auch nicht für alle zu sehen – was in diesem Fall ein Vorteil ist. Denn unter diesen Umständen kommt man leichter mit den Personen in seiner unmittelbaren Nachbarschaft ins Gespräch, ohne dass alle mithören. Wenn der Vorstand eine kurze Ansprache halten will, muss er sich eben erheben und sich an einen Platz stellen, an dem ihn alle sehen können.

Klare Ansagen zur An- und Abreise

Wichtig ist, schon im Vorfeld solcher gemeinsamer Abendessen eine klare Aussage zu machen, ob die Teilnahme freigestellt ist oder ob sie von allen Teilnehmern erwartet wird. Denn es kann ziemlich peinlich werden, wenn sich am Ende des »offiziellen Teils« die meisten ortsansässigen Teilnehmer verabschieden, sodass die von auswärts angereisten Teilnehmer mit einem Teil des Vorstands unter den vorwurfsvollen Augen des Bankettleiters in einem halbvollen Saal herumsitzen. Oder wenn sich die angereisten Teilnehmer mit Hinweis auf den letzten Flieger reihenweise verabschieden. Das lässt nicht nur die »Hinterbliebenen« dumm dastehen, es hinterlässt meistens eine Verstimmung, die nachwirkt und das gegenseitige Verhältnis manchmal mehr belastet, als man meinen würde.

Und weil wir schon bei klaren Ansagen sind: Falls der Kickoff-Workshop morgens beginnt und die Teilnehmer von unterschiedlichen Standorten anreisen, was ja bei Fusionen und Übernahmen meist der Fall sein wird, dann legen Sie ihnen in der Einladung nachdrücklich nahe, bereits am Vorabend anzureisen. Denn es ist ausgesprochen ärgerlich, wenn alles vorbereitet und der Tag voll durchgeplant ist – und man nicht anfangen kann, weil ein größerer Teil des Teilnehmerkreises noch im Stau steht oder in einem verspäteten Zug oder Flieger sitzt.

Auf einzelne Teilnehmer würde man bei einer solchen Gelegenheit nicht warten, doch wenn eine der beiden Firmen ganz oder teilweise fehlt, ergibt es wenig Sinn, trotzdem schon loszulegen. Also muss man warten – was bei den pünktlich Gekommenen verständlicherweise Missmut auslöst. Schon eine halbe Stunde bringt nicht nur den Zeitplan aus dem Takt, sondern auch die Stimmung. Dem kann man auf elegante Weise vorbeugen, indem man früh beginnt und allen von auswärts anreisenden Teilnehmern mitteilt, dass für sie Zimmer gebucht sind.

Aufmerksamkeit verdient auch das andere Ende der Veranstaltung. Auch hier ist es überaus störend, wenn einzelne Teilnehmer oder gar ganze Gruppen bereits kurz vor dem offiziellen Ende oder sogar schon am frühen Nachmittag abreisen »müssen«. Oder wenn manche schon bei einer kurzen Überschreitung des geplanten Endtermins erkennbar auf glühenden Kohlen sitzen, ihre gepackten Taschen schon auf dem Tisch liegen haben und nervös auf den Schluss warten.

Sofern Sie nicht hundertprozentig sicher sind, dass Sie den Workshop exakt zu dem Zeitpunkt, der in der Agenda steht, auch definitiv schließen werden, bitten Sie die Teilnehmer schon in der Einladung, einen Puffer von einer halben Stunde oder besser einer Stunde am Ende der Veranstaltung fest einzuplanen. Wobei nur der Vollständigkeit halber erwähnt sei, dass der Vorstand diesen Puffer dann unbedingt auch selbst reserviert haben sollte. Denn das Einzige, was einen noch schlechteren Eindruck hinterlässt, als vorzeitig abreisende Teilnehmer sind vorzeitig abreisende Vorstände.

Professionelle Moderation erwägenswert

Bei größeren Übernahmen und Fusionen kann die Zahl der Teilnehmer des Kickoff-Workshops leicht 40 oder mehr Personen erreichen. Eine so große Gruppe einen ganzen Tag lang konzentriert zu moderieren, ist kein Teilzeitjob, den der Vorstand nebenher machen kann, das ist richtig Arbeit. Da der Vorstand und auch der Leiter des Integrationsprojekts ihren Kopf für die Inhalte – und, ebenso wichtig, für die beteiligten Personen – frei haben sollten, ist es überlegenswert, diese Aufgabe einem erfahrenen (internen oder externen) Moderator zu übertragen.

Die Rolle des Moderators ist nicht die einer unterhaltsamen Conférence, sondern die Strukturierung und Steuerung des Ablaufs des Workshops. Gemäß der Regel, dass der Moderator nicht für den Inhalt verantwortlich ist, sondern für den Prozess, leitet er zwischen den Themen über, ruft Beiträge auf, strukturiert die Diskussion und achtet bei alledem auf die Einhaltung des Zeitplans. Er bemüht sich um eine freundliche, angenehme Atmosphäre und achtet darauf, dass sich alle Beteiligten an die Spielregeln halten.

Neben der konzentrationsmäßigen Entlastung hat eine solche Rollenverteilung auch dann erhebliche Vorteile, wenn es im Laufe der Veranstaltung einmal zu Spannungen kommt oder wenn sich der Vorstand genötigt sieht, zu intervenieren, um Fehlinformationen richtigzustellen, seine Erwartungen deutlich zu machen oder um destruktives Verhalten zu unterbinden.

Der Wechsel zwischen Führungsrolle und Moderationsrolle ist erheblich schwieriger, wenn beides in einer Hand liegt, als wenn es auf unterschiedliche Personen aufgeteilt ist. Der Moderator kann nach einer deutlichen Ansage des Vorstands wesentlich leichter kommentarlos zum nächsten anstehenden Punkt überleiten als es der Vorstand selbst könnte.

Allerdings müssen dafür die Spielregeln zwischen Moderator und Vorstand klar sein, sonst entsteht der Eindruck, der Moderator lasse sich von ihm das Heft aus der Hand nehmen und habe nicht den Mut, sich auch gegenüber den Häuptlingen durchzusetzen, würde also letztlich mit zweierlei Maß messen. Deshalb sollte als Spielregel beispielsweise festgelegt sein: Der Vorstand kann jederzeit auch außerhalb der Rednerliste das Wort ergreifen, muss sich dafür aber, wie jeder andere Teilnehmer auch, bei der Moderation zu Wort melden.[22]

22 Die Regel, dass der Vorstand jederzeit auch außerhalb der Rednerliste das Wort ergreifen kann, ist kein unangebrachtes »Standesprivileg«, sondern eine im Interesse eines effizienten Verlaufs zweckmäßige Regelung. Ein solches Sonderrecht ist auch keineswegs unüblich und dort, wo es formale Geschäftsordnungen gibt, oft sogar explizit vorgesehen. Denn wenn der Vorstand erst nach Abarbeitung der Rednerliste Missverständnisse korrigieren und Zusatzinformationen einbringen könnte, fände die Diskussion bis dahin unter falschen Prämissen statt und wäre unter Umständen gegenstandslos. Darüber hinaus muss der Vorstand in seiner hierarchischen Funktion die Möglichkeit haben, auf unangemessenes Verhalten sofort zu reagieren. Allerdings sollte er von diesem Sonderrecht nur sehr sparsam Gebrauch machen, um eine freie Diskussion nicht abzuwürgen.

WICHTIGSTE ERKENNTNISSE UND SCHLUSSFOLGERUNGEN

- Idealerweise findet der Kickoff-Workshop des Integrationsprojekts noch am Tag des Closing statt – und signalisiert so schon durch die Wahl des Termins, dass die neue Führung die Integration mit Entschlossenheit und einem klaren Konzept angeht und keine Zeit zu verlieren gedenkt.
- Um mit einem Kickoff-Workshop in das Integrationsprojekt starten zu können, muss die PMI-Vorbereitung zum Zeitpunkt der Einladung weitgehend abgeschlossen sein. Da daran sinnvollerweise alle Mitwirkenden des Integrationsprojektes teilnehmen sollten, muss man bis dahin die Zusammensetzung und damit die Struktur dieses Projekts festgelegt haben, was wiederum Klarheit über dessen Ziele und Prioritäten voraussetzt.
- Die designierten Teammitglieder sollten möglichst nicht durch die Einladung von der ihnen zugedachten Rolle erfahren. Vielmehr sollten sie in einem Vorgespräch zur Mitwirkung eingeladen und um ihre Unterstützung gebeten werden. Anderenfalls muss man sich nicht wundern, wenn ihre Motivation und ihr Engagement sich in engen Grenzen hält und sie sich nach Möglichkeit mit anderen Verpflichtungen zu entschuldigen suchen.
- Für einen erfolgreichen Kickoff-Workshop ist es unerlässlich, dass sämtliche Teilnehmer von Beginn an und für die gesamte Dauer anwesend sind. Damit keine Wartezeiten für Verstimmung sorgen, sollten auswärtige Teilnehmer angehalten werden, am Vorabend anzureisen. Desgleichen sollten alle Teilnehmer – einschließlich des Vorstands! – für das Ende des Workshops einen Puffer einplanen, damit niemand vorzeitig aufbrechen muss oder bei einer Zeitüberschreitung unter Stress kommt.
- Es ist gut investierte Zeit, wenn der neue Vorstand sowie der Leiter des Integrationsprojekts für den Kickoff-Workshop bewusst die Rolle des »guten Gastgebers« übernehmen. So sollten sie etwa mindestens eine halbe Stunde vor Beginn da sein, um die eintreffenden Teilnehmer zu begrüßen, willkommen zu heißen und sie miteinander bekannt zu machen. Wenn die Teilnehmer sich freundlich aufgenommen fühlen, löst sich viel Anspannung, und der ganze Workshop findet in einer anderen Atmosphäre statt.
- Wenn man die Sitzordnung der spontanen Gruppendynamik überlässt, ist eine Frontenbildung so gut wie sicher. Um sie gar nicht erst entstehen zu lassen, kann zum Beispiel eine Sitzordnung nach Teilprojekten an verschiedenen Tischen vorgesehen werden.
- Bei einem größeren Teilnehmerkreis ist eine professionelle Moderation empfehlenswert, um Vorstand und Projektleiter von dieser Aufgabe zu entlasten und es ihnen zu ermöglichen, ihre volle Konzentration auf Inhalte und Teilnehmer zu verwenden.

22 Mitarbeiterkommunikation: Balanceakt auf der Goldwaage

Was die Kommunikation bei Fusionen und Übernahmen schwierig macht, ist, dass ausgerechnet in den ersten Monaten nach der Ankündigung, in denen der Informationsbedarf der Beschäftigten am größten ist, jeder Satz auf die juristische Goldwaage gelegt werden muss. Dies gilt zumindest für börsennotierte Unternehmen, denn dort erzwingen die restriktiven Regeln zum Insider-Trading, den Mitarbeitern keine potenziell börsenkursrelevanten Informationen zu geben, wenn sie nicht zeitgleich oder davor an den Kapitalmarkt (→ Kap. 2), das heißt an die einschlägigen Medien, gegangen sind. Da in dieser Phase aber praktisch jede konkrete Aussage »potenziell börsenkursrelevant« ist, steht hier vor jeder Mitarbeiterkommunikation ein mühseliges, aber unvermeidliches Verhandeln mit den Juristen.

Die strenge Reglementierung erschwert vor allem die Kommunikation vor dem »Closing« (→ Kap. 1.4), also bis zu dem Termin, an dem der Merger in Kraft tritt und das neue Unternehmen von einer Idee zur juristischen Tatsache geworden ist. Danach wird es etwas leichter, jedenfalls von der juristischen Seite. Zwar sind etliche Informationen immer noch börsenkursrelevant (solche Informationen kann es prinzipiell immer geben), doch wenn erst einmal die große Frage beantwortet ist, ob die Fusion tatsächlich zustande kommt oder ob sie im letzten Moment doch noch platzt, dann kehrt meistens wieder ein Stück mehr Gelassenheit ein. Allerdings heißt das nicht, dass die Diskussion, wie offen man kommunizieren soll, nun beendet ist – nur die juristischen Vorbehalte werden etwas weniger.

22.1 Konflikt zwischen Kommunikationsbedarf und rechtlichen Restriktionen

Aus juristischer Sicht sollte man am besten gar nichts sagen, nach dem Grundsatz, dass man wegen Aussagen, die man nicht gemacht hat, auch keinen Ärger mit den Aufsichtsbehörden bekommen kann. Zumindest aber möchten die Juristen die Informationen möglichst allgemein und unverbindlich halten.

Doch mit Erklärungen, die von den »strategischen Vorteilen des Zusammenschlusses« schwärmen, den »optimalen Fit« bejubeln und »beträchtliche Synergiepotenziale« verkünden, kann man die betroffenen Mitarbeiter und Führungskräfte überhaupt nicht beeindrucken. Sie möchten konkret wissen, was auf sie zukommt, wie die Vorgehensweise und der Zeitplan aussehen und vor allem, ob und in welchen Bereichen Personalabbau (→ Kap. 25 geplant ist – ein Albtraum für jeden Juristen, der diese Informationen schon als Top-Meldung im Manager Magazin und seinen Kopf unter dem Fallbeil der Börsenaufsicht sieht.

Die Sichtweise der Juristen ist freilich nur die halbe Wahrheit: Zwar kann man wegen Dingen, die man nicht kommuniziert hat, keinen *juristischen* Ärger bekommen (außer, man verschweigt potenziell kursrelevante Informationen oder hält sie zurück). Jede Menge Ärger kann man deswegen jedoch im eigenen Hause bekommen, wenn man die eigenen wie die übernommenen Mitarbeiter und Führungskräfte zu lange in der Luft hängen lässt oder mit vagen Aussagen abspeist. Ehe man sich versieht, füllt sich das Informationsvakuum dann ganz von allein mit Gerüchten und Spekulationen. Deren Verbreitung und Diskussion bindet nicht nur eine Menge Zeit, sondern vergiftet das Klima und strahlt auch in die Integration-Teams ab und früher oder später auch in den Markt.

Erfahrene Change-Manager ahnen bereits, worauf das hinausläuft: Erstens auf Kompromisse und zweitens auf Verzögerungen. Beides ist ärgerlich, weil man die Mitarbeiter nicht so schnell und nicht so offen informieren kann, wie man es eigentlich möchte und müsste. Aber es führt kein Weg daran vorbei, denn das eigentliche Problem sind ja nicht die Juristen, sondern die aus den USA übernommenen äußerst restriktiven Insider-Trading-Regeln, die die Interessen des Kapitalmarkts (und damit der »Shareholder«) höher gewichten als die Informationsbedürfnisse der betroffenen Mitarbeiter und Führungskräfte (für die es ja auch nur um ihre Zukunft geht).

Man kann dies mit guten Gründen als ethisch und rechtlich fragwürdig ansehen, dennoch muss man es als derzeitige Realität unserer Rechtsordnung zur Kenntnis nehmen.

22.2 Warum Offenheit trotzdem die bessere Linie ist

Wie viel kommuniziert wird und zu welchem Zeitpunkt, wird auf diese Weise zur Verhandlungssache zwischen Change-Managern, Justiziaren, Vorständen und den Abteilungen für PR und Investor Relations (die hier deshalb ins Spiel kommen, weil – wenigstens indirekt – auch die externe Kommunikation betroffen ist).

Hinter beiden Seiten scharen sich Verbündete: Hinter den einen jene Manager, die gern offen informieren möchten, hinter den anderen jene anderen, die dankbar für jedes juristische Argument sind, um den Mitarbeitern und Führungskräften (noch) nicht die volle Wahrheit sagen zu müssen, weil sie »Unruhe« (sprich: Produktivitätseinbrüche) befürchten.

Am Ende spielt meist die entscheidende Rolle, wozu der Vorstand bzw. die Geschäftsführung selbst tendiert bzw. wer sie mit seinen Argumenten am ehesten überzeugen kann. Um des Erfolgs der Integration willen lohnt es sich, sich mit Argumenten wie den folgenden in die Debatte einzubringen.

Sorge vor Produktivitätseinbußen

Die größte Sorge des Top-Managements ist erfahrungsgemäß, dass Motivation und Produktivität einbrechen könnten, wenn die Mitarbeiter erfahren, dass beispielsweise Personalabbau und Standortschließungen beabsichtigt sind, und dass wichtige Leistungsträger dadurch veranlasst werden könnten, abzuwandern.

Nun kann man erstens die Frage stellen, wie ethisch es ist, die Mitarbeiter durch das Vorenthalten wesentlicher Informationen von unerwünschten Entscheidungen abzuhalten. Zweitens sollte man sich fragen, welche mittelfristigen Auswirkungen auf die Loyalität der betreffenden Mitarbeiter es haben würde, wenn sie die bittere Wahrheit ein paar Wochen später doch erführen, und ob es ihrer Motivation und Produktivität zuträglich wäre, wenn sie sich dann von ihren obersten Chefs hinters Licht geführt fühlten.

Drittens – und dieses Argument überzeugt oftmals auch »ethische Pragmatiker« – sollte man sich fragen, ob es überhaupt noch möglich ist, die Leute zusätzlich zu beunruhigen, nachdem ja alle wissen, dass eine Fusion oder Übernahme bevorsteht und das Closing näher rückt. Angesichts der ohnehin vorhandenen existenziellen Ängste (→ Kap. 6.5) liegt eine klare und offene Kommunikation, die wirklich konkrete Aussagen macht, im wohlverstandenen Interesse des Unternehmens, weil sie am ehesten geeignet ist, Gerüchte, Befürchtungen und Katastrophenfantasien zu begrenzen.

Alle Mitarbeiter und Führungskräfte, die eins und eins zusammenzählen können, orientieren sich ohnehin an folgender simplen Heuristik: Wenn es gute Nachrichten gäbe, würde das Management sie uns sicher sofort mitteilen. Auch mittelprächtige Nachrichten versuchen sie normalerweise als positiv zu verkaufen. Wenn sie also gar nichts sagen oder nur herumeiern, wird es sich wohl um schlechte Nachrichten handeln. Bei einer ausweichenden Kommunikation kreisen die Spekulationen und Gerüchte daher sofort um die Frage, welche schlechten Nachrichten wohl im Busch sind.

So offen, direkt und konkret wie möglich

Was offene Kommunikation zusätzlich zu den juristischen Fallstricken erschwert, ist, dass das Management in der ersten Zeit nach Ankündigung der Fusion oder Übernahme oft selbst noch nicht so genau weiß, wie der Integrationsprozess im Einzelnen ablaufen wird. Auch aus diesem Grund ist es dringlich, so rasch wie möglich mit der PMI-Vorbereitung zu beginnen (→ Kap. 14), das Integrationskonzept (→ Kap. 16), die Integrationsstrategie (→ Kap. 17) und das Verfahren für die Stellenbesetzungen (→ Kap. 24) festzulegen und das konkrete Vorgehen zu planen.

Doch das heißt nicht, dass man mit der Kommunikation warten könnte, bis all diese Pläne ausgearbeitet und verabschiedet sind. Wer die Mitarbeiter so lange im Ungewissen ließe, könnte sich darauf verlassen, dass bis dahin Ängste, Spekulationen und Gerüchte eine gefährliche Eigendynamik entfalten. Dann jedoch wäre man kommunikativ in der Defensive und hätte es ziemlich schwer, gegen die kursierenden Gerüchte und Halbwahrheiten argumentativ anzukommen.

Der richtige Weg ist deshalb genau der umgekehrte. Was auch immer der Stand des Planungs- und Entscheidungsprozesses ist: Kommunizieren Sie offen und direkt, wo Sie im Augenblick stehen und wie es weitergeht! Hier gilt die bewährte Faustregel: Wo in Ermangelung eigenen Wissens noch keine Aussagen zur Sache möglich sind, ist *Prozesskommunikation* – das heißt, eine möglichst transparente Information über das Vorgehen – unglaublich entlastend.

Mit anderen Worten, es schadet überhaupt nichts, wenn Sie in aller Offenheit sagen, dass Sie bestimmte Dinge im Augenblick selbst noch nicht wissen, weil die entsprechenden Vorarbeiten noch nicht abgeschlossen und die Entscheidungen nicht gefallen sind. Teilen Sie den Mitarbeitern dann einfach mit, zu welchem Termin diese Entscheidungen getroffen werden und wann Sie sie darüber informieren werden – und halten Sie diese Zusage ein.

Auch wenn Miesepeter mäkeln mögen, dass die Mitarbeiter nach einer solchen Information auch nicht viel mehr wissen als wenn man gar nichts gesagt hätte, macht es doch in zweifacher Hinsicht einen Unterschied: Erstens wissen sie damit, was der aktuelle Stand der Dinge ist, wie es weitergeht und wann es neue Informationen gibt. Vor allem aber sehen sie zweitens, dass Sie, auch wenn Sie selbst noch nicht alles wissen, ihre Sorgen und ihr Informationsbedürfnis verstehen und so offen wie möglich darauf eingehen – und das erkennen sie in der Regel auch an. Das hat nach aller Erfahrung zur Folge, dass der Stresspegel und der Grad der Aufgeregtheit im Unternehmen deutlich absinken.

22.3 Das Top-Management muss selbst in die Bütt

Wie immer, wenn Emotionen und insbesondere Ängste im Spiel sind, ist direkte Kommunikation – Info-Veranstaltungen, Betriebsversammlungen, Diskussionen, Gespräche – die mit Abstand geeignetste Form der Kommunikation; erst weit danach kommen schriftliche oder elektronische Mitteilungen.

Der direkte Kontakt unterstreicht die Ernsthaftigkeit der Aussagen und gibt ihnen Glaubhaftigkeit. Im persönlichen Gespräch ist es zudem möglich, Fragen zu stellen, Einwände zu diskutieren und Missverständnisse zu beseitigen.

Vor allem aber achten Mitarbeiter bei solchen Gelegenheiten nicht nur auf den Wortlaut, sondern auch und vor allem auf den »Ton« bzw. auf die innere Haltung, die das Management ausstrahlt. Und diese Ausstrahlung kann man naturgemäß nur im direkten Kontakt aufnehmen. Deshalb ist auch die freie Rede, in der man seine obersten Chefs »spüren« kann und erlebt, wie sie um Unterstützung für ihre Ziele werben, ungleich wirksamer als das Verlesen ausgefeilter Powerpoint-Präsentationen.

Rundschreiben, Aushänge und E-Mails können (und sollten) die direkte Kommunikation ergänzen, aber nicht ersetzen. Wenn schlechte Nachrichten oder Informationen, die für die Adressaten von hoher persönlicher Bedeutung sind, nur per Mail mitgeteilt werden, vermittelt dies leicht den Eindruck von Gedankenlosigkeit oder gar Missachtung und kann zu tiefen Kränkungen führen: »Wir sind ihnen nicht einmal so wichtig, dass sie sich die Mühe machen, uns dies persönlich mitzuteilen.« (Dies gilt sogar für gute Nachrichten: Stellen Sie sich vor, Sie würden nur elektronisch darüber informiert, dass man Sie für eine wichtige Position vorgesehen hat: »Diese Mitteilung wurde automatisch erstellt und ist auch ohne Unterschrift gültig.«)

Wichtig ist, dass die wesentlichen Aussagen von Personen kommen, die im Unternehmen wirklich etwas zu sagen haben, nicht von unteren Chargen oder gar von Beratern. Die Eckpunkte dessen, was geschehen soll, und ihre Begründung sollten am besten vom Vorsitzenden des Vorstands bzw. der Geschäftsführung erläutert werden. Auch die Kommunikation schlechter Nachrichten wie Personalabbau oder Standortschließungen ist eine nicht delegierbare Führungsaufgabe. Nachdem auf diese Weise unverrückbar die Eckpfeiler gesetzt sind, können die Einzelheiten des Vorgehens von den Leitern der Integrationsprojekte, den zuständigen Linienvorgesetzten oder dem Personalleiter erläutert werden.

22.4 Kaskadierende Information mit bewusster Redundanz

Innerhalb der direkten Kommunikation sollten sich die eingesetzten Methoden ergänzen. Beispielsweise kann am Anfang des Kommunikationsprozesses eine Großveranstaltung stehen, der Abteilungstreffen und Einzelgespräche folgen. Eine gewisse Redundanz ist dabei sogar notwendig, gerade bei Nachrichten, deren volle Tragweite die Adressaten vielleicht nicht auf Anhieb erfassen. Dann kann man das, was in der Info-Veranstaltung des Vorstands mitgeteilt wurde, noch einmal in der Abteilungsrunde nacharbeiten, das Thema mit Kollegen diskutieren, und bei Bedarf kann man zusätzlich bei seinem Chef oder dessen Chef nachfragen.

Was natürlich voraussetzt, dass die Vorgesetzten »im Film« sind. Deshalb gehört zu einer guten Kommunikationspolitik auch, die Vorgesetzten auf diese Rolle vorzubereiten, indem man sie entsprechend informiert und sie mit geeigneten Unterlagen ausstattet, von einem Foliensatz zur Präsentation über Frage-Antwort-Kataloge bis hin zu Sprachregelungen für kritische Themen.

Das Thema Sprachregelungen führt zuweilen zu Naserümpfen, weil es einen Anklang an gelenkte und damit mutmaßlich unehrliche Kommunikation hat. Es ist aber unverzichtbar, denn die Mitarbeiter verschiedener Abteilungen und Bereiche reden ja miteinander, und wenn da bei den einen ganz andere Botschaften angekommen sind als bei den anderen, weil die jeweiligen Vorgesetzten nach ihrem Verständnis und ihrer persönlichen Bewertung ganz unterschiedliche Akzente gesetzt haben, entsteht Verwirrung – und in deren Folge Angst, weil im Zweifelsfall eher die bedrohlichsten Auslegungen geglaubt wird (→ Kap. 6).

22.5 Zentrale Botschaften von Zeit zu Zeit bekräftigen

Weiter ist wichtig, dass die Abstände zwischen den Kommunikationsmaßnahmen nicht zu groß werden. Dabei geht es nicht nur darum, die Mitarbeiter fortlaufend und zeitnah über neue Entwicklungen zu informieren und deren Auswirkungen mit ihnen zu diskutieren. Notwendig ist auch, die bereits gemachten Kernaussagen, soweit noch aktuell, von Zeit zu Zeit zu wiederholen und zu bekräftigen. Denn je mehr Zeit verstreicht, desto mehr verblassen Statements, die ursprünglich durchaus glaubwürdig waren, und desto unsicherer werden die Leute, ob sie immer noch gültig und verlässlich sind. Das gilt sowohl für Ansagen, die die künftige Richtung und Politik des Unternehmens betreffen, als auch für Themen, die für die Mitarbeiter persönlich wichtig sind.

Das ist oft überraschend für Top-Manager, die eher technisch denken: »Wieso soll ich das ständig wiederholen?! Das habe ich doch schon ganz zu Anfang gesagt, und daran hat sich nichts geändert. Wenn sich etwas geändert hätte, würde ich es schon sagen.« Aber so funktionieren soziale Beziehungen nicht. Wer so denkt, findet es wahrscheinlich auch überflüssig, seinem Lebenspartner von Zeit zu Zeit zu bekräftigen, dass er ihn noch liebt: »Wenn sich daran etwas ändert, sage ich dir schon Bescheid!«

Gerade in stressigen Zeiten, die von Ängsten und Unsicherheit geprägt sind, geht es bei der Kommunikation nicht nur darum mitzuteilen, was es Neues gibt – es geht auch darum zu bestätigen, dass das früher Gesagte noch gilt. Deshalb bedürfen die zentralen Botschaften öfter der Bekräftigung; zugleich sollten sie durch aktuelle Aussagen zur gleichen Thematik konkretisiert und schließlich umgesetzt werden.

WICHTIGSTE ERKENNTNISSE UND SCHLUSSFOLGERUNGEN

- Bei börsennotierten Unternehmen ist vor allem in der frühen Phase einer Integration ein großes Problem, dass sämtliche potenziell kursrelevanten Informationen mindestens zeitgleich an den Kapitalmarkt gegeben werden müssen, um »Insider-Trading« zu verhindern. Deshalb muss jegliche interne Kommunikation sorgfältig mit den hausinternen Juristen abgestimmt werden, was nicht selten zu heftigen Diskussionen darüber führt, welche Informationen man den Mitarbeitern bereits geben darf und welche nicht. Dadurch ist die Kommunikation oft langsamer und weniger offen, als man sich das wünschen würde.
- Ein zusätzliches Hindernis ist, dass es im Management oft die Sorge gibt, eine zu offene Kommunikation könne zu Unruhe und einem Produktivitätseinbruch führen. Deshalb scheut es sich, bevorstehende Einschnitte und andere bedrohliche Veränderungen ehrlich zu benennen. Auch wenn negative Reaktionen in der Tat nicht auszuschließen sind: Verschweigen ist trotzdem nicht die bessere Alternative. Denn keine Nachrichten sind für die Mitarbeiter im Zweifel schlechte Nachrichten, und wenn die bittere Wahrheit später doch ans Licht kommt, fühlen sich die Betroffenen hinters Licht geführt, was ihre Motivation und Loyalität dauerhaft beschädigen kann.
- Auf viele drängende Fragen der Mitarbeiter und Führungskräfte hat das Management im frühen Stadium einer Integration selbst noch keine Antwort, weil die entsprechenden Entscheidungen noch nicht gefallen sind. Das Beste ist, dies offen und ehrlich einzuräumen: Setzen Sie daher auf »Prozesskommunikation«, wo noch keine materielle Information möglich ist, das heißt, erläutern Sie, wann und wie diese Entscheidungen getroffen werden

und wann Sie den Betroffenen konkretere Informationen geben können. Und halten Sie diese Zusage ein.

- Auch im Zeitalter des Internets sollten wichtige Informationen nach Möglichkeit im direkten persönlichen Kontakt übermittelt werden, also zum Beispiel in Informationsveranstaltungen, Betriebsversammlungen, Abteilungsbesprechungen und Einzelgesprächen. Schriftliche und elektronische Informationen können die direkte Kommunikation ergänzen, aber nicht ersetzen, denn nur wenn die Leute ihre Führung von Angesicht zu Angesicht erleben, schenken sie ihr Vertrauen.
- Sowohl zentrale Aussagen als auch schlechte Nachrichten müssen vom Top-Management persönlich vermittelt werden, um »gültig« und glaubhaft zu sein. Wer die Übermittlung schlechter Nachrichten delegiert, verliert den Respekt seiner Mannschaft.
- Gerade bei grundlegenden Informationen ist Redundanz erforderlich, um sie voll zu verstehen. Die Informationen durch das Top-Management sollten daher zum Beispiel in Abteilungsbesprechungen und Gesprächen »nachgearbeitet« werden. Darauf müssen die Führungskräfte vorbereitet und dafür mit geeigneten Unterlagen ausgestattet werden. Um Einheitlichkeit und Konsistenz sicherzustellen, sind Sprachregelungen sinnvoll.
- Zentrale Botschaften müssen von Zeit zu Zeit bekräftigt werden, damit sie ihre Gültigkeit behalten.

23 Kunden- und Lieferantenkommunikation: Die »Lufthoheit« nicht aus der Hand geben

In Zeiten großer Veränderungen geht zwangsläufig viel Aufmerksamkeit und Energie nach innen – mit der Folge, dass Kunden und Lieferanten oft sträflich vernachlässigt werden. Häufig wird im Eifer des Gefechts übersehen, dass die von einer Fusion oder Übernahme Betroffenen nicht nur auf dem Werksgelände sitzen. Auch Kunden, Händler und Lieferanten bekommen deren Auswirkungen zu spüren, und zwar meistens ziemlich schnell: Von verunsicherten Mitarbeitern über unklare Strukturen und wechselnde Ansprechpartner bis hin zu einer holprigen Auftragsabwicklung.

Das ist gefährlich, denn es macht das Unternehmen angreifbar: Clevere Wettbewerber haben in solchen Zeiten außergewöhnlich gute Chancen, verärgerte oder verunsicherte Kunden zu sich herüberzuziehen, und Lieferanten können die Situation entweder zum eigenen Vorteil ausnutzen oder ihre Anstrengungen auf andere Kunden verlagern, wenn sie zu lange in der Luft hängen und vergeblich auf Entscheidungen warten.

Wie im Kapitel »Das Fenster der Verwundbarkeit« dargelegt, sind Unternehmen, die durch Fusionen, Übernahmen oder größere Umstrukturierungen gehen, besonders angreifbar, weil sie aus den vielfältigsten Gründen nicht mehr so gut funktionieren (→ Kap. 4.1). An dieser Tatsache selbst lässt sich nicht viel ändern, wohl aber an ihrem Ausmaß und an ihren Folgen. Ein erfolgreiches Integrationsmanagement muss daher auch eine gute Kommunikation mit Kunden, Vertriebspartnern und Lieferanten einschließen.

23.1 Auf Angriffe vorbereitet sein

Bereiten Sie sich auf Angriffe an allen Fronten vor. Wo immer Sie etwas haben, was für Wettbewerber (oder andere Interessenten) attraktiv ist – Kunden, Vertriebskanäle, wichtige Lieferanten, aber auch Mitarbeiter –, macht es für Ihre Konkurrenten Sinn, Sie in dieser Schwächephase gezielt zu attackieren, um Ihnen diese wertvollen Ressourcen abzujagen. Je länger die Unsicherheit andauert, desto sicherer wird auch der schwerfälligste Wettbewerber sich an Ihre Kunden (und eventuelle Schlüssellieferanten) heranmachen und versuchen, aus vorhandener Verunsicherung, Verärgerung oder Enttäuschung Kapital zu schlagen.

Das kann mit sportlichen, aber auch mit weniger sportlichen Methoden geschehen. Seien Sie deshalb auch auf Diffamierungen und das gezielte Streuen von Gerüchten und Spekulationen gefasst: »Ach, hatten Sie auch Schwierigkeiten mit den letzten Lieferungen? Ja, das hört man zurzeit überall im Markt. Ich will ja nichts gesagt haben ... Aber was man so, hört, klingt nicht besonders gut. Scheinbar kriegen die nach ihrer Fusion die Integration der IT-Systeme nicht hin. Also, in deren Haut möchte ich nicht stecken. Wenn die das nicht bald hinbekommen, werden die in größte Schwierigkeiten kommen – das geht ja an die Liquidität!«

Besonders beliebt ist das Säen von Zweifeln an der Sicherheit der Ersatzteilversorgung (»Lassen Sie sich das lieber schriftlich geben!«), an der Zukunftssicherheit von Systemen (»Natürlich erzählen die Ihnen heute, dass sie die Produktreihe weiter entwickeln ...«) und am langfristigen Bestand des Unternehmens (»Sie wissen ja, einem nackten Mann kann man nicht in die Tasche greifen – da hilft auch keine Garantie!«). Aber auch offene und verdeckte Falschinformation kommt vor (»Wie man hört, ist die Einstellung dieser Baureihe längst beschlossene Sache. Sie wissen ja selbst, bei Fusionen müssen schließlich Synergieeffekte herauskommen!«).

23.2 Vorbeugende Kommunikation

Der Schlüssel zur erfolgreichen Selbstverteidigung ist proaktive Kommunikation. So ist es zum Beispiel sinnvoll, Kunden telefonisch oder über ein Mailing »vorzuwarnen«, wenn absehbar ist, dass es – etwa wegen der Umstellung von Systemen – für eine Übergangszeit zu Problemen kommen wird. Wenn Sie von einer überschaubaren Zahl großer Kunden leben, ist ein Telefon-Rundruf unter Umständen der bessere Weg, weil er die Chance zur direkten Kommunikation und damit zur Klärung von Irritationen gibt.

Wenn sie vorab informiert wurden, haben die meisten Kunden und Lieferanten für Übergangsprobleme Verständnis – zumindest so lange die entstehenden Unannehmlichkeiten nicht allzu gravierend sind, Fehler engagiert und kulant behoben werden und die Sache nach ein paar Wochen wieder rund läuft.

Sofern Ihre Produkte über den Handel vertrieben werden, beziehen Sie all diese Aussagen primär auf Ihre Händler oder Vertriebspartner. Je nach Problemlage kann es in solch einem Fall aber sinnvoll sein, darüber nachzudenken, ob auch die Endkunden in irgendeiner Weise angesprochen werden müssen. Das gilt gerade für dauerhafte Geschäftsbeziehungen wie Versicherungen, Bankkonten oder andere laufende Verträge, und erst recht gilt es für Stammkunden, die nicht durch Verträge gebunden sind, sondern nur durch eingespielte Beziehungen.

Wenn die Kundenbindung, wie beispielsweise im Handel, hauptsächlich in der Gewohnheit liegt, aufgrund guter Erfahrungen vorrangig bei einem bestimmten Anbieter zu kaufen, kann sie sehr leicht abreißen, wenn diese Erfahrungen sich verschlechtern: Dann reißt mit dem Wechsel des Firmennamens möglicherweise auch die Kundenbindung ab.

Abzuraten ist von der altdeutschen Strategie »Augen zu und durch!«. Wer gar nichts kommuniziert und hofft, dass viele Geschäftspartner nichts mitbekommen werden und sich der entstehende Ärger in Grenzen halten wird, läuft Gefahr, dass sich viele Kunden tatsächlich nicht beschweren, sondern ohne jede Ankündigung ganz einfach den Lieferanten wechseln. Oder sie bestrafen Sie durch pingeliges Verhalten und verzögerte Zahlungen.

23.3 Den eigenen Außendienst vorbereiten

Von großer Bedeutung ist weiter, den eigenen Außendienst – und zwar sowohl den Vertrieb als auch Anwendungstechniker, Servicepersonal, Monteure etc. – auf kritische Nachfragen von Kunden und auf Gespräche über die stattfindende Fusion vorzubereiten. Für die Leute an der Front ist es ein Albtraum, von Kunden mit Fragen und Kritik konfrontiert zu werden, auf die sie selbst nicht den Hauch einer Antwort haben. So etwas ist die effizienteste Form, die Loyalität der eigenen Mannschaft zu verbrennen. Und wenn Ihre Außendienst-Leute erst einmal wie geprügelte Hunde durch den Markt schleichen und beginnen, sich anderswo zu bewerben, dann ist es nur noch eine Frage von Tagen, bis auch das Geschäft wegbricht.

Damit Mitarbeiter auch in schwierigen Zeiten selbstbewusst gegenüber Kunden und anderen Marktteilnehmern auftreten, ist zwingend erforderlich, dass sie gut informiert sind und sich »antwortfähig« fühlen. Sie müssen ihren Kunden den Sinn und Nutzen der Fusion oder Übernahme erläutern können; vor allem müssen sie aber auch über Schwierigkeiten und Probleme Bescheid wissen und dazu in der Lage sein, den Kunden konkrete und belastbare Auskünfte zu geben, wie es weitergeht. Auch hier sind klare Sprachregelungen eher eine Hilfe als eine Zumutung.

Die erforderlichen Schulungen sollten tunlichst nicht erst dann stattfinden, wenn intern alle wesentlichen Fragen geklärt sind. Denn bis es so weit ist, befindet sich Ihr Außendienst längst in Auflösung. Zweckmäßiger ist, den Außendienst alle paar Wochen zusammenzurufen und ihn auf den neuesten Stand der Dinge zu bringen. Natürlich kostet das eine Menge Zeit – aber wesentlich weniger, als wenn die Leute ständig am Telefon hängen, um die neuesten Informationen und Gerüchte mitzubekommen, und sich aus Angst vor unangenehmen Fragen nicht mehr zum Kunden trauen.

Dieser regelmäßige Austausch mit dem Außendienst ist nicht nur zur Information, Schulung und moralischen Aufrüstung wichtig, sondern auch deshalb, weil Sie so am schnellsten erfahren, was draußen im Markt los ist. Wenn Sie frühzeitig von den Spielzügen Ihrer Wettbewerber erfahren, können Sie darauf rasch und wirksam reagieren – mit Gegenmaßnahmen, nötigenfalls aber auch mit juristischen Schritten. Schon wenige Tage Verzögerung können zur Folge haben, dass gegen eine Attacke keine wirksame Gegenwehr mehr möglich ist.

23.4 Informationsveranstaltungen für Kunden, Händler und Lieferanten

Je nachdem, wie tief die Veränderungen in Ihre Kunden- oder Lieferantenbeziehungen eingreifen, kann es sinnvoll oder sogar notwendig werden, eigene Informationsveranstaltungen für diese Zielgruppen durchzuführen – zum Beispiel um sie mit neuen Konzepten und Systemen, aber auch mit neuen Prozessen und Anforderungen vertraut zu machen.

Natürlich müssen solche Veranstaltungen gut vorbereitet und organisiert sein. Wichtig ist, dabei »mit dem Kopf der Kunden (bzw. Lieferanten) zu denken«. In der Regel werden Kunden und Lieferanten nicht an den Details Ihrer internen Veränderungen interessiert sein. Ihre zentralen Fragen sind: Was bedeutet das für uns? Welche Risiken und Nachteile ergeben sich für uns? Welchen Nutzen, welche Vorteile könnte es für uns bringen?

Noch wichtiger ist aber, dass Sie sich sehr genau auf die vorhandene Stimmung einstellen. Wenn »Druck auf dem Kessel ist«, hat es keinen Sinn, eine Glamour-Veranstaltung zu inszenieren – damit würden Sie nur bewirken, dass die Teilnehmer ihrem angestauten Ärger in den Pausen oder der abschließenden Diskussion

Luft machen. Wenn vorhandene Verstimmungen nicht im Vorfeld ausgeräumt werden können, müssen sie in der Anfangsphase der Veranstaltung offen thematisiert und zur Zufriedenheit der Teilnehmer behandelt werden – so unangenehm das sein mag.

Dass dies gleich zu Anfang der Veranstaltung geschieht, ist deshalb wichtig, weil die Leute Ihnen sonst überhaupt nicht zuhören. Wer mit Zorn oder Verärgerung im Raum sitzt und keine Gelegenheit bekommt, seiner Verstimmung Luft zu machen und darauf eine ehrliche Antwort zu erhalten, wird kaum einen Blick für Ihre bunten Folien und optimistischen Botschaften haben.

23.5 Offenheit für Feedback und Kritik

Außerdem bewirkt Ihre bewiesene Offenheit für Kritik, dass Ihre Veranstaltung insgesamt eine positive Dynamik erhält. Die Stimmungskurve darf nicht vom Positiven zum Negativen verlaufen, sie muss sich vom Negativen zum Positiven entwickeln. Gerade eine mutige und konstruktive Auseinandersetzung mit Kritik eröffnet die Chance, die Veranstaltung insgesamt in einer optimistischen, zukunftsgerichteten Stimmung abzuschließen.

Und seien Sie darauf vorbereitet, dass die Veranstaltung ein »Nachspiel« hat. Viele Teilnehmer werden ihre Fragen und Kritikpunkte nicht bei der Veranstaltung artikulieren, sondern Sie bzw. Ihre Außendienst-Mitarbeiter in den Tagen danach ansprechen – sei es, weil sie Sie nicht in der Öffentlichkeit in Verlegenheit bringen wollten, sei es, weil sie die Gelegenheit zu einem ausführlicheren Gespräch nützen wollen oder weil sie hoffen, noch den einen oder anderen Informationsvorsprung für sich herauszuholen.

Was übrigens keine schlechte Nachricht ist, sondern eine gute. Halten Sie sich also in den Tagen nach der Veranstaltung genügend Zeit für ausführliche Telefongespräche frei! Und falls das Telefon nicht so häufig klingelt wie erwartet, drehen Sie den Spieß einfach um und telefonieren wichtige Kunden oder Lieferanten durch, um sie um ein Feedback und ihr Resümee zu bitten.

Wenn Sie dabei viel positives Feedback erhalten, wunderbar – dann nehmen Sie es als Ansporn, die gemachten Versprechungen zügig in die Tat umzusetzen. Wenn das Feedback negativ ist, ist es noch wichtiger, denn dann erfahren Sie frühzeitig, dass Sie noch größeren Handlungsbedarf haben. Kein Feedback kann so schlecht sein, dass es besser wäre, es gar nicht zu erfahren – selbst wenn Sie es noch so ungerecht finden. Denn ihre Kunden, Händler und Lieferanten werden ihr Handeln so oder so an ihrer Wahrnehmung der Situation ausrichten – und da ist es allemal besser, Sie wissen rechtzeitig, worauf Sie sich einrichten müssen.

WICHTIGSTE ERKENNTNISSE UND SCHLUSSFOLGERUNGEN

- Häufig wird übersehen, dass die von einer Fusion oder Übernahme Betroffenen nicht nur auf dem Werksgelände sitzen: Auch Kunden, Händler und Lieferanten sind beunruhigt und fragen sich, was diese Entwicklung für ihre bisherige Geschäftsbeziehung bedeutet. Diese Verunsicherung macht sie anfällig für die Verlockungen cleverer Wettbewerber, die daraus mit sauberen wie unsauberen Mitteln Kapital zu schlagen versuchen.
- Nichts ist in turbulenten Zeiten schädlicher als ein verunsicherter Außendienst, der selbst schlecht informiert ist und um seine Zukunft bangt. Er ist den Angriffen der Wettbewerber wehrlos ausgeliefert und traut sich schließlich aus Angst vor bohrenden Fragen und zunehmenden Beschwerden gar nicht mehr zum Kunden, sondern surft stattdessen durch Jobbörsen und aktualisiert seine Bewerbungsunterlagen.
- Entscheidend ist deshalb, seinen Außendienst – und zwar nicht nur den Vertrieb, sondern ggf. auch Servicetechniker und Monteure – auf diese Situation gut vorzubereiten, damit sie den Kunden mit Selbstvertrauen und klaren Antworten begegnen können. Das muss rasch und fortlaufend geschehen, denn der Außendienst kommt als Erster unter Druck, wenn Gerüchte gestreut werden und wilde Spekulationen durch den Markt jagen. Natürlich ist es aufwendig, die Außendienst-Mitarbeiter alle paar Wochen zusammenzuziehen, um sie auf den aktuellen Stand der Dinge zu bringen – aber es ist noch sehr viel teurer, dies nicht zu tun.
- Nutzen Sie diese Außendienst-Tagungen auch als »Rückkanal«, um zeitnah zu erfahren, was draußen im Markt los ist. Man muss nicht alles gleich ernst nehmen, was dort gesprochen wird, aber man sollte es kennen – und dann die Spreu vom Weizen trennen und entscheiden, worauf man reagieren muss und worauf nicht.
- Je nachdem, wie stark Ihre Kunden, Händler und sonstigen Geschäftspartner von den Veränderungen betroffen sind, kann es sinnvoll sein, sie zu eigenen Informationsveranstaltungen einzuladen. Versuchen Sie dabei nicht, sie mit euphorischen Glamour-Veranstaltungen zu beeindrucken, sondern denken Sie mit dem Kopf Ihrer Kunden und beantworten bestmöglich die ganz realen und praktischen Fragen, die sie umtreiben.
- Stellen Sie sich dabei offensiv eventueller Unzufriedenheit und räumen Sie sie aus, *bevor* Sie Ihre Botschaften zu vermitteln suchen. Denn wer mit einem dicken Hals in Ihrer Veranstaltung sitzt, ist nicht empfänglich für optimistische Botschaften.

24 Stellenbesetzungen: Die Phase der Lähmung möglichst kurz halten

Wer Angst um seinen Job hat oder im Unklaren über seine berufliche Zukunft ist, der bringt nicht die volle Leistung: Ein Teil seiner Energie geht unweigerlich in die nervöse Beobachtung der Entwicklungen, in Profilierung und Antichambrieren sowie in das Nachdenken über berufliche Alternativen. Dies kann zum Problem werden, wenn sich der Stellenbesetzungsprozess bei Fusionen schier endlos in die Länge zieht, denn das kann das Unternehmen für mehrere Monate lähmen, zur Abwanderung von Leistungsträgern führen und das Unternehmen überdies im Markt hochgradig angreifbar machen.

Das Vorgehen bei der Stellenbesetzung ist weitgehend von der Integrationsstrategie (→ Kap. 17) geprägt. Jede Integrationsstrategie zieht von ihrer inneren Logik her fast zwangsläufig ein bestimmtes Verfahren bei der Besetzung der Führungspositionen nach sich:

Bei der Strategie »Eingliederung« werden in aller Regel auch die Führungspositionen ohne lange Diskussion top-down besetzt.

Die Strategie »Best of Both Worlds« legt, wenn sie ernst gemeint ist, ein Auswahlverfahren nahe, bei dem alle Kandidaten unabhängig von ihrem Herkunftsunternehmen nach einer einheitlichen Prozedur beurteilt werden, worauf nach transparenten Regeln die Entscheidungen erfolgen.

Die Pseudo-Strategie »Konfliktvermeidung« führt auch und gerade bei der Stellenbesetzung zur Vermeidung unangenehmer Entscheidungen: Wenn Abteilungen und Bereiche einfach nebeneinander stehen bleiben, bleiben natürlich auch die entsprechenden Führungskräfte im Amt.

24.1 Bei Eingliederung herrschen rasch klare Verhältnisse

So rigide und autoritär das Stellenbesetzungsverfahren bei der Eingliederung auch ist, es hat zwei große Vorteile: Es geht schnell, und es ist definitiv. Das heißt, die Phase der Aufregung ist kurz; danach herrschen klare Verhältnisse. Selbst wenn es dabei zu Ungerechtigkeiten und Fehlentscheidungen kommt, sind die Verhältnisse trotzdem klar, und die Empörung flaut nach einiger Zeit ab: Die Leute nehmen hin, was sie nicht mehr ändern können.

Das ist ein nicht zu unterschätzender Vorteil gegenüber Verfahren, die präziser, gerechter und partnerschaftlicher sind, aber um ein Vielfaches länger dauern, weil sie mehr Vorarbeit, Prüfung und Diskussion erfordern. Durch die schnellen Entscheidungen wird das neue Unternehmen rasch wieder handlungsfähig; es erspart sich die Lähmung durch ein langwieriges Auswahlverfahren. Jedenfalls dann, wenn die neuen Strukturen dann auch rasch in Kraft gesetzt werden, sodass dem Unternehmen und den Mitarbeitern ein langes Nebeneinander von alter und neuer Welt erspart bleibt.

Der Preis für das schnelle Wiedererlangen der Handlungsfähigkeit liegt darin, dass mit den Personen, die dabei auf der Strecke bleiben, auch viel Know-how und möglicherweise auch manche Stärken des eingegliederten Unternehmens verloren gehen. Dass von diesem Unternehmen kaum ein Stein auf dem anderen bleibt, ist nicht nur für dessen Mitarbeiter und Führungskräfte schmerzlich, sondern es hat auch zu Folge, dass die Chance zum gegenseitigen Lernen vertan wird.

Das vereinfacht zwar vieles und erspart so manche Konflikte und zeitraubenden Diskussionen; allerdings verschwinden damit auch viele Arbeitsweisen, Denkstile und Gewohnheiten, in denen das übernommene Unternehmen möglicherweise besser aufgestellt war als der Übernehmer. Die Enttäuschung darüber kann zudem zur Abwanderung von Mitarbeitern und Führungskräften führen, die diese Kulturelemente verinnerlicht haben und von ihnen überzeugt sind. Und das sind normalerweise nicht die schlechtesten Leute.

24.2 »Best of Both Worlds« in der Praxis

Der mühseligste Weg der Stellenbesetzung steht Unternehmen bevor, die sich ernsthaft bemühen, die Integrationsstrategie »Best of Both Worlds« in die Praxis umzusetzen. Denn dieses Programm verpflichtet sie bei der Besetzung der Führungspositionen geradezu, mit größter Sorgfalt sicherzustellen, dass tatsächlich die Besten ausgewählt werden. Was bei allem Charme der Idee in der Praxis eine Vielzahl von Problemen nach sich zieht.

Das beginnt mit der banalen Frage: Wie findet man eigentlich heraus, wer »die Besten« sind? Falls die fusionierenden Unternehmen unterschiedliche Strategien, Geschäftsmodelle und Managementphilosophien hatten – was ja so gut wie immer der Fall ist –, haben sie fast zwangsläufig auch unterschiedliche Maßstäbe dafür, was erfolgreiche Führung ausmacht und welche Eigenschaften die besten Führungskräfte auszeichnet.

Eine faire und systematische Auswahl »der Besten« erfordert einen gemeinsamen Maßstab, und den gibt es zunächst einmal nicht. Stattdessen gibt es zwei konkurrierende Maßstäbe, die zu ganz unterschiedlichen Ergebnissen führen – und die von ihren Verfechtern jeweils für nahezu optimal und allen anderen Maßstäben weit überlegen gehalten werden. Man kann also nicht einfach den Maßstab des Übernehmers verwenden, ohne das übernommene Unternehmens grob zu benachteiligen und das Prinzip »Best of Both Worlds« faktisch umzustoßen.

Streng genommen müsste man also, bevor man sich an die Stellenbesetzung machen kann, erst einmal gemeinsame Maßstäbe und Kriterien für die Beurteilung und Leistungsprognose von Führungskräften erstellen. Und damit das nicht rein willkürliche Kriterien sind, müsste man sie an der Strategie des neuen, fusionierten Unternehmens ausrichten. So logisch dies wäre, unter dem Zeitdruck einer Integration ist es nicht sonderlich realistisch.

Das Ringen um das Auswahlverfahren

Dies ist die Stunde der Groß- und Einzelhändler von Auswahlverfahren. Zahlreiche HR-Berater und Headhunting-Firmen bieten Assessment Center, Management Audits, Appraisals und andere Methoden an, die vorgeben, es mit begrenztem Aufwand möglich zu machen, die Qualität der Führungskräfte schnell und »objektiv« zu bestimmen.

Abgesehen davon, dass sie damit meist mehr versprechen als sie leisten[23], ist das grundsätzliche Problem, dass jedes standardisierte Verfahren all die Dinge wegkürzt, die das Besondere des Unternehmens sowie der jeweiligen Funktion ausmachen. Einen Controller, einen Vertriebschef und einen Werksleiter an den

23 Wissenschaftliche Belege für die Aussagekraft von Management Audits/Management Appraisals sind mir nicht bekannt. Nach meiner Kenntnis wurden für kein einziges dieser Verfahren, die von Executive Search-Firmen als überaus treffsicher, ja nahezu unfehlbar angepriesen werden, auch nur eine wissenschaftliche Untersuchung veröffentlicht, die deren Aussagekraft (Reliabilität, Objektivität und Validität) anhand einer systematischen Analyse der späteren Bewährung belegt. Stattdessen werden in der Regel nur Testimonials von begeisterten Kunden und »zutiefst überzeugten Vorständen« vorgelegt, was, bei allem gebührenden Respekt, durchaus nicht das Gleiche ist wie ein Beweis ihrer Aussagekraft. Vergl. http://www.umsetzungsberatung.de/personal/management-audit.php

gleichen Kriterien zu messen, ist im Grunde grober Unfug, weil es so tut, als wären die Anforderungen in allen drei Funktionen dieselben. Ähnlich fragwürdig ist die stillschweigende Unterstellung, dass ein Manager, der in dem einem Geschäft erfolgreich ist, es auch in einem anderen sein werde.

Doch damit nicht genug. Mindestens ebenso wichtig für eine faire Beurteilung ist die Frage: Wie sollen die Leistungen der Vergangenheit gegenüber dem Abschneiden in dem Auswahlprozess gewichtet werden? Ist es wirklich fair, die Performance in einem zweistündigen Interview oder in einer mehr oder weniger künstlichen Testsituation gleich oder sogar höher zu gewichten als die Führungsleistung, die jemand in 5, 10 oder 20 Jahren erbracht hat?

Falls die in der Vergangenheit erbrachten Leistungen aber angemessen berücksichtigt werden sollen, steht man sofort vor dem nächsten Problem: Wie kann eine halbwegs vergleichbare Bewertung der Vergangenheit erreicht werden, wo doch die beiden Firmen nicht nur unterschiedliche Beurteilungssysteme hatten, sondern vermutlich auch unterschiedliche Erfolgsmaßstäbe und Anspruchsniveaus? Und wie aussagekräftig sind Leistungen der Vergangenheit, wo es letztlich doch um die Prognose künftiger Leistungen geht, die unter veränderten Rahmenbedingungen stattfinden werden?

Zwar ist es möglich, auf diese und andere Fragen brauchbare Antworten zu finden. Aber es ist diffizil und vor allem zeitraubend. Und was noch schlimmer ist: Wenn das System schließlich fertig ist, ist es mit großer Wahrscheinlichkeit so kompliziert, dass es nur noch Insider durchschauen – was unweigerlich Misstrauen und Kritik hervorruft. Objektive Gerechtigkeit und wahrgenommene Gerechtigkeit gehen, wie das Beispiel zeigt, nicht zwangsläufig Hand in Hand.

Eine überaus zeitraubende Prozedur

Am problematischsten ist aber der Zeitbedarf, den ein solches Stellenbesetzungsverfahren unvermeidlich hat. Sehen wir uns einmal an, was es konkret bedeutet, wenn in einem mittelgroßen Konzern über die Besetzung von drei bis vier Führungsebenen entschieden werden muss. Nehmen wir dazu an, man habe sich klugerweise entschieden, im Auswahlverfahren jeweils zwei Führungsebenen zusammenzufassen, sodass insgesamt nur zwei Auswahlrunden erforderlich sind.

Die grundsätzliche Verständigung auf das Verfahren einschließlich der Auswahl externer Berater, die es begleiten, wird etwa vier bis acht Wochen dauern, die Kommunikation und die Beantwortung von Fragen noch einmal zwei Wochen. Parallel dazu können Vorarbeiten stattfinden, was – einschließlich der Schulung der Interviewer/Assessoren – insgesamt rund vier Wochen in Anspruch nehmen dürfte. Die Durchführung dauert pro Ebene zwei bis drei Wochen, die Kommunikation der Ergebnisse, optimistisch gerechnet, noch einmal eine Woche.

Die zweite Auswahlrunde kann erst beginnen, wenn die oberen Führungspositionen besetzt sind, denn diese Personen sollten ja am Auswahlverfahren für ihre künftigen Mitarbeiter mitwirken – sowohl aus Gründen der Akzeptanz als auch wegen der schlichten Menge der Kandidaten, die zu bewältigen ist. Dafür müssen sie ebenfalls geschult werden.

Wenn wir für die zweite Runde noch einmal vier bis acht Wochen veranschlagen, kommen wir in Summe auf 15 bis 23 Wochen, also auf drei bis fünf Monate. Diese Zeitspanne ist für die Berater, die den Auswahlprozess begleiten und daran verdienen, mit Sicherheit leichter zu ertragen als für die betroffenen Führungskräfte und deren Mitarbeiter.

Drei bis fünf Monate Lähmung

Man sollte sich keine Illusionen manchen: In diesen Monaten wird im Unternehmen nicht viel vorwärts gehen. Das Tagesgeschäft wird »mit halber Kraft« laufen, doch das Unternehmen wird weder zeitnah auf Marktentwicklungen reagieren, noch wird es Initiativen entfalten, die im Markt Akzente setzen. In dieser Phase sind fusionierende Unternehmen extrem angreifbar durch klug eingefädelte Attacken von Wettbewerbern, gleich ob sie auf wichtige Kunden zielen oder auf die Abwerbung von Führungskräften.

Auch die Integrationsarbeit selbst wird an vielen Stellen von der offenen Führungsfrage erschwert. Denn wen soll man zum Beispiel zu Abstimmungsgesprächen über die Bereinigung des Produktportfolios oder die IT-Integration einladen, wenn noch nicht feststeht, wer für die jeweiligen Funktionen künftig verantwortlich sein wird? Beide Kandidaten? Keinen von beiden? Deren Chef? Der hat keine Zeit: Er steckt im Auswahlverfahren für seine nachgeordneten Ebenen.

Dazu kommt, dass solch ein Auswahlverfahren vielleicht recht, aber alles andere als billig ist. Wenn der Prozess professionell von qualifizierten externen Beratern begleitet werden soll, und anders ist er kaum durchführbar, müssen alleine dafür Kosten von mehreren Hunderttausend Euro veranschlagt werden.

Dazu kommt die interne Zeitbindung für Vorbereitung, Durchführung und Nachbereitung des Verfahrens, zuzüglich des erheblichen Zeitaufwands für offizielle und vor allem inoffizielle Kommunikation. Zwar kann man sich damit trösten, dass es sich dabei betriebswirtschaftlich um »Ehda-Kosten« handele (denn die Leute sind eh da), aber bei realistischer Betrachtung wird man doch ganz erhebliche Opportunitätskosten einräumen müssen, weil diese Leute in der gleichen Zeit ja auch etwas Vernünftiges hätten tun können.

Zu allem Überfluss ist der hohe Aufwand keine Garantie dafür, dass der Prozess fair abläuft. Denn im Normalfall stellt jedes Ursprungsunternehmen einen Teil der Interviewer bzw. Assessoren. Da ist keine Absprache erforderlich, es genügt ein stillschweigender Konsens einer der beiden Seiten, um die Ergebnisse zugunsten ihrer Kandidaten zu verfälschen. Wenn der Prozess durch ein externes Beratungsunternehmen begleitet wird, macht dies Verfälschungen schwieriger, aber nicht unmöglich.

Spätestens in der zweiten Runde kennt zudem jede obere Führungskraft, die an der Besetzung ihrer nachgeordneten Ebenen mitwirkt, die eine Hälfte der Kandidaten deutlich besser als die andere. Ohne böse Absicht gehen bei der Auswahl viele im Zweifelsfall auf Nummer sicher. Das heißt, sie bevorzugen tendenziell – aus durchaus naheliegenden Gründen – den ihnen bereits bekannten Kandidaten, sofern sie ihn nicht für völlig ungeeignet halten, bevor sie »die Katze im Sack kaufen«. Zwar gleicht sich dieser Effekt im Mittel ungefähr aus, aber er kann im Einzelfall sehr ungerecht sein und ist kaum geeignet, den Verdacht zu widerlegen, dass jede Seite ihre eigenen Leute begünstigt.

24.3 Das Auswahlverfahren einfach und transparent halten

Viele Gründe sprächen dafür, ein so aufwendiges und am Ende doch unbefriedigendes Stellenbesetzungsverfahren nach Möglichkeit zu vermeiden. Zu groß ist die Gefahr, dass das, was sich am Anfang so fair und überzeugend anhört, in umso größerer Frustration und Enttäuschung endet – und zugleich zu einer unendlichen und unendlich zeitraubenden Geschichte wird, die das Unternehmen viel zu lange von seinem eigentlichen Geschäft abhält.

Doch das geht nicht immer. Manchmal lassen einfach die Konstellation der Fusion oder deren politische Rahmenbedingungen kein anderes Vorgehen zu. In diesem Fall muss man in den sauren Apfel beißen – sollte dann aber umso mehr dafür sorgen, dessen Säure, so gut es geht, zu mildern. Konkret muss es darum gehen, das Verfahren einfach zu machen, es zu beschleunigen und es so transparent wie möglich zu halten.

Das Verfahren einfach und transparent zu halten, heißt in erster Linie, nicht zu viele Elemente aufzunehmen und auf schwer durchschaubare Methoden (wie z. B. Tests und Assessment Center) zu verzichten. Zwar ist der prognostische Wert (»Validität«) professionell durchgeführter Assessment Center höher als der von Interviews, aber das Vorgehen und seine Auswertung sind für die Betroffenen weniger transparent; sie lösen daher mehr Ängste und Zweifel aus.

Um die Aussagekraft der Interviews zu erhöhen, ist es sinnvoll, gemeinsame Kriterien zu definieren, anhand derer die Qualität der Kandidaten bestimmt werden soll, die Gespräche als *strukturierte Interviews*[24] durchzuführen und Fallstudien (»Critical Incidents«) aus dem jeweiligen Arbeitsgebiet einzubauen.

Im Grunde gibt es nur zwei Wege, bei den Interviews für nachvollziehbare Fairness zu sorgen: Eine paritätische Zusammensetzung der Interviewer oder die Delegation der Aufgabe an Externe, etwa in Form eines Management Audit durch eine seriöse und neutrale Personalberatungsfirma. Auch Mischformen sind möglich, zum Beispiel jeweils ein Interview mit einem Manager, der aus dem einen bzw. dem anderen Ursprungsunternehmen kommt, sowie eines mit einem Externen.[25]

Ein paritätisches Setting ist für die Akzeptanz des Verfahrens sehr wichtig. Zu warnen ist deshalb vor dem Argument: »Wir sind jetzt alle eine Firma, deshalb spielt es keine Rolle, aus welchem Ursprungsunternehmen die Interviewer kommen!« Das mag ehrlich gemeint sein – dennoch wäre es der falsche Weg, weil die Betroffenen so viel Vertrauen in die »One-Company-Policy« wohl nicht aufbringen werden, wenn es um ihre berufliche Zukunft geht. Sie würden das als hochgradig bedrohlich empfinden, denn für sie hieße dies, dass ihr Schicksal möglicherweise in den Händen eines Managers »der anderen Seite« liegen wird, den sie noch nie gesehen haben und der möglicherweise seine eigenen Leute bevorzugt. Das werden die Betroffenen selbst dann als grob unfair empfinden, wenn sie den Prozess »überleben«.

Über die Trennschärfe und den prognostischen Wert (»Validität«) eines solchen Vorgehens darf man sich keine Illusionen machen: Natürlich ist es absurd, in drei ein- bis zweistündigen Gesprächen die Kompetenz, Fähigkeit und Eignung eines Managers einschätzen zu wollen. Dies führt mit hoher Wahrscheinlichkeit zu einer Überschätzung von rhetorischen und analytischen Fähigkeiten gegenüber den für die Praxis so wichtigen Merkmalen wie Stehvermögen, Glaubwürdigkeit und der Fähigkeit, Menschen zu entwickeln.

Trotzdem ist das Verfahren fair: Es benachteiligt beide Seiten in gleicher Weise. Die Folge: Nicht alle Entscheidungen werden als richtig empfunden werden, aber das Verfahren insgesamt wird als gerecht akzeptiert.

---

24 Strukturierte Interviews heißt, dass die Gespräche einem festen Leitfaden folgen und zum Ziel haben, Informationen und Erkenntnisse zu vorab definierten Fragen bzw. Kriterien zu erheben – im Gegensatz zu teil- oder unstrukturierten Interviews, bei denen man nicht bei jedem Gesprächspartner dieselben Fragen und Kriterien abarbeitet.

25 Diese Variante hat aus spieltheoretischer Sicht einigen Charme: In diesem Fall ist das Urteil des Externen irrelevant, wenn sich die beiden Manager einig sind, aber es gibt den Ausschlag, wenn sie zu divergierenden Beurteilungen kommen.

24.4 Nutzung der vorhandenen Erfahrung

Sowohl die prognostischen Mängel von Interviews als auch die Fairness gegenüber den Betroffenen sprechen dafür, im Auswahlverfahren auch die Leistungen aus der Vergangenheit zu berücksichtigen. Das wirft ohne Zweifel praktische Probleme auf, denn nur in den wenigsten Unternehmen gibt es Leistungsbeurteilungen für Führungskräfte, die in ihren Einstufungen – was auch immer die Kriterien sein mögen – aussagekräftig zwischen Spitzenleistern, dem Mittelfeld und der Nachhut differenzieren. Eine nachträgliche Leistungsbeurteilung, die eine solche Differenzierung vornimmt, ist kaum durchführbar; sie würde zu einem Aufruhr führen und zudem erhebliche arbeitsrechtliche Probleme aufwerfen.

Die wohl beste Lösung für dieses Problem ist ein »Forced Ranking«, das heißt die Einstufung aller in Rede stehenden Manager in eine Rangreihe bzw. in drei (oder vier oder fünf) gleich große (!) Gruppen: »(weit) überdurchschnittlich«, »Mittelfeld« und »unterdurchschnittlich«. Diese Einstufung muss durch das Top-Management des Unternehmens vorgenommen werden, zu dem der betreffende Manager bis dato gehörte. Natürlich ist auch das nicht konfliktfrei, weil es, sofern es nicht im Geheimen geschieht, möglicherweise manchem Manager zum ersten Mal die wirkliche Einschätzung seiner Leistungen durch das Top-Management offenbart.

Eine »sanftere« Alternative besteht darin, dass jedes Unternehmen eine bestimmte Zahl seiner besten Leute als »Joker« setzen darf. Doch auch dieses Verfahren hat seine Tücken: Die breite Mehrheit wird das natürlich als grobe Benachteiligung empfinden. Die nicht Gesetzten werden sich darin einig sein, dass hier nicht die Fähigsten gesetzt worden sind, sondern die besonderen Lieblinge des Top-Managements. Doch diesen Vorwurf kann man aushalten.

Diese Einstufungen müssen dann nur noch in einem zu vereinbarenden Gewichtungsverhältnis (z. B. 70:30 oder 50:50) mit den Ergebnissen der Interviews saldiert werden, dann steht das rechnerische Endergebnis fest.

An einem Dilemma kann freilich das sauberste Verfahren nichts ändern: Dass man in dem einen Fall zwei ausgezeichnete Kandidaten für einen Job hat und im anderen zwei, von denen eigentlich keiner überzeugt. Infolgedessen erlauben oder empfehlen manche Unternehmen den unterlegenen Kandidaten, sich für andere Positionen zu bewerben – was einerseits sinnvoll ist, andererseits natürlich die Komplexität erhöht und neue Betroffenheiten schafft.

Damit das gesamte Stellenbesetzungsverfahren funktioniert, ist eine voll funktionsfähige Personalabteilung wichtig – was wiederum voraussetzt, dass dort klare Verhältnisse über die eigene Zukunft herrschen. Deshalb sollte man tunlichst vermeiden, die dortigen Synergiepotenziale sofort nach der Fusion zu realisieren und den Personalbereich »radikal einzudampfen«.

Denn wenn die Personalabteilung unterbesetzt, nicht eingespielt und verunsichert ist, wird sie das erhebliche Arbeitspensum, das mit einem solchen Auswahlverfahren auf sie zukommt, weder von der Menge noch von der Koordination her sauber bewältigen. Und dann droht das Verfahren im Chaos zu versinken. Schlechte Kommunikation und nicht funktionierende Abläufe verstärken den Stress bei allen Beteiligten und führen unvermeidlich zu der Diskussion darüber, ob es sich bei den sich häufenden Pannen um Dilettantismus oder um böse Absicht handele.

24.5 Angespanntes Klima, hoher Kommunikationsbedarf

Über die gesamte Dauer des Stellenbesetzungsverfahrens muss Ihnen bewusst sein, dass die Betroffenen alles, was da abläuft, mit Besorgnis, Nervosität und Misstrauen beobachten. Nehmen Sie es daher nicht persönlich, wenn Ihnen dabei auch von Personen Misstrauen entgegenschlägt, die Sie eigentlich kennen müssten und Ihnen daher vertrauen sollten. Denn wenn es um ihren Job geht, brechen bei vielen Menschen tiefsitzende Existenzängste auf, und sie reagieren zuweilen in fast schon paranoider Weise misstrauisch.

Multipliziert man dieses Phänomen mit der Zahl der betroffenen Führungskräfte, bekommt man ein Gefühl für das Klima, das während dieser Monate in dem fusionierenden Unternehmen herrscht. Diese Atmosphäre ist höchst anfällig für Spekulationen und Gerüchte, zumal im Zweifel beide Seiten ständig den Verdacht haben, dass »die anderen« doch in irgendeiner Weise bevorzugt würden oder das Verfahren zu ihren Gunsten manipulierten. In dieser aufgeladenen Atmosphäre fragen sich viele Manager, und zwar insbesondere die guten Leute, ob sie trotzdem bleiben oder besser gehen sollen. Und je länger die Verunsicherung dauert, desto wahrscheinlicher ist, dass fähige Mitarbeiter abwandern (→ Kap. 12).

Wie auch immer das Verfahren am Ende aussieht, Akzeptanz findet es nur, wenn es frühzeitig, offen und in allen erforderlichen Details kommuniziert wird. Ziel der Kommunikation ist nicht, dass die Betroffenen mit dem Vorgehen *einverstanden* sind (obwohl das natürlich wünschenswert ist), sondern dass sie es verstehen und sich darauf einstellen können. Das wird nicht in einem Anlauf zu erreichen sein; es ist daher sinnvoll, nach der ersten Vorstellung des Vorgehens zusätzliche Termine für Fragen und Antworten und bei Bedarf Einzelgespräche anzubieten.

Dabei wird es auch Einwände, Kritik und möglicherweise sogar heftige Vorwürfe geben. Lassen Sie sich davon weder verunsichern noch beeinflussen! Machen Sie von Anfang an deutlich, dass Sie bereit sind, das festgelegte Verfahren zu erläutern, nicht aber, es neu zu verhandeln.

24.6 Erläutern, aber nicht verhandeln

Auch wenn Sie sich noch so sehr um Gerechtigkeit, Fairness und offene Kommunikation bemüht haben, sollten Sie nicht darauf hoffen – und sich erst recht nicht emotional davon abhängig machen –, dass dies von den Betroffenen oder auch nur von deren Mehrzahl anerkannt und gewürdigt wird. Denn erstens haben im Zweifelsfall alle Beteiligten Angst, benachteiligt zu werden. Zweitens werden etliche der Betroffenen im eigenen Interesse versuchen, mit dem Argument der Fairness bzw. der einseitigen Benachteiligung Druck auf Sie auszuüben, um Ihre Entscheidungen im eigenen Sinne zu beeinflussen.

Je mehr man Ihnen also anmerkt, dass es Ihnen wichtig ist, Ihr Vorgehen als fair bestätigt zu bekommen, desto größer wird der Druck werden.

Heftige Beschwerden und wilde Spekulationen, dass die Stellenbesetzung und im Grunde die ganze Integration nicht fair liefe, gibt es in solchen Prozessen immer. Dies ist zum einen ein Versuch, Druck auf das Management auszuüben, mehr »Gerechtigkeit« zu den eigenen Gunsten walten zu lassen; zum anderen ist es nach der Stellenbesetzung die Interpretation der unterlegenen Kandidaten und ihrer Gefolgschaft. Denn natürlich ist es für das eigene Selbstwertgefühl schonender, eine Niederlage auf ein unfaires Verfahren zurückzuführen als darauf, dass der andere Kandidat besser war. Deshalb tragen die Verlierer oft ihren Teil dazu bei, die Gerüchteküche anzuheizen.

Es ist schwierig, unter diesen Rahmenbedingungen persönlich eine Linie zu finden, die nicht nur fair ist, sondern auch von der Mehrzahl der Betroffenen als fair empfunden wird. Falls eine Bestätigung der Fairness überhaupt kommt, kommt sie in aller Regel erst nach Abschluss des Verfahrens. Dann heißt es schon mal, und zwar auch von Managern, die auf der Strecke geblieben sind: »Eigentlich war das so, wie Sie es gemacht haben, schon ganz in Ordnung.« Doch selbst darauf sollten Sie nicht hoffen – das eigentliche Kriterium muss in solch einem schwierigen Umfeld Ihre eigene Überzeugung sowie die Ihres Management-Teams sein, das Richtige zu tun.

WICHTIGSTE ERKENNTNISSE UND SCHLUSSFOLGERUNGEN

- Das Vorgehen bei der Stellenbesetzung ist zu einem guten Teil von der Integrationsstrategie bestimmt: Bei einer *Eingliederung* sind die Führungskräfte des übernehmenden Unternehmens gesetzt, und die des übernommenen finden nur dort einen Platz, wo es Vakanzen gibt (oder wo man die Gelegenheit nutzen möchte, um schwache Besetzungen zu korrigieren). Bei einem *Merger of Equals* steht man vor der Notwendigkeit, das Prinzip »Best of Both Worlds« auch im Stellenbesetzungsprozess umzusetzen.

- Die Eingliederung der übernommenen Führungskräfte in die Strukturen des Übernehmers wird deren Verdiensten, Fähigkeiten und Leistungen nicht gerecht, aber sie geht schnell und sorgt rasch für klare Verhältnisse – und damit dafür, dass das fusionierte Unternehmen schnellstmöglich wieder handlungsfähig wird.
- Wesentlich aufwendiger ist ein Stellenbesetzungsprozess, der den Grundsatz »Best of Both Worlds« zu verwirklichen sucht. Denn dafür muss man sich nicht nur sämtliche Führungskräfte einzeln anschauen und ihre Eignung für die infrage kommende Position beurteilen – davor muss man erst einmal gemeinsame Kriterien und Maßstäbe für die Auswahl entwickeln. Sie müssen in ein nachvollziehbares und transparentes Verfahren übersetzt werden, bevor man mit der eigentlichen Stellenbesetzung überhaupt beginnen kann.
- Wenn man nicht aufpasst, kann sich eine solche Stellenbesetzung zu einem ungeheuren Zeit- und Arbeitsaufwand auswachsen. Bei größeren Unternehmen kann sie sich über mehrere Monate, ja bis zu einem halben Jahr ausdehnen – was zur Folge hat, dass das Unternehmen für diesen Zeitraum weitgehend paralysiert und praktisch handlungsunfähig ist. Zu allem Übel bewirkt es in aller Regel nicht, dass das Vorgehen als fair und gerecht empfunden wird: Stattdessen leiden die Führungskräfte massiv darunter, über Monate hinweg im Ungewissen über ihre Zukunft zu sein. Sie beobachten das Verfahren daher mit größtem Misstrauen und begleiten es mit den wildesten Gerüchten.
- Falls man trotzdem aufgrund der Rahmenbedingungen zu solch einem Vorgehen gezwungen ist, kommt es entscheidend darauf an, den Stellenbesetzungsprozess so einfach, schnell und transparent wie möglich zu machen. Dazu kann zum Beispiel das Resultat eines »Forced Ranking« mit den Ergebnissen einiger Interviews »verrechnet« werden.
- Da die Stellenbesetzung aus naheliegenden Gründen in einem angespannten Klima stattfindet, sind Transparenz und gute Kommunikation der Schlüssel zu ihrer Akzeptanz. Primäres Ziel sollte dabei nicht sein, dass die Betroffenen mit dem Vorgehen einverstanden sind, sondern dass sie es verstehen und sich darauf einstellen können.
- Auch bei größtmöglichem Bemühen um Fairness und offene Kommunikation sollten Sie darauf vorbereitet sein, mit bitteren Klagen und heftigen Vorwürfen konfrontiert zu werden. Dies entspringt zum Teil der Angst, benachteiligt zu werden, zum anderen Teil hat es auch taktische Aspekte: Oft steckt dahinter auch der Versuch, Druck auszuüben und etwas mehr »Gerechtigkeit zu den eigenen Gunsten« herauszuholen. Deshalb sollte nicht allgemeine Zustimmung ihr Ziel sein, sondern die eigene Überzeugung, das Richtige zu tun und eine klare, saubere Linie zu fahren.

25 Personalabbau: Wenn schon, dann zumindest auf anständige Weise

Mitarbeiter zu entlassen, ist keine angenehme Aufgabe. Andererseits sind Kostensynergien (→ Kap. 3.2) neben den Marktsynergien einer der zentralen Gründe, weshalb Fusionen und Übernahmen überhaupt durchgeführt werden: Viele Wertschöpfungsschritte lassen sich zu einem günstigeren Preis realisieren, wenn mehr Volumen zusammenkommt. Außerdem entfällt beim Zusammenschluss zweier Unternehmen die Doppelung von Funktionen: Man braucht weder zwei Buchhaltungen noch zwei Abteilungen für Öffentlichkeitsarbeit.

Kostensynergien sind zwar kein Synonym für Personalabbau, schließen ihn aber häufig ein. Auch über die Senkung von Materialkosten, durch eine Bereinigung des Produktportfolios und durch größere Produktionsvolumina kann man Kosten sparen, dennoch geht es fast immer auch um die Einsparung von Arbeitsaufwand und damit die Streichung von Stellen.

Das beginnt bereits mit der Stellenbesetzung (→ Kap. 24) auf Führungsebene: Bei fast allen Funktionen, die es vor der Fusion in beiden Unternehmen gab, beginnend mit dem Vorstandsvorsitz, hat man zwei Kandidaten für nur noch eine verbleibende Stelle. Das setzt sich nach unten fort: Nicht nur Führungs-, auch Sachbearbeitungsaufgaben fallen weg, wenn beispielsweise nur noch eine Konzernbilanz erstellt werden muss.

25.1 Teil des Integrationsprozesses

Hartnäckig hält sich die Legende, dass es Managern ein geradezu sadistisches Vergnügen bereite, Leute zu entlassen. Das ist blanker Unsinn. Einen solchen Fall habe ich jedenfalls in mehr als 30 Beratungsjahren nie erlebt und davon nur ein einziges Mal dem Hörensagen nach erfahren. Der Normalfall sieht völlig anders aus: Da ist es dem Management durchaus unbehaglich angesichts der Vorstellung, Personal abbauen zu müssen, und es setzt diese Entscheidung oft nur zögernd und mit sehr gemischten Gefühlen um.

Der Eindruck einer »eiskalten Exekution« entsteht oft aus einem ganz anderen Grund: Zuweilen versteckt sich das Management – oft aus einem uneingestandenen schlechten Gewissen heraus – hinter der sachlichen Notwendigkeit und handelt nach der Devise »Augen zu und durch«, statt auch den Personalabbau als Change-Prozess zu verstehen und ihn mit der nötigen Sorgfalt und Verantwortung zu führen.

Sowohl von der juristischen als auch von der psychologischen Seite her ist es leichter, einen ganzen Standort zu schließen, als Personal an einem Standort abzubauen, der insgesamt erhalten bleibt. Rechtlich deshalb, weil dann zwar ebenfalls ein Interessenausgleich und Sozialplan verhandelt (→ Kap. 26.3 ff.) und eine Massenentlassungsanzeige beim Arbeitsamt gemacht werden muss, aber das ganze komplizierte und nervenaufreibende Verfahren der Sozialauswahl entfällt. So zynisch es klingen mag: Wenn *alle* Mitarbeiter eines Standorts entlassen werden, erübrigt sich die vom Kündigungsschutzgesetz vorgeschriebene »Auswahl nach sozialen Gesichtspunkten«. Doch auch menschlich ist es leichter, ein gemeinsames Schicksal zu tragen, als sich von einzelnen Personen zu trennen, zumal der Sozialauswahl ja nicht diejenigen zum Opfer fallen, die bekanntermaßen einen unterdurchschnittlichen Beitrag zum Gesamterfolg leisten, sondern diejenigen, die aufgrund ihres jugendlichen Alters, ihrer kurzen Betriebszugehörigkeit und ihrer Lebenssituation zu wenig »Sozialpunkte« haben.

25.2 Kein Durchsetzungs-, sondern ein Motivationsproblem

Es gibt aber noch einen weiteren wichtigen Grund, weshalb Personalabbau bei fortlaufendem Betrieb besonders schwierig ist: In diesem Fall hilft der Abbau dem Unternehmen ja nur dann, wenn es sich relativ schnell von der Operation erholt. Die Produktivität mag vorübergehend abfallen, mittelfristig muss sie aber steigen, ohne negative Folgen für die Qualität oder andere wichtige Leistungsdimensionen.

Wenn zwar die Kostensenkungsziele erreicht werden, aber die Motivation und Loyalität der Mitarbeiter kollabieren und in deren Folge auch Produktivität und Qualität, dann ist die Situation nach dem Personalabbau unter Umständen schlimmer als davor – nicht nur emotional, auch wirtschaftlich. Mit anderen Worten, es genügt nicht, irgendwie die »Abbauziele« zu erreichen – ebenso wichtig ist es, dass der Weg dorthin nicht zu einem emotionalen bzw. kulturellen Debakel wird, sondern trotz aller Schmerzen und Belastungen auf anständige Weise gemeinsam bewältigt wird.

Viele spätere Probleme haben ihre Wurzel darin, dass die verantwortlichen Manager zu kurzsichtig denken und sich ausschließlich auf den Abbau konzentrieren. Sie handeln oft so, als ginge es in der Abbauphase einzig und allein darum, die Entlassungen ohne größere Produktivitätseinbußen über die Bühne zu bringen und die Kostensenkungsziele zu erreichen.

Was viele nicht ausreichend im Blick haben, ist, dass sie daneben wenigstens zwei weitere Ziele erreichen müssen. Erstens müssen sie mit den verbleibenden Mitarbeitern eine Produktivitätssteigerung bei gleichbleibender Qualität erreichen, zweitens müssen sie den Abbau so bewältigen, dass daraus kein dauerhafter Bruch in der Loyalität und Motivation ihrer Mitarbeiter entsteht.

Wenn man über Produktivität und Motivation erst nachzudenken beginnt, wenn man den Abbau durchgepaukt hat und nun plötzlich die Leere in den Augen der verbliebenen Mitarbeiter bemerkt, ist es zu spät. Dann haben sich viele Mitarbeiter innerlich von ihrem Unternehmen verabschiedet – nicht als Reaktion auf den Abbau, sondern auf die Art, wie man dabei mit ihnen umgegangen ist.

Deshalb ist Personalabbau weniger ein Durchsetzungs- als ein Motivationsproblem: Die Zustimmung der Arbeitsagentur zu den Massenentlassungen[26] ist nur eine formale Hürde, und auch der Betriebsrat kann eine entsprechende Entscheidung des Arbeitgebers nicht verhindern. Verzögern kann er sie allerdings erheblich, wenn er alle rechtlichen Möglichkeiten ausschöpft und die Verhandlungen über Interessenausgleich und Sozialplan mit unerfüllbaren Forderungen in die Länge zieht (→ Kap. 26.5). Das zentrale Problem liegt jedoch in der Art, wie der Abbau verarbeitet wird, und in den Folgen, die dies für Motivation und Loyalität hat.

Entscheidend ist dabei, als wie transparent, nachvollziehbar und fair das Vorgehen empfunden wird. Das beginnt damit, dass die Entscheidung zum Personalabbau einleuchtend begründet werden muss; es geht weiter mit offener und ehrlicher Kommunikation, und es endet noch nicht mit einer »menschlich anständigen« Umsetzung des Abbaus, sondern erst mit der gemeinsamen Verarbeitung der Erfahrungen und der Entscheidung zu einem Neubeginn. Das heißt in Summe: Die Art und Weise, wie die Einschnitte bewältigt werden, bestimmt sowohl deren emotionale als auch deren betriebswirtschaftliche Nachwirkungen.

---

26 Die Schwelle, ab der die Entlassungen nach § 17 Kündigungsschutzgesetz anzeigepflichtig sind, liegt niedriger als viele glauben: In Betrieben ab 500 Beschäftigten ist sie erreicht, wenn »mindestens 30 Arbeitnehmer innerhalb von 30 Kalendertagen« entlassen werden – wobei der Ausweg über Auflösungsverträge verbaut ist, verfügt das Gesetz doch ausdrücklich: »Den Entlassungen stehen andere Beendigungen des Arbeitsverhältnisses gleich, die vom Arbeitgeber veranlasst werden« (§ 17 Abs. 1 KSchG).

25.3 Frühzeitige und offene Information

Eine schlechte Nachricht ist eine schlechte Nachricht – daran kann auch noch so gute Kommunikation nichts ändern. Worauf es ankommt, ist, die schlechte Nachricht nicht durch die Art ihrer (Nicht-)Kommunikation noch schlimmer zu machen.

Gerade bei einem so sensiblen Thema wie Personalabbau lässt sich nicht immer verhindern, dass erste Gerüchte und misstrauische Spekulationen schon zu einem Zeitpunkt durch das Haus geistern, wo das Management noch keine Entscheidung getroffen hat und sie infolgedessen auch noch nicht mitteilen kann. Denn die Mitarbeiter und Betriebsräte wissen ja, dass Fusionen und Übernahmen dem Erzielen von Synergieeffekten dienen (→ Kap. 3), und sie zählen eins und eins zusammen.

Zu diesen Plänen sollte das Management auch stehen, selbst wenn es noch keine Konkretisierung gibt. Denn zumindest bei börsennotierten Unternehmen wurden die angestrebten Synergieeffekte dem Kapitalmarkt (→ Kap. 2) ja nicht bloß kommuniziert, sondern, um die Kosten für die Übernahme zu rechtfertigen, mehr oder weniger verbindlich *zugesichert*. Da kann die Geschäftsleitung, wenn sie ihre Glaubwürdigkeit nicht aufs Spiel setzen möchte, nach innen nicht so tun, als gäbe es keine konkreten Absichten für Kosteneinsparungen und Stellenstreichungen.

Sobald die Entscheidung konkretisiert und auf einzelne Bereiche heruntergebrochen wurde, muss sie kommuniziert werden (→ Kap. 22.2) – schon um sicherzustellen, dass die Zahlen nicht auf informellem Weg durchsickern oder gar an die Presse gelangen. Es ist immer eine Katastrophe für das Vertrauensverhältnis, wenn die Mitarbeiter solche Entscheidungen aus der Presse oder vom Betriebsrat erfahren.

Diese Information muss zeitnah erfolgen und sollte die volle Wahrheit umfassen. Wer sich erst dann zu einer Stellungnahme durchringt, wenn die Spatzen die Nachricht von den Dächern pfeifen, beschädigt damit nur seine Glaub- und Vertrauenswürdigkeit. Das Gleiche gilt, wenn die Aussagen unnötig vage und unkonkret bleiben.

Keine Angst vor der Wahrheit!

Im Management gibt es oft eine merkwürdige Scheu vor der Wahrheit: »Also gut, dann teilen wir eben mit, dass wir voraussichtlich[27] (!) Stellen abbauen müssen, aber lassen Sie uns bitte noch keine konkreten Zahlen nennen!« Die Gründe für

---

27 Dieses »voraussichtlich« ist ein klassisches Beispiel, wie das Management oft an der Belegschaft vorbeiredet. Aus Sicht des Managements soll es die schlechte Nachricht abschwächen mit dem impliziten Appell: »Macht euch mal keine zu großen Sorgen, es ist ja noch gar nicht hundertprozentig sicher!« Mitarbeiter und Betriebsräte dagegen ignorieren diese Abschwächung völlig und verstehen den angekündigten Personalabbau (völlig zu Recht!) als eindeutige Absicht – und entnehmen dem »voraussichtlich« lediglich (und ebenfalls korrekt), dass sich das Management noch nicht so recht mit der ganzen Wahrheit herauswagt.

dieses Zaudern sind vielfältig: Zum einen steht dahinter die Angst, Unruhe auszulösen – als ob das angesichts der brodelnden Gerüchteküche überhaupt noch möglich wäre –, zum anderen spielt oft das Gefühl mit, sich selbst noch nicht hundertprozentig sicher zu sein und möglicherweise etwas Falsches zu sagen.

Während das Erstere eher eine groteske Befürchtung ist, ist der zweite Punkt ernst zu nehmen: Es wäre in der Tat fatal, wenn die genannten Zahlen später nach oben korrigiert werden müssten – und falscher Alarm, falls sie sich als deutlich zu hoch erwiesen. Allerdings sollten diese Risiken nicht durch die Verweigerung konkreter Aussagen umgangen, sondern durch Offenheit über die bestehenden Ungenauigkeiten in Grenzen gehalten werden: Nichts hindert einen ja daran, klar zu sagen, dass es sich bei diesen ersten Zahlen nur um Größenordnungen handelt, die im weiteren Verlauf präzisiert werden müssen, und einen Termin zu nennen, bis wann dies geschehen wird und wann weitere Informationen folgen.

Und nicht zuletzt kommt oft auch ein taktischer Aspekt ins Spiel: Viele Manager haben die Sorge, dass die Produktivität leiden könnte, wenn die Mitarbeiter zu früh von konkreten Abbauplänen erfahren. So verständlich solche Überlegungen sind, so sehr sind sie ein Beispiel für jenes kurzsichtige Denken, das nicht über den Tag des Abbaus hinausreicht. Denn selbst wenn es gelänge, die Mitarbeiter noch eine Weile im Unklaren (und damit »motiviert«) zu halten, täte sich das Management damit mittelfristig keinen Gefallen.

Spätestens wenn die bittere Wahrheit doch ans Licht kommt, fühlen sich die Mitarbeiter übertölpelt – und wissen nun, dass sie bei dieser Führung auf Tricks gefasst sein müssen. Also reagieren sie künftig misstrauischer, und zugleich fühlen sie sich dem Unternehmen weniger verbunden: ein hoher Preis des kurzfristigen Vorteils. Zu alledem sind solche Spielchen völlig überflüssig: Selbst bei vollständigen Werksschließungen habe ich keinen Fall erlebt, wo die Produktivität weggebrochen ist, bloß weil das Management »zu ehrlich« war.

Auch wenn es wichtig ist, die Mitarbeiter frühzeitig und offensiv über einen geplanten Personalabbau zu informieren, so ist doch unbedingt anzuraten, zuvor die mittleren Führungsebenen und den Betriebsrat ins Bild zu setzen. Das kann mit geringem zeitlichem Abstand geschehen (und sollte es in aller Regel auch, um zu verhindern, dass die informellen Informationskanäle die formellen überholen). Doch bewirkt es nur Verstimmung und zusätzliche Komplikationen, wenn die Führungskräfte und der Betriebsrat auf einer Informationsveranstaltung von der Nachricht überrascht und auf dem falschen Fuß erwischt werden.

Letztlich verfehlen derartige Relativierungen damit die beabsichtigte Abschwächung der schlechten Nachricht; das Einzige, was sie bewirken, ist ein Verlust an Respekt wegen »Feigheit vor dem Freund«. Die Schlussfolgerung daraus kann nur lauten: Entweder ganz oder gar nicht – wenn Sie etwas sagen, dann mutig heraus mit der Sprache und die volle Wahrheit auf den Tisch!

Für die Führungskräfte ist es demütigend, wenn sie das Gefühl haben, vor ihren Mitarbeitern kalt erwischt zu werden und »wie begossene Pudel dazustehen«; entsprechend beeinträchtigt es ihre Loyalität. Und im Verhältnis zum Betriebsrat ist es erst recht riskant, weil seine Mitglieder sich dann binnen Minuten und auf offener Bühne entscheiden müssen, wie sie auf die Ankündigung reagieren – und unter dem stummen Druck der erwartungsvoll auf sie blickenden Mitarbeiter mit hoher Wahrscheinlichkeit auf eine kämpferische Linie einschwenken, schon um gegenüber den eigenen Schutzbefohlenen nicht wie Versager zu wirken.

25.4 Die bittere Wahrheit persönlich mitzuteilen, ist Chefsache

Bei der Kommunikation des Personalabbaus hat das Top-Management eine Schlüsselrolle, denn die Übermittlung schlechter Nachrichten ist eine nicht delegierbare Führungsaufgabe. Wer diese undankbare Aufgabe an niedrige Chargen oder gar an externe Berater delegiert, beweist »Feigheit vor dem Freund«: eine kaum wieder gutzumachende Katastrophe für das Ansehen und die Glaubwürdigkeit des Managements.

Ähnlich verheerend ist, wenn die Mitarbeiter die schlechte Nachricht aus den Medien erfahren: Selbst wenn dies unanfechtbare Gründe hat, wie zum Beispiel die Verpflichtung börsennotierter Kapitalgesellschaften zur umgehenden Veröffentlichung kursrelevanter Informationen, wird es als kränkendes Signal von Missachtung empfunden.

Daraus folgt zweierlei: Erstens die Notwendigkeit, frühzeitig zu informieren, denn je länger man wartet, desto höher ist das Risiko, dass etwas durchsickert. Zweitens die Notwendigkeit eines sorgfältigen Timings – etwa, die zeitgleiche Information von Öffentlichkeit und Belegschaft. Das heißt praktisch, die Information der Führungskräfte entweder ein oder zwei Stunden vor der Ad-hoc-Mitteilung, die dann zeitgleich mit der per Livestream übertragenen Informationsveranstaltung an sämtlichen Standorten veröffentlicht wird. Oder, wenn einem die vorzeitige Information der Führungskräfte rechtlich zu riskant ist, deren Information zeitgleich mit der Ad-hoc-Mitteilung und die Mitarbeiterinformation unmittelbar danach.

Für Nachrichten von dieser Bedeutung und Tragweite ist direkte Kommunikation – also etwa eine große Informationsveranstaltung – die einzig angemessene Form. Die Mitteilung von Entlassungen auf schriftlichem oder elektronischem Weg wird leicht als Stillosigkeit und Arroganz empfunden: »Wir sind ihnen nicht einmal so wichtig, dass sie es uns ins Gesicht sagen. Sie teilen das mit wie eine Änderung der Reisekostenabrechnung!«

Der Auftritt bei solch einer Veranstaltung wiederum erfordert von den Verantwortlichen erstens Mut und zweitens eine Vorbereitung, die sich nicht auf die Erstellung der Präsentationsfolien beschränkt. Die menschliche Seite ist erfahrungsgemäß belastender als es sich viele Top-Manager im Voraus vorstellen: Es bewegt sie innerlich stärker, den versammelten Mitarbeitern diese Mitteilung machen zu müssen, als sie sich und anderen eingestehen.

Aus Angst vor dem eigenen Mitgefühl flüchten sich viele in eine »kalte Technokratenmaske« – was in der Wirkung auf die Mitarbeiter verheerend ist. Umgekehrt sind ein larmoyanter Auftritt und das wiederholte Beteuern der eigenen tiefen Betroffenheit auch keine Lösung. Im Interesse der eigenen Glaubwürdigkeit ist es schließlich empfehlenswert, die Dinge beim Namen zu nennen und (nicht nur) bei solchen Gelegenheiten auf schönfärberische Begriffe wie »Freisetzungen« zu verzichten.

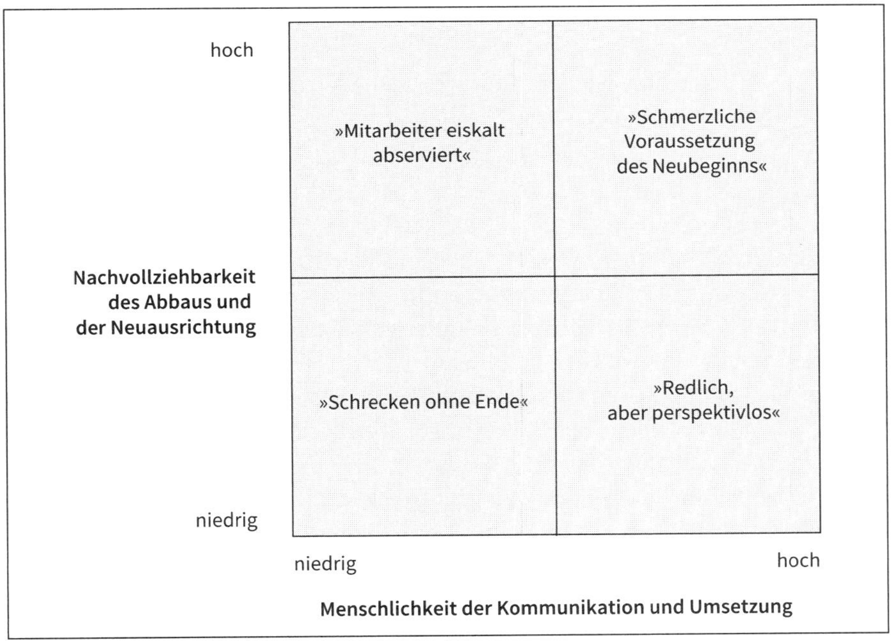

Abb. 8: Klares Konzept, menschliche Umsetzung: Weder Weinerlichkeit noch kaltes Technokratentum helfen weiter.

Gerade in einer solchen Belastungssituation zeigt sich gute Führung in Festigkeit, Ehrlichkeit und einer klaren Linie: Die Mitarbeiter sollen und dürfen merken, dass die Entlassungen den Manager, der sie gerade mitteilt, nicht kalt lassen; genauso wichtig ist aber, dass für sie eine unternehmerische Zukunftsperspektive jenseits des bloßen Abbaus sichtbar wird. Denn wenn es daran mangelt, ist das für die Mitarbeiter fast noch beängstigender als der Abbau selbst, denn dann droht ein »Schrecken ohne Ende«.

Transparenz, Nachvollziehbarkeit und Fairness

Wichtig ist, die Entscheidung über den Personalabbau nicht bloß mitzuteilen, sondern auch zu begründen. Das ist relativ einfach, wenn ein Unternehmen mit dem Rücken zur Wand steht und Entlassungen erforderlich sind, um einen drohenden Konkurs abzuwenden. Bei einer Fusion oder Übernahme ist es schwieriger, auch wenn es für niemanden wirklich überraschend kommt.

Hier einfach nur über die Notwendigkeit des Hebens von Synergien zu referieren, provoziert die Reaktion: »Mit Synergien meinen die uns! Kosteneinsparungen sind denen offensichtlich wichtiger als wir!« Am sinnvollsten ist daher, an den Zielen der Fusion oder Übernahme anzusetzen und zu erklären, welche Wettbewerbssituation der Grund für diesen Schritt ist. Das ändert für die direkt und indirekt betroffenen Mitarbeiter zwar auch nichts an ihrer Lage, aber es macht zumindest nachvollziehbar, dass der Auslöser für ihre Situation nicht bloß darin liegt, dass das Management oder die Eigentümer die Lust überkam, mit menschlichen Figuren Schach zu spielen.

Trotzdem wird der Betriebsrat in solchen Fällen, in denen der Personalabbau ohne unmittelbare wirtschaftliche Not erfolgt, darauf drängen, ihn zumindest so »sozialverträglich« wie möglich zu gestalten – heißt auf deutsch: ohne betriebsbedingte Kündigungen. Das ist kein unanständiges Ansinnen, aber in der Praxis oftmals ein schwer zu realisierendes, weil genau die Mitarbeiter, für die man keine Beschäftigung mehr hat, meistens auch außerhalb des Unternehmens die wenigsten Beschäftigungsalternativen haben. Das gilt gerade für gering qualifizierte Tätigkeiten, für die es in den Industriestaaten eine seit Jahrzehnten sinkende Nachfrage gibt.

Trotzdem ist es, wenn der Zweck des Personalabbaus primär in einer (legitimen und betriebswirtschaftlich vielleicht sogar zwingend erforderlichen) Verbesserung der Ertragslage besteht, nur fair, den »Interessenausgleich« in einer großzügigeren und geduldigeren Weise anzugehen, als wenn es darum geht, eine akut existenzbedrohende Krise abzuwenden.

Sinnvoll ist in jedem Fall, sämtliche Möglichkeiten auszuschöpfen, um einen möglichst großen Teil des Abbaus auf anderem Wege als über Kündigungen zu realisieren. Das beginnt mit der Nutzung der »natürlichen Fluktuation«: Selbst in

Zeiten eines schwierigen Arbeitsmarktes sind es je nach Branche und Unternehmen zwischen drei und zehn Prozent der Belegschaft, die jährlich aus persönlichen Motiven oder aus Altersgründen ausscheiden.

Zusätzlicher Spielraum lässt sich oft durch die Nutzung von Vorruhestandsregelungen bzw. Altersteilzeit gewinnen. Zwar passen die Anforderungen der frei werdenden Stellen nicht immer mit den Qualifikationen der verbleibenden Mitarbeiter zusammen, doch oft lässt sich hier mit einiger Anstrengung von beiden Seiten eine Brücke bauen.

Kurzarbeit ist bei einer Fusion oder Übernahme in aller Regel keine Lösung, die ernstlich in Betracht kommt: Kurzarbeit ist ein Instrument, um ein vorübergehendes Auslastungsloch von einem halben Jahr oder etwas mehr ohne Entlassungen zu überbrücken. Doch bei Fusionen und Übernahmen geht es ja um Synergieeffekte, das heißt um *dauerhafte* Effizienzgewinne aus Kosten- und Personaleinsparungen. Kurzarbeit kommt daher nur dann infrage, wenn die Fusion oder Übernahme zufällig mit einem Auslastungsloch zusammenfällt.

Das Angebot von »**Fluktuationsanreizen**« – also von Prämien für ein freiwilliges Ausscheiden – und Auflösungsverträgen ist eine sinnvolle Sache, trotz mancher Komplikationen, die es mit sich bringen kann, weil sich nicht selten »die Falschen« zum Ausscheiden bereit erklären. Dennoch zeigen Untersuchungen, dass das freiwillige (!) Unterschreiben eines Aufhebungsvertrags für die Betroffenen weniger belastend ist als eine Kündigung, einfach weil sie ihrer Situation dann nicht ohnmächtig ausgeliefert sind, sondern bis zu einem gewissen Grade Herren ihres eigenen Schicksals bleiben (→ Kap. 8.2).

Das Bemühen um einen fairen Ausgleich (samt der daraus entstehenden Mehrkosten) erscheint manchen Managern, die sich selbst für »knallhart« halten, als nerviges Sozialgedusel. Wenn es nach ihnen ginge, würde das Unternehmen »eiskalt« sämtliche rechtlichen Möglichkeiten ausschöpfen – und mithilfe cleverer Anwälte am liebsten noch mehr –, um die »redundanten Köpfe« möglichst rasch und billig loszuwerden, gerne auch zu Lasten der Sozialkassen.

Das kann man in der Tat auch machen, aber man wird einen hohen Preis dafür bezahlen. Denn die verbleibenden Mitarbeiter, aber oft auch Kunden, Händler und Lieferanten, bekommen ja mit, welches Spiel hier gespielt wird, und ziehen ihre Lehren daraus. Das verändert fundamental die Geschäftsgrundlage für die weitere Zusammenarbeit. Appelle an Loyalität, »unternehmerisches Denken« und »Commitment« kann man sich dann künftig schenken – sie lösen nur noch Achselzucken, Zynismus und höhnische Bemerkungen aus.

25.5 Das gesamte Unternehmen und sein Umfeld sind betroffen

Wer einen Personalabbau ohne bleibende Schäden realisieren möchte, muss sich zunächst klarmachen, dass die Zahl der Betroffenen weit über diejenigen hinausreicht, die ihren Job verlieren.

Das beginnt mit den Vorgesetzten, die die Kündigung aussprechen und die veränderte Situation sowohl operativ als auch menschlich bewältigen müssen; es betrifft aber auch die Kollegen, die nach jahrelanger Zusammenarbeit nun plötzlich zu Konkurrenten um Sozialauswahl-Punkte geworden sind. Möglicherweise standen sie selbst auf der Kippe oder fühlen sich als Ältere schuldig, weil sie Jüngeren die Arbeitsplätze wegnehmen. Plötzlich wissen viele nicht mehr, wie sie den gekündigten, aber noch anwesenden Kollegen begegnen sollen, und vermeiden aus Befangenheit den Kontakt – was von den Betroffenen oft als zusätzliche Härte bzw. als Ausgrenzung empfunden wird.

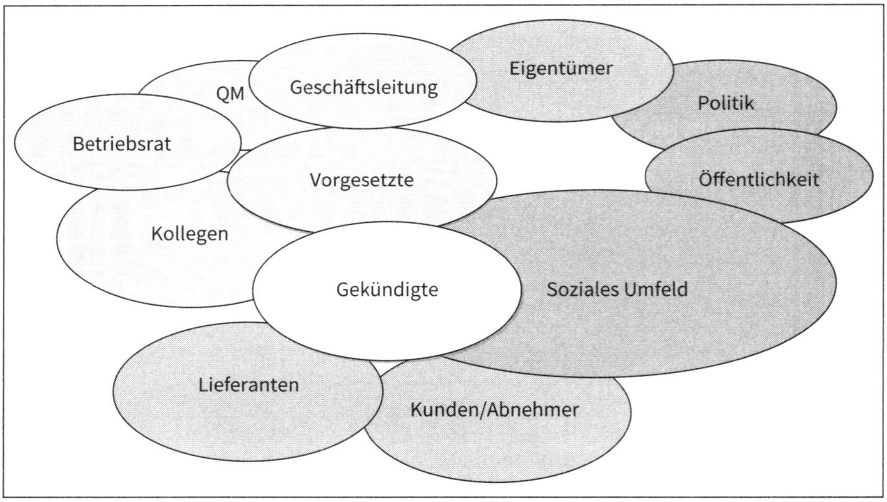

Abb. 9: Mehr Betroffene als auf den ersten Blick ersichtlich

Der Abbau betrifft natürlich auch den Betriebsrat. Er steckt in dem Dilemma, einerseits möglichst viel für die entlassenen Kollegen herauszuholen, andererseits die Zukunft des Unternehmens nicht in Gefahr zu bringen. Oft hat er aber auch Angst, Fehler zu machen und sich bei einem zu »kooperativen« Vorgehen dem Vorwurf der Kollegen auszusetzen, sich nicht genügend für sie eingesetzt zu haben.

Weiter betrifft der Abbau zahlreiche betriebliche Funktionen – wie zum Beispiel die Qualitätssicherung, die unvermittelt mit der Frage konfrontiert wird, wie denn unter solchen Rahmenbedingungen Qualität erzeugt werden soll.

Aber er betrifft auch Kunden, Händler und Lieferanten: Manche verlieren ihre gewohnten Ansprechpartner, andere sehen sich möglicherweise mit Ansprechpartnern konfrontiert, die zutiefst verunsichert (oder auch aufs Äußerste empört) sind, und unter den gegebenen Umständen vielleicht nicht dazu in der Lage und vielleicht auch nicht mehr bereit sind, die gewohnten Leistungen des Unternehmens zu gewährleisten: »Ich habe schon dreimal in der Produktion nachgefragt, aber noch keine Antwort bekommen; ich kann da auch nichts machen ...«

Auch im sozialen Umfeld der Betroffenen lösen die Entlassungen erhebliche Turbulenzen aus, zuvorderst natürlich in den Familien und deren engerer Umgebung. In ländlichen Regionen strahlen sie rasch auch auf die Vereine, den Einzelhandel, das Handwerk und die Gastronomie ab. Wer diese Komplexität übersieht und sich primär auf die möglichst »geräuschlose Entsorgung« der »freizusetzenden« Mitarbeiter konzentriert, wird zwar mit etwas Glück die Kostensynergien erreichen, könnte aber größte Schwierigkeiten bekommen, das Unternehmen nach dem Abbau wieder »in Schwung zu bekommen«.

25.6 Ein Trauerprozess und seine Bewältigung

Der emotionale Verlauf einer Massenentlassung hat deutliche Parallelen zu einem Trauerprozess, wie er etwa bei einem Todesfall oder bei einer privaten Trennung stattfindet: Auf den ersten Schock folgt oft eine Phase der Verdrängung und des Nicht-Wahrhaben-Wollens, in denen die Betroffenen sehr gefasst und scheinbar emotionslos »funktionieren«.

Dieses Verdrängen eines bevorstehenden Einschnitts gelingt im Kollektiv noch besser als allein: Offenbar vermitteln sich die Menschen, wenn der erste Schock abgeklungen ist, gegenseitig ein durchaus trügerisches Gefühl von Normalität – jedenfalls dann, wenn die Entlassungen nicht durch aktuelle Informationen, durch die Intervention von Gewerkschaften oder durch eine anhaltende Diskussion in den Medien aktiv im Bewusstsein gehalten wird.

Die Phase der Verdrängung endet abrupt spätestens dann, wenn die Geschäftsleitung und der Betriebsrat den ausgehandelten Interessenausgleich und Sozialplan (→ Kap. 26.5) vorstellen oder, oft noch schockierender, wenn die Mitarbeiter den Erfassungsbogen für die Sozialauswahl erhalten.

Diese Datenerfassung ist häufig erforderlich, weil die Betriebe in der Regel nicht alle erforderlichen Daten zu Verfügung haben, um die vom Gesetz vorgegebenen Kriterien der Sozialauswahl bewerten zu können: Zwar wissen sie natürlich das Lebensalter und die Dauer der Betriebszugehörigkeit, sind aber längst nicht bei allen Mitarbeitern über bestehende Unterhaltsverpflichtungen und auch nicht zwangsläufig über den Grad der Schwerbehinderung informiert.

Da diese Daten aber die gesetzliche Grundlage der Sozialauswahl bilden – und damit juristische Anfechtungsgründe für die Rechtmäßigkeit der Kündigungen liefern könnten –, müssen in die Erfassung deutlich mehr Personen einbezogen werden als gekündigt werden sollen. Das jedoch führt fast zwangsläufig dazu, dass jeder Mitarbeiter, der diesen Bogen zum Ausfüllen oder Überprüfen erhält, hautnah und persönlich mit dem Gedanken an seine mögliche Entlassung konfrontiert wird und beinahe unweigerlich zu grübeln beginnt, wie es denn wäre, wenn es ihn träfe.

Bald danach folgen in aller Regel auch die Trennungsgespräche und/oder der Versand der »blauen Briefe«. Immer wieder berichten Mitarbeiter, dass sie in dieser Zeit kaum noch in den Briefkasten zu schauen wagten – ein Indiz dafür, wie belastend die Ungewissheit, aber auch die Angst vor dem Moment der Gewissheit sein kann.

Auch wenn die meisten es bereits geahnt haben oder darauf vorbereitet sind, ist die Kündigung für manche der Betroffenen ein Schock. Zwar sind die Kriterien der Sozialauswahl ja bekannt, sodass eigentlich jeder in etwa abschätzen konnte, wie weit oben oder unten auf der Liste er steht. Trotzdem schließt sich hier bei vielen eine Phase der starken Emotionen – Schmerz, Angst, Wut, Auflehnung, Zorn – an, die erst nach einigen Wochen allmählich in ein Akzeptieren der Realität und in eine persönliche Neuorientierung übergeht.

Je nach Persönlichkeit gehen die Betroffenen sehr unterschiedlich mit dieser Situation um: Viele wirken (fast) wie immer, manche scheinen wie betäubt oder sediert zu sein.

Schwierige Übergangsphase

Auch für die Vorgesetzten ist das eine schwierige Zeit: Sie sollten auf Stimmungsschwankungen und eine erhöhte Reizbarkeit vorbereitet sein, unter Umständen auch auf persönliche Vorwürfe und Schuldzuweisungen – einfach weil viele Mitarbeiter die Vorgesetzten mit dem Unternehmen identifizieren und ihren Ärger und ihre Enttäuschung an ihnen auslassen oder sie ihren Groll zumindest spüren lassen.

Wichtig ist, eventuelle Vorhaltungen und Angriffe nicht persönlich zu nehmen, sondern als Ausdruck des inneren Aufruhrs zu verstehen. Entsprechend bringt es nichts, darauf mit Rechtfertigungen oder langen Erklärungen zu reagieren – und erst recht nicht mit Gegenangriffen oder Vorwürfen. Noch verwirrender ist, wenn die gleichen Personen, die noch vor ein paar Stunden recht schroff und abweisend aufgetreten sind, nun plötzlich möglicherweise nach Zuwendung und emotionaler Unterstützung suchen.

Auch der alltägliche Umgang kann zum Minenfeld werden, zumal jedes harmlose »Wie geht's?« leicht einen Beiklang von »Tut es noch weh?« bekommt und deshalb als Taktlosigkeit empfunden werden und unerwartet heftige Reaktionen auslösen kann. Das wiederum kann bei manchen Mitarbeitern die Unsicherheit im Umgang mit den Betroffenen verstärken und in eine ungewollte Ausgrenzung münden: Man geht ihnen aus dem Weg, weil man nicht weiß, wie man ihnen begegnen soll.

Die Vorgesetzten tun hier gut daran, für größtmögliche »Normalität in der Unnormalität« zu sorgen und die betreffenden Mitarbeiter genau wie alle anderen einzusetzen und zu behandeln – schließlich besteht ja auch ihr Arbeitsverhältnis noch fort. Trotz all dieser Schwierigkeiten und Belastungen ist jedoch bei betriebsbedingten Kündigungen eine sofortige Arbeitsfreistellung der gekündigten Mitarbeiter, wie sie zuweilen empfohlen wird, in aller Regel weder sinnvoll noch notwendig – ganz abgesehen davon, dass sie oft auch aus betrieblichen Gründen gar nicht möglich ist.

25.7 Kleine Gesten können das Klima verbessern

Die Frage, wie das Unternehmen mit den gekündigten Mitarbeitern umgeht, ist auch deshalb wichtig, weil sie eine zentrale Rolle für die künftige Motivation und Loyalität der verbleibenden Mitarbeiter spielt. Viele von ihnen beobachten aus den Augenwinkeln sehr aufmerksam, wie sich das Management verhält – nicht bloß aus Mitgefühl, sondern vor allem, weil sie wissen wollen, worauf sie selbst im »Fall des Falles« gefasst sein müssten. Ausschlaggebend ist dabei nicht so sehr, dass alles perfekt und fehlerfrei gemacht wird, sondern welcher »Geist«, welche Einstellung zu den Mitarbeitern hinter dem Handeln spürbar wird.

Deshalb liegt auch eine Chance darin, den Mitarbeitern durch Taten zu beweisen, dass dem Management das Schicksal der Betroffenen nicht gleichgültig ist, auch wenn es ihnen in der Regel weder einen neuen Job beschaffen kann noch eine andere Finanzierung ihres Lebensunterhalts. Manche dieser Maßnahmen sind vielleicht schon Bestandteil des Sozialplans, wie zum Beispiel das Angebot des Wechsels in eine Transfergesellschaft. Andere können zusätzlich vom Unternehmen oder auch gemeinsam von Arbeitgeber und Betriebsrat angeboten werden:

- Umfassende Information und Beratung zu Sozialauswahl und Aufhebungsverträgen;
- Fluktuationsanreize, also Prämien für die Unterzeichnung eines Aufhebungsvertrags;
- Anreize für Wechsel auf Teilzeitarbeit oder befristete Freistellungen (»Sabbaticals«);

- Flexibilität bei betrieblichen Darlehen;
- Seminare/Workshops zur Sondierung beruflicher Alternativen (von der Überprüfung des eigenen »Marktwerts« bis zum Härtetest von Ideen für eine eventuelle Selbstständigkeit);
- »Jobbörse« mit internen Stellenausschreibungen benachbarter oder befreundeter Unternehmen;
- Gruppen-Outplacement auch für einfache Mitarbeiter und mittlere Führungskräfte.

Gerade wenn der Personalabbau nicht in einer wirtschaftlich extrem bedrängten Situation stattfindet, sondern zur Realisierung von Synergien durchgeführt wird, kommt es sehr schlecht an, wenn sich das Unternehmen gegenüber den Ausscheidenden als knauserig erweist. Bei aller Großzügigkeit im Detail muss aber »gleiches Recht für alle« gelten, denn wenn die Ausstattung des Abfindungspakets von der Hartnäckigkeit der Betroffenen abhängt, bestraft man nicht nur die weniger penetranten Verhandler, sondern setzt auch gegenüber den verbleibenden Mitarbeitern einen falschen Anreiz.

Bei allen Härten und Schmerzen, die eine Entlassungswelle immer mit sich bringt, ist eine gute Leitfrage: Wie müsste das Management mit den Betroffenen umgehen, damit das Unternehmen im Falle einer verbesserten Geschäftslage wieder auf die entlassenen Mitarbeiter zugehen könnte und viele von ihnen bereitwillig und ohne bitteren Beigeschmack in »ihre Firma« zurückkehren würden?

25.8 Neuanfang nach dem Abbau

Die Art, wie der Abbau bewältigt wurde, ist unweigerlich die Basis für den Neuanfang bzw. die Weiterarbeit danach. Denn soziale Systeme haben keine »Reset-Taste«, mit der man, wenn man die Sache verkorkst hat, den Hauptspeicher löschen und das System neu starten kann. Ein Neubeginn kann daher nicht auf der Basis »Lasst uns vergessen, was geschehen ist!« erfolgen, sondern nur über eine Verarbeitung der gemeinsamen Geschichte.

Vor allem wenn der Abbau holprig gelaufen ist und von vielen Mitarbeitern als wenig professionell oder als wenig fair empfunden wurde, zeigen die »Überlebenden« oft die klassischen Symptome einer Depression: Antriebsarmut, Pessimismus, Schuldgefühle, mangelnde Initiative, Resignation.

In den USA spricht man hier explizit von einer »Überlebenden-Depression« (»survivors' depression«). Die Sozialpsychologie kennt hierfür das Syndrom der »gelernten Hilflosigkeit«, das von Niedergeschlagenheit, Passivität und eingeschränkter Lernfähigkeit gekennzeichnet ist. Dazu kommt oft auch eine Portion versteckter, oft unbewusster Aggression: Manche Mitarbeiter laufen dann sozusagen als »lebender Vorwurf« durch die Gegend.

Doch auch wenn der Abbau auf anständige Weise über die Bühne gebracht wurde und die Symptome von Hilflosigkeit und Depression weniger ausgeprägt sind, bedarf es unter Umständen einer »Revitalisierung«. Sie besteht letztlich aus »Trauerarbeit«, die am Ende in die gemeinsame Entscheidung mündet, die Trauerphase abzuschließen und sich wieder den Herausforderungen des Lebens zuzuwenden.

Man kann darauf hoffen, dass sich diese »Vergangenheitsbewältigung« im Laufe der Zeit von alleine ergibt, und mit etwas Glück wird sie das auch tun, zumindest wenn der Abbau nicht allzu »grausam« verlaufen ist. Man kann aber auch versuchen, diesen Prozess zu unterstützen, indem man den Mitarbeitern und Führungskräften die Gelegenheit zu einer gemeinsamen emotionalen Verarbeitung und, darauf aufbauend, zu einer Neuorientierung gibt.

Da es hierbei aber nicht nur um individuelle, sondern auch und vor allem um eine kollektive Verarbeitung geht, sind weder klassische Workshops noch Einzelcoachings der optimale Weg: Dort kann immer nur eine individuelle, aber keine »soziale Wahrheit« entstehen, also keine gemeinsame Entscheidung, wie man die Vergangenheit bewerten und welche Schlussfolgerungen man aus ihr ziehen will. Solch eine gemeinsame Bewertung ist wohl am ehesten in Form einer Großgruppenkonferenz zu erreichen, die von der *gemeinsamen* Auseinandersetzung mit der aktuellen Situation über deren *gemeinsamer* Bewältigung und »Verabschiedung« bis hin zu einer *gemeinsamen* Zukunftsorientierung und einem *gemeinsamen* Commitment reicht.

Solch eine Veranstaltung kann schon relativ früh im Gesamtprozess angesetzt werden; Voraussetzung ist im Grunde nur, dass bereits feststeht, wer gehen muss und bis zu welchem Termin. Schon dann ist es sinnvoll, sich gemeinsam mit der Frage auseinanderzusetzen: »Wie gehen wir jetzt mit der veränderten Lage um?«

WICHTIGSTE ERKENNTNISSE UND SCHLUSSFOLGERUNGEN

- Kostensynergien sind einer der zentralen Gründe, weshalb Fusionen und Übernahmen überhaupt veranstaltet werden. Sie sind zwar nicht gleichbedeutend mit Personalabbau, weil Kosten ja auch durch günstigere Einkaufspreise und Skaleneffekte eingespart werden können. Dennoch gehen Fusionen und Übernahmen sehr häufig mit der Streichung von Stellen und dem Abbau von Personal einher.
- Personalabbau ist nicht primär ein Durchsetzungs-, sondern ein Motivationsproblem: Der unternehmerische Entscheid, Stellen zu streichen, lässt

sich kaum verhindern. Die zentrale Frage ist nicht, ob der Abbau gelingt, sondern ob er zu einer realen Produktivitätssteigerung beiträgt oder ob er mit anhaltenden Problemen in der Qualität, der Lieferzuverlässigkeit und dauerhafter Überlastung bezahlt werden muss. Deshalb muss er so vollzogen werden, dass die Motivation und Loyalität der verbleibenden Belegschaft nicht dauerhaft beschädigt wird.

- Daher ist, wenn im Zuge einer Post-Merger-Integration Personal abgebaut werden soll, eine frühzeitige und ehrliche Information wichtig. Die Sorge, damit schlafende Hunde zu wecken und negative Folgen für die Produktivität zu riskieren, ist unbegründet, denn bei einer Übernahme sind ohnehin alle hellwach und auf Personalabbau gefasst. Keine klaren Aussagen sind in dieser Situation schlechte Nachrichten und heizen Gerüchte und Spekulationen an. Wenn schon Einschnitte erforderlich sind, ist es umso wichtiger, in diesem Prozess anständig mit den direkt oder indirekt Betroffenen umzugehen. Denn dies bestimmt maßgeblich über die Motivation und Loyalität der verbleibenden Belegschaft.
- Schlechte Nachrichten wie Personalabbau müssen vom Top-Management selbst übermittelt werden, und zwar am besten im direkten persönlichen Kontakt, also zum Beispiel in Informationsveranstaltungen oder Betriebsversammlungen. Alles andere wird nicht nur von den Betroffenen, sondern von der Belegschaft insgesamt unweigerlich als Missachtung und zusätzliche Kränkung empfunden, die ihre Loyalität erheblich beschädigen kann. Diese Kommunikation muss gut vorbereitet sein.
- Beim Abbau sollten alle Möglichkeiten ausgeschöpft werden, so weit wie möglich ohne betriebsbedingte Kündigungen auszukommen, wie beispielsweise Altersteilzeit, Vorruhestandsregelungen und Fluktuationsanreize. Soweit Kündigungen erforderlich sind, sollte das Unternehmen bei den Abfindungen eher großzügig sein, weil ihr Grund ja nicht die Bewältigung einer existenzbedrohenden Krise ist, sondern das Streben nach besseren Erträgen. Kleine Gesten können dabei das Klima verbessern.
- In der Führung ist es wichtig, freundlich, gelassen und konstruktiv mit den Mitarbeitern umzugehen, die das Unternehmen verlassen werden, und zu verhindern, dass sie ausgegrenzt werden. Dazu gehört auch, eventuelle Stimmungsschwankungen auszuhalten.
- Viele der verbleibenden Mitarbeiter und Führungskräfte beobachten sehr aufmerksam aus den Augenwinkeln, wie das Management mit den Personen umgeht, die das Unternehmen verlassen müssen. Sie leiten daraus ab, womit sie selbst in einem ähnlichen Fall zu rechnen hätten. Mit den Betroffenen fair und großzügig umzugehen, ist daher nicht nur eine Frage des Anstands, sondern auch eine Investition in die Identifikation, Motivation und Loyalität der verbleibenden Mitarbeiter.

26 Mitbestimmung: Interessenausgleich und Sozialplan bei Betriebsänderungen und Personalabbau[28]

Bei einer Integration ist schnell der Punkt erreicht, wo nach deutschem Recht der Tatbestand einer Betriebsänderung im Sinne des § 111 Betriebsverfassungsgesetz (BetrVG) erfüllt ist – oder wo man zumindest darüber streiten kann, ob er es ist. Die Klärung dieser Frage ist alles andere als ein juristisches Detail, denn falls eine Betriebsänderung vorliegt, muss der Betriebsrat rechtzeitig und umfassend über das Vorgehen informiert werden, insbesondere über dessen Auswirkungen auf die Beschäftigten. In diesem Fall hat der Betriebsrat ein sogenanntes »hartes« Mitbestimmungsrecht[29], was den Ausgleich oder die Milderung von Nachteilen für die Beschäftigten betrifft.

---

§ 111 Abs. 1 BetrVG (Auszug)
In Unternehmen mit in der Regel mehr als zwanzig wahlberechtigten Arbeitnehmern hat der Unternehmer den Betriebsrat über geplante Betriebsänderungen, die wesentliche Nachteile für die Belegschaft oder erhebliche Teile der

---

28 Bitte beachten Sie: Diese rechtlichen Informationen dienen lediglich einer ersten groben Orientierung über die arbeitsrechtlichen Rahmenbedingungen bei Fusionen, Übernahmen und Integrationsprozessen, für die deutsches Recht gilt. Sie können und sollen weder die Rechtslage erschöpfend darstellen noch den Rat eines Fachanwalts für Arbeitsrecht ersetzen. Diese Informationen wurden mit Sorgfalt und im Bemühen um Aktualität erstellt; jegliche Haftung ist jedoch ausdrücklich ausgeschlossen.

29 Von »harten« Mitbestimmungsrechten spricht man, wenn der Arbeitgeber den Betriebsrat nicht nur informieren, ihn anhören und sich mit ihm beraten muss, um danach tun zu können, was er für richtig hält, sondern wenn er sich mit ihm einigen muss, bevor er mit der Umsetzung der beabsichtigten Maßnahmen beginnen darf. Man erkennt diese harten Mitbestimmungsrechte daran, dass in den betreffenden Paragraphen des Betriebsverfassungsgesetzes die stereotype Formulierung steht: »Kommt eine Einigung (…) nicht zustande, so entscheidet die Einigungsstelle. Der Spruch der Einigungsstelle ersetzt die Einigung zwischen Arbeitgeber und Betriebsrat.«

Belegschaft zur Folge haben können, rechtzeitig und umfassend zu unterrichten und die geplanten Betriebsänderungen mit dem Betriebsrat zu beraten. (...) Als Betriebsänderungen im Sinne des Satzes 1 gelten:

1. Einschränkung und Stilllegung des ganzen Betriebs oder von wesentlichen Betriebsteilen;
2. Verlegung des ganzen Betriebs oder von wesentlichen Betriebsteilen;
3. Zusammenlegung mit anderen Betrieben oder die Spaltung von Betrieben;
4. grundlegende Änderungen der Betriebsorganisation, des Betriebszwecks oder der Betriebsanlagen;
5. Einführung grundlegend neuer Arbeitsmethoden und Fertigungsverfahren.

26.1 Nachteile für die Beschäftigten werden vermutet

Diese Auflistung liest sich so, als handle es sich dabei um eine abschließende Aufzählung aller mitbestimmungspflichtigen Tatbestände. In seinem Lehrbuch »Betriebsverfassungsrecht« weist Gerhard Etzel, ehemals Vorsitzender Richter am Bundesarbeitsgericht, jedoch darauf hin, dass auch sonstige Betriebsänderungen, die wesentliche Nachteile für die Belegschaft oder erhebliche Teile der Belegschaft nach sich ziehen können, wie etwa eine Reduzierung der Arbeitszeit, der Mitbestimmung des Betriebsrats unterliegen (Etzel 2002).

Dabei muss nicht der Betriebsrat den Nachweis erbringen, dass die geplante Betriebsänderung Nachteile für die Beschäftigten bringt, und es nützt dem Arbeitgeber auch nichts, wenn er dies bestreitet. Vielmehr unterstellt der Gesetzgeber als »Fiktion«, dass Betriebsänderungen Nachteile bringen können – mit der Folge, dass bei Vorliegen einer Betriebsänderung automatisch und in jedem Fall eine Mitbestimmungspflicht eintritt.

Hinter dieser Regelung steht wohl der Gedanke, dass auf diese Weise für keine Seite ein wirklicher Nachteil entsteht. Denn wenn der Arbeitgeber den Betriebsrat davon überzeugen kann, dass die Veränderungen den Mitarbeitern tatsächlich keine Nachteile bringen, dann können sie sich ja problemlos darauf verständigen, auf die dann gegenstandslose Verhandlung zu einem Interessenausgleich und Sozialplan zu verzichten.

Außer Frage dürfte stehen, dass ein größerer Personalabbau (→ Kap. 25) einen »Nachteil für die Belegschaft oder größere Teile der Belegschaft« darstellt – nicht nur für die direkt Betroffenen, sondern auch für diejenigen, die deren bisherige Arbeit ganz oder teilweise miterledigen müssen. § 112a BetrVG sieht in bestimmten Fällen sogar einen »erzwingbaren Sozialplan bei Personalabbau« vor.

26.2 Ist eine Post-Merger-Integration eine Betriebsänderung?

Nach dem Wortlaut des Gesetzes könnte man die Rechtslage für ziemlich eindeutig halten, weil in Punkt 3 ja explizit von einem »Zusammenschluss mit anderen Betrieben« die Rede ist. Aber Vorsicht: »Betrieb« ist nicht das Gleiche wie »Unternehmen«. Im Betriebsverfassungsgesetz ist der Begriff Betrieb nicht definiert, und er wird in unterschiedlichen Gesetzen in unterschiedlicher Bedeutung verwendet.

Üblicherweise wird unter »Betrieb« eine räumlich und/oder technisch-organisatorisch abgegrenzte Organisationseinheit verstanden, also beispielsweise ein Standort oder ein Werk. Das heißt praktisch: Der Tatbestand des »Zusammenschlusses mit anderen Betrieben« wäre nur dann erfüllt, wenn im Rahmen der Post-Merger-Integration tatsächlich bestehende Organisationseinheiten zusammengelegt werden.

Allerdings wird bei Fusionen und Übernahmen häufig Punkt 1 greifen, also die »Einschränkung oder Stilllegung (…) von wesentlichen Betriebsteilen«. Wird beispielsweise die Zentrale des übernommenen Unternehmens aufgelöst und in die des Übernehmers integriert, könnten Spötter zwar bestreiten, dass es sich dabei um einen »wesentlichen Betriebsteil« handelt; es ist aber damit zu rechnen, dass die Betriebsräte und ihre Juristen hier keinen so subtilen Sinn für Humor an den Tag legen.

Auch wenn es bei Rechtsfragen fast immer unterschiedliche Meinungen gibt, stellt eine Post-Merger-Integration für das *übernommene* Unternehmen in aller Regel eine Betriebsänderung dar. Das heißt aber nicht zwangsläufig, dass sie auch für das *übernehmende* Unternehmen eine Betriebsänderung sein muss. Vielmehr hängt dies unter anderem von der relativen Größe des übernommenen Unternehmens und von der beabsichtigten Integrationstiefe (→ Kap. 16) ab: Ist das übernommene Unternehmen im Verhältnis zu dem übernehmenden relativ klein und/oder wird es auch nach der Integration als ein separates Geschäftsfeld geführt, muss dessen Integration für den Übernehmer nicht zwangsläufig eine Betriebsänderung sein.

Wie bereits diese kurze Diskussion zeigt, ist es unbedingt ratsam, zur Klärung dieser Fragen erfahrene Arbeitsrechtler zu Rate ziehen. Vieles hängt hier, wie die Juristen es nennen, »von den besonderen Umständen des Einzelfalls ab«. Als Integration-Manager müssen wir keine Fachjuristen sein, und wir sollten auch gar nicht erst versuchen, in Rechtsfragen zu dilettieren; dafür steht einfach zu viel auf dem Spiel. Vielmehr sollten wir uns als »juristische Barfußdoktoren« verstehen: Wir müssen nur dazu in der Lage sein, zu unterscheiden, was man mit »Hausmitteln« behandeln kann und wo rechtlich brisante Fragestellungen liegen, für die ein juristischer »Facharzt« zugezogen werden muss.

Deshalb müssen wir hier auch nicht weiter in die Tiefe gehen: Juristische Beratung ist bei diesen Fragen unverzichtbar. Für Integration-Manager reicht es, zu registrieren, dass hier eine kritische Rechtsfrage liegt, der einer möglichst frühzeitigen Klärung bedarf, weil sie das gesamte Vorgehen auf der Personalseite erheblich beeinflusst.

26.3 Die Rechtsfolgen einer Betriebsänderung

Wichtig ist, mit dem Betriebsrat (bzw. den Betriebsräten beider Unternehmen[30]) eine Verständigung herbeizuführen, ob man die Rechtslage übereinstimmend sieht bzw. wie man, falls dies nicht der Fall ist, zu einer Klärung kommt. Auch das ist ein Fall für die Juristen bzw. für gestandene Arbeitsrechtler, denn hier geht es oft um juristische Feinheiten, was aus Lehrmeinungen, Kommentaren und Rechtsprechung für den konkreten Fall abzuleiten ist. Nach Möglichkeit sollte versucht werden, hier im Konsens eine sogenannte »Regelungsabsprache« zu treffen, das heißt eine Vereinbarung, wie diese Rechtsangelegenheit im konkreten Fall gehandhabt werden soll.

Betriebsräte haben in der Regel ein Interesse daran, das Vorliegen einer Betriebsänderung zu bejahen, sofern von ihnen vertretene Mitarbeiter betroffen sind, weil sich daran ihre Mitbestimmungsrechte nach den §§ 111 ff. BetrVG knüpfen.

Für den Arbeitgeber ist diese Frage nicht ganz so brisant, denn diese Mitbestimmung bezieht sich *nicht* auf die Frage, ob die Fusion oder Übernahme sowie die Integration durchgeführt werden darf; sie gilt vielmehr ausschließlich der Milderung ihrer sozialen Folgen, zielt also auf einen »Interessenausgleich« zwischen dem Arbeitgeber, der die Veränderungen herbeiführen will, und Arbeitnehmern, die davon unter Umständen persönliche Nachteile haben. *Ob* eine Übernahme oder Fusion durchgeführt wird und welche Integrationstiefe (→ Kap. 16) und welche Fusionsstrategie (→ Kap. 17) gewählt wird, ist eine unternehmerische Entscheidung, die zwar mit dem Betriebsrat zu beraten ist, letztlich aber ausschließlich dem »Direktionsrecht« des Arbeitgebers unterliegt.

30 Bis zum »Closing«, also dem formalen Inkrafttreten der Übernahme oder Fusion, gibt es in den beiden Unternehmen zwei separate Betriebsräte, die natürlich auch unterschiedliche Rechtsauffassungen und sachliche Positionen einnehmen können. Theoretisch fiele mit dem juristischen »Untergang« des übernommenen Unternehmens auch dessen Betriebsrat weg, aber dann entfiele dessen Schutzfunktion gegenüber den von ihm vertretenen Arbeitnehmern ausgerechnet in dem Moment, in dem sie sie am dringendsten brauchen. Deshalb gibt es hier eine »Nachwirkung«, die das Mandat des übernommenen Betriebsrats bis zum Abschluss eines Interessenausgleichs und Sozialplans verlängert.

Die gute Nachricht daran ist: Der Arbeitgeber muss mit dem Betriebsrat nicht über den Merger selbst verhandeln und auch nicht über die beabsichtigte Vorgehensweise; sie müssen sich darüber lediglich mit ihm beraten. Die schlechte Nachricht ist: Der Sozialplan, der seine sozialen Folgen mildern soll, wird das Unternehmen eine Stange Geld kosten, vor allem wenn der Arbeitgeber lieber eine schnelle Einigung mit dem Betriebsrat sucht als über Wochen und Monate über die Höhe von Ausgleichszahlungen und Abfindungen zu feilschen.

26.4 Information des Betriebsrats und Beratung

Laut § 111 hat der Unternehmer den Betriebsrat »rechtzeitig und umfassend« über geplante Betriebsänderungen zu informieren *und sie mit ihm zu beraten*. »Rechtzeitig« ist die Unterrichtung nach Etzel (2002, S. 413) nur dann, »wenn noch vor der Durchführung der Betriebsänderung ein Sozialplan erstellt und alle Möglichkeiten zur Herbeiführung eines Interessenausgleichs erschöpft werden können«.

Auf der anderen Seite hat der Arbeitgeber unstreitig das Recht, seine Willensbildung abzuschließen, bevor er den Betriebsrat informiert. Er muss ihn also nicht über Vorüberlegungen und Analysen informieren, auch nicht über die Empfehlungen externer Berater, sondern erst, wenn er sich eine Meinung gebildet und sich auf ein bestimmtes Konzept festgelegt hat. Dann allerdings gehört zur umfassenden Unterrichtung »nicht nur die Mitteilung über den Inhalt der geplanten Änderung, sondern auch die Darlegung, welche Auswirkungen die geplante Betriebsänderung auf die Arbeitnehmerschaft hat« (Etzel 2002, S. 413).

Allerdings muss man unterscheiden zwischen dem, was gesetzlich vorgeschrieben ist, und dem, was von der Sache her sinnvoll und zweckdienlich ist. Wer den Betriebsrat erst dann über konkrete Maßnahmenpläne informiert, wenn die Willensbildung des Arbeitgebers abgeschlossen ist, muss sich nicht wundern, wenn der aus allen Wolken fällt und, bevor er überhaupt zu Verhandlungen bereit ist, erst einmal detaillierte Begründungen für den behaupteten Handlungsbedarf sehen möchte und eine Fülle von Zusatzinformationen verlangt.

Das hält natürlich enorm auf, und entsprechend wird der Arbeitgeber, der eigentlich dringend mit der Umsetzung beginnen möchte, in eine lange Warteschleife gezwungen. Es ist daher nicht nur im Sinne der gesetzlich vorgeschriebenen »vertrauensvollen Zusammenarbeit« besser, den Betriebsrat frühzeitig in den Denkprozess einzubeziehen und ihn zum Beispiel über durchgeführte Analysen und die Empfehlungen von Beratern oder Projektteams zu informieren; es liegt meistens im ureigensten Interesse des Arbeitgebers.

26.5 Verhandeln von Interessenausgleich und Sozialplan

Nach der Information und Beratung ist der nächste Schritt die Verhandlung über einen Interessenausgleich und Sozialplan. Dabei muss einem verbreiteten Missverständnis vorgebeugt werden: Ein Sozialplan ist nicht nur dann zu verhandeln, wenn betriebsbedingte Kündigungen geplant sind. Gegenstand eines Sozialplans ist vielmehr »der Ausgleich oder die Milderung der wirtschaftlichen Nachteile, die den Arbeitnehmern infolge der geplanten Betriebsänderung entstehen« (§ 112 Abs. 1 BetrVG). Solche Nachteile können nicht nur in Entlassungen bestehen, sondern auch in Versetzungen, Änderungskündigungen, längeren Anfahrtswegen oder auch nur im Verlust der Möglichkeit, in der Kantine zu Mittag zu essen.

Für den Fall, dass die Verhandlungen scheitern, bestimmt das Gesetz weiter:

§ 112 Abs. 2 BetrVG
Kommt ein Interessenausgleich über die geplante Betriebsänderung oder eine Einigung über den Sozialplan nicht zustande, so können der Unternehmer oder der Betriebsrat den Vorstand der Bundesagentur für Arbeit um Vermittlung ersuchen. Geschieht dies nicht oder bleibt die Vermittlung ergebnislos, so können der Unternehmer oder der Betriebsrat die Einigungsstelle anrufen. Auf Ersuchen des Vorsitzenden der Einigungsstelle nimmt ein Mitglied des Vorstands der Bundesagentur für Arbeit oder ein vom Vorstand der Bundesagentur für Arbeit benannter Bediensteter der Bundesagentur für Arbeit an der Vermittlung teil.

Ein weiterer Absatz regelt die Rechtsfolgen, wenn keine Einigung erzielt wird:

§ 112 Abs. 4 BetrVG
Kommt eine Einigung über den Sozialplan nicht zustande, so entscheidet die Einigungsstelle über die Aufstellung eines Sozialplans. Der Spruch der Einigungsstelle ersetzt die Einigung zwischen Arbeitgeber und Betriebsrat.

Die letzte Formel kennen wir schon als Kennzeichnung eines »harten« Mitbestimmungsrechts. Demgemäß steht der Arbeitgeber hier unter erheblichem Einigungsdruck. Dabei gibt das Gesetz der Einigungsstelle drei Grundsätze mit auf den Weg, von denen sie sich leiten lassen soll:

§ 112 Abs. 5 BetrVG (Auszug)

1. Sie soll beim Ausgleich oder bei der Milderung wirtschaftlicher Nachteile, insbesondere durch Einkommensminderung, Wegfall von Sonderleistungen oder Verlust von Anwartschaften auf betriebliche Altersversorgung, Umzugskosten oder erhöhte Fahrtkosten, Leistungen vorsehen (...)
2. Sie hat die Aussichten der betroffenen Arbeitnehmer auf dem Arbeitsmarkt zu berücksichtigen. Sie soll Arbeitnehmer von Leistungen ausschließen, die in einem zumutbaren Arbeitsverhältnis (...) weiterbeschäftigt werden können und die Weiterbeschäftigung ablehnen; (...)
3. Sie hat bei der Bemessung des Gesamtbetrages der Sozialplanleistungen darauf zu achten, dass der Fortbestand des Unternehmens oder die nach Durchführung der Betriebsänderung verbleibenden Arbeitsplätze nicht gefährdet werden.

26.6 Aufschiebende Wirkung des Interessenausgleichs

Etwas kompliziert, aber von erheblicher praktischer Bedeutung ist, dass die Verhandlungen über den *Interessenausgleich* aufschiebende Wirkung haben, die über den *Sozialplan* dagegen nicht. Aufschiebende Wirkung heißt auf Deutsch, dass der Arbeitgeber nicht mit der Umsetzung der beabsichtigten (Personal-)Maßnahmen beginnen darf, solange es keinen Interessenausgleich gibt. Dagegen kann mit der Umsetzung begonnen werden, bevor der Sozialplan unter Dach und Fach ist. Mit anderen Worten, der Gesetzgeber hält den Einigungsdruck auf den Arbeitgeber bis zu einer grundsätzlichen Einigung hoch, lässt ihm aber für das Aushandeln der Einzelheiten mehr Raum.

Der Betriebsrat kann das in gewissen Grenzen nutzen, um den Arbeitgeber durch die Verweigerung seiner Unterschrift unter den Interessenausgleich unter Druck zu setzen. Im Prinzip könnte er das ausreizen, bis der Arbeitgeber schließlich die Einigungsstelle anruft – und dann noch weiter, bis nach einigen ergebnislosen Verhandlungsrunden der Vorsitzende der Einigungsstelle schließlich (bei Stimmenpatt zwischen Arbeitgeber und Arbeitnehmern) seinen Spruch fällt.

Doch so weit wird er es meistens nicht treiben, weil das eigentliches Ziel des Betriebsrats ja in der Regel nicht die Verschleppung und das Quälen des Arbeitgebers ist, sondern ein vorteilhafter Interessenausgleich.

Aber der Kundige ahnt trotzdem, dass der Arbeitgeber angesichts dieser Handlungsoptionen kein wirkliches Interesse haben kann, hart zu verhandeln, um auf der finanziellen Seite das Letzte herauszuholen: Er muss abwägen zwischen einer schnellen Einigung zu einem (relativ) hohen Preis und erheblichen zeitlichen Verzögerungen und einem etwas günstigeren Preis, der vom Vorsitzenden der Einigungsstelle festgelegt wird (und damit letztlich schwer kalkulierbar ist). Eine gewisse Großzügigkeit empfiehlt sich daher nicht nur aus menschlichem Anstand gegenüber den Betroffenen, sondern auch, um mit der Integration voranzukommen.

WICHTIGSTE ERKENNTNISSE UND SCHLUSSFOLGERUNGEN

- Bei Fusionen und Übernahmen, für die deutsches Recht maßgeblich ist, stellt die Integration zumindest für das übernommene Unternehmen meist eine Betriebsänderung dar, häufig auch für das übernommene. In diesem Fall muss mit dem Betriebsrat bzw. den Betriebsräten beider Seiten zwingend ein Interessenausgleich und Sozialplan ausgehandelt werden.
- Ob im konkreten Fall eine Betriebsänderung vorliegt, ist eine knifflige Rechtsfrage, zu deren Beantwortung unbedingt einschlägig erfahrene Fachanwälte für Arbeitsrecht zugezogen werden sollten.
- Die Mitbestimmung des Betriebsrats bezieht sich *nicht* auf die Frage, ob und unter welchen Bedingungen die Fusion, Übernahme und Integration durchgeführt werden darf, sondern ausschließlich darauf, wie wesentliche Nachteile, die sie für die Belegschaft (oder größere Teile der Belegschaft) mit sich bringt, ausgeglichen oder gemildert werden können.
- Entgegen landläufiger Meinung handelt ein Sozialplan nicht immer und ausschließlich von Entlassungen. Vielmehr geht es dabei ganz generell um den Ausgleich oder die Abmilderung von Nachteilen für die von der Betriebsänderung negativ Betroffenen.
- Im Interessenausgleich geht es darum, welche Nachteile welchen Gruppen von Beschäftigten durch die Betriebsänderung entstehen und wie sie vermieden, ausgeglichen oder abgemildert werden können. Auf dieser Basis legt der Sozialplan fest, welche Personenkreise nach welchen Regeln oder Verteilungsschlüsseln für die ihnen entstehenden Nachteile entschädigt werden sollen.
- Das Aushandeln des Interessenausgleichs hat im Gegensatz zu dem des Sozialplans aufschiebende Wirkung, das heißt, vor seiner Unterzeichnung darf nicht mit der Umsetzung von personellen Maßnahmen (wie Versetzungen, Kündigungen etc.) begonnen werden. Der Betriebsrat kann hier also durch Verweigerung seiner Zustimmung Druck ausüben. Dies zwingt den Arbeitgeber abzuwägen, ob er lieber eine relativ teure Lösung akzeptiert, die er rasch bekommen kann, oder ob er es vorzieht, für eine etwas günstigere Lösung unter Umständen eine erhebliche Zeitverzögerung in Kauf zu nehmen – was wegen des bestehenden Zeitdrucks bei Integrationsprozessen in aller Regel keine gute Option ist.

27 Betriebsübergang: Ein Jahr Schonfrist – ab Erfüllung der gesetzlichen Informationspflicht[31]

Gleich ob Übernahme oder Unternehmensverkauf, Ausgliederung, Ausgründung oder Outsourcing – sofern sie nach deutschem Recht stattfindet, handelt es sich dabei häufig um einen Betriebsübergang, der unter § 613a des Bürgerlichen Gesetzbuchs (BGB) fällt.[32]

Der bestimmt im Kern, dass der neue Arbeitgeber in allen Rechten und Pflichten an die Stelle des alten tritt; insbesondere darf Mitarbeitern ein Jahr lang nicht wegen des Betriebsübergangs gekündigt werden. Die Mitarbeiter müssen im Voraus über den Betriebsübergang informiert werden und haben ein Widerspruchsrecht, für das sie sich in der Praxis allerdings meistens nicht viel kaufen können. Denn wenn sie widersprechen, bleiben sie bei ihrem bisherigen Arbeitgeber, und der kann ihnen, wenn ihre bisherige Aufgabe durch den Verkauf, die Ausgründung oder das Outsourcing entfallen ist, betriebsbedingt kündigen.

---

31 Bitte beachten Sie: Diese Informationen dienen lediglich einer ersten groben Orientierung über die arbeitsrechtlichen Rahmenbedingungen bei Fusionen, Übernahmen und Integrationsprozessen, für die deutsches Recht gilt. Sie können und sollen weder die Rechtslage erschöpfend darstellen noch den Rat eines Fachanwalts für Arbeitsrecht ersetzen. Diese Informationen wurden mit Sorgfalt und im Bemühen um Aktualität erstellt; jegliche Haftung ist jedoch ausdrücklich ausgeschlossen.

32 Vorsicht, Verwechslungsgefahr! Obwohl die Begriffe ähnlich klingen, ist ein Betriebsübergang etwas völlig anderes als eine Betriebsänderung. Der Betriebsübergang betrifft das individuelle Arbeitsverhältnis und ist im Bürgerlichen Gesetzbuch geregelt, genauer im § 613a BGB; er hat nichts mit den Mitbestimmungsrechten des Betriebsrats zu tun. Stattdessen kann in diesem Fall unabhängig von einem bestehenden Sozialplan jeder einzelne Mitarbeiter auf eigene Faust die Wahrung seines im Gesetz festgelegten Besitzstands einklagen – auch gegen den Rat und die Empfehlung des Betriebsrats. Die Betriebsänderung dagegen ist in den §§ 111 ff. des Betriebsverfassungsgesetzes geregelt und somit dem kollektiven Arbeitsrecht zuzuordnen: Hier sind wir im Kernland der betrieblichen Mitbestimmung (→ Kap. 26).

27.1 Share Deal vs. Asset Deal

Juristisch präzise liegt ein Betriebsübergang dann und nur dann vor, wenn es sich um einen sogenannten »Asset Deal« handelt, also dann, wenn physische Gegenstände des Betriebsvermögens (wie zum Beispiel eine Fabrik oder eine Verkaufsstätte) veräußert werden. Kein Betriebsübergang liegt dagegen bei einem »Share Deal« vor, also dann, wenn die Anteile an einer Firma ganz oder teilweise in andere Hände übergehen.

Das klingt kompliziert, aber man kann es sich leicht merken, wenn man sich klarmacht: Bloß weil einige Aktien (shares) oder Anteile den Besitzer wechseln, kann man nicht jedes Mal den ganzen formalen Aufwand eines Betriebsübergangs, wie nachstehend beschrieben, betreiben. Und man muss es auch nicht, weil sich durch den bloßen Anteilsverkauf für die Arbeitnehmer nichts ändert. Selbst dann nicht, wenn es sich um große Aktienpakete oder gar um sämtliche Anteile handelt.

Das heißt praktisch, bei einem *Share Deal* bleiben sämtliche geltenden betrieblichen Regeln wie auch alle Betriebsvereinbarungen und Tarifverträge in Kraft. Für die Arbeitnehmer ändert sich dadurch erst einmal gar nichts – außer dem Eigentümer ihres Betriebs.

Werden dagegen bei einem *Asset Deal* Teile aus einem Unternehmen herausgelöst und verkauft, werden also beispielsweise Versand und Logistik »outgesourct« und die betreffenden Organisationseinheiten samt Fuhrpark an einen externen Dienstleister verkauft, geht die unternehmerische Führung ihrer Einheit in fremde Hände über. Meistens werden sie dabei zum Teil eines anderen Unternehmens, das bereits seine eigenen Regeln, Betriebsvereinbarungen und Tarifverträge hat. In diesem Fall kann sich für die Arbeitnehmer also sehr viel ändern. Dabei bestimmen sich ihre Rechte nach den gesetzlichen Regelungen zum Betriebsübergang.

27.2 Einjährige Besitzstandswahrung

Konkret bestimmt der vielzitierte Paragraph 613a des Bürgerlichen Gesetzbuchs (BGB):

---

§ 613a BGB Abs. 1

(1) Geht ein Betrieb oder ein Betriebsteil durch Rechtsgeschäft auf einen anderen Inhaber über, so tritt dieser in die Rechte und Pflichten aus den im Zeit-

punkt des Übergangs bestehenden Arbeitsverhältnissen ein. Sind diese Rechte und Pflichten durch Rechtsnormen eines Tarifvertrags oder durch eine Betriebsvereinbarung geregelt, so werden sie Inhalt des Arbeitsverhältnisses zwischen dem neuen Inhaber und dem Arbeitnehmer und dürfen nicht vor Ablauf eines Jahres nach dem Zeitpunkt des Übergangs zum Nachteil des Arbeitnehmers geändert werden. Satz 2 gilt nicht, wenn die Rechte und Pflichten bei dem neuen Inhaber durch Rechtsnormen eines anderen Tarifvertrages oder durch eine andere Betriebsvereinbarung geregelt werden. (...)

Das heißt faktisch, um zwei weitere beliebte juristische Begriffe aufzugreifen, ein »Schlechterstellungsverbot« bzw. eine »Besitzstandswahrung«, jedenfalls für ein Jahr. Das gilt allerdings nur für Regelungen, die im Einzelvertrag vereinbart sind; Regelungen, die sich aus Tarifverträgen oder Betriebsvereinbarungen ergeben, rutschen sofort in die Rechtslage bei dem Erwerber hinüber. Schwierig wird es, wenn in Regelungen im individuellen Vertrag auf Regelungen in Tarifverträgen oder Betriebsvereinbarungen verwiesen wird. Unter welchen Voraussetzungen solche Regelungen Bestand haben oder aber sofort unter die Geltung der neuen Bestimmungen fallen, gehört zu den umstrittenen Problemen in Schrifttum und Rechtsprechung.

Dass der neue Inhaber an die Stelle des alten Arbeitgebers tritt, all dessen Rechte und Pflichten übernimmt und daran das erste Jahr gebunden ist, gilt nach dem Gesetz ausdrücklich auch für Kündigungen:

§ 613a BGB Abs. 4

(4) Die Kündigung des Arbeitsverhältnisses eines Arbeitnehmers durch den bisherigen Arbeitgeber oder durch den neuen Inhaber wegen des Übergangs des Betriebs oder eines Betriebsteils ist unwirksam. Das Recht zur Kündigung des Arbeitsverhältnisses aus anderen Gründen bleibt unberührt.

Angesichts dieser eindeutigen Rechtslage wäre der Arbeitgeber natürlich dumm, wenn er mit Hinweis auf den Betriebsübergang kündigen würde. Doch allzu cleveren Schachzügen hat das Bundesarbeitsgericht einen Riegel vorgeschoben: Nach dessen Rechtsprechung liegt eine Kündigung wegen des Betriebsübergangs immer dann vor, wenn es keinen anderen sachlichen Grund gibt, der die Kündigung aus sich heraus (!) rechtfertigt.

Wenn ein Arbeitnehmer also stiehlt, Kollegen beleidigt oder Vorgesetzte tätlich angreift, kann er sich im Falle einer Kündigung nicht auf seinen Schutz nach

§ 613a BGB berufen, weil diese Handlungen eine Kündigung *aus sich heraus* rechtfertigen. Falls dagegen kein hinreichender sachlicher Grund für eine Kündigung vorliegt, greift § 613a. Wie immer bei Juristen kommt es dabei auf die besonderen Umstände des speziellen Falles an.

Nun werden Akquisitionen und Fusionen aber in aller Regel unternommen, um Synergieeffekte zu erzielen. Und die sind in vielen Fällen eben auch mit Personalabbau verbunden. Da Kündigungen im Falle eines Betriebsübergangs aber zumindest für ein Jahr unzulässig sind, hat der neue Eigentümer nur zwei Möglichkeiten: Er kann entweder dieses Jahr abwarten und die Kündigungen danach aussprechen, oder er kann auf freiwillige Vereinbarungen – das heißt auf Auflösungsverträge – und finanzielle »Fluktuationsanreize« setzen – denn die sind immer zulässig.

Da es sich auf Betriebsklima und Motivation, aber auch auf die Abwanderung wichtiger Mitarbeiter verheerend auswirken würde, ein Jahr lang unter dem Damoklesschwert drohender Kündigungen zu leben, sind freiwillige Vereinbarungen in solchen Fällen der einzig gangbare Weg. Allerdings muss auch bei größerem freiwilligem Personalabbau oftmals ein Interessenausgleich und Sozialplan mit dem Betriebsrat abgeschlossen werden. Denn sobald die Schwellenwerte des § 17 (1) Kündigungsschutzgesetz überschritten sind, handelt es sich um »anzeigepflichtige Entlassungen«. Und dabei werden nach dem Gesetz nicht nur explizite Kündigungen mitgezählt, sondern auch »andere Beendigungen des Arbeitsverhältnisses, die vom Arbeitgeber veranlasst werden«.

27.3 Gesetzliche Informationspflicht und Widerspruchsrecht

Nach dem Gesetz sind alter und neuer Arbeitgeber gemeinsam dazu verpflichtet, die Mitarbeiter vor dem Wechsel in den Eigentumsverhältnissen eines Betriebs umfassend und schriftlich über die Veränderungen zu informieren:

---

§ 613a BGB Abs. 5 und 6

(5) Der bisherige Arbeitgeber oder der neue Inhaber hat die von einem Übergang betroffenen Arbeitnehmer vor dem Übergang in Textform zu unterrichten über:

1. den Zeitpunkt oder den geplanten Zeitpunkt des Übergangs,
2. den Grund für den Übergang,

3. die rechtlichen, wirtschaftlichen und sozialen Folgen des Übergangs für die Arbeitnehmer und
4. die hinsichtlich der Arbeitnehmer in Aussicht genommenen Maßnahmen.

(6) Der Arbeitnehmer kann dem Übergang des Arbeitsverhältnisses innerhalb eines Monats nach Zugang der Unterrichtung nach Absatz 5 schriftlich widersprechen. Der Widerspruch kann gegenüber dem bisherigen Arbeitgeber oder dem neuen Inhaber erklärt werden.

Das liest sich relativ harmlos, hat es aber in sich. Denn wer dem Übergang widerspricht, dessen Arbeitsverhältnis mit dem alten Arbeitgeber bleibt weiter bestehen – obwohl seine Stelle mittlerweile bei dem neuen Unternehmer ist. Der alte Arbeitgeber muss ihn also anderweitig einsetzen oder ihm, wenn das nicht geht (etwa weil der Betrieb oder ein Betriebsteil komplett verkauft wurde), betriebsbedingt kündigen.[33]

27.4 Komplizierte Abwicklung

Doch auch so ist die Sache kompliziert genug, denn in solch einem Fall greift das Kündigungsschutzgesetz und seine Verpflichtung zur Auswahl nach sozialen Gesichtspunkten. Das heißt, der Arbeitgeber darf (außer wenn er seinen Betrieb komplett verkauft oder aufgegeben hat) nicht einfach den Arbeitnehmer kündigen, der dem Übergang seines Arbeitsverhältnisses widersprochen hat, sondern muss aus der Menge der nach Funktion und Qualifikation vergleichbaren Arbeitnehmer denjenigen auswählen, dessen soziale Schutzbedürftigkeit am geringsten ist.

Bei hochspezialisierten Funktionen, die es nur in dem abgegebenen Unternehmensteil gibt, wie etwa den Disponenten, ändert das nicht viel – wohl aber bei all den Funktionen, die auch bei dem alten Arbeitgeber weiterhin existieren. Angelernte Hilfskräfte hingegen sind in vielen Funktionen einsetzbar, sodass die »Auswahl [des zu Kündigenden] nach sozialen Gesichtspunkten« alle vergleichbaren Personen in Betracht ziehen muss.

---

33 Auf den ersten Blick könnte man sogar meinen, dass eine solche Kündigung gemäß dem oben wiedergegebenen § 613a Absatz 4 unzulässig wäre. Sie dürfte aber doch zulässig sein, weil sie ja nicht (direkt) wegen des Betriebsübergangs erfolgt, sondern wegen der danach nicht mehr vorhandenen Beschäftigungsmöglichkeit. Doch sind hier unterschiedliche Rechtsauffassungen möglich, dementsprechend können Kündigungsschutzklagen hier Überraschungen bringen.

Doch selbst unser Disponent könnte spätestens im Kündigungsschutzprozess einwenden: »Von meiner Ausbildung her bin ich ja gar kein [hochspezialisierter] Disponent, sondern ein [vielseitig einsetzbarer] Industriekaufmann.« In diesem Fall hätte sich die Sozialauswahl über alle vergleichbaren Personen erstrecken müssen. Kein Wunder, dass die meisten Firmen dieses Problem lieber durch Weiterbeschäftigung oder durch die Höhe der Abfindung lösen als durch eine betriebsbedingte Kündigung.

Wenn eine größere Zahl von Mitarbeitern dem Übergang ihres Arbeitsverhältnisses widerspricht und deshalb entlassen werden muss, ist relativ schnell die Schwelle zu einer Massenentlassung gemäß § 17 (1) Kündigungsschutzgesetz erreicht, welche die gesamte Prozedur von Interessenausgleich und Sozialplan auslöst.

Das schafft bei Ausgliederungen und Outsourcing, aber auch bei Übernahmen und Unternehmensverkäufen ein hohes Maß an Unsicherheit sowohl für das abgebende als auch für das übernehmende Unternehmen: Nicht nur theoretisch kann es passieren, dass sich der alte Arbeitgeber mit Massenentlassungen herumschlagen muss, während dem neuen die Leute für eine geordnete Fortführung des Geschäftes fehlen.

Zusätzliche Brisanz bekommt die Sache dadurch, dass die gesetzliche Widerspruchsfrist von einem Monat erst mit Zugang der ordnungsgemäßen (!) Unterrichtung zu laufen beginnt. Absichtliche wie ungewollte Verstöße gegen die Form- und Inhaltsvorschriften des Absatz 5 werden damit zur Zeitbombe sowohl für den alten als auch für den neuen Arbeitgeber: »Werden die Arbeitnehmer nicht ordnungsgemäß unterrichtet, können sie auch noch nach Monaten oder Jahren widersprechen und die Beschäftigung beim alten Arbeitgeber verlangen«, fasst Rechtsanwalt Dr. Michael Tepass die Rechtslage zusammen (FAZ 6.3.2002). »Man stelle sich nur den Fall vor, dass der Erwerber ein Jahr nach dem Betriebsübergang die Mannschaft erheblich reduzieren will und nun sämtliche Arbeitnehmer nachträglich dem Übergang des Arbeitsverhältnisses widersprechen, mit der Begründung, sie seien bei der Unterrichtung über diese Planungen nicht informiert worden.«

Angesichts der existenzbedrohenden Folgen, die formale oder sachliche Fehler bei der Unterrichtung haben können, empfiehlt es sich dringend, diese gesetzliche Regelung nicht auf die leichte Schulter zu nehmen. In Anbetracht des Risikos ist dringend anzuraten, vor der Unterrichtung der betroffenen Mitarbeiter den Rat eines einschlägig erfahrenen Fachanwalts für Arbeitsrecht einzuholen.

WICHTIGSTE ERKENNTNISSE UND SCHLUSSFOLGERUNGEN

- Ein Betriebsübergang im Sinne des § 613a BGB liegt nur bei einem »Asset Deal« vor, das heißt dann, wenn Teile des Betriebsvermögens eines Unternehmens herausgelöst und an einen anderen Eigentümer verkauft werden. Im Gegensatz dazu stellt ein »Share Deal«, bei dem sich nur die Eigentumsverhältnisse an dem bestehenden Unternehmen in seiner Gesamtheit ändern, keinen Betriebsübergang dar.
- Falls ein Betriebsübergang vorliegt, gilt für die betroffenen Arbeitnehmer eine einjährige Besitzstandswahrung und insbesondere ein ebenso langer Kündigungsschutz. Falls bei dem neuen Arbeitgeber jedoch andere Tarifverträge und/oder Betriebsvereinbarungen gelten, erfassen sie auch die neuen Arbeitnehmer sofort.
- Die betroffenen Arbeitnehmer können dem Betriebsübergang widersprechen. In diesem Fall bleibt ihr Arbeitsverhältnis mit dem bisherigen Arbeitnehmer bestehen. Der muss sie dann anderswo einsetzen bzw. betriebsbedingt kündigen, wenn eine andere Verwendung nicht möglich ist.
- Die einjährige Schutzfrist läuft erst ab dem Moment, ab dem der Arbeitgeber die betroffenen Arbeitnehmer gemäß § 613a (5) BGB »in Textform« umfassend über den Übergang informiert hat. Versäumt der Arbeitgeber dies oder informiert er unvollständig, können die Arbeitnehmer dem Betriebsübergang auch noch Jahre später widersprechen.

28 Sprachbarrieren: Wenn Sie Englisch als Firmensprache einführen

So banal es ist: Ohne eine gemeinsame Sprache kann man nicht zusammenarbeiten. Wenn Unternehmen grenzüberschreitend fusionieren, führt daher kaum ein Weg daran vorbei, Englisch zur offiziellen Firmensprache zu machen. Denn, wie es ein Kollege ebenso hübsch wie pauschal formuliert hat: »... der Ausländer spricht einfach nicht genug Deutsch«. Aber, was die Sache noch schlimmer macht, der Deutsche auch nicht genug ausländisch, vor allem der ältere nicht.

Sobald ein Unternehmen die Grenzen des deutschen Sprachraums überschreitet, bleibt ihm als Firmensprache kaum eine andere Wahl als Englisch. Mit Deutsch, wie es einige Großunternehmen in der Vergangenheit versucht haben, schränkt man die Zahl der infrage kommenden ausländischen Manager sehr stark ein. Das mag bei den polyglotten Holländern, Schweden und Ungarn noch funktionieren, doch schon lange vor dem Überschreiten des Ärmelkanals wird die Zahl der Kandidaten sehr übersichtlich, und jenseits des Atlantiks kann man getrost alle Hoffnung fahren lassen.

Öfter als einem lieb sein kann, stünde man dann bei Stellenbesetzungen vor der fatalen Alternative, entweder einen schwächeren Kandidaten mit Deutschkenntnissen einzustellen oder den besseren, der kein oder kaum Deutsch spricht. Natürlich kann man sich damit behelfen, die Schlüsselpositionen in ausländischen Tochterfirmen mit Deutschen zu besetzen. Wenn es um das Erschließen neuer Märkte geht, kann das für eine Übergangsphase sogar sinnvoll sein.

Doch auf die Dauer hat es einen Preis, wenn man den »Eingeborenen« ihre Karrieregrenzen so deutlich vor Augen führt: Dann werden viele gute Leute entweder gar nicht unterschreiben oder nach ein paar Jahren wieder weg sein. Außerdem ist es in vielen Auslandsmärkten ein Handicap, wenn ein Unternehmen gegenüber Markt und Gesellschaft nicht durch Einheimische repräsentiert wird.

Dazu kommt, dass man bei Fusionen und Übernahmen ja im Wesentlichen mit den Führungskräften arbeiten muss, die man vorfindet. Selbst im unwahrscheinlichen Fall, dass es im jeweiligen Land genügend Führungskräfte mit

Deutschkenntnissen gäbe, wird man es sich kaum leisten können und wollen, große Teile des Managements gegen Deutschsprachige auszutauschen. Das macht Englisch als Lingua franca buchstäblich »alternativlos«.

Also denn: Englisch wird Firmensprache – what's the problem?! Naja – um ehrlich zu sein: Das Englisch ist das Problem.

28.1 Die hohe Hürde, ausländisch zu reden

Wer von Kindesbeinen an mit Englisch als Zweitsprache aufgewachsen ist oder ein paar Schul- oder Studienjahre im Ausland verbracht hat, der kann sich kaum vorstellen, wie hoch die Hürde »Englisch als Firmensprache« für viele Mitarbeiter ist – auch auf höheren Hierarchieebenen. Viele haben Englisch noch von der Schule her in schlechter, wenn auch mittlerweile ziemlich verblasster Erinnerung.

Und so wird die Teilnahme an englischsprachigen Meetings für sie zur Qual: Die Mühsal, die »Native Speaker« zu verstehen, das hassenswert gute Englisch mancher Kollegen und ihr demonstratives Vorführen von Vokabeln und Idioms, das peinliche Radebrechen mancher anderer, die Angst, sich zu blamieren oder »etwas Unmögliches« zu sagen, der Frust, mit seinen Diskussionsbeiträgen immer einen Tick zu spät dran zu sein, das oft vergebliche Ringen um die richtigen Vokabeln, die Fragezeichen in den Augen der anderen Teilnehmer, ihr Bemühen um Geduld, wenn man doch einmal etwas zu sagen versucht, die Qual, seine Gedanken nicht richtig artikulieren zu können ...

Und so fällt ihnen ein Stein von der Zunge, wenn sie in der Pause endlich wieder »normal«, sprich Deutsch reden dürfen. Eilfertig betonen sie dann, dass man sich in seiner Muttersprache eben doch viel präziser ausdrücken und vor allem die Nuancen besser rüberbringen könne. Was zwar stimmt, das Problem aber verharmlost. Denn bei Licht besehen wäre es schon ein großer Fortschritt, wenn nur die Nuancen verloren gingen. Wer aber immer erst darüber nachdenkt, wie er es formulieren könnte und ob er es überhaupt sagen soll, der sagt in vielen Fällen gar nichts. Was zur Folge hat, dass nicht nur die Nuancen verloren gehen, sondern so gut wie alles, was er beitragen könnte.

28.2 Zu hohe Anforderungen an sich selbst

In dieser Sprachnot werfen sich manche in die Schlacht und kämpfen: Melden sich zu Wort, ringen um Begriffe und Formulierungen – und schaffen es auf diese Weise tatsächlich, ihre zentralen Gedanken mitzuteilen. Ganz nebenbei verbessert sich durch dieses »Learning by Fighting« allmählich auch ihr Englisch – nicht auf ein Niveau, mit dem sie Shakespeare beeindrucken könnten, aber doch weit genug, dass sie sich mit ihren ausländischen Kollegen über alles Wesentliche verständigen können – was ja der eigentlichen Funktion der Sprache schon ziemlich nahe kommt.

Leider ist dieses Rezept nur eingeschränkt übertragbar. Vielen gelingt der Sprung über die Sprachbarriere nicht aus eigener Kraft: Sie vermeiden englischsprachige Meetings, wo es geht, sitzen, wenn es denn sein muss, schweigend und leidend dabei und äußern sich nur, wenn sie direkt angesprochen werden. Oder wenn ihnen der Kragen platzt – wobei sie dann rasch ins Deutsche verfallen. Dieses Vermeidungsverhalten verhindert natürlich auch, dass sich Geläufigkeit aufbauen kann. Diese »Totalverweigerer« laufen schnell Gefahr, gegenüber ihren gewandteren (oder tapfereren) Kollegen zurückzufallen und zu einem enttäuschten und verbitterten Hort der alten Welt im Unternehmen zu werden.

Das wäre nicht nur für die Betroffenen selbst tragisch, sondern auch für das Unternehmen. Denn diese »Englisch-Verweigerer« sind im Allgemeinen nicht die schlechtesten Leute: Oft handelt es sich dabei um eher introvertierte Fachleute und Führungskräfte mittleren und höheren Alters, häufig (aber keinesfalls ausschließlich) um Techniker und Ingenieure.

Meist sind das Menschen, die hohe Maßstäbe an ihre Arbeit stellen – und sich, was das Englisch betrifft, genau mit diesen hohen Ansprüchen selbst in eine Sackgasse manövrieren. Denn im Gegensatz zu den »Kämpfern« sind sie nicht damit zufrieden, dass man ihre Kernaussagen versteht, sondern möchten, wenn sie sich schon äußern, ihre Gedanken auch in korrektem Englisch vorbringen.

Je höher aber der Maßstab, den man an sich und sein Englisch legt, desto größer ist nicht nur die Gefahr des Scheiterns, sondern auch die Wahrscheinlichkeit des Verweigerns. Wer keine Chance sieht, den eigenen Erwartungen gerecht zu werden, für den liegt es angesichts der absehbaren Niederlage nahe, gar nicht anzutreten. Überhöhte Maßstäbe sind ein effektives Selbstentmutigungsprogramm: Wenn vorhersehbar ist, dass man nicht »gut genug« sein wird, kann man es auch gleich bleiben lassen.

28.3 Fatales Entgegenkommen

Um ihren verdienten Mitarbeitern diese Quälerei zu ersparen, lassen viele Top-Manager Fünfe gerade sein und dulden, dass trotz offizieller Firmensprache Englisch in international zusammengesetzten Meetings Deutsch gesprochen wird. Unter Umständen ist dabei auch ein Stück Machtpolitik im Spiel, denn natürlich beeinflusst die Sprache, die gesprochen wird, die Kräfteverhältnisse, was bei internationalen Fusionen die Gewichte durchaus verschieben kann. Entsprechend schnell entstehen Spekulationen, die in diese Richtung gehen.

Doch was immer die Gründe und Hintergründe sind: Für die Zukunft des Unternehmens wie der beteiligten Personen ist ein solches Vorgehen ein verhängnisvoller Fehler. Denn es sperrt alle, die kein Deutsch sprechen, phasenweise, aber nachhaltig aus dem Diskussions- und Entscheidungsprozess aus. Man muss sich in die Haut der Betroffenen versetzen, um die Auswirkungen nachvollziehen zu können: Da sind Sie um die halbe Welt angereist, nur um zu erleben, dass sie an den Meetings, derentwegen sie kamen, zwar physisch, aber nicht inhaltlich teilnehmen dürfen. Eine bruchstückhafte nachträgliche Übersetzung kann diese »Aussperrung« nicht ausgleichen.

Spätestens wenn sich diese frustrierende Erfahrung ein zweites und ein drittes Mal wiederholt, vermuten selbst die Gutwilligsten, dass der politische Wind sich gedreht hat und ihnen ab sofort ins Gesicht bläst. Und sie fragen sich, ob sie in dieser Firma noch eine Zukunft haben. Diese Frage zu stellen, heißt, sie zu beantworten: Eher früher als später ziehen sie die Konsequenzen und sehen sich nach beruflichen Alternativen um (→ Kap. 12). Was zur Folge haben kann, dass einem mitten in der Integration wichtige Stützen des Auslandsgeschäfts wegbrechen.

An dieser Stelle könnte man hitzig einwenden, dass es den Deutschen, die nicht genug Englisch sprechen, doch auch nicht anders ginge. Der Einwand ist nicht unberechtigt, übersieht jedoch, dass es hier nicht so sehr um Gerechtigkeit geht als um Zweckmäßigkeit. Es gibt genügend Deutsche (Schweizer, Österreicher ...), die brauchbar Englisch sprechen, aber nicht genügend Amerikaner, Engländer, Franzosen, Japaner, Chinesen, die ausreichend Deutsch sprechen.

Jede Strategie muss sich aber an dem zentralen Engpass orientieren. Deshalb kommt man, so ungerecht es die Betroffenen finden mögen, an Englisch als internationaler Firmensprache nicht vorbei. (Hätten sich die USA vor vielen, vielen Jahren für Deutsch als gemeinsame Sprache entschieden, wäre das vielleicht anders – und wir würden unsere Muttersprache, genau wie heute die Engländer, kaum noch wiedererkennen. Doch das ist Schnee von vorgestern.)

28.4 Den Übergang managen

Mit der Umstellung der Firmensprache zu warten, bis alle gut genug Englisch sprechen, ist der falsche Weg; es ähnelt dem Prinzip: »Ich gehe erst ins Wasser, wenn ich schwimmen kann.« Dieser Fall wird, wenn man die Zügel locker lässt, niemals eintreten. Für das Top-Management stellt sich die Frage deshalb genau umgekehrt: Wie kann der Übergang möglichst rasch erfolgen, ohne jene verdienten Mitarbeiter und Führungskräfte, die nicht genügend Englisch sprechen, zu überfordern und mittelfristig in die innere Emigration zu treiben?

Dies ist am ehesten durch die Verbindung von zwei Maßnahmen zu erreichen, die sich an dem bewährten Prinzip »Fordern und Fördern« orientieren: Zum einen durch die klare und unerbittliche Ansage, dass ab sofort (und nicht erst nach einer Übergangszeit!) Englisch die alleinige Firmensprache für internationale Meetings wie auch für Mitteilungen von übergeordnetem Interesse ist.

Das hat zur Konsequenz, dass alle, die ihre Position halten oder es noch zu etwas bringen wollen, sofort – und ohne Verschleppung! – ihr Englisch auf ein Niveau bringen müssen, mit dem sie einigermaßen verhandlungssicher sind. Nur eine solche klare Ansage löst den Handlungsdruck aus, der erforderlich ist, damit nicht bloß gute Vorsätze gefasst werden, sondern wirklich etwas geschieht.

Die andere Voraussetzung ist eine großzügige und ermutigende Unterstützung des erforderlichen Lernprozesses. Gerade wenn man möglichst viele von den alten Haudegen und Englisch-Verweigerern auf dem Weg in die Zukunft mitnehmen möchte, darf man nicht bloß Druck machen, sondern muss in Unterstützung investieren. Nach unserer Erfahrung sollte man dabei weniger auf teuren Einzelunterricht setzen – auch für die obersten Führungsebenen nicht! – als auf professionelle Gruppentrainings, die Hemmschwellen ab- und Geläufigkeit aufbauen.

Gute Trainings dieser Art zielen nicht auf grammatikalische Perfektion, sondern darauf, dass die Teilnehmer innerhalb weniger Tage »auf Englisch laufen lernen«, das heißt, ihre Hemmschwellen überwinden und aktiv und mit Selbstvertrauen an der englischsprachigen Kommunikation teilnehmen[34]. Wenn diese »Eintrittsbarriere« erst einmal übersprungen ist, ist die Wahrscheinlichkeit groß, dass sie sich ab dann, genau wie die »Kämpfer«, aus eigener Kraft weiterentwickeln.

34 Solche Trainings werden zum Beispiel von meinen Kollegen Paul Smith Associates auf hohem Niveau angeboten.

WICHTIGSTE ERKENNTNISSE UND SCHLUSSFOLGERUNGEN

- Bei Mergers, die die Grenzen des deutschen Sprachraums überschreiten, bleibt in der Regel keine andere Wahl, als Englisch zur Firmensprache zu machen. Denn im Management des Fusionspartners gibt es nur in den seltensten Fällen genügend deutschsprachige Personen. Englisch als Lingua france ist damit buchstäblich »alternativlos«.
- Vor allem für viele ältere Mitarbeiter und Führungskräfte stellt der Umstieg auf Englisch eine hohe Hürde dar. Sie fühlen sich kaum dazu in der Lage, ihre Gedanken auf Englisch zu artikulieren – was oft auch an den hohen Ansprüchen liegt, die sie selbst an sich selbst und ihre englischen Äußerungen stellen.
- Das Management könnte daher versucht sein, Fünfe gerade sein zu lassen und, um diesen alten Kämpen entgegenzukommen, zu akzeptieren, dass sie auch in internationalen Meetings sowie im Schriftverkehr überwiegend auf Deutsch kommunizieren. Damit jedoch werden die internationalen Teilnehmer aus der Kommunikation »ausgesperrt«, was spätestens dann fatal ist, wenn es von der Ausnahme schleichend zur Regel wird.
- Statt mit der Umstellung der Firmensprache zu warten, bis alle genügend Englisch gelernt haben, ist der umgekehrte Weg sinnvoll: Durch eine sofortige Umstellung allen Führungskräften zu signalisieren, dass sie, wenn sie ihre Position halten oder es noch zu etwas bringen wollen, ihr Englisch rasch – und ohne Verschleppung! – auf ein Niveau bringen müssen, mit dem sie einigermaßen verhandlungssicher sind. Nur eine solche klare Ansage löst den erforderlichen Handlungsdruck aus.
- Um den Mitarbeitern und vor allem den Führungskräften beim Überwinden dieser Hürde zu helfen, ist es sinnvoll, ihren Lernprozess durch professionelle Gruppentrainings zu unterstützen. Deren Ziel sollte nicht Perfektion sein, sondern dass die Teilnehmer »auf Englisch laufen lernen«, das heißt, ihre Hemmschwellen überwinden und aktiv und mit Selbstvertrauen an der englischsprachigen Kommunikation teilnehmen. Nach Überwindung dieser »Eintrittsbarriere« ist die Wahrscheinlichkeit groß, dass sie sich ab dann aus eigener Kraft weiterentwickeln.

29 Kulturelle Integration: Vier Wege, getrennte Kulturen zusammenzuführen

Sobald die operativen Weichen für die Integration gestellt sind, steht die Zusammenführung der Kulturen an. Um Abstoßungsreaktionen, Enklavenbildung und Machtkämpfe zu vermeiden, möchte man die Mitarbeiter der beiden Ursprungsunternehmen zur Zusammenarbeit motivieren und idealerweise irgendwie zusammenschweißen. Das wirksamste Mittel, um dies zu erreichen, sind indes nicht gruppendynamische Workshops oder aufwendig inszenierte Managementtagungen; es ist eine herausfordernde neue Aufgabe, die alle Beteiligten voll fordert und die nur durch gute Kooperation zu bewältigen ist.

Der Wunsch der Verantwortlichen, die kulturelle Integration zu fördern, löst regelmäßig kreative Höhenflüge von Beratern, Trainern und Event-Agenturen aus. Da wird viel Ballyhoo veranstaltet: Es werden – selbstverständlich »Outdoor« – Abenteuerspiele in Klettergärten, gemeinsame Floßbauten und andere »Teambuilding Experiences« inszeniert; anderswo treffen sich die obersten Führungskräfte, als Indianer verkleidet, zum »großen Powwow«, erzählen sich ihre Geschichten und tauschen symbolische Geschenke aus; wieder woanders werden in flächendeckenden Workshops Visionen erarbeitet und Leitbilder formuliert, an die sich schon in der Folgewoche kaum noch jemand erinnert.

29.1 Gegen strukturelle Konflikte hilft kein Teambuilding

All dieser Aufwand kann nicht verhindern, dass die guten Vorsätze dahinschmelzen wie Schnee in der Frühlingssonne, sobald im Alltag erste ernsthafte Konflikte zutage treten. Gegensätzliche Sitten und Gebräuche, divergierende Wertvorstellungen und konkurrierende Interessen lassen sich durch persönliches Kennenlernen und Teambuilding weder aus der Welt schaffen noch entschärfen. Die im Schonraum eines Workshops entstandenen persönlichen Beziehungen sind kaum stark genug, um einer entstehenden Polarisierung entgegenzuwirken und dazu beizutragen, dass man »miteinander redet, statt aufeinander zu schießen«, sich also gegenseitig ausbremst, Intrigen spinnt und Fallen stellt.

Natürlich ist es sinnvoll und notwendig, dass sich sowohl die Führungsmannschaft untereinander kennenlernt als auch die Mitarbeiter, die künftig zusammenarbeiten sollen. Und es ist auch sinnvoll, dafür einen Rahmen zu wählen, der ein Stück Abstand vom Tagesgeschäft und seinen Konfliktlinien schafft. Wenn sich die Leute unter entspannten Rahmenbedingungen kennen lernen, steigt die Wahrscheinlichkeit, dass sie einen persönlichen Draht zueinander finden, der ihnen dann auch später im Alltag die Verständigung erleichtert.

Doch zum einen ist die Frage, wie viel »Dramaturgie« dafür erforderlich ist – und ob nicht ein »leiseres«, weniger spektakuläres Setting den Beziehungsaufbau mehr fördern würde als spektakuläre Dramaturgien, die mit dem Geschäftsalltag nichts zu tun haben. Zum anderen sollte niemand glauben, dass solche Events alleine genügen, um eine partnerschaftliche Zusammenarbeit und gar eine neue gemeinsame Unternehmenskultur entstehen zu lassen.

Solange strukturelle Konflikte zwischen Ursprungsunternehmen, Standorten und Funktionen nicht geklärt sind, fallen auch Menschen, die auf der persönlichen Ebene durchaus miteinander könn(t)en, sehr rasch in die Schützengräben der konkurrierenden Lager zurück. Denn sie sind eben nicht (nur) Einzelindividuen, sie sind auch Teil ihres »Stammes« – und damit in Loyalitäten eingebunden, denen sie sich nicht ohne Weiteres entziehen können. So werden sie sich zum Beispiel, ohne lange darüber nachzudenken, für die Interessen ihres Standorts einsetzen – und damit möglicherweise in Konflikt geraten mit Kollegen, die sich ebenso »reflektorisch« für die Interessen ihres Standorts einsetzen.

Zu solchen strukturellen Konflikten zählen insbesondere:

- **Verteilungskonflikte** – wie zum Beispiel: In welchem Werk werden künftig welche Produkte hergestellt? Wie werden die Kunden und Produkte im Vertrieb aufgeteilt?
- **Zuständigkeitskonflikte** – wie zum Beispiel: Welche Befugnisse haben künftig die Länder/Regionen/Niederlassungen, welche die Zentrale? Welche Aufgaben fallen etwa in die Verantwortlichkeit des Marketing, welche in die des Vertriebs?
- **Regelungskonflikte** – wie zum Beispiel: Welche Dinge sind künftig an wen zu berichten? Welche »Spielregeln der Zusammenarbeit« gelten? Wie viel Autonomie und Selbstständigkeit haben die unteren Ebenen gegenüber den oberen? Welche Produkte werden im Zuge der Produktbereinigung eingestellt, welche fortgeführt?

Was diese Konflikte verschärft, ist, dass alle Beteiligten darin als *Delegierte* ihrer Bereiche, Abteilungen und Kollegen handeln. Das heißt, sie sind nicht frei darin, welche Regelungen sie akzeptieren und welche Kompromisse sie schließen – schließlich kommen sie am anderen Tag in ihre Einheiten zurück, müssen dort rechtfertigen, worauf sie sich eingelassen haben, und wollen gegenüber den eigenen Leuten nicht als Umfaller oder Verräter dastehen. Mit anderen Worten, solange die Mannschaften in »Wir« (= die Guten) gegen »Die« (= Feinde) denken, können die zarten Pflänzchen persönlicher Vertrauensbeziehungen zwischen Individuen kaum gedeihen.

Solche strukturellen Konflikte müssen erkannt und so weit wie möglich beseitigt werden, damit eine bereichs- und lagerübergreifende Zusammenarbeit eine Chance hat. Das ist nicht immer ganz einfach, aber es führt kein Weg daran vorbei. Denn solange es für die Beteiligten im eigenen Interesse und dem ihrer Standorte *sinnvoll* ist, für ihre Interessen zu kämpfen, werden sie mit dem Kämpfen trotz aller Appelle und Workshops vernünftigerweise (!) nicht aufhören.

So gab es in einem fusionierten Unternehmen massive Konflikte zwischen den Standorten, und das, obwohl bald nach dem Merger einige angeblich überaus erfolgreiche Teambuilding-Events für die oberen Führungsebenen stattgefunden hatten. Eine Analyse des Konflikts ergab, dass die Streithähne keinerlei persönliche Probleme miteinander hatten.

Es handelte sich auch nicht um einen Zusammenprall der Kulturen – vielmehr kämpften alle Beteiligten angesichts einer schwachen Auftragslage schlicht um eine ausreichende Auslastung ihres jeweiligen Standorts, weil sie Angst vor dessen Schließung hatten. Das heißt, ihre Tricks und Versuche, sich auch auf nicht ganz regelkonforme Weise Aufträge zu sichern, war ein völlig rationales, vernünftiges Handeln im Interesse ihres eigenen Standorts, und deshalb war es durch gruppendynamische Interventionen auch nicht zu »heilen«.

29.2 Erkenntnisse der psychologischen Forschung

Um wirksame Strategien für eine Integration der Kulturen zu entwickeln, lohnt es sich, zu schauen, was die psychologische Forschung über kulturelle Rivalitäten und über Möglichkeiten zu deren Überwindung weiß. Sehr aufschlussreich sind in diesem Zusammenhang die klassischen Experimente von Muzzafer Sherif und Kollegen, über die der Sozialpsychologe Peter R. Hofstädter in seinem Buch *Gruppendynamik* berichtet (Hofstädter 1976).

Sherif und Kollegen veranstalteten in den 1950er-Jahren Ferienlager mit jeweils rund 25 zwölfjährigen Buben. In einer ersten Phase beobachteten die Forscher, wie sich die Teilnehmer kennenlernten und zu spontanen Freundschaftsgruppen und Cliquen zusammenschlossen. Nachdem sich diese Gruppen stabilisiert hatten, teilten die Forscher das gesamte Lager willkürlich in Untergruppen auf, und zwar so, dass die meisten dieser Freundschaftsgruppen zerrissen wurden, was natürlich einiges Murren auslöste.

Doch schon bald stabilisierten sich die neuen Gruppen und begannen, ihren eigenen Zusammenhalt zu entwickeln – und sich zunehmend gegeneinander abzugrenzen. Schon bald trauerte niemand mehr den durch die willkürliche Teilung verlorenen Freunden nach. Die Gruppen gaben sich eigene Namen (»Bull Dogs«, »Red Devils«) und begannen, positiv über sich selbst (»In-Group«) und negativ über die anderen (»Out-Group«) zu reden.

»Natürlich wurde den beiden Gruppen auch Gelegenheit gegeben, sich aneinander zu messen«, berichtet Hofstädter. (Man beachte das »natürlich«!) »Es kam also zu sportlichen Wettkämpfen (Tauziehen) und zu gemeinsamen Ausflügen – es kam freilich auch zum Ausbruch eines erheblichen Maßes an gruppenspezifischer Aggressivität. Das Tauziehen mündete in eine Rauferei, man beschuldigte einander der Unehrlichkeit, Schimpfnamen flogen hinüber und herüber, Überfälle auf die feindliche Unterkunft ereigneten sich, mit Fallobst wurden Schlachten ausgetragen, und schließlich wurde sogar die Fahne der gegnerischen Gruppe einmal feierlich verbrannt« (Hofstädter 1971, S. 109).

Überwindung der Rivalität

Für den erfahrenen Pfadfinder hört sich das so an, als hätten die Lagerleiter beim Entstehen der Rivalitäten kräftig nachgeholfen. Wie auch immer, das Resultat konnte sich jedenfalls sehen lassen: Der Grad an wechselseitiger Abgrenzung zwischen den beiden Untergruppen war in seiner Herzhaftigkeit der zwischen fusionierenden Firmen durchaus ebenbürtig – nur die Art der Austragung war wohl etwas rustikaler.

Umso herausfordernder war die nächste Aufgabe, die sich die Forscher stellten: Sie wollten Strategien entwickeln und empirisch überprüfen, die entstandenen Subkulturen wieder zu einer gemeinsamen Gesamtgruppe zusammenzuführen. (Ob Sherif und Kollegen es auch mit Visionen, Leitbildern und/oder Kultur-Workshops versuchten, ist leider nicht überliefert.)

Wie sich herausstellte, erwiesen sich vier »Rezepte« als wirksam, um die feindselige Abgrenzung aufzulösen und ein übergreifendes Wir-Gefühl entstehen zu lassen:

- **Gemeinsamer Gegner** – zum Beispiel ein Wettkampf mit einer Mannschaft aus dem Nachbarort;
- **gemeinsame Not** – zum Beispiel ein (absichtlich herbeigeführter) Zusammenbruch der Wasserversorgung;

- **gemeinsamer Nutzen/gemeinsame Freude** – zum Beispiel das Ausleihen eines Spielfilms durch Zusammenlegen der gemeinsamen Ersparnisse[35];
- **gemeinsame Herausforderung** – zum Beispiel ein vorbereitungsaufwendiger Ausflug.

Die Abgrenzung der vier Mechanismen ist nicht ganz trennscharf, ihr gemeinsamer Nenner aber offensichtlich: Es muss einen handfesten und für alle Beteiligten ausreichend starken Grund geben, der es wert ist oder es erforderlich macht, die Gruppenegoismen hintanzustellen und mit »den anderen« zu kooperieren. Und siehe da: Wenn die Beteiligten erkennen, dass eine Kooperation in ihrem eigenen Interesse liegt, dann findet sie in aller Regel auch statt.

29.3 Integration durch eine herausfordernde Aufgabe

In der Wirtschaft wird, um Manager und Mitarbeiter zu solidarisieren, sehr häufig das Argument der Wettbewerbsfähigkeit oder, noch dramatischer, der »Kampf ums Überleben« bemüht, also letztlich das Argument »gemeinsame Not«. Doch meine wiederkehrende Erfahrung ist, dass sich dies schlecht als dauerhafte Energiequelle eignet. Die Wettbewerbsfähigkeit ist wohl zu wenig greifbar, um motivierend zu wirken. Und der »Kampf ums Überleben« eignet sich, sofern die Bedrohung glaubhaft ist, zwar als Anreiz für kurzfristige Kraftakte und Schulterschlüsse, aber nicht zur dauerhaften Motivation.

Der beste Weg, beide Seiten aus ihren Wagenburgen herauszuholen und die Kulturen zusammenzuführen, ist, das neue Unternehmen unmittelbar nach der Fusion mit einer gemeinsamen Aufgabe zu konfrontieren, die Mitarbeiter wie Manager aufs Äußerste fordert und sie unabhängig von ihrer Herkunft zur Zusammenarbeit zwingt.

Dieses Herangehen habe ich zum ersten Mal Anfang der 1990er-Jahre bei der großen Fusion von Asea und Brown Boveri zu ABB erlebt. Unmittelbar nach dem Merger nutzte der Konzernvorstand das damals neue Konzept »Time-Based Competition« der Boston Consulting Group, um das gesamte Unternehmen mit der Forderung zu konfrontieren, die Durchlaufzeiten um mindestens 50 Prozent zu verkürzen, mindestens 15 Prozent der Kosten einzusparen und zugleich die Qua-

35 Das Beispiel mit dem Ausleihen des Spielfilms zeigt, wie sehr sich die Zeiten geändert haben. Doch das dahinter stehende Grundmuster gilt unverändert fort: Menschen arbeiten auch über trennende Gräben hinweg zusammen, wenn sie nur so einen Engpass überwinden können, der sie am Erreichen eines erstrebenswerten Ziels hindert.

lität zu verbessern. Damit sorgte er für eine »gemeinsame Herausforderung«, die die Führungskräfte beider Seiten nicht ohne Kooperation bewältigen konnten.

Wie der Vorstand und seine Berater zum gemeinsamen Feind wurden ...

Die ersten spontanen Reaktionen auf diese Forderung waren eher herb. Auf allen Fluren wurde darüber räsoniert, dass der Vorstand nun offenbar entweder den Verstand verloren habe oder sich von externen Beratern ein völlig absurdes Konzept habe aufschwatzen lassen (oder beides). Für den »gemeinsamen Feind« war damit schon einmal gesorgt.

Doch der Vorstand zeigte wenig Verhandlungsbereitschaft: Er machte die Manager persönlich für das Erreichen dieser Ziele verantwortlich und brachte sehr deutlich zum Ausdruck, dass er gewillt war, sich kurzfristig von Führungskräften zu trennen, die dabei nicht mitzogen. Damit war auch die »gemeinsame Not« gegeben – was die Führungskraft letztlich doch davon überzeugte, sich zähneknirschend für das Vorhaben zu engagieren.

Wenigstens in den ersten Monaten glaubten wohl die wenigsten Führungskräfte, dass diese »absurden Ziele« jemals auch nur annähernd erreicht werden konnten. Aber sie hatten verstanden, dass sie, um ihren Job zu behalten, daran zumindest »auf einem höheren Niveau scheitern« mussten als ihre Kollegen in anderen Projekten.

Zugleich lobte der Vorstand substanzielle Prämien für diejenigen aus, die die gesetzten Ziele erreichten – was auch für einen »gemeinsamen Nutzen« sorgte. Die hohe Zielvorgabe war jedoch nur durch die komplette Neustrukturierung sämtlicher Abläufe – und damit durch die »kreative Zerstörung« der alten Welten auf beiden Seiten – zu erreichen.

... und so den gemeinsamen Erfolg ermöglichten

In den gemeinsamen Anstrengungen, diese hochgesteckten Ziele zu erreichen, ergab sich »nebenher« und beinahe unbemerkt die Integration der Kulturen: Da ohnehin alle Abläufe auf den Kopf gestellt werden mussten, ergab »Revierverteidigung« ebenso wenig einen Sinn wie ein Kampf um die Durchsetzung der eigenen Denkmodelle. Stattdessen rangen die Ingenieure beider Seiten mit vereinten Kräften um wesentlich schnellere und effizientere Prozesse.

Und als es schließlich in vielen Bereichen gelang, die anfangs für völlig unrealistisch gehaltenen Ziele zu erreichen, war schließlich auch die »gemeinsame Freude« über die bewältigte Herausforderung groß.

In ähnlicher Weise leistete bei der Fusion von Krupp und Hoesch Mitte der 1990er-Jahre das so genannte 4K-Programm einen entscheidenden Beitrag zum Erfolg der Integration. 4K stand für »Kunden – Kosten – Kreativität – Kommunikation«. Doch entscheidend waren nicht der Name und Inhalt des Programms, sondern drei andere Faktoren: Erstens, dass die Konzernleitung allen Konzernunternehmen sehr anspruchsvolle Vorgaben in Bezug auf Durchlaufzeiten, Qualität und Eigenkapitalrendite machte, zweitens, dass sie in Zusammenarbeit mit einem renommierten Beratungsunternehmen methodische Unterstützung zur Verfügung stellte, und drittens, dass der Vorstand die Umsetzung des Programms mit hohem Engagement und großem persönlichen Einsatz begleitete und vorantrieb. Auch hier wurden nicht nur die Ziele weitgehend erreicht, sondern nebenher gelang auch die Integration der Kulturen – und zwar schnell und völlig »unblutig«.

Die wahren Erfolgsfaktoren für die Integration
Was lernen wir daraus? Ableiten lässt sich daraus, worauf es bei der kulturellen Integration wirklich ankommt: Wirksamer als alle wohlmeinenden Appelle, herzergreifenden Ansprachen und erlebnisgesättigten Outdoor-Workshops ist für das Zusammenwachsen zweier Kulturen genau das, was Sherif und Kollegen schon vor mehr als einem halben Jahrhundert als das Erfolgsrezept der kulturellen Integration identifiziert haben:

Das Erfolgsrezept der kulturellen Integration ist eine lohnende und herausfordernde Aufgabe, die nur durch eine gute Zusammenarbeit quer über alle Lager hinweg zum Erfolg zu führen ist.

Im Idealfall treffen ihre vier Erfolgsfaktoren zusammen und verstärken sich gegenseitig: Eine gemeinsame Herausforderung (eine äußerst anspruchsvolle Aufgabe), ein gemeinsames Feindbild (Top-Management/Berater), eine gemeinsame Not (erheblicher Ärger bei Zielverfehlung) und schließlich ein gemeinsamer Nutzen (gute Ergebnisse und finanzielle Prämien).

29.4 Nicht Großzügigkeit, sondern Knappheit hilft integrieren

Im Umkehrschluss heißt das leider auch: Ohne Druck wachsen Kulturen nicht zusammen. Als empathischer Manager ist man zuweilen aus schierem Mitgefühl mit den vom Fusionsstress geplagten Mitarbeitern und Führungskräften geneigt, die Zügel etwas lockerer zu lassen und die Anforderungen nicht zu hoch zu schrauben. Das ist menschlich anständig, führt aber leider zu einem völlig unerwünschten Ergebnis.

Am deutlichsten wird das, wenn man einmal in Gedanken durchspielt, welche Folgen es hätte, wenn man bei einer Fusion oder Übernahme die Personalkapazitäten bewusst etwas großzügiger bemäße, auch mit dem Hintergedanken, dass der eine oder andere außerplanmäßige Abgang ohnehin noch kommen wird (→ Kap. 4.2). Da sich sowohl die Prozesse als auch die persönlichen Beziehungen erst noch einspielen müssen, so könnte man denken, wäre es wohl nicht verkehrt, den neu zusammengewürfelten Einheiten ein bisschen »Spiel« über die endgültige Stellenzahl hinaus zu lassen.

Dafür sorgen, dass jede Hand gebraucht wird

Gut gemeint, aber leider nicht gut gedacht. Denn mit hoher Wahrscheinlichkeit werden die Mitarbeiter und Führungskräfte, denen man großzügig etwas »Spiel« zugestanden hat, diese Reserven nicht nutzen, um sich optimal aufzustellen, sondern um Rangeleien und Machtkämpfe auszutragen. Paradoxerweise verschafft gerade die Tatsache, dass nicht jede Hand dringend zu Bewältigung der anstehenden Aufgaben benötigt wird, den Mitarbeitern den Freiraum für Rangeleien und Grabenkriege.

Dabei mag auch die Vermutung eine Rolle spielen, dass die gewährte großzügige Personalausstattung noch nicht das letzte Wort ist, sondern dass früher oder später noch ein »Nachbeben« folgen wird (→ Kap. 5.6). Möglicherweise sagen sich manche der Beteiligten im Stillen: Wenn die Stellenzahl aller Voraussicht nach ohnehin noch reduziert wird, beißen wir besser jetzt möglichst viele von den anderen raus, bevor es später uns erwischt.

So oder so muss man wohl der Tatsache ins Auge sehen, dass Machtkämpfe, Rangeleien und ähnliche destruktive Spielchen auch Ausdruck freier Reserven sind: Machtkämpfe muss man sich buchstäblich leisten können. Wenn jede Hand benötigt wird, um mit der zu erledigenden Arbeit fertig zu werden, kann man sich keine Spielchen leisten.

Unter hoher Arbeitsbelastung hat man im Gegenteil sogar ein Interesse daran, »die anderen« einzulernen und zu unterstützen, und zwar aus dem durchaus eigennützigen Interesse, damit sie möglichst viel zur Bewältigung der gemeinsamen Arbeit beitragen. Doch durch diese Zusammenarbeit bei der gemeinsamen Aufgabe wachsen die Beteiligten fast ohne es zu bemerken zusammen.

Das führt zu einer Schlussfolgerung, die ich durchaus mit gemischten Gefühlen ziehe, der ich mich aber dennoch nicht entziehen kann: Nicht Großzügigkeit, sondern Knappheit hilft beim Integrieren. Die größte Wahrscheinlichkeit, dass keine destruktiven Auseinandersetzungen stattfinden, besteht dann, wenn die Ressourcen so knapp sind und der Ergebnisdruck so hoch ist, dass die Beteiligten sich solche Auseinandersetzungen schlicht nicht leisten können.

Den Bogen nicht überspannen

Das soll kein Plädoyer dafür sein, die von einer Fusion oder Übernahme betroffenen Mitarbeiter und Führungskräfte noch zusätzlich dadurch zu quälen, dass man den operativen Einheiten eine völlig unzureichende Personalausstattung zu Verfügung stellt. Auch muss man sich hüten, den Bogen zu überspannen: Wenn die Mitarbeiter überhaupt keine Chance sehen, die anfallende Arbeit mit der vorgegebenen Personalausstattung zu schaffen, dann wachsen sie nicht zusammen, sondern streichen die Segel. Denn wenn die Aufgabe aussichtslos erscheint, dann ergibt ein Kraftakt keinen Sinn.

Um das angestrebte Zusammenwachsen durch eine gemeinsame Herausforderung herbeizuführen, muss die Aufgabe also anspruchsvoll, aber lösbar sein – und zwar aus Sicht der Adressaten, nicht nur aus der des Managements. Dementsprechend darf und muss die Personalbemessung knapp sein, aber sie darf nicht – wiederum aus Sicht der Adressaten – so knapp sein, dass jeder Versuch zwecklos ist.

Das ist natürlich ein Balanceakt – und wie immer bei solchen Abwägungen muss man sich überlegen, welcher Fehler einem im Zweifelsfall lieber wäre: Wäre es besser, die jeweilige Einheit zu großzügig ausgestattet zu haben und dort, wenn sich herausstellt, dass zu viel Zeit in kontraproduktive Auseinandersetzungen fließt, nachträglich Personal herauszunehmen? Oder wäre es besser, die Einheit etwas zu knapp ausgestattet zu haben und, wenn man bemerkt, dass die Ressourcen überhaupt nicht reichen, das Personal nachträglich aufzustocken?

Die letztere Variante wäre ohne Zweifel mit einigem Stress für jene Abteilungen und Bereiche verbunden, bei denen man zu knapp geschätzt hat, und nicht ganz ohne Risiko, dass »die Strömung abreißt«. Da die erste Variante aber kaum vorstellbar ist, weil sie als Strafmaßnahme verstanden würde und auch arbeitsrechtlich problematisch wäre, bleibt trotzdem wohl nur die zweite. Umso wichtiger ist dann, die Situation genau zu beobachten, damit kritische Engpässe frühzeitig erkannt und behoben werden, bevor die betreffenden Teams kollabieren.

29.5 Integrationsworkshops und Managementtagungen nutzen

Heißt das, dass man bei einer Integration auf Management-Workshops, Führungstagungen und ähnliche Veranstaltungen völlig verzichten kann? Nein, natürlich nicht. Die Führungsmannschaft muss sich ja gegenseitig kennenlernen, sich über zentrale strategische Fragen verständigen, gegenseitiges Vertrauen und Zutrauen aufbauen und ein gemeinsames Geschäftsverständnis und einen gemeinsamen Willen zur Zielerreichung entwickeln.

Nur wäre es falsch, sich von solchen Veranstaltungen, die zwei-, drei- oder maximal viermal im Jahr stattfinden, bahnbrechende Impulse für die kulturelle Integration zu erwarten, geschweige denn, sie als deren zentralen Treiber zu verstehen. Denn solche Tagungen sind ja auch ein Ritual, an dem die meisten Teilnehmer nicht nur ihr bestes Kostüm oder ihren besten Anzug tragen, sondern auch innerlich in Galauniform antreten und sich vornehmen, auf keinen Fall zum »Partycrasher« zu werden.

Die meisten singen das vom Vorstand gewünschte Lied mit

Sie werden sich hüten, den Ausführungen des Vorstands allzu deutlich zu widersprechen, und erst recht werden sie sich genau überlegen, wie offen sie die Karten auf den Tisch legen, wenn es um schwelende Konflikte oder ernsthafte Probleme vor Ort geht. Auch in Arbeitsgruppen (»Break-out Groups«) und den Berichten im Plenum werden die allermeisten das gewünschte Lied singen und die von ihnen erwarteten Lippenbewegungen machen. Was sie am darauffolgenden Montag sagen und tun, wenn sie wieder zurück in ihrem Büro sind, steht auf einem ganz anderen Blatt.

Das mag man als ziemlich vernichtende Beschreibung der Managementrealität empfinden, aber es würde zu viel Vertrauen in das Top-Management wie in die Kollegen voraussetzen, in einem solchen Kreis Klartext zu reden. Es wäre schlicht unklug, sich zu weit zu exponieren, solange man nicht weiß, wer Feind und wer Freund ist: »Alles, was Sie hier sagen, kann gegen Sie verwendet werden.«

Zudem erfordert Offenheit die persönliche Grundsatzentscheidung, sich wirklich für eine Integration der Kulturen einzusetzen. Wer diese Entscheidung nicht getroffen hat, sondern in seinem tiefsten Inneren weiterhin vor allem zu seiner alten Firma und den alten Kollegen loyal ist, wird gut daran tun, nicht zu deutlich Flagge zu zeigen, sondern lieber laut oder zumindest leise das Lied mitzusingen, das der Vorstand hören will.

Strittige Themen »ausstreiten«

Dennoch heißt das nicht, dass solche Workshops überflüssig sind; es heißt nur, dass man ihre integrative Wirkung nicht überschätzen sollte. Da hilft es auch nichts, in aufwendigen Prozessen pflichtgemäß Wunschbilder von der gemeinsamen Zukunft zu zeichnen (»Visioneren«), Leitbilder oder Führungsgrundsätze zu formulieren.

Denn bei solchen Gelegenheiten entstehen ja keine neuen Erkenntnisse darüber, was gute Führung und Zusammenarbeit ausmacht – man bringt lediglich zu Papier, was ohnehin längst alle wissen, aber aus unterschiedlichen Gründen nicht oder nur unvollständig umsetzen. Und solange sich an diesen Gründen nichts ändert, wird sich auch an ihrem Verhalten nichts ändern, selbst wenn die Leitsätze in goldenen Lettern im Foyer hängen.

Sinnvoll ist vielmehr, bei solchen Tagungen und Workshops vorrangig über *Inhalte* zu reden, und zwar vor allem über kontroverse Inhalte. Denn hier liegen die wirklichen trennenden Themen, nicht bei der Frage, wie eine gute Zusammenarbeit – theoretisch – aussähe. Diese strittigen Fragen müssen »ausgestritten« werden, damit man zusammenfindet. Wenn die Fronten verhärtet sind, kann dabei eine professionelle Konfliktmoderation hilfreich sein, um die eigentlichen Anliegen, Interessen und Bedürfnisse hinter den zuweilen recht starren Positionen herauszuarbeiten.

Wenn es bei solchen Gelegenheiten gelingt, den Konsens in konkreten Sachfragen ein Stück voranzubringen, ist das ein größerer Beitrag zur kulturellen Integration als alle Leitbilder und Führungsgrundsätze des Universums. Allerdings nur, wenn es wirklich ein gemeinsam erstrittener Konsens ist und nicht eine ohne wirkliche Debatte verordnete Richtungsentscheidung des Vorstands.

Dennoch müssen auch solche Entscheidungen zuweilen sein, weil man nicht ewig debattieren kann. Aber sie hinterlassen Sieger und Verlierer, und das trägt nicht zur Integration bei. Jedenfalls nicht kurzfristig – mittelfristig unter Umständen schon, weil solche Entscheidungen Fakten schaffen, die dann einfach zur Grundlage der Weiterarbeit werden. Jedenfalls, sofern sie hinterher auch durchgesetzt werden.

29.6 Indikatoren für eine erfolgreiche Integration

Trotzdem können solche Tagungen und Workshops auch einen Nutzen jenseits der reinen Sacharbeit und des damit verbundenen »Zusammenraufens« schaffen, wenn man die richtigen Fragen in das Zentrum der Aufmerksamkeit rückt. Die wichtigste von allen lautet: Einmal angenommen, unsere Integration wäre ein voller Erfolg – an welchen beobachtbaren Indikatoren würde man dies erkennen? Diese Indikatoren können weiter unterteilt werden in sachlich-fachliche und atmosphärisch-kulturelle.

Die Diskussion und Erarbeitung solcher Indikatoren ist etwas völlig anderes als die Erarbeitung abstrakter Leitsätze zur Führung und Zusammenarbeit. Denn hier müssen die Teilnehmer nicht bloß reproduzieren, was sie so oder so ähnlich, je nach Dienstalter, schon zwei-, drei- oder fünfmal gemacht haben – hier müssen sie wirklich nachdenken. Und in diesem Denkprozess gibt es kaum noch eine Trennung nach Lagern oder Herkunft: Er regt alle Beteiligten dazu an und verlangt ihnen ab, sich ein Bild davon zu machen, wie konkret eine erfolgreiche Integration aussähe und an welchen Merkmalen man sie erkennen würde.

Das schafft eine ungewöhnliche Atmosphäre: Die Führungskräfte beider Seiten haben damit plötzlich ein gemeinsames Thema, und zwar eines, das kaum eine Kontroverse nach Lagern hergibt. Die Fragestellung bringt sie dazu, gemeinsam und ernsthaft über die Zukunft ihres Unternehmens nachzudenken – und damit implizit auch darüber, was sie tun oder unterlassen müssten, damit die Integration gelingt und eine erstrebenswerte Zukunft entsteht.

Solche Diskussionen lösen bei den meisten Teilnehmern etwas aus. Die wenigsten sind abgebrüht genug, um zu sagen oder auch nur zu denken: Aus meiner Sicht ist die Integration erfolgreich, wenn »wir« unsere Vorstellungen durchgesetzt haben und die überwiegende Zahl der Führungspositionen beherrschen. Die allermeisten werden – vielleicht zum ersten Mal – ernsthaft und konkret darüber nachdenken, was eine erfolgreiche Integration eigentlich ausmacht, wie sie zu ihrem Gelingen beitragen können – und was sie ihnen abverlangt.

Erarbeitung positiver und negativer Indikatoren

Eine bewährte Möglichkeit, solche Diskussion zu strukturieren, ist, in Arbeitsgruppen eine zweispaltige Liste mit Indikatoren zu erstellen, die im Falle einer erfolgreichen Integration zu beobachten sein sollten bzw. keinesfalls mehr zu beobachten sein dürften. Diese Liste kann man nachträglich aufteilen in sachlich-fachliche Indikatoren (wie zum Beispiel »Integrierte Kundendatenbank«, »Einheitliches Vergütungssystem«) und atmosphärisch-kulturelle Indikatoren (wie zum Beispiel »Vorbehaltlose gegenseitige Unterstützung unabhängig von der Herkunft«).

Wir arbeiten in solchen Fällen einfach mit Flipcharts mit der Überschrift »Eine erfolgreiche Integration …« und darunter zwei Spalten: »… schließt für uns ein:« und »… schließt für uns aus:« – also in der linken Spalte die positiven Indikatoren, in der rechten die negativen.

Theoretisch sind die negativen Indikatoren überflüssig, weil sich jeder negative Indikator mit etwas Mühe und Geschick in einen positiven übersetzen lässt. Praktisch sind sie ausgesprochen nützlich, weil es Menschen oftmals sehr viel leichter fällt, zu formulieren, was nicht mehr vorkommen dürfte, als was sie wollen. Manchmal sind die negativen Indikatoren deshalb wesentlich prägnanter und anschaulicher als ihre positive Übersetzung.

Auch wenn man in diesem Fall nicht übertrieben pedantisch sein muss, ist es empfehlenswert, darauf zu achten, dass die formulierten Indikatoren tatsächlich beobachtbar sind und nicht bloß subjektive Bewertungen oder pauschale Gesamteindrücke enthalten.

Denn ihren größten praktischen Nutzen haben diese Indikatoren, wenn man sie auf einer faktischen Ebene beobachten kann. Dann gibt es keine Diskussionen über unterschiedliche Meinungen und Bewertungen, sondern man kann mühelos durch einfaches Hinschauen Übereinstimmung darüber erzielen, wie der Stand der Dinge ist: »Ist der Indikator ›Vorbehaltlose gegenseitige Unterstützung unabhängig von der Herkunft‹ erfüllt oder nicht?«

Eine solche Indikatorenliste hat einen dreifachen Nutzen: Erstens sind die erarbeiteten Indikatoren so praktisch und handfest, dass sie wenig Spielraum für unterschiedliche Auslegungen und Interpretationen lassen. Zweitens sind sie konkret auf das eigene Unternehmen und die eigene Integration zugeschnitten: Keine allgemeinen Handlungsprinzipien, sondern eine Beschreibung des Soll-Zustands für das eigene Unternehmen.

Und drittens schaffen sie ein gemeinsames Verständnis innerhalb der Führungsmannschaft. Danach hat nicht mehr jeder seine eigenen Vorstellungen und Interpretationen, was mit erfolgreicher Integration gemeint ist, sondern die Führungskräfte haben ihre Sichtweisen untereinander abgeglichen, zusammengeführt und operationalisiert.

29.7 Nutzung der Indikatoren für regelmäßige Standortbestimmung

Wenn solch eine Indikatorenliste erst einmal erstellt und verabschiedet ist, kann und sollte man sie nutzen, um bei allen folgenden Führungstagungen regelmäßig eine Standortbestimmung zu machen und gemeinsam festzustellen, wie die Integration fortschreitet und wo sie nicht vorankommt oder Rückschläge erlitten hat.

Da die Kriterien, die dieser Standortbestimmung zugrunde gelegt werden, durch den Teilnehmerkreis selbst entwickelt wurden, wird sie niemand ernsthaft infrage stellen – im Gegenteil: In aller Regel haben sie sehr hohe Akzeptanz. Deshalb mündet eine solche Standortbestimmung meist in sehr nachdenkliche und ungewöhnlich ehrliche Diskussionen, woran es hakt und was geschehen müsste, um die Situation zu verbessern.

Zugleich trägt die regelmäßige Standortbestimmung anhand der Indikatorenliste dazu bei, die Integration voranzubringen und die Beteiligten zu disziplinieren: Spätestens wenn die erste derartige Standortbestimmung durchgeführt wurde, aber meist schon, wenn deren Einsatz angekündigt wird, wissen alle, dass kritische Punkte und destruktive Verhaltensweisen mit hoher Wahrscheinlichkeit auf den Tisch kommen werden – und reißen sich entsprechend am Riemen.

Trotzdem sollte man die Indikatorenliste nicht als in Stein gemeißelt betrachten. Möglicherweise stellt sich im Laufe der Standortbestimmungen heraus, dass manche Indikatoren zu streng formuliert oder so nicht sinnvoll sind. Oder es zeigt sich, dass wichtige Aspekte fehlen, sodass die Abarbeitung der Indikatorenliste ein unvollständiges Bild liefert.

Dann spricht nichts dagegen, die betreffenden Indikatoren mit vereinten Kräften so umzuformulieren, dass sie das Zielbild besser beschreiben, und fehlende Indikatoren zu ergänzen. Solche Anpassungen sind nicht nur legitim, sondern absolut sinnvoll, denn es geht ja nicht darum, einen einmal formulierten Kriterienkatalog sklavisch abzuarbeiten; es geht vielmehr darum, Lernfortschritte zuzulassen und neue Erkenntnisse und Einsichten zur Präzisierung des Zielbilds zu integrieren.

Beinahe unmerkliche Integration

Wenn man das Thema auf diese Weise vorantreibt, gelingt die kulturelle Integration im Idealfall, ohne dass man viel davon bemerkt. Häufig fällt den Beteiligten gar nicht auf, dass sie ohne nennenswerte Frontenbildungen und Grabenkriege zusammenarbeiten, oder sie bemerken es erst, wenn sie ein außenstehender Beobachter darauf anspricht. Denn natürlich vermisst niemand die entsprechenden Konflikte, wenn sie nicht da sind.

Auf die Frage, wie es dazu gekommen ist, dass die Integration relativ harmonisch verläuft, wissen sie meist keine konkrete Antwort – oder sagen etwas ratlos, sie hätten sich halt irgendwie zusammengefunden; die Arbeit müsse ja gemacht werden.

Dieses auf den ersten Blick etwas vage Argument ist aber tatsächlich der Schlüssel zur kulturellen Integration: Die gemeinsame Aufgabe sowie der gemeinsame Wille, sie vernünftig zu erledigen, bringt die Leute dazu, sich zusammenzuraufen – genau wie es ja auch geschieht, wenn in einem bestehenden Unternehmen Mitarbeiter unterschiedlicher Abteilungen (= Subkulturen) etwa in einem bereichsübergreifenden Projekt vor der Notwendigkeit stehen, ein gemeinsames Problem zu lösen.

An dieser Stelle hat natürlich auch die Führung, beginnend mit dem Vorstand und von dort Ebene für Ebene nach unten, eine im wahrsten Sinne des Wortes richtungsweisende Funktion: Wenn sie eine sachorientierte Zusammenarbeit nicht nur vorlebt, sondern auch konsequent einfordert, und wenn sie sofort und nachdrücklich interveniert, wenn einzelne Personen, gleich auf welcher Ebene, Grabenkriege inszenieren, dann ist das Zusammenwachsen der Kulturen kaum noch zu verhindern.

29.8 Aufnahme in Zielvereinbarungen, Beurteilungssysteme, Beförderungskriterien

Dennoch können Sie noch mehr tun, um die kulturelle Integration zu fördern – nämlich genau das, was Sie auch sonst tun würden, um unternehmerisch wichtige Ziele voranzubringen: Sie könnten und sollten das Thema kulturelle Integration in die Zielvereinbarungen jeder einzelnen Führungskraft aufnehmen und sie an den von ihr dazu erwarteten Beiträgen messen.

Eine hohe Gewichtung dieses Ziels ist angesichts seiner Bedeutung für die Zukunft des Unternehmens angebracht. Entsprechend muss es auch in die Bemessung der variablen Vergütung einfließen, falls ein solches Modell im Unternehmen existiert. Und zwar nicht, weil finanzielle Anreize so entscheidend wären, sondern weil sie dort, wo sie vorhanden sind, den Unterschied zwischen »Spaß« und »Ernst« markieren: Was sich auf die variable Vergütung auswirkt, ist »Ernst« – alles andere ist »Spaß«.

Das Gleiche gilt für das Beurteilungssystem: Auch hier muss der Beitrag der Führungskräfte und Mitarbeiter zur Integration als Beurteilungskriterium zwingend aufgenommen werden; alles andere wäre entweder eine bedenkliche Nachlässigkeit oder ein politisch verheerendes Signal.

Auch bei Karriere- und Beförderungsentscheidungen sollte berücksichtigt werden, welchen Beitrag die Kandidaten zur Integration leisten. Denn gerade in Zeiten des Umbruchs ist die Frage, wer befördert wird und wer nicht, ein unmissverständliches und nicht dementierbares (!) Signal. Wenn – und sei es aus blanker Not in Ermangelung eines anderen geeigneten Kandidaten – ein Manager befördert würde, der die kulturelle Integration eher hintertreibt als unterstützt, ließe das ja nur zwei mögliche Erklärungen zu: Entweder das Top-Management weiß nicht, was im eigenen Laden los ist, oder es ist ihm nicht so wichtig.

Und nicht zuletzt macht der Vorstand bzw. das Top-Management auch durch Verwarnungen, Sanktionen und Trennungen unmissverständlich klar, welche Dinge für ihn unverzichtbar sind. Wenn Führungskräfte, die die Integration hintertreiben, eher früher als später die gelbe oder rote Karte erhalten, spricht sich dies innerhalb von Stunden im ganzen Unternehmen herum und ist all jenen eine deutliche Warnung, die ebenfalls ihre Privatfehden mit »denen von der anderen Seite« führen.

Das gilt auch und ganz besonders für die sogenannten »erfolgreichen Regelignoranten«, das heißt für jene Mitarbeiter und Führungskräfte, die eine hervorragende Leistung bringen, sich aber an keine Regel halten. Gerade weil Konflikte mit diesen Leistungsträgern für das Top-Management nicht ohne Risiko sind, haben sie einen hohen Signalwert hinsichtlich der Frage, wo seine Prioritäten wirklich liegen. Indem es von vornherein unmissverständlich deutlich macht, dass auch sie an ihrem Beitrag zur kulturellen Integration gemessen werden, stellt das Management unter Beweis, dass dieses Thema für ihn nicht verhandelbar ist.

WICHTIGSTE ERKENNTNISSE UND SCHLUSSFOLGERUNGEN

- Das Bestreben, die kulturelle Integration zu fördern, löst regelmäßig kreative Höhenflüge von Beratern, Trainern und Event-Agenturen aus. Das kann sehr unterhaltsam sein, verhindert aber nicht, dass der entstandene Teamgeist dahinschmilzt wie Schnee in der Frühjahrssonne, sobald bei der Integration die ersten ernsthaften Konflikte zutage treten.
- Gegen strukturelle Konflikte hilft kein Teambuilding. Wenn Verteilungs-, Zuständigkeits- oder Regelungskonflikte es für die Beteiligten sinnvoll machen, für ihre Interessen zu kämpfen, dann werden sie dies – vernünftigerweise – tun, auch wenn es der kulturellen Integration nicht zuträglich ist. Deshalb muss es darum gehen, solche Konflikte zu erkennen und, so gut es geht, zu beseitigen oder zu entschärfen.
- Das beste Mittel, die kulturelle Integration voranzubringen, ist, die Rahmenbedingungen so zu gestalten, dass aus der subjektiven Sicht der Mitarbeiter und Führungskräfte die Gründe für eine Zusammenarbeit stärker sind als die, die dagegen sprechen. Vier bewährte Grundmuster hierfür kennt die psychologische Forschung, nämlich eine gemeinsame Herausforderung, ein gemeinsamer Feind, ein gemeinsames Problem und ein gemeinsamer Nutzen.
- Praktisch gesprochen heißt das: Sobald die grundlegenden Weichen für die Integration gestellt sind, also beispielsweise die neue Organisationsstruktur steht und die meisten Führungspositionen besetzt sind, braucht das Unternehmen eine herausfordernde Aufgabe, die Mitarbeiter wie Manager aufs Äußerste fordert und sie unabhängig von ihrer Herkunft zur Zusammenarbeit zwingt.
- Nicht Großzügigkeit, sondern Knappheit fördert die Integration. Wenn jede Hand benötigt wird, um die anstehenden Aufgaben zu erledigen, kann man sich keine Machtkämpfe, Rangeleien und destruktiven Spielchen leisten. Dann wird es im Gegenteil aus blankem Eigeninteresse sinnvoll, sich gegenseitig zu unterstützen und einzulernen. Wenn die Ressourcen dagegen reichlich bemessen sind, kann man es sich viel eher leisten, den einen oder anderen potenziellen Konkurrenten hinauszubeißen.
- Allerdings darf man bei aller Knappheit den Bogen nicht überspannen. Wenn die Mitarbeiter keine Chance sehen, die anfallende Arbeit mit der vorgegebenen Personalausstattung zu schaffen, dann wachsen sie nicht zusammen, sondern streichen die Segel. Bei einer aussichtslosen Aufgabe ergibt ein Kraftakt keinen Sinn.

- So unverzichtbar Führungstagungen, Management-Workshops und ähnliche Ereignisse sind, man sollte sich von ihnen nicht erhoffen, dass sie die kulturelle Integration substanziell voranbringen. Dafür haben sie zu sehr den Charakter von Ritualen, bei denen alle die gewünschten Lippenbewegungen machen.
- Management-Workshops sollten nicht genutzt werden, um Idealbilder von Führung und Zusammenarbeit zu zeichnen, sondern primär dazu, den inhaltlichen Konsens voranzubringen – und das heißt: um strittige Themen »auszustreiten«.
- Unbedingt empfehlenswert ist, bei der ersten Managementtagung mit vereinten Kräften eine Liste beobachtbarer Indikatoren zu entwickeln, an denen man erkennen kann, ob die Integration erfolgreich vorankommt. Auf diese Weise lässt sich im Management ein gemeinsames Verständnis herbeiführen, was erfolgreiche Integration konkret bedeutet.
- Diese Indikatorenliste sollte bei den folgenden Tagungen regelmäßig für eine Standortbestimmung zum Stand der Integration genutzt werden. Die Liste kann und sollte weiterentwickelt werden, wenn sich herausstellt, dass Indikatoren fehlen oder nicht aussagekräftig genug sind.
- Der persönliche Beitrag zum Vorankommen der Integration sollte auch in Zielvereinbarungen, Beurteilungssysteme und ggf. die Bemessungskriterien für die variable Vergütung aufgenommen werden. Ebenso muss er eine maßgebliche Rolle bei Beförderungen spielen.
- Schließlich muss das Management nötigenfalls auch durch Verwarnungen, Sanktionen und Trennungen deutlich machen, dass es ein Hintertreiben der Integration nicht duldet – nicht einmal von »erfolgreichen Regelignoranten«.

30 Aktive Kulturgestaltung: Weil Zusammenwachsen nicht genug ist

Bei der kulturellen Integration, die wir im vorigen Kapitel besprochen haben, geht es erst einmal darum, die Mitarbeiter und vor allem die Führungskräfte beider Seiten zu einer produktiven Zusammenarbeit zu bewegen und die spontane Polarisierung »Wir« versus »Die« in ein neues gemeinsames »Wir« zu verwandeln. So wichtig dies für den Erfolg der Integration ist, es ist noch keineswegs das Maximum dessen, was auf dem Feld der Unternehmenskultur erreicht werden kann. Dieses Maximum liegt vielmehr darin, die Kultur des neuen, fusionierten Unternehmens konsequent auf dessen Strategie auszurichten.

Was hat Kultur mit Strategie zu tun? Sehr viel. Nicht nur, weil die Unternehmenskultur auch die schönste Strategie durchkreuzen kann, gemäß dem vielzitierten Satz: »Culture eats strategy for breakfast«[36]. Sondern auch und vor allem, weil die Kultur maßgeblich dazu beitragen kann und muss, die Strategie des fusionierten Unternehmens auf die Straße zu bringen. Denn nur wenn Mitarbeiter und Führungskräfte tatsächlich so arbeiten, wie es den strategischen Erfordernissen entspricht, wird aus der abstrakten Strategie praktisches Handeln.

30.1 Die Chance des Neubeginns nutzen

Die strategiekonforme Ausrichtung der Kultur ist bei einem Unternehmen, das sich gerade neu konstituiert, sogar leichter als bei einem bestehenden. Denn angesichts des Umbruchs, den sie gerade erleben, sind die Mitarbeiter und Führungskräfte in der Regel ausgesprochen empfänglich für eine klare Orientierung, vor allem, wenn sie ihnen schlüssig erklärt und mit Nachdruck umgesetzt wird.

---

36 Dem einflussreichen österreichisch-amerikanischen Managementlehrer Peter Drucker zugeschrieben, aber aus dessen Schriften wohl nicht zu belegen.

In den Wochen und Monaten nach einem Merger sind sie ja ohnehin erst dabei, sich in ihrer neuen Firma zurechtzufinden und deren Spielregeln zu lernen. Da sie das neue Management noch nicht kennen, versuchen sie herauszufinden, worauf es besonderen Wert legt, um sich an diesen Erwartungen ausrichten zu können. Mit anderen Worten, in einer Situation, in der die Kultur des neuen Unternehmens ohnehin gerade dabei ist, sich herauszubilden, liegt die Chance und Herausforderung darin, sie von vornherein in die richtige Richtung zu lenken und gemäß den Vorgaben der neuen Unternehmensstrategie zu prägen.

Umso wichtiger ist es, diese im wahrsten Sinne des Wortes einmalige Chance nicht zu vertändeln. Nie wieder wird es so leicht sein wie jetzt, die Kultur auf die richtige Spur zu bringen und den Mitarbeitern und Führungskräften von Anfang an die benötigte Arbeits- und Führungskultur nahezubringen: Das ist weit weniger Aufwand als die Kultur später, wenn sie sich einmal verfestigt hat, wieder zu verändern. Was jetzt verankert wird, wird von Beginn an zum Bestandteil der gemeinsamen Gewohnheiten – zu »der Art, wie wir hier arbeiten«.

30.2 Unterschiedliche Ausgangslagen und Ziele

Je nach Ausgangslage der Fusion oder Übernahme muss man dabei verschiedene Varianten unterscheiden und im Vorgehen berücksichtigen: Wenn ein kleineres Unternehmen von einem größeren übernommen wird, ist zu klären, ob im Rahmen von dessen Eingliederung (→ Kap. 17.1) auch dessen Kultur an die des Übernehmers angeglichen werden soll oder ob es sich um ein eigenständiges Geschäftsfeld handelt, das, um erfolgreich zu sein, auch eine spezielle, auf die Anforderungen dieses Geschäfts zugeschnittene Kultur benötigt.

Wenn die Kulturen zusammengeführt werden sollen, ist es aus einem doppelten Grund sinnvoll, bewusst zu entscheiden, ob das übernommene Unternehmen einfach an der »Leitkultur« des übernehmenden ausgerichtet werden soll oder ob die Gelegenheit für eine strategiekonforme Weiterentwicklung der vorhandenen Kultur genutzt werden soll.

Letzteres kann beispielsweise entlang der Frage geschehen, welche Eigenschaften und Merkmale der Kultur der übernommenen Firma erhaltenswert sind und auch in der Kultur des Übernehmers gestärkt werden sollen. Ein solches integratives Vorgehen macht es nicht nur den übernommenen Mitarbeitern leichter, sich auf die neue Kultur einzulassen, es ist auch eine günstige Gelegenheit, die Kultur des übernehmenden Unternehmens in Bewegung zu bringen.

Erst recht stellt sich die Frage nach einer strategiekonformen Unternehmenskultur bei größeren Zusammenschlüssen, die mit einer neuen strategischen Ausrichtung des Geschäfts einhergehen. Statt es hier dem »freien Spiel der Kräfte« zu überlassen, welche Kultur sich durchsetzt, ist es wesentlich sinnvoller, die Kulturentwicklung bewusst und aktiv an den Anforderungen des Geschäfts auszurichten.

30.3 Culture Follows Strategy – Von der Strategie zur Kultur

Die zentrale Frage bei der Gestaltung der Sollkultur lautet nicht: »Welche Kultur würde uns, dem Vorstand, persönlich am besten gefallen?«, sondern: »Welche Kultur, das heißt welche Einstellungen und Gewohnheiten, braucht dieses Unternehmen, um in seinem Geschäft erfolgreich zu sein?«

Mit anderen Worten, die Konzipierung einer neuen Kultur muss sich zuvorderst an den Erfordernissen des jeweiligen Geschäfts orientieren. Dabei ist von nachgeordneter Bedeutung, ob das Management die betreffenden Merkmale »sexy« findet und ob sie die Herzen anrühren oder eher kühl und nüchtern klingen. Deshalb ist der erste Schritt einer aktiven Kulturgestaltung, die Ziele des neuen Unternehmens und seine Strategie darauf abzuklopfen, welche Anforderungen an die Kultur sich aus ihnen ergeben.

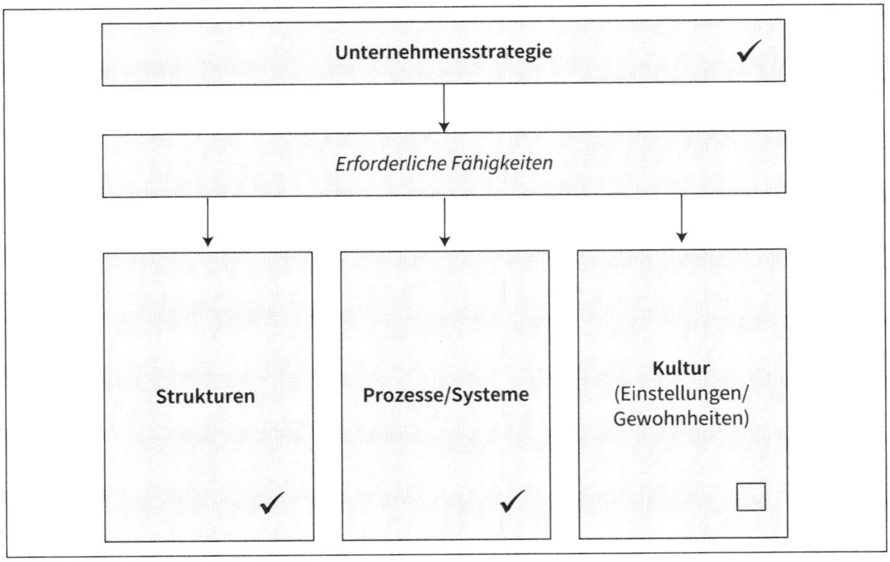

Abb. 10: »Culture Follows Strategy«: Die Sollkultur leitet sich – indirekt – aus der Strategie ab (vgl. Berner 2012)

Anders als der vielzitierte Satz »Structure Follows Strategy« suggeriert, lässt sich weder die Organisationsstruktur direkt aus der Strategie ableiten noch die Sollkultur. Eine Strategie beschreibt zunächst nur, welchen Weg ein Unternehmen einschlagen möchte, um zum Erfolg zu kommen: Auf welche Schwerpunkte, Marktsegmente, Produkteigenschaften, Kundenanforderungen etc. will es seine Kräfte konzentrieren? Auf welche Weise will es sich von der Konkurrenz absetzen und einen verteidigungsfähigen Wettbewerbsvorteil erringen?

Je nachdem, welche Strategie ein Unternehmen wählt, benötigt es ganz bestimmte Fähigkeiten, die es buchstäblich mit allen verfügbaren Mitteln kultivieren muss. Das betrifft sowohl die Organisationsstruktur sowie die Prozesse und Systeme als auch die Unternehmenskultur. Wenn es etwa die Innovationsführerschaft in seiner Branche anstrebt, muss es ganz andere Eigenschaften und Fähigkeiten besitzen, als wenn es der kostengünstigste Anbieter im Markt sein möchte, und wieder andere, wenn es als strategisches Ziel ein optimales Kosten-Nutzen-Verhältnis für den Kunden (»Value for Money«) anstrebt.

Halten wir fest: Aus der Strategie ergibt sich, welche Fähigkeiten ein Unternehmen besitzen muss, um in seinem Geschäft erfolgreich zu sein. Erst aus diesen erforderlichen Fähigkeiten leitet sich ab, welche Organisation, welche Prozesse und System es braucht, und eben auch, welche Einstellungen und Gewohnheiten, das heißt welche Unternehmenskultur es besitzen muss.

Welche Fähigkeiten und welche Kultur benötigt Ihr Geschäft?

Was genau ist nun mit »erforderliche Fähigkeiten« gemeint? Hier geht es nicht primär um individuelle Kenntnisse und Fertigkeiten, sondern um die Leistungsfähigkeit des Gesamtsystems: Was muss das Unternehmen als Ganzes können, was muss es leisten, welche besonderen Eigenschaften und Kompetenzen muss es besitzen, um seine Strategie verwirklichen zu können?

Diese kollektiven Fähigkeiten bauen zwar auf individuellen Kenntnissen und Fähigkeiten auf, reichen aber über sie hinaus: Erst durch optimal gestaltete Prozesse zum Beispiel besitzt eine Organisation die *über-individuelle* Fähigkeit, bestimmte Aufgaben hocheffizient zu erledigen. Erst dadurch, dass sie gut aufeinander eingespielt ist, gewinnt eine Fußballmannschaft ihre spielerische Überlegenheit.

Dieses »Aufeinander-Eingespielt-Sein« ist keine Eigenschaft der beteiligten Individuen; es ist im Wortsinn eine kollektive Fähigkeit. Deshalb kann es auch nicht individuell trainiert werden. In ähnlicher Weise kann, soll und muss eine strategiekonforme Kultur *über-individuell* dazu beitragen, bestimmte für den Unternehmenserfolg zentrale Leistungen besser zu erbringen als die Konkurrenten.

Wenn die erforderlichen Fähigkeiten hinreichend klar definiert sind, lassen sich daraus sowohl die Anforderungen an die Organisationsstruktur sowie an die

Prozesse und Systeme ableiten als auch die Anforderungen an die Kultur. Wenn etwa als eine der strategischen Kernfähigkeiten eines Unternehmens Innovationsfähigkeit festgelegt wurde, sollten sich nicht nur in der Struktur Organisationseinheiten finden, die etwa für Entwicklung und Marktforschung verantwortlich sind, es müsste sich auch in den Prozessen sowie in seiner Kultur spiegeln. Beispielsweise sollten es dann Bestandteil der Führungskultur sein, die Mitarbeiter dazu zu ermutigen, neue Wege zu gehen und neue Lösungen zu finden, statt nur einfach den eingespielten Routinen zu folgen.

Wenn in der Strategie dagegen Kosten und Produktivität im Mittelpunkt stehen, dann erfordert das nicht nur schlanke Strukturen und effiziente Prozesse und Systeme; vielmehr müssen die Themen Effizienz und Produktivität dann auch das tägliche Denken und Handeln der Führungskräfte und Mitarbeiter, also die Kultur bestimmen.

Bei der Definition der Sollkultur ist wichtig, klar beim Namen zu nennen, worauf es wirklich ankommt, statt mit wohltönenden Formulierungen Illusionen zu schüren und falsche Hoffnungen zu wecken. Wenn es etwa in einer Massenproduktion um die strikte Einhaltung der definierten Prozesse geht, dann wäre es kontraproduktiv, in Leitbildern von Kreativität und Mut zu selbstständigen Entscheidungen zu fabulieren. So edel, hilfreich und gut solche Werte in anderen Zusammenhängen sein mögen, in einer durchrationalisierten Massenproduktion haben sie schlicht keinen Platz.

Werte zu propagieren, die nicht konsistent mit der Strategie sind, führt nur zu Verwirrung, Illusionen und Konfusion. Wenn die Mitarbeiter versuchten, sie tatsächlich zu »leben«, täten sie das genaue Gegenteil dessen, worauf es in ihrem Geschäft ankommt. Die Folge wären Ineffizienzen und Produktivitätseinbußen. Wenn beispielsweise in einem durchrationalisierten Prozess ein Mitarbeiter »Mut zur eigenständigen Entscheidungen« an den Tag legt, dann wirft er damit den Prozess über den Haufen, und die nachfolgenden Wertschöpfungsstufen haben erheblichen Mehraufwand damit, seine eigenwillige Vorarbeit wieder auszubügeln.

30.4 Die Sollkultur auf den Punkt bringen

Und wie bestimmt man die Sollkultur? Am einfachsten geht das, indem man sich die Dokumente zur Unternehmensstrategie vornimmt und sich fragt: Welche Fähigkeiten muss diese Firma besitzen, um ihre strategischen Ziele zu erreichen? Wie muss dort gearbeitet werden? Auf welche Einstellungen und – vor allem – Verhaltensweisen kommt es besonders an?

In aller Regel enthalten Strategiepapiere explizit oder implizit eine Vielzahl von Aussagen zu diesen Fragen. Gerade bei Fusionen und Übernahmen gibt es in der Regel detaillierte Unterlagen, aus denen hervorgeht, welche Strategie das neue Unternehmen einschlagen will und weshalb es damit besser und erfolgreicher werden soll als seine Vorläufer. In diesen Papieren finden sich in aller Regel etliche explizite und implizite Aussagen darüber, wie in dem neuen Unternehmen gedacht und gearbeitet werden muss, damit es seine Ziele erreicht. Daraus lässt sich meist recht gut ableiten, welche Kultur es auszeichnen muss.

Im ersten Schritt geht es daher schlicht darum, all die Aussagen aus den Papieren herauszuziehen, sie zu dokumentieren und zu »clustern«, also in Gruppen mit inhaltlich verwandten Botschaften zu ordnen. Am einfachsten geht dies, indem man einfach die entsprechenden Worte oder Halbsätze auf Moderationskärtchen schreibt – zum Beispiel »Effizienz«, »Flexibilität«, »hochstandardisierte Prozesse« – und diese Kärtchen, nach Ähnlichkeit gruppiert, an eine Pinnwand heftet.

Der nächste Schritt besteht dann darin, die zentrale Aussage jedes dieser »Cluster« in Form eines kurzen »Leitsatzes« oder »Programmsatzes« prägnant auf den Punkt zu bringen. Wichtig ist, dabei nicht bloß logische Überbegriffe zu formulieren, sondern tatsächlich inhaltliche Botschaften. Also beispielsweise nicht bloß »Umgang mit Fehlern« (weil das nur ein Sammelbegriff für die Statements des betreffenden Clusters wäre, aber keine Richtungsangabe), sondern etwa: »Fehler sofort offenlegen« (sofern das die zentrale Botschaft ist, welche die Einzelstatements des Clusters treffend zusammenfasst).

Das Ergebnis dieses Arbeitsschritts ist eine kleine Sammlung von typischerweise drei bis acht plakativ auf den Punkt gebrachten Programmsätzen: der Rohentwurf der künftigen Sollkultur. (Mehr als sieben bis acht Aussagen sollten es nicht sein, weil die Orientierungswirkung mit der Zahl der Leitsätze nachlässt.)

30.5 Im Management erarbeiten, nicht an Projektteam delegieren

Im Prinzip könnte man die Aufgabe, auf der Basis der vorliegenden Strategiepapiere einen Entwurf für die Sollkultur zu erstellen, auch an eine Projektgruppe delegieren. Sinnvoller ist jedoch, deren Erarbeitung zum Gegenstand eines oder mehrerer Management-Workshops zu machen.

Denn in diesem Fall geht es nicht nur um das inhaltliche Ergebnis, sondern auch und vor allem um einen gemeinsamen Lern- und Konsensbildungsprozess: Wenn das Management sich in mehreren Tagen und/oder Nächten intensiv damit auseinandersetzt, welche Kultur das neue Unternehmen benötigt, dann verankern sich diese Gedanken ungleich tiefer, als wenn ein Entwurf von einer Projektgruppe hereingereicht und nach kurzer Diskussion mit ein paar kleinen Änderungen (für immer) »verabschiedet« wird.

Wertvoller Konsensbildungsprozess

Zugleich wirkt eine solche Übung auch als Teamentwicklungsprogramm: Bei diesen Diskussionen lernt sich das neu zusammengestellte Managementteam besser kennen und entwickelt ein gemeinsames Verständnis für die Erfolgsfaktoren des künftigen Geschäfts und für den Beitrag, den die Unternehmenskultur dazu leisten kann und soll.

Auch wenn anfangs möglicherweise einige murren und finden, dass dies auch durch »Zuarbeit« hätte erledigt werden können, stellt sich spätestens nach einigen kontroversen Diskussionen heraus, wie unterschiedlich die Interpretation mancher Begriffe war. Dann verstehen die meisten, dass es doch keine Zeitverschwendung war, sich selbst damit zu beschäftigen, bevor man die Entwürfe zum Feinschliff an das Projektteam delegiert.

Aus demselben Grund ist es auch sinnvoll, das Management im nächsten Schritt aktiv in die Formulierung beobachtbarer Indikatoren einzubeziehen. Das funktioniert nach der gleichen Logik wie im vorigen Kapitel (→ Kap. 29.6), nur dass in diesem Fall nicht die Indikatoren für eine erfolgreiche Integration erarbeitet werden, sondern die für die erfolgreiche Umsetzung der Sollkultur.

Zwischen den Indikatoren für eine erfolgreiche Integration und denen für die Sollkultur sollte es normalerweise keine Widersprüche geben – wenn doch, wären sie im Sinne der Sollkultur aufzulösen. Sehr viel wahrscheinlicher sind Überlappungen, weil zum Beispiel eine gute bereichs- und funktionsübergreifende Zusammenarbeit vermutlich sowohl für die Integration als auch für die Umsetzung der Strategie wichtig ist. In der Regel lassen sich die Indikatoren für die erfolgreiche Integration ganz oder teilweise in die der Sollkultur integrieren.

Intensive Durcharbeitung mit dem Management

Falls sich der Vorstand entgegen dieser Empfehlung aus Zeitgründen doch dafür entscheidet, die Ableitung der Sollkultur aus der Strategie sowie die Erarbeitung von Indikatoren an ein Projektteam zu delegieren, sollte er sich unbedingt zumindest dafür Zeit nehmen, die so erarbeiteten Entwürfe der Sollkultur und der Indikatoren mit der oberen Führungsmannschaft intensiv zu diskutieren und sie zu präzisieren.

Dabei geht es um zweierlei: Erstens darum zu überprüfen, ob die vorgeschlagenen Leitsätze tatsächlich die zentralen Botschaften sind, die die angestrebte Sollkultur treffend auf den Punkt bringen, und ob die Sammlung sowohl vollständig ist als auch frei von entbehrlichen oder überflüssigen Elementen.

Zweitens geht es dabei darum, die »Anschlussfähigkeit« zu sichern. Denn nur durch die intensive Beschäftigung mit den Leitsätzen und Indikatoren lässt sich erreichen, dass sich das Management diese Aussagen tatsächlich zu eigen macht. Wenn sie nur eine fertige Definition der Sollkultur verabschieden, wären die meisten Teilnehmer vermutlich schon beim Verlassen des Besprechungsraums nicht mehr dazu in der Lage, mehr als die Hälfte der Leitsätze aus dem Kopf zu benennen. Und wenn sie diese Leitsätze nicht einmal nennen können, ist so gut wie ausgeschlossen, dass sie ihr künftiges Handeln bestimmen.

Wenn die Diskussion zu blutleer verläuft und sich ein allzu rasches Abhaken abzeichnet, schlagen Sie vor, den Status quo im Unternehmen einmal anhand der vorgeschlagenen Leitsätze und Indikatoren zu bewerten. Beispielsweise sollen die Manager dann zunächst in kleinen Gruppen eine Bewertung des derzeitigen Stands vornehmen und sich über ihre Einstufungen dann im Plenum austauschen: Dadurch wird sehr schnell klar, wo der Nutzen der Indikatoren liegt, aber auch, ob sie so formuliert sind, dass sie wirklich den Kern der Sache treffen.

Meist sind für die Bestimmung der Sollkultur und ihre Operationalisierung mehrere Termine erforderlich, in denen das Projektteam seine Vorschläge mit dem Management diskutiert und sie anschließend überarbeitet. Wenn die Diskussionen dabei teilweise kontrovers verlaufen und die Vorschläge des Projekts in etlichen Punkten korrigiert oder sogar über den Haufen geworfen werden, ist das kein Problem, sondern im Gegenteil ein gutes Zeichen.

Denn erstens bedeutet das, dass das Management die Definition der Sollkultur ernst nimmt und sich intensiv damit auseinandersetzt. Zweitens wird dadurch erreicht, dass es sich die zentralen Aussagen wirklich zu eigen machen, statt sie bloß durchzuwinken. Deshalb muss man eine allzu rasche Zustimmung weitaus mehr fürchten als kontroverse Diskussionen, selbst wenn sie von Zeitdruck und aufkommender Ungeduld (»Warum dauert denn das alles so lange?!« – »Das haben wir doch alles schon beim letzten Mal diskutiert!«) begleitet sind.

30.6 Vom Formulieren der Sollkultur zu deren Umsetzung

Wenn die Sollkultur und ihre Indikatoren definiert sind, ist die Kulturgestaltung keineswegs abgeschlossen – im Gegenteil: Dann geht die Arbeit erst richtig los. Denn es wäre naiv anzunehmen, dass irgendwer im Unternehmen sein Verhalten ändert und es ab sofort an gesetzten Standards ausrichtet, bloß weil ein Projektteam in Abstimmung mit dem Top-Management ein paar Zettel mit Leitsätzen beschriftet hat. Solange es bei Papieren bleibt, ist es keine gewagte Vorhersage, dass das Ausmaß der tatsächlichen Verhaltensänderungen sehr überschaubar bleiben wird.

Vielmehr stellt sich ab dann die Gretchenfrage jeder Kulturveränderung: Aus welchen vernünftigen Gründen sollten die Leute ihr Verhalten eigentlich ändern und so handeln wie es in der Sollkultur beschrieben ist? Denn wenn es an solchen Gründen mangelt, dann können Sie sich ziemlich sicher sein, dass sich die Leute unabhängig von allen Sollbildern morgen ziemlich genau so verhalten werden wie sie es gestern und heute auch getan haben – nicht, aus »Beharrungsvermögen«, aus »Veränderungsresistenz« oder um Sie zu ärgern, sondern einfach, weil sie sich heute genau so verhalten, wie es für sie sinnvoll ist, um ihre Ziele zu erreichen.

Aber was könnte die Mitarbeiter überhaupt veranlassen, ihr Verhalten an der Sollkultur auszurichten? Wenn wir akzeptieren, dass sich jeder Mensch aus seiner subjektiven Sicht genau richtig verhält – was könnte ihn dann dazu bewegen, sein Verhalten zu ändern? Ganz sicher nicht die Tatsache, dass dazu »mal wieder irgend so ein Papier« verteilt wurde – selbst wenn es dazu noch einen Artikel in der Werkszeitung gab und vielleicht ein paar nette Workshops.

Schon eher hätte es eine Wirkung, wenn die Geschäftsleitung und die eigenen Vorgesetzten sich die Zeit nähmen, ihnen zu erklären, weshalb genau diese Art zu handeln für den Erfolg der Firma von größter Bedeutung ist – und erst recht, wenn sie diesen Worten Taten folgen ließen. Wenn sie etwa in den folgenden Wochen und Monaten mit großer Beharrlichkeit genau dieses Verhalten einforderten und sofort mit kritischem Feedback auf Abweichungen reagierten. Einen erheblichen Einfluss hätte es sicher auch, wenn diese neuen Erwartungen alsbald in die Mess-, Controlling- und Beurteilungssysteme aufgenommen würden.

30.7 Einflussfaktoren auf das Handeln von Mitarbeitern

Tatsächlich gibt es gar nicht so viele Möglichkeiten, wie ein Unternehmen das Handeln seiner Mitarbeiter beeinflussen kann. Zumal die Sache dadurch erschwert wird, dass es sich dabei gegen eine ganze Menge anderer Einflussfaktoren durchsetzen muss, die außerhalb der Kontrolle des Unternehmens liegen und die keineswegs alle in die gewünschte Richtung wirken (vgl. Abb. 11).

Lenken wir unseren Blick als Erstes auf die unkontrollierbaren Außeneinflüsse. Es ist wichtig, zur Kenntnis zu nehmen, dass keineswegs nur das Unternehmen Einfluss auf das Verhalten seiner Mitarbeiter nimmt. Beträchtlichen Einfluss hat auch das – im weitesten Sinne – soziale Umfeld, von den Arbeitskollegen und dem Betriebsrat über die Familie und den Freundeskreis bis hin zu gesellschaftlichen Trends und dem stattfindenden Wertewandel.

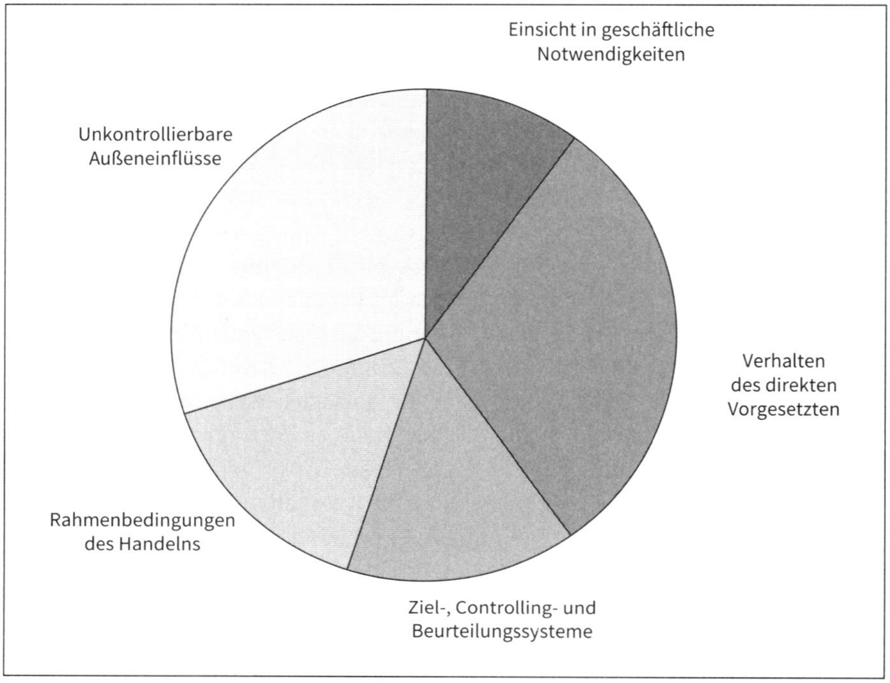

Abb. 11: Einflussfaktoren auf das Handeln von Menschen in Unternehmen[37]

Und natürlich spielen auch die persönlichen Einstellungen, Werte und Ziele des einzelnen Mitarbeiters eine Rolle: seine Grundeinstellung zur Arbeit, seine Motivationsstruktur, seine Identifikation mit dem Unternehmen, seine persönlichen Vorlieben und Abneigungen. Auch sie unterliegen kaum dem Einfluss des Unternehmens.

Angesichts dieser zahlreichen unkontrollierbaren Einflüsse ist die Implementierung der Sollkultur kein Spaziergang. Wenn man trotzdem ein halbwegs einheitliches Handeln im Sinne der definierten Sollkultur erreichen möchte, kommt es darauf an, die begrenzten Einflussmöglichkeiten zu bündeln, um sie bestmöglich zur Wirkung zu bringen.

Die eigenen Einflussmöglichkeiten bündeln

Einfluss auf das Handeln der Mitarbeiter haben Unternehmen hauptsächlich auf drei Wegen: Erstens durch die von ihm gesetzten Rahmenbedingungen, die bestimmte Verhaltensweisen leichter und andere schwieriger machen. Ob die

37 Resümee aus der psychologischen Forschung sowie langjähriger Praxisbeobachtung

Mitglieder eines Projektteams zum Beispiel in einem gemeinsamen Teamraum zusammensitzen oder sie über unterschiedlichste Länder und Zeitzonen verteilt sind und »nebenbei« weiter ihren normalen Job an der Backe haben, das beeinflusst sowohl die Qualität ihrer Zusammenarbeit als auch die Projektergebnisse.

Zweitens spielt eine Rolle, was in einem Unternehmen tatsächlich gemessen, überprüft und nachgehalten wird. Und drittens zählt, worauf die Vorgesetzten, vor allem aber der direkte Chef, in der täglichen Zusammenarbeit Wert legen. Dabei kommt es nicht so sehr darauf an, was der oder die Chefs predigen; in erster Linie zählt, wie sie tatsächlich handeln, und das heißt vor allem, worauf sie also positiv oder negativ oder überhaupt nicht reagieren.

Wie viel Gewicht diese Einflussfaktoren im Verhältnis zueinander haben, lässt sich nicht einheitlich sagen; es ist beispielsweise abhängig davon, welchen Stellenwert Mess-, Controlling- und Beurteilungssysteme in der jeweiligen Firma sowie in der spezifischen Funktion haben. In manchen Vertriebsfunktionen beispielsweise, wo ein sehr intensives Controlling stattfindet, beeinflussen diese Messsysteme das Handeln der Mitarbeiter womöglich stärker als die Vorgesetzten.

In vielen Verwaltungsfunktionen hingegen, in denen es kaum Mess- und Controllingsysteme gibt, wo allenfalls einmal im Jahr auf Drängen der Personalabteilung lustlos ein Beurteilungsformular ausgefüllt wird, sind die real erlebten Präferenzen des Chefs weitaus wichtiger als die formalen Systeme – erst recht, wenn es Grund zu der Annahme gibt, dass deren Einfluss dieser Beurteilungen auf Boni sowie Karriere- und Beförderungsentscheidungen weit geringer ist als das Ansehen bei den Vorgesetzten.

Die Rolle der Einsicht und ihre Grenzen

Die Einsicht in die geschäftlichen Notwendigkeiten, also das Erklären und Verstehen des Veränderungsbedarfs, hat für sich genommen wohl den geringsten Einfluss, ist aber trotzdem keineswegs unwichtig. Sie bestimmt das praktische Handeln zwar weniger als die Erwartungen der Vorgesetzten auf der einen Seite und die Rahmenbedingungen sowie die Mess- und Controllingsysteme auf der anderen, doch sie kann deren Wirkung unterstützen.

Prinzipiell richten viele Mitarbeiter und Führungskräfte ihr Verhalten zwar auch danach aus, was nach ihrer Auffassung für den Erfolg ihrer Firma wichtig ist – aber das ist keineswegs der einzige Faktor, der ihr Handeln beeinflusst: Auch sonst im Leben handeln wir ja nicht immer gemäß unseren Einsichten, wenn es darum geht, was langfristig gut für unsere Gesundheit, für unsere sozialen Beziehungen oder unseren Kontostand wäre.

Allzu häufig ist unser tatsächliches Handeln ein Kompromiss zwischen dem, was wir eigentlich für richtig halten, und dem, was uns unter den gegebenen Umständen machbar und zweckmäßig erscheint. Zu allem Übel gilt dabei das

Prinzip: Kurzfristiger kleiner Nutzen schlägt langfristigen großen Nutzen – lieber jetzt gut satt werden als in Zukunft gesund leben.

Die wahren Kräfteverhältnisse zeigen sich im Konfliktfall, also dann, wenn die Einsicht in die geschäftlichen Notwendigkeiten ein anderes Handeln gebieten würde als das, was von Vorgesetzten und den Messsystemen honoriert wird. In solchen Fällen gehen die allermeisten Menschen den Weg des geringsten Widerstands – wenn auch oft mit Unbehagen. Die wenigsten überwerfen sich um ihrer Einsichten willen mit ihren Vorgesetzten oder nehmen negative Beurteilungen und gar finanzielle Nachteile in Kauf – und das wäre wohl auch zu viel verlangt.

Das heißt jedoch keineswegs, dass man den Einfluss der Einsicht auf das Verhalten vernachlässigen könnte. Vielmehr spielt sie bei geforderten Verhaltensänderungen oft die Rolle eines Katalysators: Sie bewirkt zwar, für sich genommen, keine Verhaltensänderung, aber sie erhöht die Akzeptanz für die Forderungen des Unternehmens und befreit sie vom Ruch der Willkür. Für die betroffenen Mitarbeiter ist es sehr wohl ein Unterschied, ob sie die Gründe, weshalb sie ihr Verhalten ändern sollen, nachvollziehen können, oder ob sich nur der Chef »mal wieder etwas ausgedacht hat«.

Ziel-, Mess- und Beurteilungskriterien anpassen

Mit der Formulierung beobachtbarer Indikatoren haben Sie für den Aufbau strategiekonformer Ziel-, Mess- und Beurteilungssysteme bereits eine wichtige Vorarbeit geleistet. Trotzdem ist es noch ein Stück Arbeit, sie in die entsprechenden Systeme umzusetzen und diese Systeme dann zu implementieren.

Zumal hier auch der Betriebsrat ein Wörtchen mitzureden hat, denn in aller Regel unterliegen solche Systeme der Mitbestimmung: Ein guter Grund, dieses Gremium frühzeitig ins Boot zu holen und ihm zu erklären, was gemacht werden soll, wie es gemacht werden soll und was der tiefere Sinn dahinter ist.

Nach unserer Erfahrung verschließen sich die meisten Betriebsräte einem solchen Herangehen keineswegs, sie legen nur Wert darauf, dass das Vorgehen fair ist und dass die festgelegten Maßstäbe die Mitarbeiter nicht unangemessen belasten. (Wobei es zuweilen unterschiedliche Auffassungen darüber gibt, was man Mitarbeitern abverlangen kann.) Häufig reagieren sie sogar positiv, weil sie es gut finden, dass sowohl die Erwartungen als auch die Beurteilungskriterien auf diese Weise wesentlich transparenter werden.

30.8 Der größte Brocken: Die Veränderung der Führungskultur

Schwieriger ist es, sämtliche Führungskräfte eines Unternehmens dazu zu bewegen, ihre Mitarbeiter ab sofort so zu führen, dass es für die sinnvoll wird, im Sinne der definierten Sollkultur zu agieren. Doch an diesem Thema kommt man nicht vorbei, denn die Führung, insbesondere das Verhalten des direkten Vorgesetzten, ist nun einmal einer der stärksten Einflussfaktoren auf das Mitarbeiterverhalten überhaupt.

Auch wenn die meisten Mitarbeiter weit entfernt davon sind, ihrem Vorgesetzten blind zu gehorchen, spielt für sie doch eine große Rolle, worauf ihr Chef positiv und worauf er negativ und worauf er überhaupt nicht reagiert. Kaum ein Mitarbeiter wird zum Beispiel auf die Dauer große Sorgfalt in Aufgaben stecken, von denen er den Eindruck hat, dass sie von seinem Chef kaum zur Kenntnis genommen werden.

Umgekehrt geben sich die meisten Mitarbeiter bei den Dingen mehr Mühe, bei denen sie wissen, dass ihr Chef größten Wert auf sie legt. Das heißt nicht, dass jeder Mitarbeiter exakt das tut, was sein Chef von ihm will – aber die allermeisten nähern sich dem an: Führungsverhalten beeinflusst Mitarbeiterverhalten. (Glücklicherweise, denn sonst könnte man auf Führung verzichten.)

Deshalb führt kein Weg daran vorbei, das Thema Führungskultur anzugehen, wenn man das Verhalten auf Arbeitsebene verändern möchte. Wer will, dass die Mitarbeiter so arbeiten, wie es der Sollkultur entspricht, muss dafür sorgen, dass die Führungskräfte genau dieses Handeln von den Mitarbeitern einfordern und unterstützen.

Die Realität: Jede(r) führt anders

Die Führungsrealität sieht jedoch in den meisten Unternehmen ganz anders aus. Von konsistenter Führung kann in den meisten Fällen keine Rede sein: Jeder Vorgesetzte führt nach seiner Fasson, und die Signale und Verhaltensimpulse, die auf diese Weise bei den Mitarbeitern ankommen, könnten unterschiedlicher kaum sein.

Zugleich sind die allermeisten von ihnen völlig im Reinen mit ihrem Führungsstil: Jeder von ihnen führt ja genau so, wie er es unter den gegebenen Umständen für optimal hält. Und an diesem ihrem Führungsstil ändern sie auch nichts, bloß weil der Vorstand eine neue Kultur ausgerufen hat. Ähnlich wie die Mitarbeiter würden sie ihr Verhalten nur dann ändern, wenn es für sie gewichtige Gründe dafür gäbe. Und es ist sogar möglich, dass sie mit offenem oder verdecktem Widerstand auf die Forderung nach einer Änderung ihres Führungsverhaltens reagieren.

Um unnötige Befürchtungen auszuräumen, ist es deshalb nützlich, klar zu machen, worum es beim Thema Führungskultur geht und worum es nicht geht. Es geht dabei keineswegs darum, diese ganze bunte Vielfalt zu beseitigen und durch einen »gleichgeschalteten« Führungsstil zu ersetzen. Vielmehr geht es darum, sicherzustellen, dass alle Manager so führen, dass es für die Mitarbeiter sinnvoll wird, sich im Sinne der Sollkultur zu verhalten.

Zugleich geht es darum, zu verhindern, dass manche Manager ihre Mitarbeiter so führen, dass es für sie sinnvoll wird, sich völlig *anders* zu verhalten als es der Sollkultur entspricht. Denn sie haben ihre Führungsrolle ja nicht zum Zwecke der Selbstverwirklichung übertragen bekommen, sondern um das Unternehmen in Richtung der eingeschlagenen Strategie voranzubringen. Also ist es fair, von ihnen zu erwarten, dass sie auch in diesem Sinne führen. Eine »Gleichmacherei« ist dadurch nicht zu befürchten; die verbleibende Bandbreite, wie im Sinne der Sollkultur geführt werden kann, ist groß genug.

Der Unterschied zwischen Arbeits- und Führungskultur

Und wie bestimmt man die erforderliche Führungskultur? Ganz einfach indem man sich fragt: Wie müsste geführt werden, damit es für die Mitarbeiter in diesem Unternehmen sinnvoll wird, ihr Handeln an der Sollkultur auszurichten?

Das erforderliche Führungsverhalten zu bestimmen, ist kein Hexenwerk: In aller Regel beginnt es damit, den Mitarbeitern eine *klare Orientierung* im Sinne der Sollkultur zu vermitteln, ihnen also deutlich zu sagen, was man von ihnen erwartet. Weiter geht es damit, ihnen ohne langes Zögern *Feedback* zu geben, ob und in welchem Ausmaß sie diesen Erwartungen gerecht werden. Und schließlich geht es darum, *gute Leistungen* zu bemerken und zu würdigen und bei *unbefriedigenden* die Ursachen herauszufinden, wenn erforderlich, für die nötigen Qualifikationen zu sorgen, und so weiter.

Im Grunde ist das »ganz normales Führungshandwerk«, das sich kaum zu erwähnen lohnen würde, wenn – ja, wenn man davon ausgehen könnte, dass diese Dinge im Führungsalltag tatsächlich umgesetzt werden.

Entscheidend ist, dieses »normale Führungshandwerk« konsequent auf die angestrebte Sollkultur auszurichten. Denn natürlich genügt es nicht, dass die Vorgesetzten ihren Mitarbeitern irgendeine Orientierung geben – es muss schon eine Orientierung sein, die auf die definierte Sollkultur hinwirkt. Das Gleiche gilt für Feedback und Mitarbeiterentwicklung: All das muss auf die Sollkultur zugeschnitten sein. Damit dies geschieht, ist es zwingend erforderlich, sich neben der »Arbeitskultur« auch des Themas Führungskultur anzunehmen.

Führen ist etwas anderes als Ausführen

Aber ist es wirklich notwendig, neben der Sollkultur auf der »Arbeitsebene« eine separate Führungskultur zu definieren? Wäre es nicht schöner, wenn man eine einheitliche Kultur für die ganze Firma festlegen würde, die sowohl für Mitarbeiter als auch für Führungskräfte gilt? Schöner vielleicht – wobei sich zu fragen lohnt, welcher ästhetische Maßstab hinter diesem Idealbild steht –, aber nicht wirklich sinnvoll.

Führen ist nun einmal eine grundlegend andere Tätigkeit als ausführende Arbeit. Der Preis einer Vermischung wäre daher eine Verwischung, das heißt ein Verlust an Klarheit. Natürlich kann man trotzdem versuchen, beides unter einen Hut zu bringen; klarer und transparenter wird die Beschreibung der angestrebten Kultur aber, wenn man zwischen Arbeits- und Führungskultur differenziert.

Die Vermischung von Arbeits- und Führungskultur birgt die Gefahr einer Fehlsteuerung. Denn die Anforderungen an Führungskräfte sind durchaus nicht immer dieselben wie die an die Mitarbeiter – nur ein wenig mehr davon. Wenn es in einem Geschäft zum Beispiel besonders auf Kreativität ankommt, heißt das nicht zwangsläufig, dass die Vorgesetzten ganz besonders kreativ sein müssten – viel wichtiger ist, dass sie ein Arbeitsumfeld schaffen, in dem sich die Kreativität ihrer Mitarbeiter optimal entfalten kann. Ein überaus kreativer Chef, der immer die besten Ideen hat, kann sogar zur Kreativitätsbremse für die gesamte Abteilung werden, weil er die Mitarbeiter ungewollt entmutigt: Wenn der Chef sowieso immer noch eine bessere Idee draufsetzt, hat es kaum Sinn, sich anzustrengen, um eine möglichst kreative Lösung zu entwickeln.

Viel wichtiger wäre in diesem Fall, dass die Vorgesetzten die Fähigkeit besitzen, besonders kreative Menschen möglichst schon bei der Mitarbeiterauswahl zu erkennen und ihre Kreativität dann gezielt weiter zu fördern – beides wiederum Fähigkeiten, welche die kreativen Mitarbeiter selbst nicht unbedingt besitzen müssen. Mit anderen Worten, die Arbeits- und die Führungskultur mögen Überschneidungen aufweisen, ziemlich sicher werden sie sich aber in etlichen Punkten deutlich unterscheiden.

30.9 Implementierung der Führungskultur

Die Führungskultur wird im Prinzip in der gleichen Weise implementiert wie die Arbeitskultur. Denn auch auf sie wirken die gleichen Einflussfaktoren, wie sie oben in der Grafik beschrieben sind: Auch das Handeln von Führungskräften ist – neben ihren eigenen Vorstellungen und den Einflüssen ihres sozialen Umfelds – vor allem bestimmt von den Rahmenbedingungen, von ihrer Sicht auf die geschäftlichen Erfordernisse, von den Forderungen ihrer eigenen Vorgesetzten sowie von den bestehenden Mess-, Controlling- und Beurteilungssystemen. Also ist es notwendig, an genau diesen Hebeln anzusetzen – und auch hier zweckmäßigerweise an allen vieren, um tatsächlich die gewünschte Wirkung zu erzielen.

Das heißt praktisch, als erster Schritt ist es notwendig, den Führungskräften überzeugend zu vermitteln, weshalb es zur erfolgreichen Implementierung der Arbeitskultur erforderlich ist, in der beschriebenen Weise zu führen, und sie darüber zu informieren, dass ihre Vorgesetzten und das Top-Management dies auch einfordern und das Beurteilungssystem entsprechend ausrichten werden.

Der zweite und entscheidende Schritt der Umsetzung besteht dann darin, diese Ankündigungen wahr zu machen. Am schwierigsten ist dabei, wie das Management nachhalten kann, ob die Führungskräfte tatsächlich im Sinne der Sollkultur führen. Denn deren Kommunikation mit ihren Mitarbeitern findet ja in aller Regel in Abwesenheit der höheren Führungsebenen statt. Die sporadischen eigenen Eindrücke, die mehr oder weniger zufällig beim Top-Management ankommen, reichen in den seltensten Fällen aus, um sich ein aussagekräftiges und fundiertes Bild zu machen.

Anders ist es, wenn sich das Top-Management aktiv vor Ort kundig macht, ob und in welchem Ausmaß die gewünschte strategische Ausrichtung tatsächlich bei den Mitarbeitern angekommen ist. Es ist immer wieder eindrucksvoll, welche durchschlagende Wirkung es hat, wenn sich bei solchen Ortsterminen herausstellt, dass viele Mitarbeiter von der Sollkultur gar nichts wissen. Das anschließende Gespräch mit dem jeweiligen Abteilungs- oder Standortleiter muss nicht lange dauern, um sein Verhalten »nachhaltig« zu verändern.

Es spricht sich erstaunlich schnell herum, wenn das Management hinter der Umsetzung der Führungskultur her ist – und fast genauso schnell schlägt es sich im Führungsverhalten nieder. Denn wenn die Führungskräfte damit rechnen müssen, dass der Vorstand die eigenen Mitarbeiter nach der Sollkultur und ihrer praktischen Umsetzung fragt, möchte sich natürlich niemand eine Blöße geben. Auf diese Weise wird das schlichte regelmäßige Nachfragen zu einem starken Signal, das die Führungskultur sehr rasch verändert.

Eine gute Möglichkeit, dies zu verstetigen und auf eine breitere Basis zu stellen, ist eine Vorgesetztenbeurteilung, die sich konsequent und ausschließlich an der festgelegten Führungskultur orientiert. Denn die Mitarbeiter vor Ort können am besten beantworten, ob die gewünschten Führungssignale tatsächlich bei ihnen ankommen. Entscheidend ist dabei nicht, ob sie das gut oder schlecht finden, sondern ob sie verstanden haben, was ihr Vorgesetzter und das Unternehmen von ihnen erwarten, und ob sie in der Praxis die Erfahrung machen, dass ihr Chef diese Punkte einfordert und sie bei ihrer Umsetzung unterstützt.

Am Ende bestimmen die Entschiedenheit und Beharrlichkeit, mit der die Führungskultur vom Top-Management vorangetrieben wird, ob deren Implementierung – und mit ihr die Implementierung der Sollkultur – gelingt (vgl. Berner 2012).

WICHTIGSTE ERKENNTNISSE UND SCHLUSSFOLGERUNGEN

- Eine aktive Kulturgestaltung muss über die kulturelle Integration hinausgehen. Ziel der kulturellen Integration ist, die Führungskräfte und Mitarbeiter beider Seiten zu einer produktiven Zusammenarbeit zu bewegen und aus zwei konkurrierenden Lagern ein neues gemeinsames »Wir« zu machen. Doch sollte es nicht dem »freien Spiel der Kräfte« überlassen werden, welche neue Kultur sich dabei herausbildet – vielmehr sollte die Umbruchphase genutzt werden, um die Kultur des neu entstehenden Unternehmens konsequent auf die Anforderungen des Geschäfts auszurichten.
- Die Gelegenheit ist günstig: Nach einem Merger sind die Mitarbeiter und Führungskräfte ohnehin dabei, sich neu zu orientieren, was ihre Vorgesetzten und das Unternehmen von ihnen erwarten. In dieser Phase ist es leichter, die Kultur neu auszurichten, als bei der »gewachsenen« und entsprechend verfestigten Kultur eines etablierten Unternehmens.
- Um die Unternehmenskultur strategiekonform auszurichten, muss geklärt werden, welche Fähigkeit das Unternehmen besitzen muss, um seine Strategie erfolgreich verwirklichen zu können, und welche Einstellungen und Verhaltensweisen dies bei den Mitarbeitern und Führungskräften erfordert. Dabei geht es nicht um die Frage, welche Kultur sich das Management wünschen würde, sondern darum, welche Kultur für den Erfolg des Geschäfts erforderlich ist.
- Dementsprechend muss die Sollkultur aus der Strategie abgeleitet werden. Das geht am einfachsten, wenn man die vorliegenden Strategiepapiere darauf analysiert, welche expliziten oder impliziten Aussagen über die erforderlichen Einstellungen und Arbeitsweisen sie enthalten. Diese Aussagen werden geordnet und zu Leitsätzen oder Programmsätzen verdichtet, welche die Eckpunkte der angestrebten Sollkultur umreißen.
- Es ist sinnvoll, diese Leitsätze jeweils mit beobachtbaren Indikatoren zu hinterlegen, aus denen hervorgeht, an welchen beobachtbaren Tatsachen man erkennen kann, ob die Sollkultur umgesetzt ist. Erst diese Operationalisierung stellt sicher, dass alle maßgeblichen Beteiligten tatsächlich das gleiche Verständnis davon haben, wie die angestrebte Sollkultur aussieht. Abstrakte Leitsätze lassen (zu) viel Spielraum für unterschiedliche Interpretationen und Auslegungen; sie reichen daher nicht aus, um ein konsistentes Verhalten des Managements zu gewährleisten.

- Obwohl es möglich wäre, die Erarbeitung der Sollkultur und ihrer Indikatoren an ein Projektteam zu delegieren, ist es im Interesse ihrer nachhaltigen Verankerung klüger, sie in einem oder mehreren Management-Workshops zu erarbeiten. Denn es geht in diesem Fall nicht nur um das Ergebnis, sondern auch darum, dass der Vorstand und das oberste Management sie wirklich durchdrungen und sich zu eigen gemacht haben. Zugleich wirken solche Workshops auch als Teambildungsprogramm im Top-Management.
- Mit der Erarbeitung der Sollkultur und ihrer Indikatoren ist das Ziel zwar beschrieben, aber noch lange nicht umgesetzt. Damit die Mitarbeiter ihr Verhalten tatsächlich an der Sollkultur ausrichten, muss dafür gesorgt werden, dass ein entsprechendes Handeln für sie subjektiv sinnvoll wird. Dazu muss man ihnen nicht nur erläutern, weshalb dieses Verhalten für den geschäftlichen Erfolg notwendig ist, und die Rahmenbedingungen dafür schaffen, sondern man muss es konsequent nachhalten. Dazu müssen die Mess-, Controlling- und Beurteilungssysteme entsprechend ausgerichtet werden, vor allem aber muss dafür gesorgt werden, dass die Vorgesetzten dieses Verhalten konsequent und beharrlich einfordern.
- Dafür kommt man an einer Veränderung der Führungskultur nicht vorbei: Die Führungskräfte aller Ebenen müssen davon überzeugt werden, dass sie ihre Mitarbeiter im Sinne der Sollkultur führen müssen, und sie müssen selbst von ihren Vorgesetzten daran gemessen werden, dass sie dies tun.

31 Krisenmanagement: Wenn die Integration schiefläuft

Auch wenn niemand gerne darüber redet: Nicht immer verlaufen Integrationsprozesse wunschgemäß. Die Gründe dafür können vielfältig sein: Mängel in der Planung, übersehene »Kleinigkeiten«, unerwartete Schwierigkeiten oder Widerstände, Abgänge von Schlüsselpersonen, gezielte Attacken von Wettbewerbern …

Fusionen und Übernahmen sind komplex genug und konfliktträchtig genug, um aus den unterschiedlichsten Gründen in Nöte zu kommen – sogar dann, wenn man (beinahe) alles richtig gemacht hat und sich keine wesentlichen Versäumnisse vorzuwerfen hat. Das liegt einfach daran, dass die Risiken einer Integration auch bei sorgfältigster Planung nicht vollständig beherrschbar sind (→ Kap. 19).

Doch was auch immer die Ursachen der sich anbahnenden Krise sind, die Folgen ähneln sich: Die Integration kommt aus dem Tritt, die Stimmung verschlechtert sich, die Probleme werden immer mehr statt weniger, die Zuversicht schwindet, der Druck auf die Verantwortlichen wächst, der Umgangston wird rauer.

Ein untrügliches Warnsignal für eine heraufziehende Krise ist, wenn nicht mehr über den besten Weg zum Ziel diskutiert wird, sondern darüber, wer an aufgetretenen Problemen schuld ist. Denn hinter Schuldzuweisungen steckt fast immer die stillschweigende Annahme, dass das Vorhaben den Bach hinuntergehen wird und dass es daher ab sofort vor allem darauf ankommt, sich selbst aus der Schusslinie zu bringen.

Deshalb besteht dringender Handlungsbedarf: Die Hoffnung, dass sich das von alleine wieder einrenkt, wenn der Integrationsprozess erst einmal Ergebnisse zeitigt, ist illusorisch, weil es dazu nicht mehr kommen wird. Denn die um sich greifenden Schuldzuweisungen bewirken unweigerlich, dass sich die Aufmerksamkeit aller Beteiligten in äußerst kontraproduktiver Weise verlagert: weg von der Suche nach Lösungen, hin zur Selbstverteidigung (die manche auch in der »Vorneverteidigung« suchen, also im Beschuldigen anderer).

31.1 Wegschauen trägt zur Verschärfung bei

Deshalb lautet die erste und wichtigste Faustregel für heraufziehende Krisen: nicht verdrängen – hinschauen! Dazu müssen Sie sich wahrscheinlich zwingen, denn nichts kommt unter dem Zeitdruck und der Arbeitsbelastung einer Integration ungelegener als eine Krise. Für die Verantwortlichen ist daher die Versuchung groß, sich vorzumachen, dass es sich nur um einen vorübergehenden Durchhänger oder eine Schwächeperiode handele, und als erste »Sofortmaßnahme« auf eine baldige Erholung zu hoffen (»Das wird schon wieder, wenn erst ...«).

Doch so wichtig Gelassenheit im Integrationsmanagement zuweilen ist, sie wird kontraproduktiv, wenn sie in Realitätsverleugnung umschlägt. Statt blind auf das Prinzip Hoffnung zu setzen, sollte man sich daher selbst wachrütteln mit der Frage: Aus welchem vernünftigen Grund sollte die Lage von alleine wieder besser werden?

Je länger eine Krise schon schwelt und je höher sie sich aufgebaut hat, desto schwerer ist sie zu bewältigen. Deshalb ist es fatal, dass oft wertvolle Zeit verloren wird, weil die Verantwortlichen die ersten Anzeichen einer sich zusammenbrauenden Krise nicht wahrhaben wollen – sei es, weil sie fürchten, als Panikmacher dazustehen, sei es, weil sie eine Krise als persönliches Versagen ansehen würden und deshalb »nicht sein kann, was nicht sein darf«.

31.2 Frühwarnsignale ernst nehmen!

Doch Wegschauen ist eine gefährliche Strategie. Umgekehrt hat es große Vorteile, eine entstehende Krise schon im Frühstadium zu erkennen und sie zu entschärfen, bevor sie große Wellen schlagen und Unheil anrichten konnte – möglicherweise sogar, bevor sie von breiteren Kreisen überhaupt wahrgenommen wurde. Deshalb ist es wichtig, die Frühwarnsignale für heraufziehende Krisen zu kennen – und bereit zu sein, sie wahrzunehmen.

Oft bahnt sich eine Krise schon an, wenn alle noch tapfer zusammenarbeiten, aber der Frustrationspegel schleichend steigt: Die Arbeit scheint trotz aller Anstrengungen immer mehr zu werden; es sind wenig greifbare Ergebnisse zu sehen, und zu allem Überfluss verstärkt sich auch noch der Eindruck, sich in dem fusionierten Unternehmen auf nichts und niemanden verlassen zu können.

Zwar ist gerade der letzte Punkt bis zu einem gewissen Grad normal bei Fusionen, einfach weil die eingespielten Routinen zerrissen wurden durch die neuen Strukturen und das Zusammentreffen unterschiedlicher Kulturen und die neuen Abläufe oft noch kräftig holpern. Trotzdem ist das Gefühl mangelnder Unterstützung dann besonders frustrierend und entmutigend, wenn man selbst in Arbeit ertrinkt und kein Land mehr sieht.

Die Verantwortlichen für die Steuerung der Integration müssen daher einen wachen Blick dafür haben, ob es sich bei den an ihre Ohren dringenden Klagen, dass »in diesem Unternehmen überhaupt nichts funktioniert«, nur um die üblichen und kaum zu vermeidenden psychosozialen Begleitgeräusche größerer Strukturveränderungen handelt oder ob sich hier eine tiefergehende Frustration aufbaut, bei der die Gefahr besteht, dass sie in wachsende Entmutigung und schließlich in Resignation umschlägt. Wenn es Grund zu der Annahme gibt, dass Letzteres der Fall ist, hat es keinen Sinn zuzuwarten, denn diese Frustration würde von Tag zu Tag tiefer und entsprechend schwerer korrigierbar.

31.3 Überprüfung des Integrationskonzepts

Prinzipiell gelten für die Bewältigung von Integrationskrisen die gleichen Regeln wie bei anderen Krisen auch. Die erste und wichtigste ist, die Verantwortung für die Krisenbewältigung zu übernehmen und trotz aller ohnehin schon bestehenden zeitlichen und emotionalen Belastung die Initiative zum Krisenmanagement zu ergreifen.

Zweitens kommt es darauf an, einen Zerfall der Integration-Teams durch gegenseitige Vorwürfe und Schuldzuweisungen zu verhindern. Und drittens ist entscheidend, für eine saubere Problemanalyse zu sorgen. Denn um ein Problem zu lösen, hilft es, verstanden zu haben, worin es genau besteht. Das klingt selbstverständlich, aber in dem »Sog zum Aktionismus«, der durch den hohen Zeit- und Problemdruck leicht entsteht, gerät es leicht in Vergessenheit.

Bei vielen Integrationskrisen liegt das zentrale Problem schlicht darin, dass man »zu viele Bälle gleichzeitig in der Luft hat«: zu viele Baustellen, an denen gleichzeitig mit Hochdruck und entsprechend hohem Zeitaufwand gearbeitet wird. Die Folge sind Überlastung der Verantwortlichen und Entscheidungsstaus, zu viele Variablen, zu wenig feste Größen, störende Nebeneffekte eigener eingeleiteter Maßnahmen (z. B. Stellenbesetzungen oder Produktbereinigungen), Kommunikationsprobleme und Machtkämpfe, Beschwerden von Kunden, überraschende Attacken von Wettbewerbern, Rückschläge in der operativen Zusammenführung von Funktionen – dies alles gepaart mit wachsender Frustration bei den Mitstreitern und einer schleichend um sich greifenden Entmutigung.

Kurz gesagt, zuweilen droht der Integrationsprozess zum Opfer der eigenen Komplexität und der selbst ausgelösten Effekte zweiter und dritter Ordnung zu werden.

Vereinfachen und Priorisieren

Falls dies das Problem ist, sollten sich die Verantwortlichen umgehend zusammensetzen und die gesamte Planung des Integrationsprozesses darauf überprüfen, wie sie sich vereinfachen, abspecken und auf die erfolgskritischen Themen konzentrieren lässt:

- Welche Teilaufgaben und Aktivitäten können ganz weggelassen, stark vereinfacht oder auf später verschoben werden?
- Welche Aufgaben sind absolut zentral, weil sie Grundlage aller bzw. vieler weiterer Maßnahmen sind, und müssen daher mit hoher Priorität und unter Konzentration aller Kräfte schnellstmöglich durchgezogen werden?
- Wo lassen sich schnelle Erfolge erzielen, die nicht nur eine Erleichterung für die Weiterarbeit sind, sondern auch als Ermutigung auf alle Beteiligten (einschließlich des Managements) wirken? Wie kann dafür gesorgt werden, dass solche Erfolge auch wahrgenommen und beachtet werden?
- An welchen Stellen scheint das Integrationskonzept, so wie es aufgesetzt wurde, grundsätzlich zu haken? Sind dort unter Umständen grundlegende Korrekturen erforderlich, und sind sie zum jetzigen Zeitpunkt noch möglich?
- Brauchen Sie Beratung – sei es, weil es Ihnen und Ihrer Mannschaft doch an Erfahrung für die Steuerung eines so komplexen Vorhabens fehlt, oder sei es, um einfach zusätzliche Arbeitskapazität ins Haus zu holen (→ Kap. 18.1)?

Klar, über all diese Fragen hätte man auch schon bei der Erstellung des Integrationskonzepts nachdenken können und wahrscheinlich sollen. Aber für diese späte Erkenntnis kann man sich jetzt nichts mehr kaufen, und es bringt überhaupt nichts, jetzt besserwisserisch auf Ex-Post-Vorhersagen herumzureiten. Worauf es nun ankommt, ist, rasch die nötigen Korrekturen vorzunehmen.

Es ist besser, ein bisschen spät klüger zu werden und Konsequenzen aus erkannten Fehlern zu ziehen, als starr an dem eingeschlagenen Kurs festzuhalten – zumal dies wohl die letzte Gelegenheit ist, Versäumnisse aus der Vorbereitungsphase zu korrigieren, ohne dass es zu allzu großen Verwerfungen kommt. Allerdings muss das nun mit großer Sorgfalt geschehen, denn der nächste Schuss muss sitzen: Viele Fehlversuche haben die Integrationsmanager nun nicht mehr frei.

31.4 Die Dramaturgie der Krisenbewältigung

Doch die Bewältigung einer heraufziehenden Integrationskrise erfordert nicht nur eine tragfähige »Sachlösung«, sie verlangt auch gute Kommunikation. Je früher die Schwierigkeiten erkannt und angegangen wurden, desto kleiner ist vermutlich die Zahl der Personen, die bereits selbst unter den Problemen leiden, und desto geringer der bislang angestaute Frustrationspegel. Das heißt, zu diesem Zeitpunkt kann es noch genügen, den Integrationsteams zu erläutern, welche Veränderungen an der Integrationsplanung Sie vorgenommen haben (oder vornehmen wollen) und aus welchen Gründen.

Doch je höher der Frustrationsspiegel ist, desto wichtiger wird es, erst einmal das Problem ausführlich zu besprechen und so ein »Auskotzen« zu ermöglichen, bevor Sie eine Lösung präsentieren. Anderenfalls laufen Sie Gefahr, dass Ihre Lösung aus der angestauten Frustration heraus »zerschossen« wird: nicht, weil sie schlecht wäre, sondern weil die Leute schlecht drauf sind.

Wenn die Krise schon breitere Kreise gezogen hat, muss auch die Krisenbewältigung breiter angelegt werden. Von entscheidender Bedeutung ist in diesem Fall, sich nicht nur um die sachliche Problemlösung zu kümmern, sondern auch um den sozialen Prozess. Nur wenn die Leute sehen, dass die kritischen Punkte tatsächlich offengelegt, bearbeitet und mit überzeugenden Lösungen angegangen werden, kann Vertrauen in das neue Vorgehen entstehen – und, was noch wichtiger ist, der Wille, an dessen Realisierung tatkräftig und entschlossen mitzuwirken.

Die Probleme müssen auf den Tisch

Wer sich ausschließlich darauf konzentriert, im Kreis seiner engsten Mitarbeiter und Berater einen Ausweg aus der Krise zu suchen, läuft Gefahr zu scheitern: Er mag die sachlich richtige Lösung finden, aber das nützt ihm wenig, wenn die Leute nicht mehr mitgehen, weil sie »vom Glauben abgefallen sind«, also Vertrauen und Zuversicht verloren haben. Wichtig ist, sich klarzumachen, dass sachliche Lösungsfindung und sozialer Prozess kein »Entweder – oder« sind, sondern ein »Sowohl – als auch«: Natürlich muss der eingeschlagene Lösungsweg sachlich tragfähig sein; genauso wichtig ist aber, eine geeignete Dramaturgie zu finden, um auch einen belastbaren emotionalen Konsens herbeizuführen.

Um die Zuversicht der Mitarbeiter wiederzugewinnen, ist ein zentrales Element der Dramaturgie eine schonungslose Bestandsaufnahme der bestehenden Schwierigkeiten und eine Benennung der gemachten Fehler. Wobei unter »schonungslos« nicht Vorwürfe, Schuldzuweisungen und eine gnadenlose Bestrafung der ausgemachten Sündenböcke zu verstehen sind, sondern ein ehrliches und ungeschöntes Benennen aller (!) bestehenden Probleme, ohne Rücksicht darauf, ob einige der Teilnehmer – einschließlich des Top-Managements! – dies hören möchten oder nicht.

Gut bewährt hat sich hierfür die Methode der Zwischenbilanz. Sie beginnt mit einer moderierten Kartenabfrage zu der Fragestellung, was derzeit brauchbar funktioniert und was schiefläuft. In der Regel kommen hier ziemlich viele negative Kärtchen zusammen – aber paradoxerweise hat es einen ausgesprochen positiven Effekt, wenn die Kärtchen für jeden lesbar an Pinnwänden hängen. Typische Reaktion von Teilnehmern: »Nun liegen die Probleme endlich einmal auf dem Tisch!« Oder: »Jetzt, wo die Punkte offengelegt sind, werden wir es auch schaffen, Lösungen für sie zu finden!«

Jenseits des »Auskotzens«

Nun gilt es, dieses Eisen zu schmieden, solange es heiß ist. Ähnlich wie das »Ausweinen« bei einem persönlichen Problem hat auch eine solche Bestandsaufnahme einen kathartischen, also einen emotional entlastenden Effekt – zuweilen so stark, dass viele Teilnehmer bereit wären, sich damit zufriedenzugeben. Aber das wäre ein verhängnisvoller Fehler, denn genau wie eine individuelle Katharsis nur eine vorübergehende Entlastung bringt, so hält auch eine kollektive nicht lange vor, weil sie ja an den sachlichen Problemen nichts ändert.

Wenn danach nichts geschieht, kehrt sich der Effekt in sein Gegenteil um: Es macht sich wachsende Enttäuschung breit, dass nichts geschehen ist, »obwohl doch alle Fakten auf dem Tisch lagen«. (Eigentlich paradox: Niemand tut etwas, doch alle sind enttäuscht, dass keiner etwas getan hat. Aber offensichtlich weckt so eine Bestandsaufnahme die Erwartung, dass andere – die Geschäftsleitung? der Projektleiter? das Integrationsteam? »die Zuständigen«?! – die Kartoffeln aus dem Feuer holen.)

Um keine falschen Erwartungen zu wecken (und die Suppe hinterher auslöffeln zu müssen), ist es daher wichtig, unmittelbar im Anschluss an die Bestandsaufnahme die nächsten Schritte anzuschließen. Der erste sollte unbedingt sein, emotionalen Konsens, der durch das Clustering entstanden ist, um eine rationale Überprüfung der Problemlage zu ergänzen. Denn nicht immer sind die Punkte, die momentan am störendsten und am ärgerlichsten sind, auch diejenigen, an denen man den Hebel ansetzen muss, um eine Verbesserung zu erreichen.

Erst nach einer rationalen Analyse macht es Sinn, die Themen zu priorisieren und Lösungsansätze zu entwickeln. Dabei kommt es entscheidend darauf an, dass die Zwischenbilanz in konkrete Maßnahmen, Termine und Verantwortlichkeiten mündet. Denn nur wenn hinterher Konkretes geschieht, hat die Veranstaltung mehr bewirkt als eine temporäre Entlastung; anderenfalls fällt sie in die berüchtigte Kategorie: »Nett, dass wir mal darüber geredet haben!«. Und dann ist die Methode »verbrannt«; dann braucht man den Leuten mit ähnlichen Aktionen in Zukunft nicht mehr zu kommen.

Werden hingegen Festlegungen getroffen und umgesetzt, dann hat die Zwischenbilanz wirklich etwas gebracht. Dann kann das Instrument auch künftig eingesetzt werden, um den Stand der Integration zu überprüfen.

Was zugleich auch bedeutet: Es ist durchaus nicht erforderlich (und bei komplexen Integrationsprozessen auch nicht sonderlich wahrscheinlich), dass ab der

Zwischenbilanz *alles* reibungslos läuft – es genügt, wenn sich im Rückblick alle darüber einig sind, dass die Veranstaltung einen deutlichen Schritt nach vorne (und damit de facto eine Krisenbewältigung) gebracht hat. Dann ist sie für alle Beteiligten eine Ermutigung, weil sie sehen, dass sie mit vereinten Kräften auch schwierige Situationen bewältigen können. Dass dabei manche Probleme noch ungelöst bleiben, tut der positiven Bewertung keinen Abbruch – vor dem Hintergrund dieser Erfahrung werden sie zur neuen Herausforderung.

31.5 Tiefe und verfestigte Krisen

Ungleich schwieriger ist die Lage, wenn die Krise schon weit fortgeschritten und bereits in Resignation umgeschlagen ist. Typische Symptome: Etliche gute Leute sind abgewandert oder auf dem Sprung; die Verbliebenen wursteln stumpf und ohne Hoffnung vor sich hin, reagieren nur noch mit eingezogenen Köpfen auf Kundenreklamationen, Auftragsverluste und andere Hiobsbotschaften.

Im Grunde warten dann alle nur noch darauf, wie es einmal ein Mitarbeiter formulierte, »dass irgendwann der große Knall kommt«. Allen ist klar, dass das, was sich da zusammenbraut, weder für das Unternehmen gut ist noch für die Sicherheit ihrer Arbeitsplätze. Während die Jüngeren daher über ihre beruflichen Alternativen nachdenken, rechnen sich die Älteren aus, wie lange sie noch bis zur Altersteilzeit haben, und hoffen, dass das sinkende Schiff sie noch so lange trägt.

In einer solchen Situation ist der emotionale Turnaround mindestens genauso wichtig wie der konzeptionelle. Denn das brillanteste strategische Konzept hilft nichts, wenn man zwar weiß, was geschehen müsste, um die Fusion zu retten, die Leute aber innerlich aufgegeben haben und bei allem, was man ihnen sagt, nur noch müde und traurig nicken und danach wieder in ihre Zimmer schleichen.

Dennoch ist auch das strategische Konzept von großer Bedeutung, denn mit Mobilisierung alleine ist es nicht getan – das Konzept muss hinterher auch funktionieren. Nichts wäre in einer derartigen Situation fataler, als wenn es gelänge, die Leute noch einmal für einen Anlauf zu motivieren, das Konzept sich aber als nicht tragfähig erwiese. Ohnmacht, Wut und Verzweiflung wären die Folge, und es entstünde eine tiefe Depression, die kaum noch zu heilen wäre.

In solch einer festgefahrenen Krise ist der »emotionale Turnaround« meist nur noch mit neuen Köpfen an der Spitze möglich. Das bisherige Management, aber auch die bisherigen Berater haben in einer solchen Situation keine Chance mehr, das verlorene Vertrauen zurückzugewinnen. Denn für die Mitarbeiter stellt sich ja die Frage, weshalb sie genau den Personen, die sie so tief in die Grütze gefahren haben, nun plötzlich die Rettung des Unternehmens zutrauen sollen. In solch einer Situation kann man dem Unternehmen wohl nur noch einen Dienst tun: einem Neuanfang unter einer anderen Führung nicht im Wege zu stehen.

WICHTIGSTE ERKENNTNISSE UND SCHLUSSFOLGERUNGEN

- Auch wenn niemand gerne darüber redet: Nicht immer verlaufen Integrationsprozesse wunschgemäß. Fusionen und Übernahmen sind komplex und konfliktträchtig genug, um aus den unterschiedlichsten Gründen in Schwierigkeiten zu geraten.
- Die wenigsten Krisen verschwinden dadurch, dass man sich weigert, sie zur Kenntnis zu nehmen. Im Gegenteil: Durch Wegsehen und Verdrängen wird oft wertvolle Zeit verloren. Wer so lange zögert, bis die Krise sich nicht mehr verleugnen lässt, trägt zu ihrer Verschärfung bei. Deshalb gilt es, Frühwarnsignale zu erkennen und ernst zu nehmen, wie etwa, wenn nicht mehr um die richtige Lösung gestritten wird, sondern um die Schuldfrage, oder wenn Frustration, Stress und Erschöpfung immer mehr zunehmen.
- Prinzipiell gelten für die Bewältigung von Integrationskrisen die gleichen Regeln wie für andere Krisen auch. Die erste und wichtigste ist, die Verantwortung für die Krisenbewältigung zu übernehmen und trotz aller ohnehin schon bestehenden zeitlichen und emotionalen Belastung die Initiative zum Krisenmanagement zu ergreifen.
- Zweitens kommt es darauf an, einen Zerfall des Teams durch gegenseitige Vorwürfe und Schuldzuweisungen zu verhindern. Und drittens ist entscheidend, für eine saubere Problemanalyse zu sorgen. Denn um ein Problem zu lösen, muss man verstanden haben, worin es genau besteht. Das klingt selbstverständlich, aber in dem »Sog zum Aktionismus«, der durch den hohen Zeit- und Problemdruck leicht entsteht, gerät es leicht in Vergessenheit.
- Wichtig ist, die Bewältigung einer Krise nicht bloß als eine Sachaufgabe zu verstehen, sondern zugleich auch als eine kommunikative Herausforderung. Wer sich ausschließlich darauf konzentriert, im Kreis seiner engsten Mitarbeiter und Berater einen Ausweg aus der Krise zu suchen, läuft Gefahr zu scheitern: Er mag die sachlich richtige Lösung finden, aber das hilft ihm wenig, wenn die Leute nicht mehr mitgehen, weil sie »vom Glauben abgefallen sind«, also Vertrauen und Zuversicht verloren haben.
- Eine gute Methode, den inhaltlichen und den sozialen Prozess der Krisenbewältigung zu verzahnen, ist eine »Zwischenbilanz«. Sie beginnt mit einer moderierten Kartenabfrage zu der Fragestellung, was derzeit schiefläuft. In der Regel kommen hier ziemlich viele negative Kärtchen zusammen; dennoch bewirkt dies meistens eine Entlastung: Die Leute sind erleichtert, wenn die derzeitigen Probleme für jeden lesbar an Pinnwänden hängen.

- Entscheidend ist, sich mit dieser momentanen Erleichterung (»Katharsis«) nicht zufriedenzugeben, sondern die daraus entstehende Energie für die Entwicklung einer tragfähigen rationalen Strategie zur Bewältigung der Krise zu nutzen. Dabei muss konkret festgelegt werden, wer in den nächsten Tagen oder Wochen was tut. Denn sonst besteht die Gefahr, dass alle darauf warten, dass »die anderen« sich um das Nötige kümmern, und dann erst recht enttäuscht und frustriert sind, wenn dies nicht geschieht.
- Wenn das sauber durchgezogen wurde und seine Wirkung gezeigt hat (und nur dann), kann die Methode der Zwischenbilanz auch später eingesetzt werden, falls das Projekt erneut in Schwierigkeiten geraten sollte.
- Bei tiefen und verfestigten Krisen, wenn schon etliche wichtige Kunden verloren wurden, Leistungsträger abgewandert sind und die »Hinterbliebenen« nur noch auf den großen Knall warten, kann ein emotionaler Turnaround meistens nur noch durch einen Führungswechsel bewirkt werden. Denn für die Mitarbeiter und Führungskräfte stellt sich ja die Frage, weshalb sie den Personen, die diese negative Entwicklung nicht verhindern konnten, nun plötzlich die Rettung des Unternehmens zutrauen sollen.

32 Auswertung des Integrationsprojekts (Lessons Learnt): Was haben wir erreicht, was gelernt?

Zu einem anständigen Projekt gehört auch, dass man es auf geordnete Weise abschließt und nicht einfach auseinanderläuft, als sei man sich nur zufällig auf der gleichen Veranstaltung begegnet. Neben einem Dank und einer Würdigung der erbrachten Leistungen – etwa im Rahmen eines gemeinsamen Abendessens – zählt dazu auch eine Auswertung: Nicht bloß ein Blick zurück, im Zentrum sollte vielmehr die Frage stehen, was sich aus dem Verlauf dieser Integration für die Zukunft lernen lässt.

Diese »Lessons Learnt« zu erarbeiten und zu dokumentieren, ist besonders wichtig, wenn man weiß oder ahnt, dass dies nicht das letzte Integrationsprojekt für das Unternehmen und seine Führungsmannschaft gewesen sein wird. Denn erfolgreiche Integratoren unterscheiden sich von weniger erfolgreichen nicht zuletzt dadurch, dass sie Erkenntnisse aus vorausgegangenen (eigenen und fremden) Integrationsprojekten systematisch auswerten und so ihre Integrationsmethodik systematisch verbessern.

Doch eine abschließende Auswertung empfiehlt sich auch dann, wenn sich keine neue Übernahme oder Fusion abzeichnet. Denn es dient einfach der Psychohygiene, wenn man Projekte nicht einfach sang- und klanglos ausplätschern lässt, sondern ihnen einen sauberen Abschluss gibt. Dabei hilft ein Rückblick, bei dem man die eigene Sichtweise mit der der anderen Mitstreiter abgleicht, den einen oder anderen Punkt aussprechen kann, der noch ausgesprochen werden muss, und die große Baustelle dann als »aufgeräumt« hinter sich lassen kann.

32.1 Einen kollektiven Lernprozess organisieren

Technisch ist solch eine Auswertung nicht sonderlich anspruchsvoll – es kommt einfach darauf an, sie zu machen. Dafür braucht man einfach ein Meeting von, je nach Projektumfang und Anzahl der Teilnehmer, etwa zwei bis vier Stunden Dauer und einen sinnvoll strukturierten Ablauf. Die Initiative dazu kann sowohl vom Vorstand als auch von der Projektleitung ausgehen – Hauptsache, jemand nimmt die Sache in die Hand.[38]

Da Integrationsprojekte meist aus zahlreichen Teilprojekten bestehen, ist es oft sinnvoll, die Auswertung in zwei Schritten zu machen: Zuerst innerhalb der Teilprojekte, dann mit den Leitern der Teilprojekte gemeinsam mit dem Vorstand bzw. dem Lenkungsausschuss. Der oder die Leiter des Gesamtprojekts sollten an den Auswertungsgesprächen der Teilprojekte teilnehmen, genau wie der Vorstand an der Auswertung des Gesamtprojekts teilnimmt.

Zwar wären die Gespräche vielleicht einfacher und entspannter, wenn die Teams auf der Teilprojektebene unter sich wären und auf der Gesamtprojektebene die Auswertung nur zwischen den Teilprojektleitern und der Gesamtprojektleitung stattfände – aber dann würde etwas Wesentliches fehlen, nämlich der Austausch zwischen Auftraggeber(n) und Auftragnehmer(n).

Das Integrationsprojekt wie seine Teilprojekte fanden ja nicht um ihrer selbst willen statt, sondern in Erfüllung eines Auftrags, den das Gesamtprojekt vom Vorstand bekommen hat und die Teilprojekte von der Leitung des Gesamtprojekts. Die Frage, wie die Zusammenarbeit zwischen Auftraggebern und Auftragnehmern funktioniert hat, ist zwar nicht die einzige Frage, die bei der Auswertung zu betrachten ist, aber letztlich die wichtigste von allen. Denn eine exzellente Zusammenarbeit innerhalb der Teilprojekte wäre wenig wert, wenn dabei die Anforderungen des Gesamtprojekts verfehlt würden, und eine perfekte Harmonie der Teilprojekte wäre wenig wert, wenn dabei der Auftrag des Vorstands unerfüllt bliebe.

Wer trotzdem Sorge hat, dass wichtige Dinge unausgesprochen bleiben, wenn der Vorstand bzw. der Gesamtprojektleiter am Tisch sitzt, kann die Meetings zweiteilen in einen ersten Teil, der *ohne* Gesamtprojektleiter bzw. Vorstand stattfindet, und einen zweiten, bei dem sie hinzukommen und mit einem Resümee des ersten Teils auf den Stand der Dinge gebracht werden.

---

38 Einer der Gründe, weshalb eine solche strukturierte Auswertung häufig nicht stattfindet, ist wohl, dass es dafür oft keine klare Zuständigkeit gibt. Wenn irgendwer die Initiative ergreift und ein Abschlussgespräch vorschlägt, verweigern sich die anderen Beteiligten dem nur selten. Doch längst nicht immer ergreift jemand die Initiative, und dann scheinen die anderen Beteiligten eine Auswertung nicht so stark zu vermissen, dass sie sie von sich aus einfordern.

32.2 Die psychologische Hürde überwinden

Obwohl eigentlich jedem einleuchtet, dass ein sauberer Projektabschluss sowohl der Sache als auch allen Beteiligten guttut, findet er viel zu selten wirklich statt. An mangelnder Zeit kann das kaum liegen: Nach all der Zeit und Kraft, die die Beteiligten in die Integration gesteckt haben, kann ein halbtägiges Meeting eigentlich keine unüberwindliche Hürde sein.

Für den Projektleiter und auch für externe Berater liegt ein zentrales Hindernis wohl in dem Bewusstsein, dass nicht alles im Projekt eine mustergültige Erfolgsstory war. Das ist zwar einerseits normal, aber andererseits trotzdem etwas, was Psychologen eine »narzisstische Kränkung« nennen: ein kleiner Dämpfer für unser Selbstwertgefühl, eine weitere Wiederholung der allzu vertrauten Erfahrung, dass unsere tatsächlich erbrachte Leistung unserem Selbstideal (wieder einmal) nicht voll gerecht geworden ist.

Das kann ein leises Minderwertigkeitsgefühl auslösen, also das Gefühl, nicht »gut genug« gewesen zu sein. Gerade Menschen, die sehr ambitioniert sind und sich selbst eigentlich nur dann akzeptieren können, wenn ihre Leistung perfekt und makellos war, möchten an solche Unzulänglichkeiten lieber nicht erinnert werden; deshalb drängt es sie nicht nach einem Auswertungsgespräch. Im schlimmsten Fall könnte sich ja sogar herausstellen, dass die Unzufriedenheit groß ist und dass es, wenn man dieses Fass aufmacht, plötzlich Kritik von allen Seiten hagelt. Also scheint es sicherer, den Deckel darauf zu lassen.

Für den Auftraggeber gilt oft Ähnliches: Gut möglich, dass er der Integration nicht in jeder Phase die größtmögliche Aufmerksamkeit und bestmögliche Unterstützung zuteilwerden ließ. Weil er fürchtet, dass diese Kritik bei einer Auswertung auf den Tisch kommen könnte, reißt er sich ebenfalls nicht um einen solchen Termin. Außerdem müsste er selbst dann wohl auch aussprechen, was ihm im Laufe des Projektes missfallen hat, ohne dass er dies damals zum Thema gemacht hat – was ihm die Frage einbringen könnte: »Warum haben Sie uns das denn nicht gleich gesagt?! Dann hätten wir es noch ändern können!«

Zudem fürchten viele Manager, dass es von der Motivationswirkung her eher schädlich wäre, die alten Sachen noch einmal aufzuwärmen. Deshalb lügen sie sich und anderen in die Tasche: »Wir wissen doch selbst alle, was gut gelaufen ist und was nicht. Da müssen wir beim nächsten Mal einfach besser darauf achten!« Darauf nicken die meisten, weil jedem einige solche Punkte einfallen – auch wenn das nicht unbedingt dieselben sind. Und sie überlegen es sich zweimal, ob sie nach solch einer Ansage des Vorstands noch auf ein Auswertungstreffen drängen sollen.

Es ist wohl einfach so: Viele Menschen haben in Bezug auf offenes Feedback im Allgemeinen und Auswertungsgespräche im Besonderen ein mulmiges Gefühl.

Das lässt sich nicht wegreden; das muss man akzeptieren. Irgendwer muss diese Beklommenheit überwinden, damit eine Auswertung stattfinden kann. Natürlich ist es gut, wenn die Initiative dazu vom Auftraggeber bzw. der Geschäftsleitung ausgeht. Aber sie kann ohne Weiteres auch von dem Projektleiter oder aus den Projektteams kommen.

Am niedrigsten ist die Schwelle, wenn ein »Lessons-Learnt-Meeting« fester Bestandteil der Unternehmenskultur ist – oder wenn es im Projekthandbuch ein Punkt ist, der ganz einfach »abgehakt« werden muss, bevor ein Projekt abgenommen wird. Das mag etwas albern und bürokratisch klingen, doch wenn es dabei hilft, die Beklommenheit zu überwinden und eine Auswertung anzustoßen, hat es seinen Zweck erfüllt.

32.3 Durchweg positive Erfahrungen

Wenn die Beteiligten das Gespräch dann hinter sich haben, stellen sie meistens fest, dass sie sich umsonst gefürchtet haben: »So schlimm war es eigentlich nicht. Im Grunde genommen war es sogar ziemlich gut!« In aller Regel verlaufen solche Gespräche freundlich und respektvoll. Nach anfänglicher Beklommenheit werden sowohl positive Erfahrungen als auch Enttäuschungen ausgetauscht, und meist gelingt es auch, einen Konsens darüber zu finden, was nicht optimal gelaufen ist und was man daraus für das nächste Mal lernen sollte.

Ich habe eigentlich nie erlebt, dass bei solchen Gelegenheiten schmutzige Wäsche gewachsen wurde oder man sich gegenseitig Schuldzuweisungen um die Ohren gehaut hätte – selbst dann nicht, wenn es vom Projektverlauf her Anlass dazu gegeben hätte. Viel wahrscheinlicher ist, dass sich negative Aussagen im ganzen Unternehmen verbreiten, wenn *keine* Auswertung stattfand und es infolgedessen keine Gelegenheit gab, angestaute Enttäuschungen und Verärgerungen gegenüber den direkt Beteiligten »loszuwerden«.

Oft stellen die Teilnehmer nach solchen Abschluss-Meetings sogar erstaunt und erleichtert fest, dass für die allermeisten Beteiligten einschließlich des Auftraggebers trotz der bekannten Holprigkeiten die positiven Aspekte überwiegen. Doch selbst wenn die Unzufriedenheit einmal hoch ist, ist es besser, wenn dies im direkten Dialog ausgesprochen wird, als wenn es unausgesprochen stehen bleibt – und sich der angestaute Überdruck dann gegenüber zahlreichen Unbeteiligten Luft macht, ohne damit je zur Gänze zu verschwinden.

Denn während man einen externen Berater relativ leicht loswerden kann, wenn man mit der Zusammenarbeit nicht zufrieden war, muss man mit seinen Kollegen, Mitarbeitern und Vorgesetzten ja weiterleben. Und dafür ist es nicht unbedingt ein Vorteil, wenn die Beziehung von unausgesprochenen Enttäuschungen oder Kränkungen belastet ist; die fließen sonst als offene Rechnungen in die künftige Zusammenarbeit ein.

Das Argument, dass sich eine Klärung nicht mehr lohnt, weil das Projekt ja eh vorbei ist, ist daher zu kurz gedacht – und meist nur ein Alibi für Konfliktscheu. Abgeschlossenes ruhen zu lassen, wäre nur dann richtig, wenn von einer Auswertung eine Verschlechterung der Beziehungen zu befürchten wäre. Tatsächlich trägt ein offenes und respektvoll geführtes Auswertungsgespräch aber eher zu einer Verbesserung der Beziehungen bei – und ist schon deshalb gut investierte Zeit.

32.4 Ein Abgleich der Sichtweisen bringt Erkenntnisse und bewirkt Entlastung

Zusätzlich stellt sich in aller Regel heraus, dass eine gemeinsame Auswertung auch inhaltlich einen Erkenntnisgewinn bringt. Selbst wenn das Resümee nur lautet: »Da müssen wir beim nächsten Mal einfach früher drüber reden!«, ist diese Erkenntnis weniger banal und folgenlos als es scheinen mag. Denn mit einiger Wahrscheinlichkeit motiviert sie die Beteiligten dazu, beim nächsten Mal tatsächlich früher miteinander zu reden – und zugleich liefert sie auch die Legitimation dafür, den Auftraggeber beim nächsten Mal früher zu »belästigen«.

In aller Regel gehen die Erkenntnisse aber weiter: Man versteht zum Beispiel besser, wo man aneinander vorbeigeredet und -gearbeitet hat, erkennt, wo man vielleicht zu zurückhaltend oder zu dominant war oder seine Rolle nicht richtig verstanden und ausgefüllt hat. Nicht selten erfährt man aber auch, dass manche Dinge, die man selbst als schwerwiegende Fehler empfunden hat, von den anderen als gar nicht so gravierend angesehen werden. Und dass andere Dinge für sie – im Positiven oder Negativen – weit größeres Gewicht hatten.

Es ist nun einmal so, dass wir Menschen nur durch den Abgleich unterschiedlicher Sichtweisen zu neuen Einsichten über uns selbst und andere kommen können. Deshalb ist es eine verschenkte Chance, wenn sich ein Projektteam nach einer längeren Zusammenarbeit die Gelegenheit zu diesem gemeinsamen Lernprozess entgehen lässt: Es schadet sowohl der persönlichen Weiterentwicklung der Beteiligten als auch der Weiterentwicklung des Teams. Und es entzieht damit auch dem Unternehmen einen Nutzen, den es mit wenig Aufwand heben könnte.

32.5 Option Zwischenbilanz

Der Nutzen eines strukturierten Auswertungsgesprächs ist so groß, dass man sich fragen muss, ob es wirklich klug ist, es erst am Ende eines Projektes zu führen, oder ob es nicht gescheiter wäre, es von Zeit zu Zeit schon während des laufenden Projektes einzuschieben.

In der Tat hat ein offener Austausch inmitten des laufenden Projekts den gleichen oder noch größeren Nutzen für die Qualität der Beziehungen, und dazu kommt, dass gewonnene Erkenntnisse gleich in die weitere Zusammenarbeit einfließen können. Deshalb ist es vor allem bei länger laufenden Projekten in jedem Fall eine gute Idee, bei einer geeigneten Gelegenheit – etwa nach einer Zwischenpräsentation – solch eine Zwischenauswertung durchzuführen.

Mangelnde Zeit oder die momentane schwierige Projektphase sollte jedenfalls kein Grund sein, auf eine Zwischenauswertung zu verzichten. Im Falle einer Projektkrise wird eine solche Zwischenbilanz ohnehin im Rahmen eines Krisengesprächs (→ Kap. 31.4) stattfinden, weil es die einzige Methode ist, einen Ausweg aus dem Schlamassel zu finden. Spätestens dann wird man die Zeit dafür haben – müssen. Aber nirgendwo steht geschrieben, dass man damit bis zu einer Krise warten muss.

32.6 Einer negativen Eigendynamik entgegenwirken

Wichtig ist sicherzustellen, dass der Fokus bei Auswertungsgesprächen nicht ausschließlich oder überwiegend auf Negativem liegt. Zwar soll und muss natürlich über die Punkte gesprochen werden, die nicht funktioniert oder die Enttäuschungen, Kränkungen und Verärgerungen hinterlassen haben. Wenn aber den Großteil der Zeit nur über das gesprochen wird, was unbefriedigend war, entsteht ein verzerrtes und entmutigendes Gesamtbild, denn nur in den seltensten Fällen war ja alles an der Zusammenarbeit schlecht.

Solch eine Schieflage der Diskussion ergibt sich aber auch ohne böse Absicht fast automatisch. Denn erstens ist in unserer Kultur die Tendenz verbreitet, das, was in Ordnung war, als selbstverständlich zu nehmen oder es allenfalls kurz zu erwähnen, um sich dann mit großer Hingabe in allen Details auf das Unbefriedigende zu konzentrieren.

Und zweitens gibt es, selbst wenn man bewusst darauf achtet, nicht nur über das Negative zu reden, sondern auch das Positive hervorzuheben, bei den positiven Punkten in der Regel wenig Diskussionsbedarf. Diskutiert wird über das, was nicht optimal war. Hier gibt es unterschiedliche Meinungen und zuweilen auch kontroverse Diskussionen – und ehe man sich's versieht, hat man so unter dem Strich 90 Prozent der Zeit mit Negativem verbracht.

So entsteht in Summe ein völlig schiefes Bild, das bei den Beteiligten das – zumeist gänzlich unberechtigte – Gefühl hinterlässt, dass bei diesem Projekt im Grunde so gut wie gar nichts funktioniert hat. Mit solchen Diskussionen zieht man sich ungewollt gegenseitig herunter. Manche reagieren darauf niedergeschlagen, andere rebellieren dagegen oder versuchen, die »Schuld« an dem unbefriedigenden Verlauf anderen zuzuschieben – und wenn man nicht aufpasst, endet das Ganze in Rechtfertigungen oder gegenseitigen Schuldzuweisungen.

Deshalb soll, darf und muss auch benannt werden, was funktioniert hat oder vielleicht sogar eine positive Überraschung war. Und da sich die zeitliche Asymmetrie der Diskussion nicht gänzlich verhindern lässt, weil positive Punkte in aller Regel wirklich weniger Diskussionen auslösen als negative, ist es ratsam, hier ein bewusstes Gegengewicht zu setzen.

Das kann zum Beispiel durch eine Visualisierung geschehen: Wenn alle positiven, negativen und sonst wie bemerkenswerten Punkte auf Kärtchen an Pinnwänden dokumentiert sind, wie im Folgenden beschrieben, sorgt schon allein das für eine bessere Balance – und der Moderator kann ein Übriges tun, in dem er von Zeit zu Zeit auf die positive Seite verweist.

32.7 Überlegte Strukturierung des Gesprächs

Apropos Moderation: Sie ist in jedem Fall sinnvoll. Und sie sollte, außer wenn das Gespräch im kleinsten Kreis stattfindet, nach Möglichkeit weder beim Auftraggeber noch beim Projektleiter oder Berater liegen. Oft gibt es ja ein Teammitglied, das ein gewandter Moderator ist und selbst keinen großen »Leidensdruck« hat. (Was im Umkehrschluss auch heißt: Wer »einen dicken Hals hat«, weil er über manche Dinge im Projektverlauf ausgesprochen verärgert oder gekränkt ist, sollte die Moderation auch dann nicht übernehmen, wenn er ein geübter Moderator ist.) Falls es in den eigenen Reihen keinen geeigneten Moderator gibt, ist eine externe Moderation überlegenswert.

Da solche Meetings oft in einer gewissen Beklommenheit beginnen und vor allem für Projektleiter und Berater beinahe den Charakter einer »Zeugnisvergabe« haben, ist es sinnvoll, ihren Verlauf nicht einfach dem Zufall zu überlassen, sondern dem Gespräch – und insbesondere dem Gesprächseinstieg und dem Abschluss – eine Struktur zu geben.

Für den Einstieg ist es wichtig zu berücksichtigen, dass am Anfang vermutlich manche Teilnehmer noch unentschieden sind, wie offen sie sich äußern werden.

Manche haben sich vielleicht sogar vorgenommen, gar nichts zu sagen oder sich zumindest nicht zu weit aus dem Fenster zu lehnen. Deren Bereitschaft zur Offenheit würde man überfordern, wenn man mit der Tür ins Haus fällt und zum Beispiel gleich nach ihrer größten Enttäuschung im Projektverlauf fragt.

Sofern den Moderatoren kein originellerer Einstieg einfällt, ist es guter Standard, die Teilnehmer zu bitten, jeweils drei rote, grüne und gelbe Kärtchen zu beschreiben: Die roten Kärtchen mit Punkten, die nicht optimal waren, die grünen mit solchen, die gut oder sogar ausgezeichnet waren, und die gelben mit Dingen, die sonst wie bemerkenswert waren, ohne eindeutig positiv oder negativ zu sein.[39]

Die Kärtchen werden dann an Pinnwänden nach Ähnlichkeit geclustert und die Cluster mit Punkten gewichtet, um zu bestimmen, welche Themen den Teilnehmern besonders wichtig sind und deshalb vorrangig diskutiert werden sollten. Durch die Punktegewichtung wird zwar nur ein emotionaler Konsens festgestellt, doch ist das in diesem Fall angemessen, denn an dieser Stelle geht es ja wirklich weniger darum, was »objektiv« wichtig war, als darum, was in den Erinnerungen und Emotionen der Beteiligten das größte Gewicht hat.

Leitlinien für das Gespräch

Wo immer es um heikle Themen und divergierende Bewertungen geht, sind Fragen der Hierarchie von Bedeutung – vor allem in sehr hierarchisch denkenden Organisationen. Das heißt praktisch: Wenn der Auftraggeber als Erster dezidiert seine Meinung äußert, werden sich die Stellungnahmen vieler anderer Beteiligter an seine Sichtweise anpassen. Nur wenige werden ihren obersten Chefs öffentlich frontal widersprechen wollen.

Das heißt praktisch: Wenn Sie Ihre Meinung bestätigt bekommen wollen, dann sagen Sie sie gleich am Anfang, und zwar möglichst apodiktisch – dann wissen die Leute wenigstens, was sie bestätigen sollen, und müssen nicht raten. Wenn Sie dagegen an der wahren Meinung der Teammitglieder interessiert sind, halten Sie sich am Anfang mit Ihrer Meinung zurück.

---

39 Die Vorgabe »jeweils drei Kärtchen« bewirkt eine einigermaßen ausgewogene Verteilung von positiven und negativen Rückmeldungen – und beeinflusst damit natürlich das Ergebnis. Man kann auf diese Vorgabe auch verzichten und es den Teilnehmern selbst überlassen, wie viele Kärtchen von jeder Farbe sie beschriften. Dann wird sich wahrscheinlich in vielen Fällen ein Überhang der negativen Punkte ergeben, wenn auch normalerweise kein dramatischer. Die Frage ist aber, wie viel an Erkenntnissen man verliert, wenn sich jeder Teilnehmer auf die drei aus seiner Sicht wichtigsten positiven und negativen Punkte beschränkt. Deshalb kann man in der Anmoderation sogar ganz offen sagen: »Wir wollen gar nicht jedes Detail wissen, sondern sowohl im Positiven als auch im Negativen nur die drei Punkte, die den größten Einfluss auf den Gesamterfolg hatten.«

Um diese »hierarchische Verzerrung« zu vermeiden, kann es sinnvoll sein, explizit eine Regel einzuführen, die angeblich aus der israelischen Armee stammt: Dass nämlich die Reihenfolge der Meinungsäußerungen entgegen der Hierarchie erfolgt, sodass die rangniedrigsten Mitglieder der Runde ihre Sichtweise als Erste äußern und die ranghöchsten als Letzte. In jedem Fall sollten die »Hierarchen« am Anfang aber auf Meinungsäußerungen verzichten, wenn sie mehr hören wollen als ihr eigenes Echo.

Für die Moderation ist es hilfreich, die Diskussion weniger auf »Vergangenheitsbewältigung« zu zentrieren als auf die Frage, was die Beteiligten aus diesen Erfahrungen gelernt haben und was daraus das Unternehmen als Ganzes lernen sollte. Zwar ist es wichtig, dass Emotionen – einschließlich Ärger, Enttäuschungen und zurückgebliebene Kränkungen – offen ausgesprochen werden; am Ende geht es aber nicht um die Klärung der Schuldfrage, sondern um Schlussfolgerungen für künftige Projekte bzw. die künftige Zusammenarbeit.

Zwar lässt sich auch die Vergangenheit noch ändern, zumindest was ihre emotionalen Nachwirkungen in der Gegenwart betrifft: Ein schlichtes »Tut mir leid, das wollte ich nicht!« kann manche noch offene Wunde heilen. Trotzdem ist es entlastend für alle Beteiligten, wenn sie sehen, dass es in der Diskussion darum geht, für die Zukunft zu lernen, und nicht darum, schmutzige Wäsche zu waschen und sich gegenseitig tatsächliche und vermeintliche Fehler, Versäumnisse und Missgriffe um die Ohren zu hauen. Die Erfahrung zeigt, dass Menschen sehr viel offener mit eigenen Fehlern umgehen, wenn sie nicht das Gefühl haben, sich gegen Angriffe und eine drohende Verurteilung verteidigen zu müssen.

Deshalb ist es auch ein guter Abschluss für das Auswertungsgespräch, dass jeder (!) der Teilnehmer für sich persönlich eine kurze Antwort auf die Fragen gibt: »Was nehme ich persönlich mit aus dem Projekt? Was habe ich für die Zukunft gelernt? Was werde ich beim nächsten Mal wieder so machen, was werde ich anders machen?« Mit einem solchen persönlichen Resümee kann die Runde schließen. Im Anschluss daran können Vorstand oder Gesamtprojektleiter die Teammitglieder zu einer kleinen Feier einladen.

32.8 »Erfolgsmessung« der Fusion oder Übernahme

Neben dieser projektinternen »Schlussbilanz« gibt es noch eine andere Art der Auswertung, nämlich die Bewertung des wirtschaftlichen Erfolgs der Fusion oder Übernahme. Sie betrifft das Integrationsprojekt und seine Verantwortlichen allerdings nur am Rande und ist in erster Linie Sache des Vorstands und der Eigentümer.

Bei Fusionen und Übernahmen gibt es ja in aller Regel klare finanzielle Ziele, mit denen der Merger gegenüber Aufsichtsgremien und dem Kapitalmarkt begründet wurde. Der Vorstand kommt also gar nicht umhin, diesen Instanzen gegenüber Rechenschaft zu geben, ob und in welchem Ausmaß diese Ziele erreicht wurden.

Für den wirtschaftlichen Erfolg einer Fusion oder Übernahme ist die Qualität der Integration nur ein Faktor unter mehreren: Eine misslungene Integration kann den möglichen Erfolg eines Mergers zwar beeinträchtigen und im schlimmsten Fall zunichtemachen, doch auch die beste Integration kann keine Synergieeffekte herbeiführen, die von der Sache her nicht möglich sind. Darüber hinaus können auch Entwicklungen innerhalb der Branche sowie die konjunkturelle Lage einen direkten Vergleich von »Plan« und »Ist« schwierig machen.

In der Regel sind Aufsichtsgremien und Analysten aber ohnehin mehr am Ergebnis interessiert als an den Gründen dafür. Insofern muss der Vorstand seinen Kopf dafür hinhalten, ob er die versprochenen Ergebnisse geliefert hat oder nicht, gleich ob es an dem Integrationsprozess lag oder an der realistischen Einschätzung der erzielbaren Synergien.

Dabei lässt sich auch kaum vermeiden, dass dem Vorstand eine günstige Konjunkturentwicklung zugutekommt, während eine weniger günstige zwar in Rechnung gestellt wird, aber trotzdem nichts daran ändert, dass die versprochenen Ergebnisse nicht da sind: »Erfolgsmessung« in der Wirtschaft ist eben keine wissenschaftliche Forschung, sondern lehnt sich an den alten Sepp-Herberger-Satz an: »Tore zählen!« Insofern zählt auch Fortune zu den Dienstpflichten eines Vorstands.

Das färbt auch nach innen ab: Wenn günstige Winde zum Erfolg einer Integration beigetragen haben, wird der Vorstand geneigt sein, auch bei manchen Unzulänglichkeiten im Integrationsprozess Fünfe gerade sein zu lassen; wenn widrige Winde die Integration belastet haben, treten auch Mängel im Prozess stärker zutage. Das ist ungerecht, weil die Integration in einem konjunkturellen Abschwung ja nicht leichter, sondern schwieriger ist – aber es ist so.

WICHTIGSTE ERKENNTNISSE UND SCHLUSSFOLGERUNGEN

- Am Ende eines Integrationsprojekts (oder auch bei dessen vorläufigem Abschluss) ist es sinnvoll, dass Auftraggeber und Auftragnehmer eine gemeinsame Auswertung machen. Das hilft nicht nur, die »Lessons Learnt« in geordneter Weise zusammenzutragen und zu dokumentieren, sodass künftige Integrationen nicht wieder bei Null anfangen; es dient auch der Psychohygiene aller Beteiligten, wenn das Projekt nicht einfach sang- und klanglos »ausplätschert«, sondern einen geordneten Abschluss findet.

- Solche Auswertungen unterbleiben häufig, weil es oft keine klare Zuständigkeit für ihre Einberufung gibt und sich auch niemand darum reißt, seine Arbeit einschließlich ihrer unvermeidlichen Unzulänglichkeiten einer öffentlichen Bewertung unterziehen zu lassen. Diese sachliche und emotionale Hürde gilt es, durch eine beherzte Entscheidung zu überwinden.
- Da Integrationsprojekte meist aus zahlreichen Teilprojekten bestehen, ist es oft sinnvoll, die Auswertung zweistufig zu organisieren: Zuerst eine Runde auf der Ebene der Teilprojekte, dann eine zweite auf der Ebene des Gesamtprojekts. Auch wenn es das Gespräch anspruchsvoller macht, ist wichtig, den jeweiligen Auftraggeber in die Auswertung einzubeziehen, denn wenn das Projekt und die Teilprojekte nur um sich selbst kreisen, bleibt allzu leicht die letztlich entscheidende Frage außer Acht, ob die Anforderungen und Erwartungen des Auftraggebers erfüllt wurden.
- Wichtig ist, darauf zu achten, dass die Auswertungsgespräche nicht unbeabsichtigt eine viel zu negative Tönung bekommen, weil Positives entweder gar nicht erwähnt oder nur kurz abgehakt wird, während negative Aspekte sehr breit und ausführlich diskutiert werden. Deshalb empfiehlt es sich, gleichgewichtig auch positive Aspekte abzufragen und am besten beides zu visualisieren.
- Beim Gesprächseinstieg sollte berücksichtigt werden, dass viele der Beteiligten zu Beginn ein etwas beklommenes Gefühl haben und manche sich vielleicht auch bewusst zurückhalten, um sich nicht zu exponieren. Damit sie sich öffnen, hilft es, ein freundliches Klima zu schaffen und zu verdeutlichen, dass es nicht primär um »Vergangenheitsbewältigung« geht und schon gar nicht um eine Abrechnung, sondern vor allem um das Lernen für die Zukunft.
- Um die wahre Meinung der Teammitglieder zu erfahren und nicht bloß das eigene Echo zu hören, sollten sich die Hierarchiehöheren am Anfang mit Stellungnahmen zurückhalten.
- Ein guter Abschluss des Auswertungsgesprächs kann sein, sämtliche Teilnehmer um ein kurzes persönliches Resümee zu bitten, was sie aus dem Projekt mitnehmen. Daran kann sich ein gemeinsames Abendessen anschließen, mit dem das Engagement und die Leistung aller Mitwirkenden gewürdigt wird.
- Die wirtschaftliche Erfolgsbewertung der Fusion oder Übernahme betrifft das Integrationsprojekt allenfalls indirekt; sie ist in erster Linie Sache des Vorstands. Er muss den Eigentümern und dem Kapitalmarkt Rechenschaft darüber ablegen, ob die wirtschaftlichen Ziele erreicht wurden, um derentwillen der Merger veranstaltet wurde.

Teil V:

Teilsystem Individuum – Integration-Management in eigener Sache

Angesichts der vielen Bälle, die man beim Management einer Integration gleichzeitig in der Luft halten muss, besteht die Gefahr, die eigenen Bedürfnisse und die seiner Angehörigen und Freunde aus den Augen zu verlieren. Das mag eine Weile gut gehen, doch auf die Dauer riskiert man damit nicht nur Stress in seinem Privatleben, sondern stellt auch die Weichen für einen Burnout.

Das altdeutsche Prinzip »Der brave Mann denkt an sich selbst zuletzt« ist daher kein empfehlenswertes Rezept, mit der Dauerbelastung einer Post-Merger-Integration umzugehen: Wir Menschen sind nun einmal nicht dafür gebaut, »Marathon zu sprinten«; gerade bei lang anhaltenden hohen Belastungen brauchen wir Erholungspausen und die Ruhe, auch mal abzuschalten.

Diese Erholungsphasen wird Ihnen niemand einräumen, wenn Sie sie sich nicht selbst nehmen. Zum professionellen Management einer Integration gehört daher auch ein aktives Management des kleinsten beteiligten Teilsystems, nämlich das der **eigenen Person**. Dazu zählt auch, innerlich sauber aufgestellt zu sein und für den Fall, dass Sie nicht bleiben können oder wollen, einen »Plan B« zu haben. Nur wenn Sie mit sich selbst und Ihrer Situation im Reinen sind, können Sie redlicher Ansprechpartner Ihrer Mitarbeiter und sozusagen ein Fels in der Brandung sein.

33 Persönliche Überlebensstrategien: Tipps für Manager in einer Fusion oder Übernahme

Ein bisschen dick aufgetragen ist es schon, im Zusammenhang mit Fusionen und Übernahmen von »Überleben«, »Überlebenden« (»Survivors«) und »Überlebensstrategien« zu reden. Denn bei aller Dramatik: Um das physische und soziale Überleben geht es heutzutage nicht mehr, nicht einmal bei einer »feindlichen Übernahme«, die für unsere Urahnen noch eine lebensbedrohliche Situation war.

Doch in einer schwierigen Lage sind die Manager eines übernommenen Unternehmens – und im Grunde auch die des übernehmenden – tatsächlich: Einerseits sollen sie ihre Mitarbeiter bei Laune und ihre Abteilungen funktionsfähig halten, andererseits sind sie in manchen Phasen kaum besser informiert als die Mitarbeiter und haben auf deren brennende Fragen keine Antwort. Einerseits wird von ihnen erwartet, dass sie sich voll mit dem neuen Unternehmen identifizieren und aktiv zu einer erfolgreichen Integration beitragen, andererseits wissen sie nicht, ob sie in ein paar Wochen noch einen Job haben.

Wer in dieser Situation nach der Devise »Jeder ist sich selbst der Nächste!« handelt, demonstriert damit überzeugend und unwiderlegbar seine mangelnde Eignung als Führungskraft. Wer andererseits seine eigenen Interessen völlig außer Acht lässt, handelt so naiv, dass er damit ebenfalls Zweifel an seiner Eignung für anspruchsvollere Aufgaben aufwirft. Auch wenn es die zeitliche und emotionale Belastung nicht mindert: Die einzig sinnvolle »Überlebensstrategie« für mittlere Führungskräfte ist, das eine zu tun, ohne das andere zu lassen.

33.1 Verfügbare Vorbereitungszeit nutzen

Zweckmäßigerweise sollte Ihr »persönliches Integrationsmanagement« damit beginnen, dass Sie den zeitlichen Vorlauf, den Fusionen und Übernahmen in aller Regel haben, für Ihre eigene Vorbereitung nutzen. Wie im Kapitel »Vorhersagbare Emotionen« (→ Kap. 5) erläutert, gibt es vor der eigentlichen Integration oftmals eine Phase des Abwartens, in der die Fusion oder Übernahme zwar schon angekündigt ist, die Integration aber aus rechtlichen und anderen Gründen noch nicht beginnen kann.

Erstaunlich viele Mitarbeiter und Führungskräfte vertrödeln diese Phase, statt die wertvolle Zeit vorausschauend zu nutzen: Wenn sich die erste Aufregung gelegt hat, gehen sie zur Tagesordnung über und machen so weiter, als ob nichts geschehen wäre. Klüger ist es allerdings, diese Wartezeit aktiv zu nutzen zur Vorbereitung auf die Dinge, die da kommen werden.

Der erste wichtige Schritt Ihrer Vorbereitung sollte sein, sich darauf einzurichten, dass spätestens ab dem »Closing«, also dem juristischen Inkrafttreten der Fusion, eine hohe zeitliche Belastung auf sie zukommen wird. Möglicherweise auch schon davor, insbesondere dann, wenn Sie in eines der Integration-Teams berufen werden, welche die Fusion vorbereiten sollen. Wegen des unvermeidlichen fusionsbedingten Chaos kommt jedoch auch auf alle übrigen Mitarbeiter und Führungskräfte eine Mehrbelastung gegenüber dem Normalbetrieb zu.

Sorgen Sie daher dafür, dass Sie in dieser Phase soweit wie möglich frei von zusätzlichen Belastungen sind. Dies ist weder die Zeit, um eine umfangreiche Fortbildung zu beginnen, noch, um größere private Vorhaben anzupacken. Natürlich lässt sich im Leben nicht alles planen – aber was sich auch nur halbwegs planen lässt, sollten Sie herunterfahren, um zu vermeiden, dass sie parallel zu der fusionsbedingten Mehrarbeit auch noch auf der privaten Seite in einer Belastungsspitze stecken.

Aus der Perspektive der Work-Life-Balance kann man natürlich einwenden, dass es nicht in Ordnung ist, das Privatleben völlig den beruflichen Anforderungen unterzuordnen. Aber erstens ist von »völlig« auch nicht die Rede, und zweitens hilft alles nichts: Die berufliche Mehrbelastung kommt mit ziemlicher Sicherheit auf Sie zu, und es wird nur sehr begrenzt möglich sein, sich ihr unter Berufung auf die Work-Life-Balance zu entziehen. Da sich aber die Dauer des Tags auch bei Integrationen nicht verlängern lässt, bliebe als einzige denkbare Alternative, die Schlafzeiten zu verkürzen – was auf die Dauer auch nicht gesund ist.

33.2 Familie und Freunde vorbereiten

Deshalb empfiehlt sich eine »Frontbegradigung«: Bemühen Sie sich, offene Baustellen – beruflich wie privat – nach Möglichkeit zu schließen, und eröffnen Sie keine neuen, wenn es nicht zwingend erforderlich ist. Falls Sie zum Beispiel gerade darüber nachdenken, ein Haus zu bauen oder eine Wohnung zu kaufen, haben Sie den Mut, diese Überlegungen in Absprache mit ihrem Lebenspartner zurückzustellen, bis Sie definitiv wissen, dass Sie in diesem Unternehmen erstens bleiben können und zweitens bleiben wollen.

Das wird möglicherweise große Frustration bei Ihrem Partner und Ihren Kindern auslösen. Trotzdem ist es das weitaus geringere Übel, als wenn Sie monatelang schlecht schlafen, weil Sie fürchten, im Falle eines Jobverlustes die Finanzierung nicht mehr bedienen zu können, oder wenn Sie wegen Ihrer finanziellen Verpflichtungen erpressbar und käuflich werden. Oder wenn Sie durch die frisch bezogene Immobilie an einen Ort und damit an ein Unternehmen gefesselt sind, in dem Sie sich nicht mehr wohl fühlen.

Bereiten Sie Ihre Familie und Ihren Freundeskreis auch darauf vor, dass Sie für mindestens ein Jahr (noch) weniger Zeit für sie haben werden als sonst. Und dass Sie in dieser Zeit (noch) mehr unter Druck stehen werden als sonst. Bitten Sie um Geduld und emotionalen Rückhalt für diese Phase, die für Sie vermutlich nicht nur zeitlich, sondern auch nervlich anstrengend werden wird.

Klar, damit reichen Sie einen Teil der Last an Ihre Familie weiter. Aber erstens ist nichts Unanständiges daran, auch mal Solidarität und Unterstützung in Anspruch zu nehmen, und zweitens haben Sie keine wirkliche Alternative: Wenn Sie den starken Mann markieren und »die Sache mit sich alleine ausmachen«, laufen Sie Gefahr, für Ihre Familie ohne Vorwarnung zum Totalausfall zu werden: weniger verfügbar, kaum noch ansprechbar und zugleich reizbarer zu sein als sonst, und das über Monate hinweg. Mit dem Risiko, dass Ihre Familie irgendwann genug hat und Ihnen die Koffer vor die Tür stellt.

Treffen Sie aber im Gegenzug – auch im eigenen Interesse – eine Vereinbarung mit Ihrem Partner und Ihrer Familie, wie Sie sich gegenüber dem »Moloch Fusion« ein Mindestmaß an gemeinsamem Freiraum bewahren wollen. Eine gute Idee ist zum Beispiel, wie es Brigitte Winkler und Stefan Dörr in ihrem Buch *Fusionen überleben* (Winkler/Dörr 2000) vorschlagen, die Festlegung von gelegentlichen »fusionsfreien Tagen«, an denen gemeinsam etwas unternommen und nicht über die Integration geredet wird. Erwägenswert ist auch, bestimmte Räume (Schlafzimmer!) symbolisch zur »fusionsfreien Zone« zu erklären, in denen nicht über die Fusion und deren mittelbare und unmittelbare Folgen gesprochen wird.

33.3 Klarheit über berufliche Alternativen verschaffen

Ein weiterer wichtiger Punkt der »inneren Vorbereitung« sollte sein, sich Klarheit darüber zu verschaffen, was Ihre beruflichen Alternativen wären, falls Sie im Zuge der Fusion oder Übernahme Ihren Job verlieren sollten – oder falls Sie keine Lust mehr haben sollten, unter den veränderten Rahmenbedingungen in der Firma zu bleiben.

Gleich für wie wahrscheinlich oder unwahrscheinlich Sie diesen Fall halten, er existiert. Daher wäre es weder klug noch gesund, ihn zu verleugnen oder zu verdrängen. Im Gegenteil: Der beste Schutz davor, sich in schlaflosen Nächten mit Katastrophenfantasien zu quälen, besteht darin, den schlimmsten Fall als unwahrscheinliche, aber dennoch reale Möglichkeit zur Kenntnis zu nehmen und ihn in aller Konsequenz zu Ende zu denken.

Das heißt keineswegs, dass Sie bereits Ihren Absprung vorbereiten sollten. Ihr Ziel sollte, um im Bild zu bleiben, nicht sein, die Reißleine zu ziehen, sondern lediglich, Ihren »Fallschirm« erstens auf sein Vorhandensein und zweitens auf seine Funktionsfähigkeit zu überprüfen – und ihn nötigenfalls in Ordnung zu bringen. Praktisch gesprochen heißt das, dass Sie zum Beispiel überprüfen sollten, wie viel Nachfrage es im Markt nach Ihrem Qualifikationsprofil gibt, und dass Sie Ihr – vermutlich vernachlässigtes – Kontaktnetzwerk wiederbeleben sollten, *bevor* Sie es möglicherweise brauchen.

Das Bewusstsein, berufliche Alternativen zu haben, ist in kritischen Zeiten ungemein beruhigend; es vergrößert Ihre innere Unabhängigkeit und hält Katastrophenfantasien im Zaum[40]. Die vordringlichste Aufgabe ist dabei die Wiederbelebung Ihres Netzwerks, denn dies erfordert Zeit und einigen Vorlauf. Die Wochenendausgaben der FAZ und die Stellenbörsen im Internet können Sie, falls es erforderlich wird, auch kurzfristig noch durchforsten.

33.4 Redlicher Ansprechpartner Ihrer Mitarbeiter sein

Je besser Ihre eigene innere Verfassung ist, desto besser sind Sie auch dafür gerüstet, redlicher Ansprechpartner Ihrer Mitarbeiter (und möglicherweise auch mancher Ihrer Kollegen) zu sein, wenn die mit ihren fusionsbedingten Sorgen und Nöten zu Ihnen kommen. Denn ein Chef, der seine eigenen Zukunftsängste verdrängt und hinter einer Maske gespielter Normalität verbirgt, wird kaum dazu

---

40 Mehr dazu in meinem Buch »Bleiben oder Gehen – Ihre persönliche Erfolgsstrategie bei Fusionen, Übernahmen und Umstrukturierungen« (redline Wirtschaft, 2. Aufl. 2011).

bereit und in der Lage sein, sich auf die Ängste und Sorgen seiner Mitarbeiter einzulassen.

Wichtig ist, sich klarzumachen, dass es in den Gesprächen mit Ihren beunruhigten Mitarbeitern und Kollegen nicht nur um Sachfragen geht. Vermutlich werden Sie in den ersten Wochen und Monaten nur einen Bruchteil der Informationen haben, nach denen Ihre Mitarbeiter gieren, doch gerade in dieser Phase der Ungewissheit ist es wichtig, dass sie in Ihnen einen Ansprechpartner haben, der sich ihren Ängsten stellt – und mit einer gewissen Gelassenheit damit umgeht.

Ein solcher Gesprächsfaden erweist sich als ungemein wertvoll, wenn sich die Mitarbeiter ernsthafte Sorgen um ihren Arbeitsplatz machen und darüber nachzudenken beginnen, sich einen neuen Job zu suchen. Das klassische Problem bei Fusionen und Übernahmen ist, dass ausgerechnet diejenigen Mitarbeiter abwandern, die man am allerwenigsten verlieren wollte – was im schlimmsten Fall die Funktionsfähigkeit einer ganzen Abteilung oder sogar eines Betriebes infrage stellen kann (→ Kap. 12).

Wenn die Mitarbeiter in dieser Situation so viel Vertrauen zu ihrem Vorgesetzten haben, dass sie sich ihm öffnen und ihm so die Chance geben, unbegründete Befürchtungen zu zerstreuen – aber auch, begründete zu bestätigen –, kann dies beiden Seiten erhebliche Probleme ersparen. (Was einmal mehr zeigt, dass das vermeintlich »softe« Thema Vertrauen einen erheblichen ökonomischen Wert hat.)

33.5 Mitarbeit in einem Integration-Team

Trotz der unvermeidlichen Mehrbelastung sollten Sie, wenn Sie die Möglichkeit dazu bekommen, unbedingt die Chance nutzen, in einem der Integrationsteams mitzuarbeiten. Denn das erlaubt es Ihnen, an dem Integrationsprozess aktiv teilzunehmen, statt ihn nur passiv zu erdulden, und wirkt so dem Gefühl von Kontrollverlust entgegen, das die Phase des Wartens und der Ungewissheit bei Fusionen so belastend macht.

Statt wochenlang rätseln zu müssen, welche Entscheidungen wohl herauskommen werden, bekommen Sie so aus nächster Nähe mit, in welche Richtung die Überlegungen gehen. Und innerhalb der Zuständigkeiten Ihres Integrationsteams haben Sie sogar die Chance zur Mitgestaltung: Mit guten Argumenten und intelligenten Analysen können Sie dort durchaus Einfluss darauf nehmen, wie Ihr Unternehmen in Zukunft aussehen wird.

Natürlich ist die Mitarbeit in einem Integrationsteam keine Garantie für Jobsicherheit und Karriere. Aber es beeinflusst die Wahrscheinlichkeiten, und zwar vorteilhaft. Denn es gibt Ihnen Gelegenheit, das neue Management durch Ideenreichtum, Engagement und eine konstruktive Grundhaltung auf sich aufmerksam zu machen: Profilierung ist ja nichts Verwerfliches, solange sie in sozialverträglicher Weise geschieht. Außerdem ist es eine ausgezeichnete Möglichkeit, den Geist des entstehenden neuen Unternehmens und den Führungsstil von dessen oberstem Management aus nächster Nähe kennenzulernen.

Wer in den Integrationsteams allerdings durch Tatkraft und gute Ideen auffallen will, kommt um eines nicht herum: um eine konsequente Priorisierung. Denn das Tagesgeschäft läuft ja weiter, und wer dort voll eingespannt ist, wird kaum dazu in der Lage sein, die Integrationsarbeit noch obendrauf zu leisten, ohne irgendwo Abstriche zu machen.

Bei realistischer Betrachtung haben Sie vermutlich keine Chance, alles zu erledigen, was an Arbeit an Sie herangetragen wird – Ihr Entscheidungsspielraum beschränkt sich auf die Frage, welche Dinge Sie liegen lassen. Der Unterschied zwischen guten und schlechten Managern liegt nicht darin, dass die einen alles schaffen und die anderen nicht, er liegt darin, dass die einen aktiv entscheiden, was sie tun und was sie liegen lassen, während die anderen primär reagieren und vorrangig die Aufgaben erledigen, bei denen der meiste Druck gemacht wird – mit der Folge, dass oft die wichtigsten Dinge liegen bleiben, weil dort niemand gedrängelt hat.

33.6 Aufgeschlossen und konstruktiv handeln

Irgendwann finden dann auch die ersten Kontakte mit den neuen Kollegen statt. Wenn Sie nicht völlig untypisch reagieren, werden Sie diese Situation mit großer Wahrscheinlichkeit als »ungemütlich« und belastend empfinden – insbesondere solange die Stellenbesetzungen noch nicht geklärt sind (→ Kap. 24).

So verständlich dies ist, in dieser Situation besteht die Gefahr, die objektive Bedrohung zu »personalisieren«, das heißt, sie in eine persönliche Abneigung gegen Ihre (vermeintlichen oder tatsächlichen) Konkurrenten umzumünzen und den Betreffenden mit latenter Feindseligkeit zu begegnen. Damit täten Sie sich jedoch keinen Gefallen; sie brächten damit nur eine zusätzliche Schärfe in die Situation, die sowohl Ihre künftigen Kollegen als auch im Echo Sie selbst belastet.

Machen Sie sich daher klar, dass die Kollegen von der anderen Seite erstens ebenso wenig für die vertrackte Situation können wie Sie selbst und dass Sie sie zweitens auch durch noch so feindseliges Verhalten nicht werden »wegbeißen« können. Allenfalls riskieren Sie, wenn Sie es zu weit treiben, eine scharfe Verwarnung von höherer Stelle. Denn eines kann das Top-Management in den Wirren einer Fusion ganz sicher nicht brauchen, nämlich zusätzliche und – aus seiner Sicht – unnötige Konflikte. Schlimmstenfalls liefen Sie sogar Gefahr, in den Ruf eines notorischen Quertreibers zu geraten und sich einen »Platzverweis« einzuhandeln.

Entscheiden Sie sich daher bewusst dafür, Ihre Abwehrreflexe zu unterdrücken und ohne Naivität, aber aufgeschlossen auf die andere Seite zuzugehen und mit den mutmaßlichen neuen Kollegen dort, wo es von der Sache her sinnvoll ist, konstruktiv zusammenzuarbeiten. Dazu gehört auch, gelassen und konstruktiv zu bleiben, falls manche der neuen Kollegen in ähnliche Abwehrreflexe verfallen sollten. Selbst wenn es Ihnen nicht gelingt, sie für eine konstruktive Zusammenarbeit zu gewinnen, können Sie sich zumindest weigern, in eine Konflikteskalation einzusteigen.

33.7 Kulturelle Unverträglichkeiten

Auch ohne persönliche Reibereien ist die Situation ja vertrackt genug. Im Zuge der Integration müssen tausend Dinge analysiert, entschieden und geordnet zusammengeführt werden. Das ist nicht nur ein quantitatives Problem, sondern auch erstens ein politisches und zweitens ein kulturelles, weil bei all diesen Weichenstellungen sowohl unterschiedliche Interessen aufeinanderprallen als auch unterschiedliche Kulturen. Selbst um scheinbar harmlose »Sachfragen« kann so ein Kulturkonflikt entbrennen, der sich rasch zu einem »Politikum« auswächst. Hier einige reale Beispiele:

Das übernommene Unternehmen war gewohnt, Entscheidungen schnell, pragmatisch und »aus dem Bauch heraus« zu treffen. In der Kultur des Übernehmers war es ebenso selbstverständlich, Sachverhalte erst einmal sorgfältig zu analysieren, zu Vorlagen aufzubereiten und ausgiebig zu diskutieren. Infolgedessen war bei allen Entscheidungsprozessen immer mindestens eine Seite mit dem Vorgehen unzufrieden: Entweder hatten die einen das Gefühl, dass alles viel zu lange dauert und »endlos diskutiert und zerredet« wird, oder es fühlten sich die anderen unwohl, weil Entscheidungen »übers Knie gebrochen« und nicht ausreichend durchdacht wurden.

Bei der Fusion der deutschen Niederlassungen eines französischen Konzerns mit der eines holländischen Unternehmens ging die holländisch geprägte Seite wie selbstverständlich davon aus, dass die Integrationsteams die allermeisten Entscheidungen selbst träfen, während die französisch geprägten Deutschen es als ebenso selbstverständlich ansahen, dass alle wesentlichen Entscheidungen der Zustimmung der Zentrale in Paris bedurften. Schnell war auf der einen Seite von »unglaublichen Eigenmächtigkeiten« die Rede, auf der anderen von Rückdelegation, Mutlosigkeit und »Muttersöhnchen«.

Viel Konfliktstoff steckt auch in den Entscheidungskriterien. Bei der Fusion eines mittelständisch geprägten Unternehmens mit der Tochter eines Großkonzerns beispielsweise amüsierten sich die Konzernmitarbeiter bald über die kleinkarierte Sparsamkeit des Mittelständlers, während dessen Mitarbeiter und Führungskräfte geradezu fassungslos über die »gedankenlose Verschwendung« der Konzerntochter waren. Wie sich leicht erahnen lässt, wurden die Diskussionen über anstehende Investitionen ebenso schwierig wie die über die künftigen Reisekostenregelungen.

Jedes der fusionierenden Unternehmen bringt unvermeidlich seine Werte, Entscheidungskriterien und ungeschriebenen Regeln mit in die Ehe. Das hat zwangsläufig zur Folge, dass bei den allermeisten »Sachfragen« jede Partei fest davon überzeugt ist, ihre Lösung sei objektiv die bessere – schließlich genügt sie ja sehr viel besser ihren Werten und Kriterien. Der Widerstand der jeweils anderen Seite ist für sie daher unverständlich; jede Seite kann sich ihn nur so erklären, dass sich die anderen »aus politischen Gründen« querlegen – was sie untragbar und empörend findet, bedeutet es doch, dass man dort Eigeninteressen vor den Nutzen des neuen gemeinsamen Unternehmens stellt.

Man erahnt das Konfliktpotenzial, das sich hier nicht nur auf der sachlichen, sondern auch auf der emotionalen Ebene aufbaut. Wenn eine Seite klar die unternehmerische Führung hat, lässt sich das noch lösen, wenn auch um den Preis erheblicher Frustration bei den »Unterlegenen«. Doch bei den sogenannten »Mergers of Equals« (→ Kap. 17.2) entsteht auf diese Weise leicht eine Pattsituation.

33.8 Aufgeschlossen mit der anderen Kultur umgehen

Wenn Sie strittige Fragen als reine *Sachprobleme* verstehen, dann sitzen Sie bereits in der Falle. Denn erstens ist Ihre Sichtweise, was richtig und was falsch, was geeignet und was ungeeignet, was sinnvoll und was widersinnig ist, mit hoher Wahrscheinlichkeit nicht bloß »rein sachlicher Natur«, vielmehr ist sie stark von den Maßstäben Ihrer Herkunftskultur geprägt – und zwar in aller Regel ohne dass Ihnen das bewusst ist. Mit anderen Worten, Sie urteilen nicht objektiv, sondern sind unmerklich von Ihren Werten und denen Ihres alten Unternehmens geprägt. Zweitens ist das Denken in »richtig« oder »falsch« generell eher ein Hindernis für den sinnvollen Umgang mit unterschiedlichen Wahrnehmungswelten.

Zwar kommt man auf die Dauer nicht um eine Angleichung herum – aber wenn jede Seite darum kämpft, die eigene »Wahrheit« gegen die »falschen Auffassungen« der Gegenseite durchzusetzen, steht dies einer Annäherung massiv im Wege, weil sich dann beide Parteien nur immer noch mehr auf ihren jeweiligen Standpunkt festlegen. Sehr viel einfacher und reibungsärmer geht es, wenn beide Seiten als Tatsache zur Kenntnis nehmen, dass es zwei unterschiedliche Sichtweisen, Traditionen und Kulturen gibt, und diese Unterschiede als Chance begreifen, die eigenen Sichtweisen zu überprüfen und sie zu einem neuen gemeinsamen Verständnis zusammenzuführen.

Das heißt praktisch: Gehen Sie bei Meinungsverschiedenheiten mit den neuen Kollegen davon aus, dass hinter schwer nachvollziehbaren Positionen und Argumenten weder Inkompetenz noch Böswilligkeit oder »Politik« stecken, sondern primär andere Wahrnehmungswelten, Bewertungskriterien und Selbstverständlichkeiten – aber natürlich zuweilen auch andere Interessen.

Aufgeschlossen mit der anderen Kultur umzugehen, heißt, den neuen Kollegen zugute zu halten, dass sie ihre Argumente genauso ehrlich meinen wie Sie. Es erfordert nicht, die eigenen Überzeugungen hintanzustellen; es verlangt lediglich, auch andere Sichtweisen für möglich und legitim zu halten – und vielleicht sogar ein bisschen neugierig darauf zu sein, aus welchen Gründen die neuen Kollegen bei dem gleichen Sachverhalt zu einer anderen, möglicherweise sogar zu einer völlig konträren Bewertung kommen wie Sie.

Ideal wäre, wenn es sowohl Ihnen als auch Ihren alten und neuen Kollegen gelänge, diese Unterschiede nicht als lästige Divergenz zu sehen, die umgehend beseitigt werden muss, sondern als eine außergewöhnliche Lernchance, die beiden Seiten die Chance gibt, ihr Geschäftsverständnis zu überprüfen und tatsächlich »das Beste aus beiden Welten« zusammenzuführen.

Unter dem Zeitdruck einer Integration ist das natürlich schwierig, zumal ja nicht nur unterschiedliche Sichtweisen, sondern durchaus auch unterschiedliche Interessen im Spiel sind – einschließlich Ihrer eigenen. Dennoch ist schon viel gewonnen, wenn die Beteiligten nicht hinter jeder überraschenden Position oder Vorgehensweise finstere Absichten und politische Ränkespiele vermuten. Wiewohl es natürlich auch die gibt bei Fusionen und Übernahmen, und es schwierig ist, sie von bloßen Kulturunterschieden zu unterscheiden.

Selbst bei einer grundsätzlich positiven Einstellung werden Sie daher immer wieder vor der Frage stehen, ob Sie gemachten Lösungsvorschlägen zustimmen können oder ob Sie sich querlegen sollten oder eigentlich sogar müssten. Deshalb kann es sehr hilfreich und entlastend sein und damit das Vorankommen beschleunigen, wenn der Integrationsprozess durch eine neutrale Instanz begleitet wird, das heißt durch Berater, die bei der Lösungssuche frei von Eigeninteressen sind und auf eine Orientierung an sachlichen Kriterien hinwirken (→ Kap. 18.3).

33.9 Das Chaos managen

Wie alle Zeiten des Übergangs sind Integrationsprozesse chaotische Zeiten: Die neuen Strukturen funktionieren noch nicht, die alten nicht mehr; die alten Netzwerke sind zerrissen, die neuen noch nicht aufgebaut; was vor der Fusion zuverlässige Routine waren, ist nun schwer kalkulierbares Neuland. Infolgedessen ist bei vielen Dingen ein außergewöhnlicher Aufwand erforderlich, um relativ gewöhnliche Ergebnisse herbeizuführen.

Das kann recht frustrierend sein, weil man am Abend oftmals das Gefühl hat, trotz großen Einsatzes wenig bewirkt zu haben und mit den eigentlichen Aufgaben kaum weitergekommen zu sein. Ihre Mitarbeiter und Kollegen haben mit großer Wahrscheinlichkeit die gleiche Empfindung – auch die von der »anderen Seite«.

In dieser Situation liegt es nahe, seinem Frust Luft zu machen und über die schwierigen Zeiten zu klagen. Bringen tut es indes wenig – und erst recht bringt es nichts, den Ärger zu personalisieren und die »Bremser und Blockierer« der jeweils anderen Seite zu beschuldigen oder bei jeder Gelegenheit in klagendem, sarkastischem oder vorwurfsvollem Ton auf bestehende Missstände hinzuweisen.

Widerstehen Sie daher dieser Versuchung und lassen Sie auch nicht zu, dass sich Ihre Mitarbeiter und Kollegen ihr hingeben. Natürlich ist es frustrierend zu sehen, wie viele Dinge (immer noch) nicht funktionieren – aber es löst das Problem nicht, sondern vergrößert es, wenn man ständig herumnörgelt und schlechte Stimmung verbreitet, statt das Unabänderliche zu ertragen und das Änderbare zu verändern.

So sinnvoll Kritik in Zeiten eines selbstzufriedenen »Weiter so« ist, so entmutigend und letztlich destruktiv ist sie in einer Situation, wo sich alle Beteiligten ohnehin an der Grenze zur Überforderung bewegen. Tragen Sie daher dazu bei, das Chaos zu bewältigen, indem Sie zupacken, nicht indem sie in vorwurfsvollem oder sarkastischem Ton bestehende Defizite anprangern. Und führen Sie auch Ihre Mitarbeiter (und Kollegen) in diesem Sinne!

33.10 Auf Personalabbau gefasst sein

Wie bereits festgestellt, ist eines der wesentlichen Motive für Fusionen und Übernahmen das Erzielen von Synergieeffekten (→ Kap. 3). Dafür gibt es im Grunde nur zwei Wege: Einerseits das Erschließen neuer Marktpotenziale, andererseits die Einsparung von Kosten. Kostensynergien laufen dabei fast immer (auch) auf Personalabbau hinaus. Das kann alle Bereiche betreffen, in denen sich die fusionierenden Unternehmen überlappen – wobei die Zentral- und Verwaltungsfunktionen ganz oben auf der Liste stehen.

Je nach vorgesehener Integrationstiefe (→ Kap. 16) können aber auch alle anderen Funktionen betroffen sein, in denen die beiden Unternehmen gleiche oder vergleichbare Leistungen erbringen, von der Forschung und Entwicklung über Vertrieb und Marketing bis hin zu Produktion und Logistik.

Im schlimmsten Fall kann das heißen, dass Sie just zu einem Zeitpunkt, wo wegen des herrschenden Chaos ohnehin alle überlastet sind, Kostensenkungs- bzw. Personalabbauziele vorgegeben bekommen. Auf den ersten Blick könnte man versucht sein, das Management davon zu überzeugen, den Abbau erst etwas später durchzuführen, wenn sich die neuen Prozesse und Strukturen eingespielt haben. Aber das wäre ein zweischneidiges Schwert.

Denn Sie können die Mitarbeiter ja nicht im Unklaren darüber lassen, dass ein Abbau stattfinden wird – schon deshalb nicht, weil es wohl der Betriebsrat zum Thema machen wird und schnell auch wilde Gerüchte durch das Haus geistern. Unweigerlich werden Sie daher bald mit der Frage konfrontiert sein, wen es treffen wird.

Sie brächten die Betroffenen aber in eine sehr ambivalente Lage, wenn Sie ihnen mitteilen müssten, dass sie noch für eine Weile benötigt werden – und dann gehen können bzw. müssen. Auch für die Verbleibenden entstünde eine belastende, lähmende Situation, wenn sie über Monate hinweg neben Kollegen arbeiten, die in absehbarer Zeit das Unternehmen verlassen müssen.

Deshalb ist es in der Regel sinnvoller, den Personalabbau, wenn er denn nicht zu vermeiden ist, sofort zu vollziehen, sobald er beschlossen und verkündet wurde (→ Kap. 25). Auch wenn das nicht einfach zu vermitteln ist, weil er das Chaos und die Arbeitsbelastung noch weiter vergrößert, ist es trotzdem meist das kleinere Übel.

Zugleich schafft es die Notwendigkeit, die neuen Arbeitsabläufe und -strukturen von vornherein an der verfügbaren Personaldecke auszurichten, statt das Problem dadurch zu verdoppeln und in die Länge zu ziehen, dass man genau dann, wenn sich die Lage ein wenig beruhigt hat und die Abläufe sich zurecht gerüttelt haben, durch den Personalabbau erneut alles ins Chaos stürzt.

Tun Sie in diesem Falle alles, damit der Personalabbau auf eine menschlich anständige Art und Weise vollzogen wird. Das ändert zwar auch nichts daran, dass Menschen ihren Job verlieren – aber es verhindert zumindest, dass durch ein rücksichtsloses oder auch nur unbedachtes Vorgehen zusätzliche Kränkungen und Verletzungen entstehen.

So etwas zu vermeiden, ist nicht nur ein Akt der Fairness gegenüber den ohne eigenes Verschulden entlassenen Mitarbeitern; es ist auch für das Verhältnis zu den verbleibenden Mitarbeitern wichtig. Denn wenn bei denen der Eindruck entsteht, dass Ihr Unternehmen Menschen, die nicht mehr gebraucht werden, einfach achselzuckend »über die Rampe kippt«, beeinträchtigt das natürlich auch die Loyalität derer, die ihren Job behalten.

33.11 Teamentwicklung trotz rauen Wetters

Selbst wenn kein Personalabbau stattfindet, bedeuten Fusionen, Übernahmen und Integrationsprozesse massiven Stress – nicht nur für Sie, auch für Ihre alten und neuen Mitarbeiter und Kollegen. Diese Stressbelastung wird durch Vereinzelung noch vergrößert, also dann, wenn jeder das Gefühl hat, auf sich alleine gestellt zu sein und von den Vorgesetzten und »Kollegen« belauert zu werden.

Die fusionsbedingten Belastungen sind sehr viel leichter zu ertragen, wenn ein Gemeinschaftsgefühl herrscht und man sich gegenseitig eher als »Leidensgenossen« sieht, die gemeinsam eine schwierige Zeit durchstehen müssen, und nicht als Rivalen, die nur auf eine günstige Gelegenheit warten, sich gegenseitig auszumanövrieren. Deshalb trägt es erheblich zur Entkrampfung der Situation und zur Entlastung jedes Einzelnen bei, wenn etwas für den Teamgeist und das Zusammengehörigkeitsgefühl getan wird.

Denken Sie daher nicht lange darüber nach, wer dafür zuständig ist: Ergreifen Sie die Initiative! Es ist gar nicht so entscheidend, was da im Einzelnen unternommen wird, und es muss erst recht kein hochprofessionelles Programm zur kulturellen Integration sein – Hauptsache, es geschieht etwas, das allen Beteiligten deutlich macht: Wir spielen nicht gegeneinander, sondern miteinander.

Haben Sie den Mut zu vermeintlich banalen Dingen: gezielte Verabredungen zum Mittagessen, nach der Arbeit mit den neuen Kollegen ein Bier trinken, ein Abendessen im kleineren (aber herkunftsmäßig gemischten!) Kreis, ein Workshop mit gemeinsamer Übernachtung ... Wenn es Ihnen gelingt, die Menge der informellen Kontakte zu vergrößern, haben Sie schon fast gewonnen, denn dann kommen die Leute fast zwangsläufig miteinander ins Gespräch – und hören auf, sich voreinander zu fürchten und sich gegenseitig zu bekämpfen.

Zusätzlich können Sie zur kulturellen Integration beitragen, indem Sie einen aufgeschlossenen Umgang mit der anderen Kultur vorleben: bei Meinungsverschiedenheiten nicht sofort Ihre Position verteidigen oder heftige Bekehrungsversuche machen, sondern, wie oben beschrieben, eher neugierig an ungewohnte Sichtweisen herangehen und auch Ihre Mitarbeiter und Kollegen dazu anregen.

Je mehr beide Seiten die bestehenden Unterschiede nicht als Problem, sondern als Lernchance begreifen, desto schneller und leichter werden die Teile zusammenwachsen. Und noch ein Weiteres können Sie zur Beschleunigung der kulturellen Integration tun: Definieren Sie Aufgaben, wo immer möglich, so, dass zu ihrer Bewältigung eine konstruktive Zusammenarbeit beider Seiten erforderlich ist. Denn es gibt kein besseres Mittel, sich aneinander zu gewöhnen, als die Notwendigkeit, eine schwierige Aufgabe gemeinsam zu lösen (→ Kap. 29.3).

33.12 Psychohygiene und Stressmanagement

Das beste Stressmanagement besteht darin, den fusionsbedingten Stress an seiner Wurzel zu packen und, wie oben beschrieben, der Vereinzelung und dem gegenseitigen Misstrauen durch gezielte »vertrauensbildende Maßnahmen« entgegenzuwirken. Doch wäre es eine Illusion zu glauben, dies würde die Integration zu einem entspannten Spaziergang machen. Sowohl die Menge der zu bewältigenden Arbeit als auch der Druck, die Ungewissheit und die potenzielle Bedrohlichkeit sind in solch einer Phase deutlich höher als in normalen Zeiten. Um nicht vollständig von der Integration »aufgefressen« zu werden, sollten Sie daher dafür sorgen, dass Sie wenigstens von Zeit zu Zeit einen Ausgleich haben.

Auch in diesem Fall ist weniger wichtig, wie Sie es tun, als dass Sie es tun. Ob Sie beim Sport abschalten, bei einem Krimi oder beim Musizieren, ob Sie psychologische Entspannungstechniken verwenden, Yoga treiben oder meditieren, spielt eigentlich keine Rolle – wichtig ist, dass Sie Ihrem Kopf von Zeit zu Zeit fusionsfrei bekommen und körperlich wie seelisch entspannen.

Günstig sind Methoden, die Ihnen volle Aufmerksamkeit und Konzentration abverlangen. Denn bei Tätigkeiten, die das Gehirn nicht voll auslasten, wie Wandern oder Konzertbesuche, besteht die Gefahr, dass Sie von der Landschaft oder der Musik wenig mitbekommen, weil Sie nach kurzer Zeit gedanklich abschweifen und dann wieder mitten in der Fusion stecken.

Psychohygiene geht über Entspannung und Abstand-Gewinnen noch ein Stück hinaus; es bedeutet, kritische Erfahrungen aus dem Integrationsprozess zu reflektieren, aufzuarbeiten und daraus Schlussfolgerungen für das weitere Handeln abzuleiten. Denn im Alltag muss man ja oft spontan reagieren, und da kommt es vor, dass man sich mit etwas Abstand nicht mehr so sicher ist, ob man tatsächlich richtig gehandelt hat.

Oder Sie stehen vor einer wichtigen Entscheidung, sehen sich unter Umständen in eine bestimmte Richtung gedrängt, haben aber ein ungutes Gefühl oder sind sich nicht sicher, wie Sie sich letztlich verhalten sollen. In solchen Fällen hilft Entspannung nur begrenzt – auch wenn es sein kann, dass Sie nach einer selbst gewählten »Auszeit« manches klarer sehen.

Hier kann es klärend und damit entlastend wirken, solche Fragen im Gespräch mit einem erfahrenen Partner zu reflektieren. Das kann ein professioneller Coach sein; prinzipiell kommt dafür aber auch ein guter Freund infrage, sofern der die nötige Zeit aufbringen kann und die Fähigkeit besitzt, Sie konstruktiv bei Ihrem Nachdenken zu unterstützen (Kline 1998). Weniger geeignet sind für diesen Zweck Personen, die selbst von Ihrer Situation und/oder Ihren Entscheidungen betroffen sind; deshalb scheiden Vorgesetzte, Mitarbeiter und engere Kollegen ebenso aus wie zum Beispiel Ihr Lebenspartner.

33.13 Bleiben oder Gehen?

Trotz allen Bemühens gibt es keine Garantie, dass Sie im Unternehmen bleiben können: Sowohl die Sozialauswahl, die prinzipiell auch Führungskräfte unterhalb der leitenden Angestellten erfasst, als auch grundsätzliche Entscheidungen zur Integrationsstrategie können dem entgegenstehen.

Ebenso wenig gibt es eine Garantie, dass Sie nach all dem, was sich durch die Fusion oder Übernahme geändert hat, bleiben *wollen*: Möglicherweise stellen Sie ja nach einigen Monaten fest, dass sich die Strategie oder die Kultur des neuen Unternehmens in eine Richtung entwickelt, die Sie nicht mittragen wollen. Dann stehen Sie zwangsläufig vor der Frage, ob Sie trotzdem weitermachen oder ob Sie sich selbst treu bleiben und sich einen anderen Job suchen.

Ähnliches gilt, wenn sich bei Ihnen im Laufe der Zeit das Gefühl entwickelt und verfestigt, dass Ihr Unternehmen zunehmend ins Chaos abgleitet, weil das Top-Management die Integration nicht in den Griff bekommt. Auch in diesem Fall ist es legitim, darüber nachzudenken, ob Sie die sich abzeichnende Abwärtsspirale aus immer neuen Marktanteilsverlusten, Kostensenkungsprogrammen und angeblichen Neuanfängen persönlich miterleben wollen oder ob es Ihnen genügt, die besten Storys später im ManagerMagazin nachzulesen.

Falls Sie gehen wollen oder müssen, wäre es freilich unklug, gleich die nächstbeste Chance zu ergreifen. Wichtig ist, in dieser Situation trotz des Zeitdrucks nicht in Hektik zu verfallen, denn die nächstbeste Chance ist nicht immer die beste. Ein Wechsel ist eine ebenso wichtige wie schwer korrigierbare Weichenstellung, deshalb sollte sie auf Anhieb sitzen.

Damit dies gelingt, sind eine Reihe von Vorüberlegungen erforderlich. Das beginnt mit einer Überprüfung ihrer beruflichen Ziele, Werte und Prioritäten, und es setzt sich fort mit einer Überprüfung Ihres Marktwerts. Auf dieser Basis sollten Sie schließlich eine Karrierestrategie entwickeln. Erst wenn Sie wissen, was Sie wollen und was Sie realistischerweise erreichen können, ist es an der Zeit, gezielt die Fühler auszustrecken. Wie Sie dabei zweckmäßigerweise vorgehen, lässt sich nicht in wenigen Sätzen darstellen; es ist aber in meinem Buch *Bleiben oder Gehen?* (Berner 2011) ausführlich beschrieben.

WICHTIGSTE ERKENNTNISSE UND SCHLUSSFOLGERUNGEN

- Wenn Sie erfahren, dass Ihre Firma übernommen werden soll oder mit einer anderen fusionieren will, stecken Sie nicht den Kopf in den Sand und warten ab, sondern bereiten Sie sich darauf vor, dass das Ihr Leben in den nächsten Monaten – und möglicherweise darüber hinaus – unter Umständen erheblich verändern wird.

- Das beginnt damit, dass Sie sich Ihres Arbeitsplatzes nicht mehr so sicher sein können wie am Tag vor dieser Nachricht. Das ist kein Grund zur Panik und erst recht keiner, den nächstbesten Job anzunehmen, der Ihnen angeboten wird. Sehr wohl sollte es aber ein Grund für Sie sein, Ihre beruflichen Alternativen zu prüfen und Ihr Netzwerk zu reaktivieren. Selbst wenn sich später herausstellt, dass es überhaupt keinen Grund zur Beunruhigung gab, lebt es sich in der Zwischenzeit einfach entspannter, wenn man seine beruflichen Alternativen kennt und weiß, dass man für den Fall des Falles einen »Plan B« hätte.
- Bereiten Sie auch Ihren Partner, Ihre Familie und Ihren Freundeskreis darauf vor, dass Sie für mindestens ein Jahr (noch) weniger Zeit als sonst haben werden. Und dass Sie in dieser Zeit (noch) mehr unter Druck stehen werden als sonst. Schließen Sie offene Baustellen, soweit es geht, und eröffnen Sie keine neuen. Vermeiden Sie es insbesondere, jetzt zu bauen oder eine Wohnung zu kaufen, damit Sie nicht ausgerechnet in dieser ungewissen Situation Ihren finanziellen und räumlichen Handlungsspielraum einengen.
- Auch wenn es mit Mehrarbeit verbunden ist, bewerben Sie sich für die Mitarbeit in einem Integrationsteam. So werden Sie vom passiven Opfer, das vor den anstehenden Veränderungen zittert, zum Mitgestalter der Integration und haben zugleich die Gelegenheit, das Top-Management durch eine konstruktive Haltung, gute Ideen und zupackendes Handeln auf sich aufmerksam zu machen.
- Bemühen Sie sich, redlicher Ansprechpartner Ihrer Mitarbeiter zu sein, auch wenn Sie selbst vor allem in der Anfangszeit kaum mehr Informationen haben als sie. Hören Sie ihre Sorgen und Ängste an, ohne zu beschwichtigen und ohne Versprechungen zu machen, die Sie nicht einlösen können. Halten Sie einen Gesprächsfaden aufrecht, auch und gerade zu den Mitarbeitern, die Sie auf keinen Fall verlieren wollen.
- Gehen Sie aufgeschlossen und konstruktiv mit den neuen Kollegen um und gehen Sie ohne Naivität, aber offen auf sie zu. Widerstehen Sie der Versuchung, ihnen gegenüber eine abweisende oder feindselige Haltung einzunehmen: Sie können ebenso wenig für die aktuelle Situation wie Sie.
- Bleiben Sie gelassen und konstruktiv, falls mache der neuen Kollegen in Abwehrreflexe verfallen sollten. Selbst wenn es Ihnen nicht gelingt, sie sofort für eine konstruktive Zusammenarbeit zu gewinnen, können Sie sich zumindest weigern, in eine ebenso nutzlose wie belastende Konflikteskalation einzusteigen. Versuchen Sie, die Lernchancen in kulturellen Unterschieden zu entdecken.
- Managen Sie das Chaos, das fast unvermeidlich die Begleiterscheinung einer Integration ist, statt es zu beklagen. Akzeptieren Sie das Unvermeidliche und seien Sie ein bewusster Gegenpol zu der aufkommenden Frustration Ihrer Mitarbeiter und Kollegen.

- Seien Sie auf Personalabbau gefasst, auch wenn das wohl das Letzte ist, was Sie inmitten einer Integration und ihrer hohen Arbeitsbelastung gebrauchen können. Trotzdem ist er, wenn er denn unvermeidlich ist, zum jetzigen Zeitpunkt wohl das kleinere Übel als in einigen Monaten, wo er das Unternehmen, gerade wenn es sich ein wenig stabilisiert hat, erneut ins Chaos stürzen würde.
- Kümmern Sie sich in Ihrem Einflussbereich frühzeitig und aktiv um die Teamentwicklung. Die sachlichen und emotionalen Belastungen einer Integration sind für alle Beteiligten leichter zu ertragen, wenn sich ein Zusammengehörigkeitsgefühl und ein Teamgeist entwickelt, als wenn jeder für sich alleine steht und das Gefühl hat, von den anderen belauert zu werden. Dafür kommt es nicht auf ausgefeilte Programme an, sondern vor allem darauf, dass etwas geschieht, was die Leute zusammenbringt.
- Achten Sie bei sich selbst und Ihren Mitstreitern auf Stressmanagement und Psychohygiene. Angesichts der hohen Dauerbelastung ist es wichtig, zwischendurch auch mal abzuschalten und die Integration Integration sein zu lassen. Psychohygiene heißt, kritische Erfahrungen aus dem Integrationsprozess zu reflektieren, aufzuarbeiten und Schlussfolgerungen daraus abzuleiten. Das geht am besten im Gespräch mit einem erfahrenen Partner, etwa mit einem guten Freund oder einem Coach.
- Wenn zu erkennen ist, in welche Richtung sich das fusionierte Unternehmen ökonomisch und kulturell entwickelt, treffen Sie für sich eine bewusste Entscheidung, ob Sie dort bleiben wollen oder ob Sie gehen. Dies ist ausdrücklich keine Aufforderung, die Koffer zu packen – vielmehr ist es die Empfehlung, eine bewusste Entscheidung zu treffen, statt einfach aus Beharrungsvermögen weiterzumachen. Das gilt besonders dann, aber nicht nur dann, wenn sich das Unternehmen in eine Richtung entwickelt, die Sie mit Unbehagen erfüllt. Auch die bewusste Entscheidung, zu bleiben, ist besser als ein gedankenloses Weitertrotten, weil sie zu einem höheren Commitment führt.

Literatur

Besonders empfehlenswerte Werke sind durch Fettdruck hervorgehoben. Zu vielen der hier aufgeführten Titel sind ausführliche Besprechungen unter www.umsetzungsberatung.de verfügbar.

Andrzejewski, Laurenz (2002): Trennungs-Kultur – Handbuch für ein professionelles, wirtschaftliches und faires Kündigungsmanagement; Neuwied u. a. (Luchterhand)

Ariely, Dan (2009): Denken hilft zwar, nützt aber nichts – Warum wir immer wieder unvernünftige Entscheidungen treffen; München (Droemer Knaur)

Axelrod, Robert (1984): Die Evolution der Kooperation; München, Wien (Oldenbourg) 6. Aufl. 2005

Axelrod, Robert (2000): On Six Advances in Cooperation Theory; Analyse & Kritik 22, S. 130–151

Becker, Gary S. (1982): Ökonomische Erklärung menschlichen Verhaltens; Tübingen (Mohr) 2. Aufl. 1993

Bekier, Matthias M.; Shelton, Michael J. (2002): Keeping Your Sales Force After the Merger – Merging Companies Should Look to Their Revenues, Not Just Their Costs; McKinsey Quarterly 2002 Number 4; pp. 106–115 (Online-Version)

Berner, Winfried (2001, 2011): Bleiben oder Gehen – Ihre persönliche Erfolgsstrategie bei Fusionen, Übernahmen und Umstrukturierungen; München (Redline Wirtschaft), Neuaufl. 2011

Berner, Winfried (2002): Zur Psychologie der Fusion – Post-Merger-Integration als angewandte Sozial- und Massenpsychologie; Wirtschaftspsychologie 3/2002

Berner, Winfried (2008): Cultural Due Diligence: Über die Unverträglichkeit von Unternehmenskulturen und ihre Gründe; OrganisationsEntwicklung 1/2008, S. 83–91

Berner, Winfried (2012): Culture Change – Unternehmenskultur als Wettbewerbsvorteil; Stuttgart (Schäffer-Poeschel)

Berner, Winfried (2015): Change! – 20 Fallstudien zu Sanierung, Turnaround, Prozessoptimierung, Reorganisation und Kulturveränderung; Stuttgart (Schäffer-Poeschel), 2. akt. und erw. Aufl.

Berner, Winfried; Hagenhoff, Regula; Vetter, Thomas; Führing, Meik (2015): Ermutigende Führung – Für eine Kultur des Wachstums; Stuttgart (Schäffer-Poeschel)

Böckly, Wolfgang (1995): Personalanpassung; Ludwigshafen (Kiehl)

Borg, Ingwer (1995): Mitarbeiterbefragungen – Strategisches Auftau- und Einbindungsmanagement; Verlag für Angewandte Psychologie (Stuttgart)

Brandenburger, Adam M.; Nalebuff, Barry J. (2008): Coopetition – Kooperativ konkurrieren – Mit der Spieltheorie zum Geschäftserfolg; Eschborn (Rieck)

Buchanan, Mark (2000): Ubiquity – Why Catastrophes Happen; New York (Three Rivers Press)
Buss, David M. (1999, 2008): Evolutionary Psychology – The New Science of the Mind; Boston u. a. (Pearson) 3rd edition 2008

Cartwright, Sue; Cooper, Cary L. (2000): HR Know-how in Mergers and Acquistions; London (Institute of Personnel and Development)
Cascio, Wayne F. (2002): Responsible Restructuring – Creative and Profitable Alternatives to Layoffs; San Francisco (Berrett-Koehler)
Christensen, Clayton M.; Marx, Matt; Stevenson, Howard H. (2006): The Tools of Cooperation and Change; Harvard Business Review, October 2006, pp. 73–80
Cialdini, Robert B. (1997, 2004): Die Psychologie des Überzeugens – Ein Lehrbuch für alle, die ihren Mitmenschen und sich selbst auf die Schliche kommen wollen; Bern u. a. (Huber), 3. überarb. Aufl. 2004
Collins, James C.; Porras, Jerry I. (1991): Organizational Vision and Visionary Organizations; California Management Review, Fall 1991, pp. 30–52
Collins, James C.; Porras, Jerry I. (1995): Visionary Companies – Visionen im Management; München (Artemis & Winkler)
Collins, James C.; Porras, Jerry I. (2002): Built to Last – Successful Habits of Visionary Companies; New York (Harper)

Dabui, Mani (1998): Postmerger-Management – Zielgerichtete Integration bei Akquisitionen und Fusionen; Wiesbaden (Deutscher Universitäts Verlag), Nachdruck 2000
Dawkins, Richard. (1976, 2006): The Selfish Gene – 30th Anniversary Edition; Oxford (Oxford University Press), 3rd ed. 2006
DeMarco, Tom (2001): Spielräume – Projektmanagement jenseits von Burn-out, Stress und Effizienzwahn; München (Hanser)
DeMarco, Tom; Lister, Timothy (2003): Bärentango – Mit Risikomanagement Projekte zum Erfolg führen; Hanser (München)
DGFP e. V. (Hrsg.) (2002): Erfolgreiches Personalmanagement im M&A-Prozess; Bielefeld (Bertelsmann)
Doppler, Klaus; Fuhrmann, Hellmuth; Lebbe-Waschke, Birgitt; Voigt, Bert (2002): Unternehmenswandel gegen Widerstände – Change Management mit den Menschen; Frankfurt, New York (Campus)
Doppler, Klaus; Lauterburg, Christoph S. (1994, 2002): Change Management – Den Unternehmenswandel gestalten; Frankfurt, New York (Campus)
Dörner, Dietrich. (1989): Die Logik des Misslingens – Strategisches Denken in komplexen Situationen; Reinbek (Rowohlt)
Dreikurs, Rudolf (1972): Soziale Gleichwertigkeit – Die Forderung unserer Zeit; Stuttgart (Klett-Cotta)
Duve, Christian; Eidenmüller, Horst; Hacke, Andreas (2011): Mediation in der Wirtschaft – Wege zum professionellen Konfliktmanagement; Köln (Schmidt) 2. Aufl. 2011

EdK-Group; Schuessler, Rudolf; Sandten, Ulrich (2000): Exit, Anonymity and the Chances of Egoistical Cooperation; Analyse & Kritik Vol. 22, S. 114–129

Ekman, Paul (2004): Gefühle lesen – Wie Sie Gefühle erkennen und richtig interpretieren; Heidelberg (Spektrum)
Etzel, Gerhard (1982, 2002): Betriebsverfassungsrecht – Eine systematische Darstellung; Darmstadt u. a. (Luchterhand), 8. überarb. und erw. Aufl. 2002

Faulhaber, Peter; Landwehr, Norbert (2001): Turnaround-Management in der Praxis – Umbruchphasen nutzen, neue Stärken entwickeln; Frankfurt, New York (Campus), 2. erw. Aufl. 2001
Feldman, Mark L.; Spratt, Michael F. (1999): Speedmanagement für Fusionen – Schnell entscheiden, handeln, integrieren. Über Frösche, Hasenfüße und Hasardeure; Wiesbaden (Gabler)
Fisher, Roger, & Ury, William L. (1981): Das Harvard-Konzept – Sachgerecht verhandeln – erfolgreich verhandeln; Frankfurt, New York (Campus), 23. Aufl. 2009
Flyvbjerg, Bent; Bruzelius, Nils; Rothengatter, Werner (2003): Megaprojects and Risk – An Anatomy of Ambition
Flyvbjerg, Bent (2009): Survival of the Unfittest – Why the worst infrastructure gets built – and what we can do about it; Oxford Review of Economic Policy, Vol. 35, pp. 344–367
Flyvbjerg, Bent (2014): What You Should Know About Megaprojects and Why – An Overview; Project Management Journal 2014 April/May; pp. 6–19
Furnham, Adrian (2002): Managers As Change Agents; Journal of Change Management; Vol. 3 (2002); pp. 21–29

Galpin, Timothy J. (1996): The Human Side of Change – A Practical Guide to Organization Redesign; San Francisco (Jossey-Bass)
Garvin, David A. (1993): Building A Learning Organization – Beyond High Philosophy and Grand Themes Lie the Gritty Details of Practice; Harvard Business Review Aug./Sept. 1993, pp. 78–91
Gebauer, Annette; Groth, Torsten; Simon, Fritz B. (2004): Aus Fehlern lernen – Scheitern als Chance. Denkanstöße zum lernförderlichen Umgang mit Fehlern und Misserfolgen in Unternehmen; Personalführung 6/2004, S. 72–80
Gerds, Johannes; Schewe, Gerhard (2004): Post Merger Integration – Unternehmenserfolg durch Integration Excellence; Heidelberg u. a. (Springer), 4. Aufl. 2011
Gigerenzer, Gerd (2007): Bauchentscheidungen – Die Intelligenz des Unbewussten und die Macht der Intuition; München (Bertelsmann)
Gladwell, Malcolm (2000): Der Tipping Point – Wie kleine Dinge Großes bewirken können; Berlin (Berlin)
Glasl, Friedrich (1992): Konfliktmanagement – Ein Handbuch zur Diagnose und Behandlung von Konflikten in Organisationen und ihre Berater; Bern, Stuttgart (Haupt), 8. akt. und erg. Aufl. 2004
Gleißner, Werner (2015): Der Vorstand und sein Risikomanager – Dreamteam im Kampf gegen die Wirtschaftskrise; Konstanz, München (UVK)
Goss, Tracy; Pascale, Richard Tanner; Athos, Anthony G. (1993): The Reinvention Roller Coaster – Risking the Present for a Powerful Future; Harvard Business Review, Nov./Dec. 1993, pp. 97–108
Greene, Robert (1998): Power – Die Gesetze der Macht; München, Wien (Hanser)

Groth, Alexander (2011, 2013): Führungsstark im Wandel – Change Leadership für das mittlere Management; Frankfurt (Campus) 2. überarb. Aufl.

Grubb, Thomas M.; Lamb, Robert B. (2000): Capitalize on Merger Chaos – Six Ways to Profit From Your Competitors' Consolidation and Your Own; New York u. a. (The Free Press)

Grube, Rüdiger; Töpfer, Armin (2002): Post Merger Integration – Erfolgsfaktoren für das Zusammenwachsen von Unternehmen; Stuttgart (Schäffer Poeschel)

Grüber, Bernd (2001): Schnellkurs Krisenmanagement – Kaufmännisches Grundwissen für Neu- und Quereinsteiger; Lexika (Würzburg)

Gulati, Ranjay (2009): Reorganize for Resilience – Putting Customers at the Center of Your Business; Boston (Harvard Business Press)

Habeck, Max M.; Kröger, Fritz; Träm, Michael (1999): Wi(e)der das Fusionsfieber – Die sieben Schlüsselfaktoren erfolgreicher Fusionen; Wiesbaden (Gabler)

Hagel, John III. (1994): Fallacies in Organizing for Performance – A brief introduction to the most common assumptions that lead astray efforts to boost performance; McKinsey Quarterly 1994 Vol. 2 (Online-Version)

Hamer, Wolfgang (2005): Personalabbau/Betriebsbedingte Kündigung; Frankfurt (Bund)

Hammond, Ross A.; Axelrod, Robert (2005): Evolution of contingent altruism when cooperation is expensive; Theoretical Population Biology; pp. 333–338

Handy, Charles (1992): Balancing Corporate Power – A New Federalist Paper; Harvard Business Review, Nov./Dec. 1992

Harrant, Horst; Hemmrich, Angela (2004): Risikomanagement in Projekten; München, Wien (Hanser)

Heitger, Barbara; Doujak, Alexander (2002): Harte Schnitte – Neues Wachstum – Die Logik der Gefühle und die Macht der Zahlen im Changemanagement; Frankfurt, Wien (Redline Wirtschaft)

Herkner, Werner (2001): Lehrbuch Sozialpsychologie; Bern, Stuttgart (Hans Huber)

Hinnen, Hannes; Krummenacher, Paul (2012): Großgruppen-Interventionen – Konflikte klären – Veränderungen anstoßen – Betroffene einbeziehen; Stuttgart (Schäffer-Poeschel)

Hofstädter, Peter R. (1957): Gruppendynamik – Kritik der Massenpsychologie; Reinbek (Rowohlt) 218.–228. Tsd. 1976

Holman, Peggy; Devane, Tom (Hrsg.) (1999): Change Handbook – Zukunftsorientierte Großgruppen-Methoden; Heidelberg (Carl-Auer-Systeme)

Hoss, Axel; Jansen, Hubert (1994): Gezielte Personalanpassung; Landsberg (Moderne Industrie)

Hugo-Becker, Annegret; Becker, Henning (1992): Psychologisches Konfliktmanagement – Menschenkenntnis – Konfliktfähigkeit – Kooperation; München (dtv)

Inglehart, Ronald; Baker, Wayne E. (2000): Modernization, Cultural Change, and the Persistence of Traditional Values; American Sociological Review 2000, Vol. 65, February, pp. 19–51

Jaeger, Michael (2001): Personalmanagement bei Mergers & Acquisitions – Strategien – Instrumente – Erfolgsfaktoren; Neuwied u. a. (Luchterhand)

Janes, Alfred; Prammer, Karl; Schulte-Derre, Michael (2001): Transformations-Management – Organisationen von Innen verändern; Wien, New York (Springer)

Jansen, Stephan A. (1998): Mergers and Acquisitions – Unternehmensakquisitionen und -kooperationen – Eine strategische, organisatorische und kapitalmarkttheoretische Einführung; Wiesbaden (Gabler), 3. überarb. und erw. Aufl. 2000

Jansen, Stephan A. (2004): Management von Unternehmenszusammenschlüssen – Theorien, Thesen, Tests und Tools; Stuttgart (Klett-Cotta)

Jick, Todd D. (1993): Managing Change – Cases and Concepts; Homewood (Irwin)

Jiranek, Heinz; Edmüller, Andreas (2003): Konfliktmanagement – Als Führungskraft Konflikten vorbeugen, sie erkennen und lösen; Freiburg (Haufe)

Johnson, David W.; Maruyama, Geoffrey; Johnson, Roger; Nelson, Deborah et al. (1981): Effects of Cooperative, Competitive, and Individualistic Goal Structures on Achievement – A Meta-Analysis; Psychological Bulletin, Vol. 89, pp. 47–62

Johnson, Spencer (1998): Who Moved My Cheese – An Amazing Way to Deal With Change in Your Work and In Your Life; London (Vermilion)

Kahneman, Daniel (2011): Thinking, Fast and Slow; New York (Farrar, Strauss and Giroux) (deutsch: Schnelles Denken, langsames Denken)

Kahneman, Daniel; Klein, Gary (2009): Conditions for Intuitive Expertise – A Failure to Disagree; American Psychologist, Vol. 64, No. 6, pp. 515–526

Kahneman, Daniel; Slovic, Paul; Tversky, Amos (Hrsg.) (1982): Judgement Under Uncertainty – Heuristics and Biases; Cambridge u. a. (Cambridge University Press)

Kahneman, Daniel; Tversky, Amos (Hrsg.) (2000): Choices, Values, and Frames: Cambridge (Cambridge University Press)

Kanter, Rosabeth Moss (1983): The Change Masters; New York (Simon & Schuster)

Kanter, Rosabeth Moss (1989): When Giants Learn to Dance – Mastering the Challenges of Strategy, Management, and Careers in the 1990s; London (Unwin Hyman)

Kanter, Rosabeth Moss (1997): On the Frontiers of Management; New York u. a. (McGraw Hill)

Kanter, Rosabeth Moss; Stein, Barry A.; Jick, Todd D. (1992): The Challenge of Organizational Change – How Companies Experience It And Leaders Guide It; New York, London (The Free Press – Macmillan)

Kay, Ira T.; Shelton, Mike (2000): The People Problem in Mergers; McKinsey Quarterly, 4/2000; pp. 27–37 (Online-Version)

Kline, Nancy (1998): Time to Think – Listening to Ignite the Human Mind; London (Cassell)

Königswieser, Roswita; Exner, Alexander (1998): Systemische Intervention – Architekturen und Designs für Berater und Veränderungsmanager; Stuttgart (Klett-Cotta)

Kohn, Alfie (1989): Mit vereinten Kräften – Warum Kooperation der Konkurrenz überlegen ist; Weinheim, Basel (Beltz)

Kohn, Alfie (1993): Why Incentive Plans Cannot Work – When reward systems fail, don't blame the program – look at the premises behind it; Harvard Business Review Sept./Oct. 1993, pp. 54–63

Kohnke, Oliver; Wieser, Doris (2012): Die Veränderungskurve – Ein Berater-Mythos? OrganisationsEntwicklung 1/2012, S. 54–62

Kornbichler, Thomas (1996, 2007): Die Sucht, ganz oben zu sein – Psychohistorische Dimensionen von Macht und Herrschaft; Stuttgart (Kreuz), Neuaufl. 2007

Kotter, John P. (1979): Die Macht im Management; Landsberg (Moderne Industrie)

Kotter, John P. (1985): Power and Influence – Beyond Formal Authority; New York u. a. (The Free Press)

Kotter, John P. (1996): Leading Change – An Action Plan From the World's Foremost Expert On Business Leadership; Boston (Harvard Business School Press)

Kotter, John P.; Cohen, Dan S. (2002): The Heart of Change – Real-Life Stories of How People Change Their Organizations; Boston (Harvard Business School Press)

Kotter, John (2008): A Sense of Urgency; Boston (Harvard Business Review Press)

Kotter, John (2014): Accelerate; Boston (Harvard Business Review Press)

Krüger, Winfried (2000): Excellence in Change – Wege zur strategischen Erneuerung; Wiesbaden (Gabler), 4. überarb. und erw. Aufl. 2009

Krug, Jeffrey A.: Why Do They Keep Leaving? Harvard Business Review; February 2003

Kuhnert, Jan; Teuber, Stephan (Hrsg.) (2008): Praxishandbuch Change Management – Einsatzfelder, Grenzen und Chancen; München (Vahlen)

Laloux, Frederic (2014): Reinventing Organizations – A Guide to Creating Organizations Inspired by the Next Stage of Human Consciousness; Brussels (Nelson Parker)

Larkin, T. J.; Larkin, Sandar (1994): Communicating Change – Winning Employee Support for New Business Goals; New York u. a. (McGraw-Hill)

Lay, Rupert (1989): Kommunikation für Manager; Düsseldorf, München (Econ)

Leigh, Andrew (1988): Effective Change – Twenty ways to make it happen; London (Institute of Personnel Management), Reprint 1991

Levitt, Steven D.; Dubner, Stephen J. (2005): Freakonomics – A Rogue Economist Explores the Hidden Side of Everything; New York (HarperCollins)

Lewis, Richard D. (1999, 2004): When Cultures Collide – Managing Successfully Across Cultures; London (Brealey); Reprint 2004

Lipp, Ulrich; Will, Hermann (1996): Das große Workshop-Buch – Konzepte, Inszenierungen und Moderation von Klausuren, Besprechungen und Seminaren; Weinheim, Basel (Beltz)

Maccoby, Michael (2000, 2004): Narcissistic Leaders – The Incredible Pros, the Inevitable Cons; Harvard Business Review, Reprint 2004, pp. 92–101

Maira, Arun; Scott-Morgan, Peter B. (1997): The Accelerating Organization – Embracing the Human Face of Change; New York u. a. (McGraw-Hill)

Martin, Roger (1993): Changing the Mind of the Corporation – As a consultant, I learned the hard way that companies take control of the future by examining the past, that they change by looking in, not out; Harvard Business Review, Nov./Dec. 1993, pp. 81–94

McKeen, Kevin (1985): Decisions, Decisions, Decisions – Two eminent psychologists disclose the mental pitfalls in which rational people find themselves when they try to arrive at logical conclusions; Discover, June 1985; pp. 22–31

Meadows, Donnella H. (2008): Thinking in Systems; White River Junction (Chelsea Green Publishing)
Meyer, Jens-Uwe (2008): Das Edison Prinzip – Der genial einfache Weg zu erfolgreichen Ideen – Kreativ in 6 Schritten; Frankfurt (Campus), Neuaufl. 2009
Meyer, Wulf-Uwe (2000): Gelernte Hilflosigkeit – Grundlagen und Anwendungen in Schule und Unterricht; Bern, Göttingen (Huber)
Meynerts-Stiller, Kirsten; Rohloff, Christoph (2015): Post Merger Management – M&A-Integrationen erfolgreich planen und gestalten; Stuttgart (Schäffer-Poeschel)
Mohr, Niko; Woehe, Jens Markus (1998): Widerstand erfolgreich managen – Professionelle Kommunikation in Veränderungsprojekten. Wie aus Mitarbeitern engagierte Mitstreiter werden; Frankfurt, New York (Campus)

Neubauer, Michael (2002): Krisenmanagement in Projekten – Handeln, wenn Probleme eskalieren; Berlin u. a. (Springer), 2. Aufl. 2002
Neuberger, Oswald (1983): Führen als widersprüchliches Handeln; Psychologie und Praxis – Z. für Arbeits- und Organisationspsychologie; Jahrgang 27, Heft 1, S. 22–32
Neuberger, Oswald (2006): Mikropolitik und Moral in Organisationen – Herausforderung der Ordnung; Stuttgart (Lucius & Lucius/UTB), 2. völlig neu bearb. Aufl.
Neuberger, Oswald; Kompa, Ain (1987): Wir, die Firma – Der Kult um die Unternehmenskultur; Weinheim, Basel (Beltz)
Noer, David M. (1998): Die vier Lerntypen – Reaktionen auf Veränderungen im Unternehmen; Stuttgart (Klett-Cotta)
Noer, David M. (1993): Healing the Wounds – Overcoming the Trauma of Layoffs and Revitalizing Downsized Organizations; San Francisco (Jossey-Bass)

Olesen, Erik (1993): Mastering the Winds of Change – Peak Performers Reveal How To Stay On Top In Times Of Turmoil; New York (Rawson Associates/Macmillan)
Oltmanns, Torsten; Nemeyer, Daniel (2010): Machtfrage Change – Warum Veränderungsprojekte meist auf Führungsebene scheitern und wie Sie es besser machen können; Frankfurt (Campus)

Palter, Robert N.; Srinivasan, Dev (2006): Habits of the Busiest Acquirers; McKinsey on Finance, Summer 2006; pp. 8–13 (Online-Version)
Peace, William H. (1991): The Hard Work of Being a Soft Manager; Harvard Business Review, Nov./Dec. 1991, pp. 40–47
Pearson, Andrall E. (1992): Corporate Redemption and the Seven Deadly Sins; Harvard Business Review, May/June 1992, pp. 65–75
Pennington, Randy G. (2006): Results Rule! – Build a Culture That Blows Competition Away; New York u. a. (Wiley)
Pfeffer, Jeffrey (1992): Managing With Power – Politics and Influence In Organizations; Boston (Harvard Business School Press), 10th printing 2000
Pfeffer, Jeffrey (1994): Competitive Advantage Through People – Unleashing the Power of the Workforce; Boston (Harvard Business School Press)
Prentice, W. C. H. (1961, 2004): Understanding Leadership; Harvard Business Review, January 2004, pp. 102–108

Probst, Gilbert; Raisch, Sebastian (2005): Organizational Crisis: The Logic of Failure; Academy of Management Executive 2005, Vol 19, No. 1, S. 90–105 (http://journals.aomonline.org/amp/)

Rank, Susanne; Scheinpflug, Rita (Hrsg.) (2008): Change Management in der Praxis – Beispiele, Methoden, Instrumente; Berlin (Erich Schmidt)

Rapoport, Anatol (1960): Kämpfe, Spiele und Debatten – Drei Konfliktmodelle; Darmstadt (Darmstädter Blätter)

Redlich, Alexander (1997): Konflikt-Moderation – Handlungsstrategien für alle, die mit Gruppen arbeiten. Mit vier Fallbeispielen; Hamburg (Windmühle)

Reiss, Michael (1992): Mit Blut, Schweiß und Tränen zur schlanken Organisation – Die Komplexität reduzieren – leichter gesagt als getan; HarvardManager 2/1992

Reiss, Michael; Rosenstiel, Lutz von; Lanz, Anette (Hrsg.) (1997): Change Management – Programme, Projekte und Prozesse; Stuttgart (Schaeffer-Poeschel)

Rigall, Juan; Wolters, Georg; Goertz, Harald; Schulte, Karsten; Tarlatt, Alexander (2005): Change Management für Konzerne – Komplexe Unternehmensstrukturen erfolgreich verändern; Frankfurt, New York (Campus)

Rohm, Armin (Hrsg.) (2006): Change Tools – Erfahrene Prozessberater präsentieren wirksame Workshop-Interventionen; Bonn (managerseminare)

Rosenberg, Marshall B. (2003): Gewaltfreie Kommunikation – Eine Sprache des Lebens. Gestalten Sie Ihr Leben, Ihre Beziehungen und Ihre Welt in Übereinstimmung mit Ihren Werten; Paderborn (Junfermann), überarb. und erw. Aufl. 2004

Rosenberg, Marshall B. (2006): Was deine Wut dir sagen will: überraschende Einsichten – Das verborgene Geschenk unseres Ärgers entdecken; Paderborn (Junfermann)

Rosenberg, Marshall B.; Seils, Gabriele (2004): Konflikte lösen durch Gewaltfreie Kommunikation – Ein Gespräch mit Gabriele Seils; Freiburg u. a. (Herder)

Schaffer, Robert H.; Thomson, Harvey A. (1992): Successful Change Programs Begin With Results – Most Corporate Change Programs Mistake Means for Ends, Process for Outcome. The Solution: Focus On Results, Not On Activities; Harvard Business Review Jan./Feb. 1992, pp. 80–89

Schaub, Günter; Schindele, Friedrich (2005): Kurzarbeit – Massenentlassung – Sozialplan – Aktuelles Recht für die Praxis; München (Beck), 2. Aufl. 2005

Schein, Edgar H. (2000): Prozessberatung für die Organisation der Zukunft – Der Aufbau einer helfenden Beziehung; Bergisch Gladbach (EHP)

Schein, Edgar H. (2003): Organisationskultur – The Ed Schein Corporate Culture Survival Guide; Bergisch Gladbach (EHP)

Schelle, Heinz (1995, 2004): Projekte zum Erfolg führen – Projektmanagement systematisch und kompakt; München (dtv), 4. Aufl. 2004

Scholtes, Peter R. (1998): The Leader's Handbook – Making Things Happen, Getting Things Done; New York u. a. (McGraw-Hill)

Scholtes, Peter R.; Joiner, Brian L.; Streibel, Barbara (1988): The Team Handbook – How to Use Teams to Improve Quality; Madison (Joiner Associates), 5th printing 1999

Scholz, Jörg M. (Hrsg.) (1995): Internationales Change Management – Internationale Praxiserfahrung bei der Veränderung von Unternehmen und Humanressourcen. Pragmatische Ansätze, Realisierungsstrategien, Handlungskonzepte, Projekterfahrungen, Implementierungsschritte; Stuttgart (Schaeffer-Poeschel)

Schrader, Einhard; Küntzel, Ulrich (1995): Kündigungsgespräche – Über den menschlichen Umgang mit persönlichen Katastrophen; Hamburg (Windmühle)

Schulte-Derre, Michael (2005): Transformation Follows Strategy – Transformation und Strategieentwicklung von innen; Wien, New York (Springer)

Schwaab, Markus-Oliver; Frey, Dieter; Hesse, Jörg (Hrsg.) (2003): Fusionen – Herausforderungen für das Personalmanagement; Heidelberg (Recht und Wirtschaft)

Scott-Morgan, Peter B. (1994): The Unwirtten Rules of the Game – Master Them, Shatter Them, and Break Through The Barriers to Organizational Change; New York u. a. (McGraw-Hill)

Scott-Morgan, Peter B.; Hoving, Erik; Smit, Henk; Slot, Arnoud van der (2001): The End of Change – How Your Company Can Sustain Growth and Innovation While Avoiding Change Fatigue; New York u. a. (McGraw-Hill)

Seligman, Martin E.P. (2002): Authentic Happiness – Using the New Positive Psychology to Realize Your Potential for Deep Fulfillment; London (Nicholas Brealey)

Seligman, Martin E P. (1990, 2001): Pessimisten küsst man nicht – Optimismus kann man lernen; München, Zürich (Droemer Knaur)

Seligman, Martin E. P. (1993): What You Can Change ... And What You Can't – The Complete Guide to Successful Self-Improvement; New York (Fawcett)

Senge, Peter M. (1990): The Fifth Discipline – The Art and Practice of the Learning Organization; New. York u. a. (Currency Doubleday)

Senge, Peter M.; Kleiner, Art; Roberts, Charlotte; Ross, Richard B.; Roth, George; Smith, Bryan J. (1999): The Dance of Change – Die 10 Herausforderungen tiefgreifender Veränderungen in Organisationen; Wien, Hamburg (Signum)

Siebert, Al (2005): The Resiliency Advantage – Master Change, Thrive Under Pressure, and Bounce Back From Setbacks; San Francisco (Berrett-Koehler)

Simon, Fritz B. (2010): Einführung in die Systemtheorie des Konflikts; Heidelberg (Carl Auer Systeme)

Simon, Hermann (2009): 33 Sofortmaßnahmen gegen die Krise – Wege für Ihr Unternehmen; Frankfurt, New York (Campus)

Smith, Raymond; Kanter, Rosabeth Moss (1991): Championing Change; Harvard Business Review, Jan./Feb. 1991

Stalk, George Jr.; Hout, Thomas M. (1991): Zeitwettbewerb – Schnelligkeit entscheidet auf den Märkten der Zukunft; Frankfurt, New York (Campus)

Taleb, Nassim Nicholas (2008): Der Schwarze Schwan – Die Macht höchst unwahrscheinlicher Ereignisse; München (Hanser)

Tepass, Michael (2002): Unkalkulierbare Risiken beim Betriebsübergang – Mangelnde Information gibt Arbeitsnehmern unbefristete Widerspruchsmöglichkeit; Frankfurter Allgemeine Zeitung 6.3.2002, S. 24

Thaler, Richard H.; Sunstein, Cass R. (2008): Nudge – Improving Decisions about Health, Wealth, and Happiness; New Haven (Yale University Press)

Thomann, Christoph (1998): Klärungshilfe 2: Konflikte im Beruf – Methoden und Modelle klärender Gespräche bei gestörter Zusammenarbeit; Reinbek (Rowohlt), 4. Aufl. 2003

Thomann, Christoph; Schulz von Thun, Friedemann (1988, 2003): Klärungshilfe 1 – Handbuch für Therapeuten, Gesprächshelfer und Moderatoren in schwierigen Gesprächen; Reinbek (Rowohlt) Neuausgabe 2003

Tichy, Noel M.; Sherman, Stratford (1993): Control Your Destiny Or Someone Else Will; New York (Doubleday/Currency)

Trebesch, Karsten (Hrsg.) (2000): Organisationsentwicklung – Konzepte, Strategien, Fallstudien. Wegweisende Beiträge aus der Zeitschrift OrganisationsEntwicklung; Stuttgart (Klett-Cotta)

Trivers, Robert (2011): The Folly of Fools – The Logic of Deceit and Self-Deception in Human Life; New York (Basic Books)

Vogel, Dieter H. (2002): M & A – Ideal und Wirklichkeit; Wiesbaden (Gabler)

Voland, Eckart (1993, 2000): Grundriss der Soziobiologie; Heidelberg u. a. (Spektrum Akademischer Verlag), vollst. überarb. und erw. Aufl. 2000

Voland, Eckart (2007): Die Natur des Menschen – Grundkurs Soziobiologie; München (Beck)

Wagner, Rainer H. (Hrsg.) (1995): Praxis der Veränderung in Organisationen – Ein Informations- und Arbeitsbuch zur Entwicklung und Gestaltung von Sinn, Produktivität und Wirtschaftlichkeit in Organisationen; Göttingen, Stuttgart (Verlag für Angewandte Psychologie)

Weick, Karl E.; Sutcliffe, Kathleen M. (2007): Managing the Unexpected – Resilient Performance in an Age of Uncertainty; Hoboken NJ (John Wiley) 2001, 2nd ed. 2007

Wickler, Wolfgang; Seibt, Uta (1977): Das Prinzip Eigennutz – Ursachen und Konsequenzen sozialen Verhaltens; Hamburg (Hoffmann & Campe)

Wilpert, Bernd; Rayley, Jörg (1983): Nationale Mitbestimmungssysteme und ihre Wirkung auf das Partizipationsverhalten; Psychologie und Praxis – Zeitschrift für Arbeits- und Organisationspsychologie 1983; S. 3–12

Winkler, Brigitte; Dörr, Stefan (2000): Fusionen überleben – Strategien für Manager; München, Wien (Hanser)

Wottawa, Heinrich; Gluminski, Iris (1995): Psychologische Theorien für Unternehmen; Göttingen (Verlag für Angewandte Psychologie)

Zaleznik, Abraham (1977, 2004): Managers and Leaders – Are They Different? Harvard Business Review, Reprint 2004, pp. 74–81

Zolli, Andrew; Healy, Ann Marie (2012): Resilience – Why Things Bounce Back; New York, London (Simon & Schuster)

Stichwortverzeichnis

Der Autor

Winfried Berner ist Change-Management-Berater und Coach und besitzt über 30 Jahre praktische Erfahrung mit Kulturveränderung, Restrukturierung, Post-Merger-Integration und anderen Veränderungsprozessen. In seinen neun Jahren bei der Boston Consulting Group erkannte der Diplom-Psychologe die Umsetzung als zentralen Erfolgsfaktor der Unternehmensstrategie. Deshalb gründete er 1995 DIE UMSETZUNGSBERATUNG, die sich ausschließlich auf Veränderungsprozesse in Industrie, Dienstleistung und Verwaltung konzentriert.

In seinem Berufsleben hat er auch rund 20 Fusionen, Übernahmen und Integrationsprozesse begleitet, von der Konzipierung über den Integrationsprozess bis hin zur Bewältigung der Spätfolgen.

Seine Website www.umsetzungsberatung.de bietet die größte deutschsprachige Wissensbasis zum Thema Change Management und seinen Nachbargebieten. Sie verzeichnet jährlich rund 750 000 Besucher und etwa 2,2 Millionen Seitenaufrufe.

Neben zahlreichen Fachartikeln hat er 2010 das Buch *Change! – 20 Fallstudien* (erweiterte Neuauflage 2015) und 2012 das Buch *Culture Change* veröffentlicht. Gemeinsam mit Thomas Vetter, Regula Hagenhoff und Meik Führing veröffentlichte er 2015 das Buch *Ermutigende Führung – Für eine Kultur des Wachstums* (alle im Schäffer-Poeschel Verlag).

Kontakt:
Winfried Berner
DIE UMSETZUNGSBERATUNG
Vorderbuchberg 4
D-94360 Mitterfels
www.umsetzungsberatung.de
Berner@umsetzungsberatung.de